城市居民垃圾分类行为驱动机理及引导政策

Driving Mechanism and Guiding Policy of
Urban Residents' Waste Separation Behavior

陈飞宇　著

中国社会科学出版社

图书在版编目(CIP)数据

城市居民垃圾分类行为驱动机理及引导政策 / 陈飞宇著 .—北京：中国社会科学出版社，2020. 9

ISBN 978-7-5203-6610-6

Ⅰ. ①城… Ⅱ. ①陈… Ⅲ. ①城市—垃圾处理 Ⅳ. ①X799. 305

中国版本图书馆 CIP 数据核字(2020)第 096587 号

出 版 人 赵剑英
责任编辑 谢欣露
责任校对 赵雪姣
责任印制 王 超

出 版 中国社会科学出版社
社 址 北京鼓楼西大街甲 158 号
邮 编 100720
网 址 http：//www. csspw. cn
发 行 部 010-84083685
门 市 部 010-84029450
经 销 新华书店及其他书店

印 刷 北京君升印刷有限公司
装 订 廊坊市广阳区广增装订厂
版 次 2020 年 9 月第 1 版
印 次 2020 年 9 月第 1 次印刷

开 本 710×1000 1/16
印 张 28. 75
字 数 397 千字
定 价 159. 00 元

出 版 说 明

为进一步加大对哲学社会科学领域青年人才扶持力度，促进优秀青年学者更快更好成长，国家社科基金设立博士论文出版项目，重点资助学术基础扎实、具有创新意识和发展潜力的青年学者。2019 年经组织申报、专家评审、社会公示，评选出首批博士论文项目。按照“统一标识、统一封面、统一版式、统一标准”的总体要求，现予出版，以飨读者。

全国哲学社会科学工作办公室

2020 年 7 月

序　言

党的十八大以来，以习近平同志为核心的党中央高度重视社会主义生态文明建设，提出了“美丽中国”战略目标，反映出政府对环境治理的决心和政策方向。城市生活垃圾无害化、资源化和减量化管理是我国环境治理过程中亟待解决的重要问题。垃圾的源头分类活动是确保其有效回收、循环利用的根本前提，决定了整个垃圾资源化和减量化治理过程是否能够有效地进行。然而，一个不争的事实是，当前我国城市居民生活垃圾分类活动参与率并不理想。如何有效引导和干预城市居民的生活垃圾分类行为，实现垃圾的清洁化和资源化治理极为迫切。在这样的背景下，早在2016年我就给陈飞宇提出了“城市居民垃圾分类行为驱动机理及引导政策”这一选题，希望他能藉此方向，瞄准国家和社会民生重大关切，不断开展创新研究。

本书是陈飞宇在该领域研究成果的呈现，立意前沿、新颖。他还做了大量的实际调查工作，深入访谈与观察了不同职业领域、不同教育水平、不同年龄层次等类型的城市居民，收集一手资料，通过扎根理论，创新构建和开发了城市居民垃圾分类行为驱动机理理论模型及相关测量量表。随后经历了预调研和大规模的正式调研，对测量量表和城市居民垃圾分类行为驱动机理理论模型进行了验证与修正。系统、规范的研究设计与实施保证了整个研究的严谨性与科学性。

值得鼓励与肯定的是，本书从城市居民垃圾分类行为驱动机理和政策响应出发，综合运用行为经济学、行为心理学、计算机科学，以及文献研究、质性研究、多元统计分析、二次响应面分析、演化博弈分析和系统仿真等多学科的理论与方法，在厘清城市居民垃圾分类行为驱动因素及作用机制的基础上，结合个体的态度反应模式，基于“执行侧”视角，构建了包括了解—支持—执行—带动意愿的城市居民垃圾分类行为引导政策响应模型，探究了城市居民对垃圾分类行为引导政策的响应机制，为政府政策制定提供重要参考。此外，作者将行为干预的内涵从个体单一执行延伸至多方带动，构建了信息交互干预和协作分类两种垃圾分类行为引导机制，并通过计算机系统仿真演化了不同干预强度与响应效度情景下垃圾分类行为的形成与复现过程，比较了有政府约束和无政府约束下个体独立分类和协作分类机制下的行为演化规律，促进了经济学、心理学、计算机科学等多学科的交叉应用，完善了个体垃圾分类行为演化相关研究的方法体系，为垃圾分类行为干预及行为学习研究提供了研究思路和方法论基础。

本成果选题新颖，结构严谨，逻辑性强，方法科学，不仅被评为“江苏省优秀博士学位论文”，还入选国家社会科学基金后期资助暨优秀博士论文出版项目。研究成果具有重要的生态意义、健康意义、经济价值和决策支持价值，为有效引导城市居民积极参与垃圾分类活动提供了理论基础和政策实践支撑。

陈飞宇是我指导的博士研究生，对科学研究充满非常浓厚的兴趣。在博士论文完成期间，培育了独立从事科学研究的能力。但是在如何开发和设计可实施的操作策略、系统及产品等方面的工作还有待进一步突破。最后，希望陈飞宇继续保持一个科学研究者的初心，不为困难与诱惑所干扰，努力做“顶天立地”的科学研究。

陈　红

（中国矿业大学经济管理学院院长，教授，博士生导师）

2020 年 9 月

摘　　要

随着中国经济的发展和城镇化水平的提升，城市居民资源消耗量及生活垃圾产生量和复杂程度不断增加。如何解决城市生活垃圾带来的污染问题，且实现资源的重复利用已成为资源环境领域亟须探究的重要议题。垃圾的源头分类活动是确保其有效回收、循环利用的根本前提，决定了整个垃圾资源化和减量化处理过程是否能够有效地进行。厘清垃圾分类行为驱动机理，并据此设计、实施有效的干预政策，对城市居民垃圾分类行为的引导，实现垃圾的循环利用具有重要的意义。本书依据“提出问题—理论研究—实证研究—演绎仿真研究—解决问题”的技术路线，以中国城市居民垃圾分类行为为研究对象，综合运用行为学、心理学和经济学等基本理论与方法，围绕涵盖行为驱动、政策响应和政策仿真的综合路径模型展开研究。主要研究内容如下：

（1）基于城市居民垃圾分类活动中主体、标准、执行和目标的过程逻辑，界定了城市居民垃圾分类行为的内涵。进一步从行为发生动机的视角，结合质性研究，构建并验证了垃圾分类行为的四维结构，分别为习惯型分类行为、决策型分类行为、人际型分类行为和公民型分类行为。

（2）运用质性研究方法探究了城市居民垃圾分类行为的关键驱动因素，构建了城市居民垃圾分类行为驱动机理理论模型。进一步根据中国一线城市的调查数据，采用单因素方差分析、相关分析、分层回归分析等实证研究方法，对该模型进行验证与优化。

（3）基于“执行侧”视角，结合个体态度反应模式，构建了包括了解度、支持意愿、执行意愿和带动意愿的城市居民垃圾分类行为引导政策响应模型，并探究了城市居民对垃圾分类行为引导政策的响应机制。

（4）从行为“执行—带动”的视角，对信息交互干预机制和协作分类机制下的城市居民垃圾分类行为进行政策仿真分析，探究垃圾分类行为形成及复现的演化机制，明晰城市居民垃圾分类行为形成及复现的最优与次优过程和条件。

最后根据质化分析与量化分析结果，从行为驱动、政策践行及现实机制运行三个方面提出了城市居民垃圾分类行为干预政策建议，为有效引导城市居民垃圾分类行为提供借鉴。

关键词：城市居民；垃圾分类行为；驱动机理；响应机制；引导政策

Abstract

With the development of China's economy and the increase of urbanization, the amount of urban residents' resource consumption and the volume and complexity of domestic municipal solid waste (MSW) are increasing. It has become an important issue that needs urgent exploration in the field of resources and environment to solve the problem of pollution caused by MSW and to realize the reuse of resources. Waste source separation is the fundamental prerequisite for ensuring effective recovery and recycling, and it determines whether the entire waste resource and reduction process can be effectively carried out. To clarify the driving mechanism of waste separation behavior and to design and implement effective intervention policies based on this, it is of great significance to guide the residents' waste separation behavior and realize the recycling of waste. Based on the technology route of "raising problem—theoretical research—empirical research—deductive simulation research—solving problems", this book takes the urban residents' waste separation behavior as the research object and comprehensively uses basic theories and methods such as behavior science, psychology, and economics. A comprehensive path model including behavior driving, policy response, and policy simulation is studied deeply. The specific research contents are as follows.

(1) Based on the process logic of the main body, standard, implementation, and goal in the activities of waste separation, the connotation

of the urban residents' waste separation behavior is defined. From the perspective of behavior motivation and qualitative research, four dimensions of waste separation behavior are constructed and verified, including the waste separation behavior for habit, the waste separation behavior for decision, the waste separation behavior for relationship, and the waste separation behavior for citizen.

(2) Using qualitative research methods, the key driving factors of the urban residents' waste separation behavior are explored, and a theoretical model of the urban residents' waste separation behavior driving mechanism is constructed. Further, according to the survey data of first-tier cities in China, the model is verified and optimized by using empirical research methods such as ANOVA analysis, correlation analysis, and hierarchical regression analysis.

(3) Based on the perspective of "execution side" and the attitude response model, the urban residents' waste separation behavior guidance model—including understanding, support will, execution will, and willingness to drive—is constructed, and the response mechanism of urban residents to the guidance policy of waste separation behavior was explored.

(4) From the perspective of "execution and driving" of the behavior, the study makes a policy simulation analysis on the urban residents' waste separation behavior under the information interaction mechanism and the cooperative separation mechanism. This aims to explore the evolution mechanism of the formation and recurrence of the waste separation behavior, and clarify the optimal and sub-optimal processes and conditions for the formation and recurrence of urban residents' waste separation behavior.

Finally, according to the results of qualitative analysis and quantitative analysis, the intervention policy suggestions of urban residents' waste separation behavior are proposed from the perspective of behavior-driven, policy implementation, and the actual operation of the mechanism. This can provide guidance for effectively guiding the urban residents' waste separation behavior.

Keywords: urban resident; waste separation behavior; driving mechanism; response mechanism; guiding policy

目　　录

Contents

第一章

导　　论

第一节　研究背景

一　中国城市生活垃圾及其管理现状

（一）中国城市生活垃圾的产生

城市生活垃圾又叫城市固体废物（Municipal Solid Waste，MSW）。生活垃圾是指在日常生活中或者为日常生活提供服务的活动中产生的固体废物以及法律、行政法规规定视为生活垃圾的固体废物（全国人民代表大会常务委员会，2016）。美国国家环保局（Environmental Protection Agency，EPA）将其界定为一个较为易懂的概念，即通常扔掉的耐用物品、容器与包装材料和其他类型的废弃物。城市生活垃圾主要来自家庭住宅、公共场所、商业部门、公共机构等（王建明，2007；Zhang et al.，2010）。其中，家庭住宅中产生的垃圾是最重要的组成部分，约占城市生活垃圾总量的60%（杜吴鹏等，2006）。从成分看，垃圾包括纸、塑料、玻璃、电池、金属、布、灰土、落叶等，其中各成分的占比在不同城市、不同季节和不同场所有所差异。在大城市中厨余等有机垃圾较多，而在中小城市中灰土等无机垃圾相对较多；夏季和秋季则分别以瓜果皮和落叶为主。

中国垃圾产生量呈逐年递增趋势（见图 1-1）。2006 年全国总产量为 14841.4 万吨，2016 年增长至 20362 万吨。垃圾的人均日产生量呈缓慢上升趋势，2016 年中国人均垃圾日产生量约为 1384 克，高于 2006 年人均日产生量（1221 克）。此外，大中城市，尤其是特大和超大城市，由于人口密度和资源消耗量较大，垃圾产生量相对较高。中华人民共和国环境保护部（以下简称环境保护部）发布的《2016 年全国大、中城市固体废物污染环境防治年报》① 显示，2015 年，246 个大中城市生活垃圾产生量为 18564 万吨，占全国产生总量的 96.98%。上海、北京、重庆、深圳、成都、广州、宁波、杭州等城市的生活垃圾产生量常处于全国各城市前列，且排名前 10 的城市的垃圾产生总量约占统计的大中城市产生量的 30%，其中重庆和宁波近年来的垃圾产生量年增长率在 30%以上。

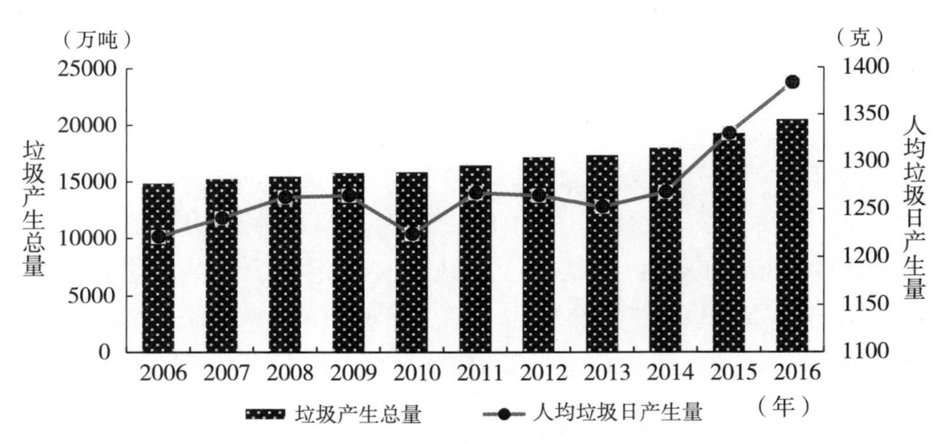

图 1-1 2006—2016 年中国垃圾产生量

资料来源：根据《中国城市建设统计年鉴（2016）》② 计算整理。

---

① 中华人民共和国环境保护部：《2016 年全国大、中城市固体废物污染环境防治年报》，2016 年 11 月 12 日，http://www.cnki.com.cn/Article/CJFDTotal-ZWZS201611009.htm，2019 年 1 月 18 日。

② 中华人民共和国住房和城乡建设部编：《中国城市建设统计年鉴 2016》，中国统计出版社 2017 年版。

（二）分类现状

中国《城市生活垃圾分类及其评价标准》（CJJ/T102-2004）[①]中规定，垃圾的分类主要包括可回收物、大件垃圾、可堆肥垃圾、可燃垃圾、有害垃圾及其他垃圾六类（见图1-2）。该标准对每一类垃圾进行了内容的界定，并指出各地区垃圾分类应根据垃圾的特性以及本地区相关环境规划的要求，选择相应的垃圾分类方法。这一分类标准不仅在内容界定上较模糊，存在交叉，还缺乏对垃圾正确投放方式的操作指导，进而导致居民对垃圾的可识别度较低，无法进行有效和正确的垃圾分类。

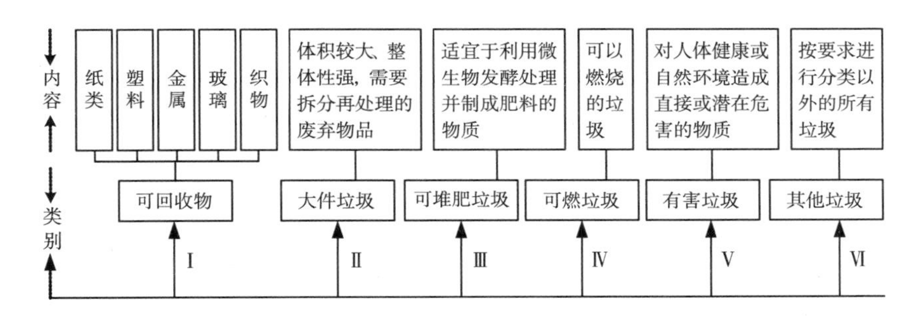

图1-2　中国垃圾分类标准

在垃圾分类基础设施建设方面，大部分城市在街道上虽设有分类回收的垃圾桶，但只分可回收垃圾和不可回收垃圾两类，并使用文字标明。中国《城市环境卫生设施设置标准》（CJJ27 2005）[②]只规定了垃圾分类收集容器应美观适用，并带有符合现行国家标准《城市生活垃圾分类标志》（CB/T19095—2003）的标识，但仍缺乏具体的实施细则和操作规范。中国垃圾分类收集容器缺乏针对性，

---

① 广州市市容环境卫生局：《城市生活垃圾分类及其评价标准》（CJJ/T102-2004），中国建筑工业出版社2004年版。

② 上海市环境工程设计科学研究院：《城镇环境卫生设施设置标准》（CJJ27-2005），中国建筑工业出版社2005年版。

以及中国城市居民对垃圾分类知识的掌握参差不齐（文一波等，2016），垃圾无法被有效和正确地分类，进而导致在收运环节的工作较难开展，出现混收混运的现象。

（三）收运现状

中国垃圾收运体系是由政府主导，政府环卫部门和专业环卫公司共同参与的收集、运输模式。环卫部门的职责主要包括街道和社区垃圾的收集和垃圾转运站到垃圾处理设施的运输。从过程（见图1-3）上看，中国的垃圾收运模式包括两次收集和运输的环节（Zhang et al.，2010）。第一个环节是垃圾从产生端到指定收集点的贮藏和运输过程，多采用散装点、垃圾桶（箱）、垃圾房和垃圾车等形式收集。第二个环节是从指定收集点到垃圾处置场地的贮藏和运输过程，通常这一过程由市政环卫部门完成。文一波等（2016）将中国不同城市垃圾的收运方式归纳为五类，即压缩车直运模式、车载桶装和水平压缩直运模式、机动（人力）收集车和垂直式压缩站直运模式、移动箱直运模式、小收集大中转模式。在垃圾的收运过程中，政府环卫部门和专业环卫公司多采用混合收集和混合运输的方式，而收集回收工作主要是由少数居民、拾荒者和部分环卫工人参与（杨海，2016）。总体来看，中国垃圾收运体系中家庭的参与度较低，垃圾收运环节的资源化主要靠“非正式废弃物回收体系”中的拾荒者和环卫工人实现，具有市场混乱、无序经营、效率低下、二次污染等弊端。随着国家强制垃圾分类政策的推行，部分省市已逐步推进强化分类收集运输的相关管制政策①。

（四）处理现状

中国对垃圾无害化处理的方式主要包括填埋、焚烧和堆肥三种，最主要的方式为填埋，其次为焚烧。2015年中国通过填埋和焚烧的

---

① 西安财政局：《西安市生活垃圾分类管理办法》，2019年6月14日，http：//xac-zj. xa. gov. cn/info/1537/30768. htm，2020年1月18日。

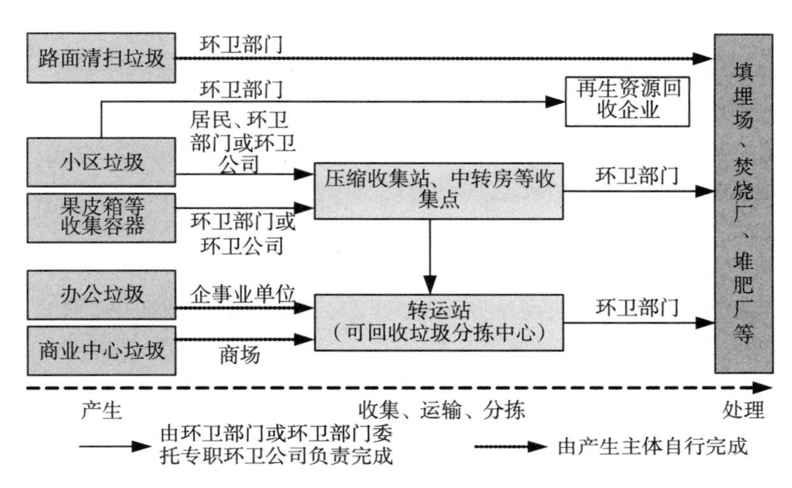

图 1-3　中国垃圾收运路径

垃圾占总体处理垃圾的 98.0%（见图 1-4），其中，中国填埋垃圾方式占比正逐年降低，从 2004 年的 85.2%减少至 2015 年的 63.7%；焚烧垃圾方式占比逐年增加，从 2004 年的 5.6%上升至 2015 年的 34.3%；堆肥及其他处理垃圾的方式越来越被舍弃，2013 年仅有 1.7%的垃圾通过堆肥及其他方式处理。总体来看，中国仍是以填埋垃圾为主，造成大量的土地资源被占用及污染。此外，焚烧无害化处理的方式会产生大量的致癌物质二噁英，造成严重的空气污染。虽然垃圾焚烧的能量回收和残渣利用能够实现其资源化处理，但是需要高技术水平的余热回收及存储装置。即使是在以焚烧为最主要方式的日本，只有不到 30%的焚烧厂可以发电，甚至还有 35%的焚烧厂没有余热回收装置，在能发电的焚烧厂中，平均发电效率仅为 11.73%，远低于日本政府所设定的 23%的“高效”标准（Tabata and Tsai，2016；服部雄一郎，2013）。因此，焚烧不仅存在焚烧排放“后处理”的难题，还不能有效地实现资源回收、能源转换和能源存储。

为实现资源的可持续发展，循环经济的概念被提出并用来指导人们日常生活中的资源消耗活动，循环经济依赖于以无害化、资源

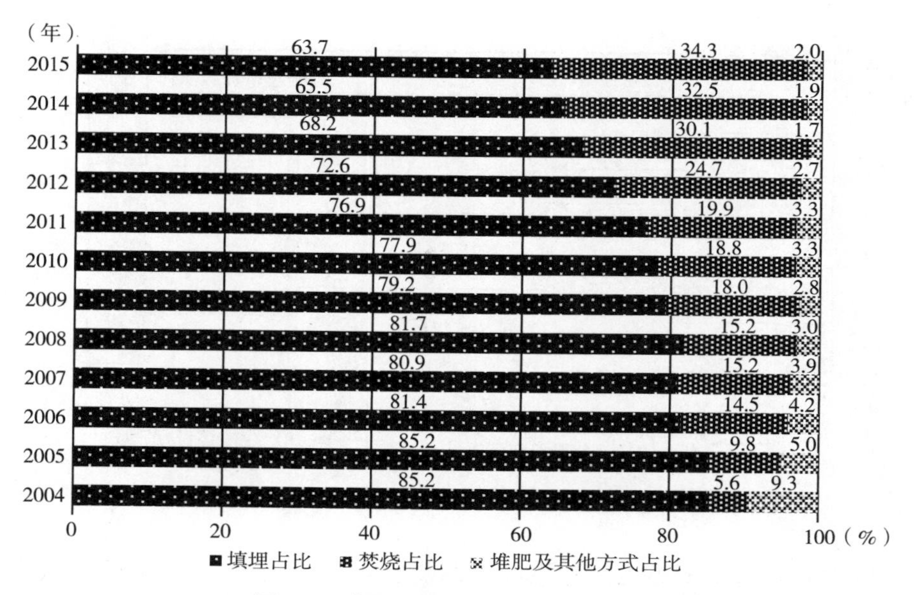

图 1-4 中国垃圾各类处置方式的占比

注：因四舍五入，比重之和可能不为 100%，下同。

资料来源：国家统计局：年度数据（2004－2016），2018 年 3 月 6 日，http：//data. stats. gov. cn/search. htm？s =% E5% 9E% 83% E5% 9C% BE% E5% A4% 84% E7% 90% 86，2020 年 1 月 18 日。

化和减量化为内容的行为原则（An et al.，2014）。中国以循环经济为指导原则而开展的垃圾管理始于 2011 年，国务院出台的《关于进一步加强城市生活垃圾处理工作的意见》确定了垃圾处理的“减量化、资源化、无害化”原则①。

欧盟委员会在 2008 年也指出，垃圾处理包含 7 个层次（见图 1-5），其中由低到高依次为：处置（Dispose）、治理（Treat）、回收（Recover）、资源化（Recycle）、重复利用（Reuse）、减量（Reduce）和源头减量（Avoid）（EC，2008）。从概念的层面看，无害化是指处置后的垃圾不再对生态环境（土壤、水源、大气）构成威胁和污染；

① 国务院：《关于进一步加强城市生活垃圾处理工作的意见》，2011 年 4 月 19 日，http：//www. gov. cn/gongbao/content/2011/content_ 1858086. htm，2020 年 1 月 18 日。

资源化的内涵包括将垃圾中的可回收物加以回收，减少资源和能源的过度使用，同时减少垃圾对环境的危害和污染；减量化要求在产品生产、流通、消费使用及末端处置全过程中，降低不可持续资源和能源的消耗，同时减少废物的排出（Zhang，2011）。

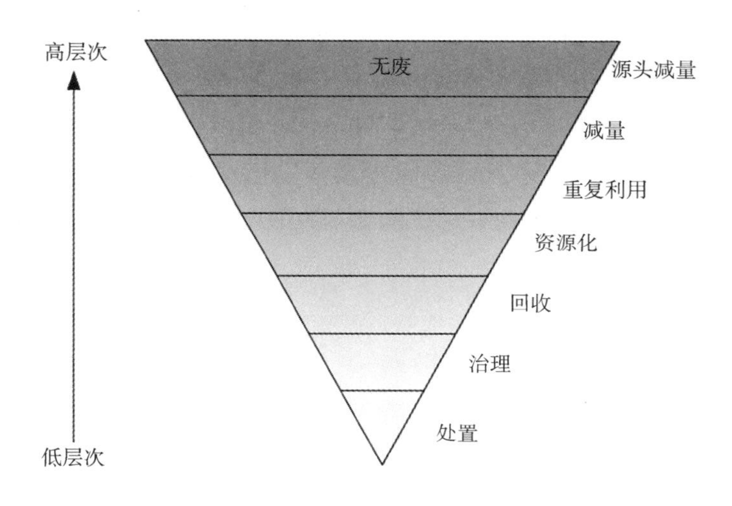

图 1-5　垃圾处理层次

通过对概念进行分析可知，无害化是对垃圾的无害处理，产生生态效益；资源化是对垃圾的再利用，不仅实现了垃圾的无害处理，产生生态效益，还会产出经济和资源效益；减量化则是从源头、收运、末端处置等全过程对垃圾的无害化和资源化处置，是一种更为系统的指导原则。因此，从生态环保、个体健康、资源可持续的角度来看，无害化、资源化与减量化之间存在进阶的关系，即减量化优于资源化，资源化优于无害化（见图 1-6）。

虽然《中华人民共和国循环经济促进法》① 中规定，应优先按减量化原则进行垃圾处理，但目前中国的垃圾资源化利用率较低，且减量化成效不明显，中国对垃圾的处置方式仍处于较低阶的无害

① 全国人民代表大会常务委员会：《中华人民共和国循环经济促进法》，2008 年 8 月 29 日，http://www.gov.cn/flfg/2008-08/29/content_ 1084355.htm，2020 年 1 月 18 日。

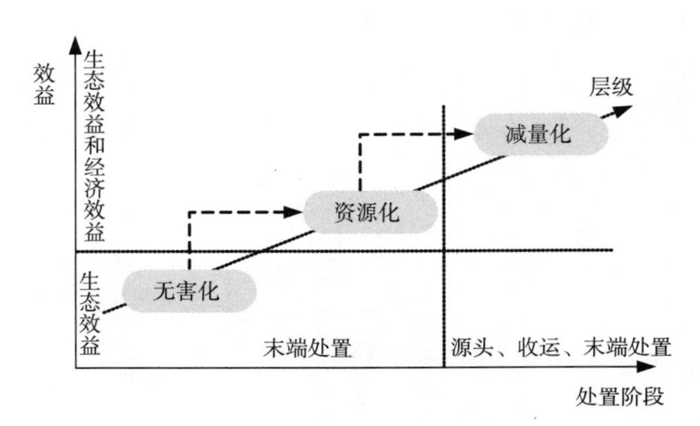

图 1-6　垃圾处置理念的进阶特征

化处理阶段。

（五）垃圾管理监管

1974 年 10 月，中国首次成立国务院环境保护领导小组，并负责制定环保政策方针、协调环保工作（见图 1-7）。随后，成立城乡建设环境保护部以及国务院环境保护委员会（1984 年）。国务院环境保护委员会主任由副总理兼任，办事机构设在城乡建设环境保护部（由环境保护局代行）。1988 年，政府将城乡建设和环境保护工作分离，设置了国家环境保护局，并由国务院直属领导。1998 年，国务院环境保护委员会撤销，国家环境保护局升格为国家环境保护总局（以下简称环保总局，正部级）。2008 年 7 月，环保总局进一步升格为国务院组成部门，即环境保护部。[①] 2018 年 3 月中国公布了《国务院机构改革方案》，将环境保护部的职责、国家发展和改革委员会（以下简称国家发展改革委）的应对气候变化和减排职责、国土资源部的监督防止地下水污染等职责整合，组建生态环境部，生态环境部依然作为国务院组成部门。虽然在机构设置上体现了中国政府对环境保护的足够重视，但仍未形成

---

① 中华人民共和国生态环境部：《生态环境部历史记》，2018 年 3 月 16 日，http：//www. mee. gov. cn/zjhb/lsj/，2020 年 1 月 18 日。

独立的针对垃圾的监管机构。

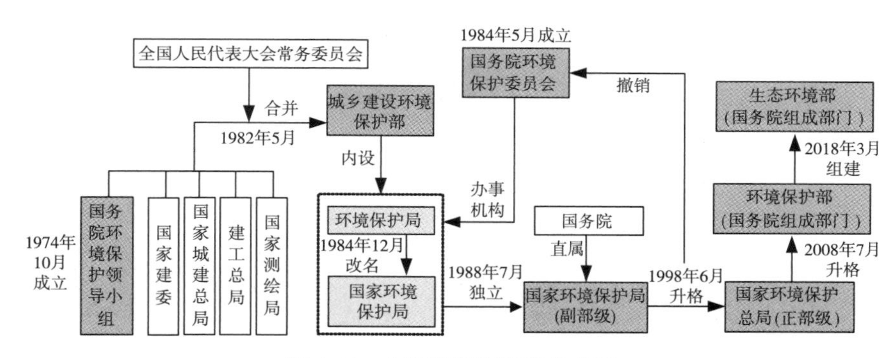

图 1-7　中国垃圾管理机构变迁

1986 年，国务院出台了一份《关于处理城市垃圾改善环境卫生面貌的报告》，该报告首次对城市环卫和垃圾收运进行了相关规定。建设部 1993 年发布的《城市生活垃圾管理办法》，从城市市容和环境卫生的角度对垃圾管理提出宽泛的要求，但缺少详细可操作的执行办法和实施标准。全国人民代表大会常务委员会 1995 年通过了《中华人民共和国固体废物污染环境防治法》，这是中国第一次以法律条文明确要求全国逐步实行城市生活垃圾分类，标志着中国城市生活垃圾分类管理制度的初步建立。2000 年以后，随着政府和公众对垃圾处理关注程度的提高，中国政府相应地发布了相关的技术和财政政策。2002 年国家发展计划委员会（以下简称计委）、财政部、建设部、国家环境保护总局联合发布的《关于实行城市生活垃圾处理收费制度，促进垃圾处理产业化的通知》指出，城市生活垃圾的清扫、收集、运输和处理要收费，从而为垃圾处理提供财政支持。2011 年国务院颁布实施了《关于进一步加强城市生活垃圾处理工作的意见》，该意见明确了生活垃圾处理的“减量化、资源化、无害化”原则。中国政府对城市生活垃圾的管理提出了具体的管理办法和技术标准，但各政策自成体系，设计缺乏关联性。

国家发展改革委会同住房和城乡建设部起草的《垃圾强制分类

制度方案（征求意见稿）》[①] 中指出，对垃圾分类进行了强制规定，标志着中国对生活垃圾分类管制力度的提升。2016 年 11 月江苏发生首例因生活垃圾有人被定为污染环境罪有期徒刑的案例。2017 年 3 月 18 日，国务院办公厅通过了《垃圾强制分类制度方案（征求意见稿）》，并于 3 月 30 日正式发布了《生活垃圾分类制度实施方案》[②]。相关政策的颁布及实施，体现了中国政府对违反垃圾政策的处罚力度正逐步加强。

综上，近年来，中国经济与城镇化处于飞速发展时期。2013—2016 年中国 GDP 年增速为 7.2%，高于同期世界 2.6%和发展中经济体 4%的平均增长水平，平均每年增长 44413 亿元（按 2015 年不变价计算）[③]。高的城镇化率和经济增速需要消耗更多的资源，进而使中国垃圾总产量逐年增加。但垃圾的分类标准较宽泛，缺乏具体的实施和操作细则，对居民的指导性不强。另外，垃圾分类收集容器缺乏针对性，居民无法进行有效和正确的分类，进而导致在收运环节的工作较难开展，出现混收混运的现象。这种现象使得分类主体缺乏对垃圾回收体系的信任感，会进一步降低居民的垃圾分类意愿，形成恶性循环。此外，中国垃圾收运过程为政府主导模式，家庭在整个过程中参与度较低。在收运过程中垃圾的资源化，主要是靠“非正式废弃物回收体系”中的拾荒者和环卫工人实现的，具有市场混乱、无序经营、效率低下、二次污染等弊端。而且垃圾收运收费体制标准不能有效地体现“污染者付费”“使用者付费”原则，具

---

① 《国家发展改革委办公厅、住房城乡建设部办公厅关于征求对〈垃圾强制分类制度方案（征求意见稿）〉意见的函》，2016 年 6 月 20 日，http://www.gov.cn/hudong/2016-06/20/content_5083862.htm，2020 年 1 月 18 日。

② 国家发展改革委、住房和城乡建设部：《生活垃圾分类制度实施方案》，2017 年 3 月 30 日，http://news.xinhuanet.com/politics/2017-03/30/c_1120726926.htm，2020 年 1 月 18 日。

③ 国家统计局：《年度数据》（2004—2016），2018 年 3 月 6 日，http://data.stats.gov.cn/search.htm?s=%E5%9E%83%E5%9C%BE%E5%A4%84%E7%90%86，2020 年 1 月 18 日。

有不公平、不合理的缺陷。从垃圾处理方式看，中国采取以传统的填埋为主、焚烧为辅的处理方式。随着垃圾产生量逐年增多，许多垃圾填埋处理场已在超负荷运转中，因此垃圾焚烧比例逐渐增加。中国对垃圾的治理起步较晚，加上垃圾产生环节较高的人均日产生量和混收混运的收运模式，加大了垃圾资源化和减量化处理的难度，存在减量化成效不明显、资源化利用率较低的问题，使得对垃圾的处置水平仍处于较低层的无害化阶段。为此，政府应不断加强对垃圾分类的管理，提高垃圾的资源化利用率和减量化效率，特别地，2017 年 3 月发布的《生活垃圾分类制度实施方案》，标志着中国城市生活垃圾正式进入分类管制阶段。

二　中国城市居民生活垃圾源头分类行为的必要性

（一）中国城市生活垃圾围城——源头分类迫在眉睫

城市生活垃圾的管理往往是衡量城市治理的指标（Nzeadibe and Anyadike，2012；UnHabitat，2010），甚至是一个城市健康、良治的标志（Anantanatorn et al.，2015）。作为一个垃圾“生产”大国，中国对垃圾的管理起步较晚，在垃圾的治理中存在着诸多缺陷，较日本及欧洲发达国家落后（娄成武，2016）。经济发展、城镇化和城市居民生活水平的提高使垃圾产生的数量不断增加，复杂程度不断提高。然而，作为中国城市生活垃圾处理主要手段的填埋和焚烧，无法跟上垃圾产生的增长速度。中国多个城市陷于垃圾围城的境地中，垃圾存量处于较高的水平（Sun et al.，2018）。

城市生活垃圾既是城市环境的主要污染物，又是一种需要挖掘的资源（Mühle et al.，2010）。为了将垃圾变废为宝，实现资源的重复利用，进而解决日益增长的资源能源供需矛盾问题，将垃圾无害化、资源化和减量化处理变得越来越重要（Chen and Tung，2010）。在垃圾回收的整个过程中，居民对垃圾的分类活动是最初始的环节，即源头分类环节。源头分类环节的成效不仅决定了垃圾收集、运输及处理环节的分类回收难度，还会影响各环节对实现垃圾资源化和减量化的效能感与信任感。因此，垃圾源头分类活动是确保生活垃圾有效回收、循环利用的根本前提，垃圾分类是否合理决定了整个垃圾资源化和减量化处理过程是否能够有效地进行（Perrin and Barton，2001；Andrews et al.，2013）。可以看出，城市生活垃圾源头分类迫在眉睫，对城市居民生活垃圾源头分类行为（以下简称“垃圾分类行为”）的引导具有重要的意义。

（二）政府对居民生活垃圾分类行为的引导效率低下

早在20世纪60年代，美国为了解决不断增长的垃圾数量与逐渐紧缺的垃圾填埋场地之间的矛盾问题，开始着手研究垃圾的循环利用，并于1970年成立了国家资源循环利用中心，主要进行废物循环利用方面的开发研究和实践。随后，类似的机构在世界各地纷纷建立，以解决本国的垃圾问题。这些机构在废物循环利用方面进行了大量的研究，并发现，废物中的一些成分，如金属、纸、玻璃等可以被分离出来，进而得到循环利用。这不但可以解决废物问题，同时也可以保护矿物质、树木、石灰石等自然资源。因此从70年代后期，美国、欧洲等国家和地区纷纷开始源头分类试点项目，并于80年代后期至90年代初期开始广泛开展源头分类和循环利用项目，收到了一定的成效。例如，荷兰已经通过立法，要求从1994年开始，所有居民要实施生活垃圾中有机物与其他垃圾的源头分类。法国从2004年起就已经全部实施垃圾分类收集。① 美国目前最流行的垃圾分类方式是在居民小区内进行垃圾分类以及设立可循环物质回收网点，如在停车场设立具有醒目标志的可回收物质的垃圾箱。另外，为了激励居民进行合作，政府往往给予一定的回报。这些回收网点设立在超级市场等居民经常光顾的地方。居民小区的分类、回收网点的设立以及中转站的分类，为公众提供了极大的方便，因此使得美国整体的垃圾回收利用率得到很大提高。

---

① Segall L.，“Trends in European MSW Composting”，*Biocycle*，Vol. 31，No. 1，1992.

然而，由于垃圾随意处置会具相关负面影响具有外部性的特征①，污染环境，危害健康，居民在私人领域（如家庭领域）为了避免垃圾带来的污染和保持健康而积极地参与源头分类，但在公共场所却不愿付出时间或精力进行垃圾分类，经常发生乱分、乱扔垃圾的行为。统计数据表明，美国有超过一半的可回收垃圾由于分类不当导致其无法得到循环利用。② 也就是说，在监管和引导不当的情况下，垃圾源头分类仍然得不到有效执行，容易出现“公地悲剧”的现象。

在中国，虽然生活垃圾源头分类已经被认为是生活垃圾管理的一个重要方面，也是生活垃圾减量化、资源化的重要前提，但生活垃圾源头分类的实施却步履维艰，效果也不尽如人意。2017 年 3 月 30 日，国家发展改革委、住房和城乡建设部更是出台了《生活垃圾分类制度实施方案》③。该方案指出，到 2020 年底，基本建立垃圾分类相关法律法规和标准体系，形成可复制、可推广的生活垃圾分类模式，在实施生活垃圾强制分类的城市，生活垃圾回收利用率达到 35%以上。总体来说，为了有效地实现城市生活垃圾的资源化和减量化处理，促进资源的重复利用，政府增加了许多强制性的干预措施，将居民进行生活垃圾源头分类义务化。虽然生活垃圾源头分类受到了政府的不断重视，我国也曾先后在北京、上海、广州、深圳、杭州、南京、厦门和桂林 8 座城市实施了生活垃圾源头分类的试点工作，但试行的结果很不理想，没有一座城市把生活垃圾源头分类的试运行真正推广起来，并植入民心。总体而言，我国居民对生活

---

① 王建明、彭星闾：《城市固体废弃物规制政策研究综述——推进循环经济的前沿领域》，《外国经济与管理》2006 年第 9 期。

② Mancini S. D., Nogueira A. R., Kagohara D. A., et al., “Recycling Potential of Urban Solid Waste Destined for Sanitary Landfills: The Case of Indaiatuba, SP, Brazil”, *Waste Management & Research*, Vol. 25, No. 6, 2007.

③ 国家发展改革委、住房和城乡建设部：《生活垃圾分类制度实施方案》，2017 年 3 月 30 日，http://news.xinhuanet.com/politics/2017-03/30/c_1120726926.htm，2020 年 1 月 18 日。

垃圾的处理仍为原始的混合收集、混合清运、混合处置方式。

综上，无论在对垃圾源头分类引导起步较早的发达国家，还是在不断重视居民垃圾源头分类的中国，都出现了垃圾源头分类效果不佳的现象。这一瓶颈化现象严重地阻碍了垃圾的循环利用。因此，新型有效的垃圾源头分类引导政策亟须开发。政策的颁布和实施需要理论的支撑和指导，垃圾源头分类引导政策的开发和制定同样需要坚实的理论基础。

（三）垃圾分类行为理论研究亟待提升

现有对生活垃圾管理行为的研究，尤其是从社会心理等角度对生活垃圾循环利用行为的研究已非常多见。学者探讨了居民生活垃圾管理行为，试图识别那些与居民生活垃圾管理行为相关的因素，研究居民在生活垃圾管理中的意识和态度，探讨他们行为的规律性，这对控制、引导和培养人们的生活垃圾管理行为具有重要意义，同时也为制定生态环境政策和推广环境保护技术以实现城市可持续发展提供社会学和心理学的依据。目前，这个领域比较流行的理论及模式主要包括理性行为理论、计划行为理论、规范行为理论、生活垃圾管理行为概念模型、生活垃圾管理行为理论模型等。这些构建理论模型的学者，根据自己的研究区域范围和特色，提出了影响行为的相关因素及这些因素对行为的影响方式。虽然理论模型有所交叉，但又各有特点，在影响行为的因素确定上存在不同，且这些因素的影响方式也存在着差异。研究认为，居民生活垃圾管理行为低发的主要原因包括：①公众环保意识和环境素养不够；②垃圾分类识别体系不易懂；③政策法规不健全；④经济投入相对不足；⑤产品和基础设施落实进度慢。[①②③]

但现有研究仍存在以下问题和不足：①影响因素间相互作用关

---

① 胡秀仁：《城市生活垃圾的源头分类收集》，《环境保护》2000年第8期。

② Mee N., Clewes D., "The Influence of Corporate Communications on Recycling Behavior", *Corporate Communications*, Vol. 9, No. 4, 2004.

③ 朱启臻：《一个尚未引起足够重视的问题——关于农民环境意识的调查与思考》，《调研世界》2001年第1期。

系研究缺失。现有关于垃圾分类行为影响因素的研究多为变量对变量影响关系的分析，而个体行为是通过复杂决策后的结果呈现，居民在城市生活垃圾分类的过程中，会基于多方面的考虑做出相应的行为决策。因此，了解各因素如何交互驱动城市居民垃圾分类行为，全方位掌握行为的驱动机理，是有效干预垃圾分类行为的前提条件。②居民对垃圾分类政策响应研究缺失。政策的目标在于节约资源、减少污染，进而建立健康与和谐的生活环境。在政策的制定与实施过程中，忽视政策执行者的态度和反应，不仅会偏离政府、企业、公众等多主体合作治理城市生活垃圾的现实趋势，还可能引起政策的回弹效应。因此，探讨政策的执行者（城市居民）对生活垃圾分类引导政策的态度与反应，对科学有效地制定落实相关政策具有必要性。③研究方法较为单调。现有关于垃圾分类行为相关研究的文献中，研究方法多为小样本的问卷调查，难以掌握个体行为形成及复现的演化路径及稳定条件。

基于上述分析，本书拟通过文献分析和质性研究的方法，构建城市居民垃圾分类行为驱动机理理论模型与引导政策响应模型，并通过大规模问卷调研的方式，获取研究的实证数据，根据多元统计分析、结构方程模型和二次响应面分析的方法，对行为驱动机理与引导政策响应的理论模型进行检验和修正。根据城市居民垃圾分类行为驱动机理与引导政策响应实证分析提供的理论依据和数据基础，构建基于“执行—带动”模式下的垃圾分类行为学习模型，仿真城市居民垃圾分类行为形成和复现的过程与条件，进而洞察有效的干预机制，为有效地引导城市居民垃圾分类行为提出政策建议。

第二节　本书的切入点与研究框架

一　本书切入点

本书旨在对城市居民垃圾分类行为驱动机理及其对引导政策的

响应进行深入探究，选取中国城市居民为主要研究对象。首先，对居民垃圾分类行为的内涵进行清晰界定，并结合质性分析阐述其结构维度。同时，通过质性研究，探索垃圾分类行为的核心驱动因素及其作用机制，进而构建中国城市居民垃圾分类行为驱动机理理论模型。其次，基于文献分析，构建垃圾分类行为引导政策的响应模型。根据理论模型中的各个驱动因素及政策响应内涵，开发中国城市居民垃圾分类行为及其驱动因素、引导政策响应机制相关量表，以获取中国城市居民垃圾分类行为及其驱动因素、政策响应分析的基础数据，并通过统计分析手段分析城市居民垃圾分类行为的现状、差异性特征和驱动机理，探讨引导政策的响应机制，以检验和修正本书构建的理论模型。再次，使用计算机仿真方法，分析居民自身执行并带动他人进行垃圾分类的引导方式和条件。最后，根据质化分析与量化分析结果，为干预城市居民垃圾分类行为提供政策建议。

二 本书的研究意义

（一）理论意义

（1）城市居民垃圾分类行为选择是一个复杂的过程，厘清城市居民垃圾分类行为的驱动机理，是有效干预垃圾分类行为的前提条件。基于实证分析探究城市居民垃圾分类行为的驱动因素，构建并检验城市居民垃圾分类行为驱动机理理论模型，为引导微观主体的垃圾分类行为提供了重要的理论支撑。

（2）在政策的制定与实施过程中忽视政策执行者的态度和反应，不仅会偏离政府、企业、公众等多主体合作治理城市生活垃圾的现实趋势，还可能引起政策的回弹效应。通过对城市居民垃圾分类行为引导政策响应的研究，为有效引导城市居民垃圾分类行为，避免行为的回弹效应提供了重要的政策践行依据，是对政策设计与执行相关研究领域的拓展和丰富。

（3）基于行为“执行—带动”视角构建垃圾分类政策引导机制，将行为干预的内涵从个体单一执行延伸至多方带动，是对资源环境领域个体行为干预理论的拓展。通过演化博弈、系统仿真的方法，探讨垃圾分类行为的形成与复现机制，促进了行为经济学、行为心理学、计算机科学等多学科的交叉应用，完善了个体垃圾分类行为演化路径相关研究的方法体系。

（二）实践意义

（1）生态意义。生活垃圾是城市环境的主要污染物，中国四百多个城市处在垃圾围城的困境之中。一方面，有效地引导城市居民积极参与垃圾分类，能够从源头改善垃圾的收运和处理难度，进而降低垃圾的乱排现象，减少城市污染；另一方面，对垃圾的分类回收和资源化再利用，会进一步节省资源，解决日益增长的资源供需矛盾问题，促进可持续发展。

（2）健康意义。中国现阶段基本是通过填埋和焚烧两种方式处理垃圾，填埋的处理方式对土壤和水会造成严重的污染，焚烧的处理方式则会导致大量的二噁英飘浮在空气中，均会影响居民的身体健康。居民“别在我家后院”的态度也反映了他们对垃圾不健康处理方式的厌恶与抵触。垃圾的源头分类会有利于相关部门对其进行无害化处理，进而为居民带来健康效益。

（3）经济价值。2015 年，中国政府在环境污染治理方面的投入达 8806.30 亿元，约占中国政府当年财政收入的 5.8%。引导城市居民在源头对垃圾进行减量化处理，减少垃圾乱扔现象，不仅能够降低污染治理的难度，还能降低垃圾的收运和处理难度，从而降低政府治理成本，带来经济效益。

三 本书的研究方法与思路框架

本书聚焦于中国城市居民，从垃圾分类行为驱动机理和政策响应出发，借鉴已有研究成果，综合运用行为经济学、行为心理学、计算机科学，以及文献研究、质性研究、调查研究、多元统计分析、结构方程模型、系统仿真和演化博弈等多学科的理论与方法进行研究，在研究过程中注重研究方法选用的科学性。

第一，运用质性研究方法，通过居民访谈并结合现有文献，探索城市居民垃圾分类行为的驱动因素，清晰界定各驱动因素的概念内涵，并构建城市居民垃圾分类行为驱动机理理论模型，提出研究假设。

第二，在质性分析、文献研究并进行多次专家访谈的基础上，结合量表设计的操作规范，科学地设计开发调查问卷量表，进一步结合现实情境，分层选取特定群体作为样本，开展问卷调查，据此收集实证所需数据。

第三，基于所获有效数据，对城市居民垃圾分类行为现状进行描述性统计分析，了解城市居民垃圾分类情况；运用T检验、方差分析、均值比较、相关分析、多元回归分析和结构方程模型，识别分类行为低发的居民群体特征，探究城市居民垃圾分类行为驱动机理。

第四，用输出表示变量输入后的响应结果，通过二次响应面回归分析方法，分析城市居民政策认知和情感对行为意向的影响关系，探讨政策的公众了解度、支持意愿对执行意愿、带动意愿的响应情况，掌握分类引导政策的践行基础。

第五，鉴于垃圾带来的污染和浪费具有公共产品属性、非竞争性和非排他性，在垃圾分类过程中容易造成“公地悲剧”“囚徒困境”等问题，加之演化博弈论的有限理性前提较符合个体在垃圾分类中的行为规律，本书通过演化博弈的方法，探究在垃圾分类过程中个体间协作机制的形成及稳定条件。

第六，基于对垃圾分类行为驱动机理与政策响应机制的分析，结合联结学习理论和协作学习理论，从行为“执行—带动”的视角，构建信息交互干预机制和协作分类机制下的城市居民垃圾分类政策引导模式，借助 Matlab 仿真平台对模型进行仿真和数据模拟分析，探究居民行为形成及复现的过程和条件。

第七，基于研究分析结果，运用归纳与演绎等系统科学和思辨研究方法，从行为驱动、政策践行及现实机制运行三个方面提出了干预城市居民垃圾分类行为的建议，为有效引导城市居民垃圾分类行为提供借鉴。

本书的研究思路与框架如图 1-8 所示。

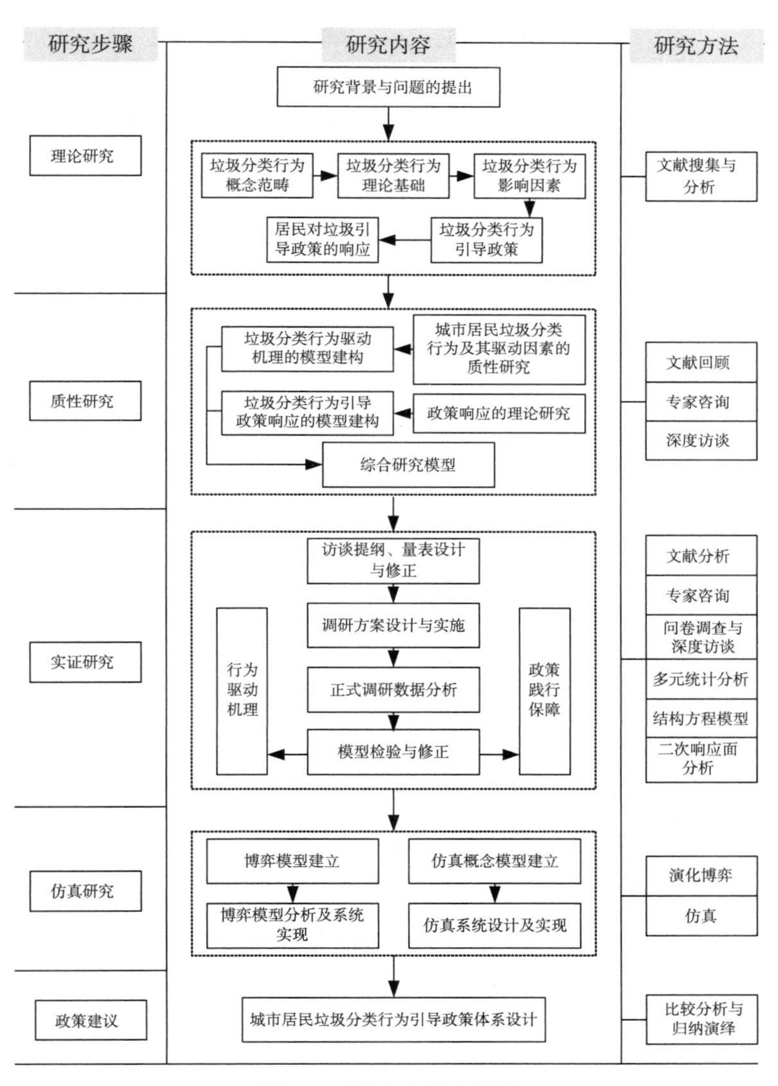

图 1-8　研究思路与框架

第二章

国内外垃圾分类行为相关文献与理论研究

第一节　垃圾分类行为概念范畴

一　垃圾分类行为的内涵界定

垃圾分类是垃圾有效管理的必要前提，是提高垃圾循环利用的最有效手段，是实现垃圾无害化、资源化和减量化的一个关键环节，因此也就被认为是垃圾管理中最优先考虑实施的方法[①][②]。有关垃圾分类行为的界定，我们先来回顾一下国内外学者的相关定义，如表2-1所示。可以看出，由于不同学者对垃圾分类研究的视角有所差异，他们对于垃圾分类行为的概念界定并不完全一致。但总体来说，这些概念存在共通性，相似的关键词反复被提及，包括城市居民、家庭、规定类别、不同性质、源头、分类收集、指定投放、储存运输、不同处置方式、再次利用、城市治理、资源化、减量化等。可

---

① Sinclair R. G., Ontario R. C. O., *Solid Waste Reduction Through Recycling*: *An Examination of Program Design in Canada*, Ph. D. dissertation, University of Ottawa, 1987.

② Chung S., Poon C., "The Attitudes of Guangzhou Citizens on Waste Reduction and Environmental Issues", *Resources Conservation & Recycling*, Vol. 25, No. 1, 1999.

见，学者主要是从主体、标准、执行和目标这一过程逻辑定义垃圾分类行为的。其中，主体主要为城市居民和家庭；标准包括规定类别和不同性质；执行包括源头、分类收集、指定投放和储存运输；最终要达成的目标则是实现垃圾的不同处置方式、再次利用、城市治理、资源化、减量化等。

表 2-1　学者对垃圾分类行为的概念界定

研究者	概念	界定	关键词
Gellers（1982）	垃圾源头分类行为	垃圾源头分类是指在进行生活垃圾管理过程中，以垃圾产生的源头——居民家庭作为整个管理过程的第一个环节，每个家庭把其产生的垃圾按规定类别分类收集，如将玻璃、报纸、金属、塑料等不同的垃圾分装在不同的垃圾袋中，并将这些垃圾按照类别投放到指定地点的行为	源头、居民家庭、分类收集、规定类别、指定投放
Lunde（1995）	垃圾源头分类活动	将纸类、玻璃、金属等材料通过家庭这一源头分离、收集，用于再次利用（如生产能源等）的活动	分离、收集、再次利用
曲英和朱庆华（2008）	生活垃圾源头分类行为	生活垃圾源头分类行为是指城市居民将产生的生活垃圾按规定的类别分类收集，并将这些分类收集的垃圾投放到指定地点或卖掉的行为	城市居民、生活垃圾、规定类别、分类收集、指定投放、卖掉
余洁（2009）	城市生活垃圾分类	城市生活垃圾分类是指按照城市生活垃圾的不同性质、不同处置方式的要求，从垃圾产生的源头上将垃圾分类后收集、储存及运输，它是城市生活垃圾处理体系中的一个关键环节	不同性质、不同处置方式、产生的源头、分类后收集、储存及运输
Fehr 和 Santos（2013）	垃圾源头分类	在垃圾的管理过程中，家庭对垃圾的源头分类使得本应按照废物处置的垃圾资源，通过相应的处理，加以逆向回收使用，实现物质流的逆向供应链形成	家庭、源头分类、逆向回收
鲁先锋（2013）	垃圾分类	垃圾分类是人们为减少垃圾排放量和提高垃圾再利用效率，根据垃圾的属性和回收利用的要求，对种类相同或相近的垃圾所进行的分类收集和管理	减少垃圾排放、垃圾再利用、相同或相近、分类收集和管理

续表

研究者	概念	界定	关键词
Jank 等（2015）	垃圾源头分类	根据不同的分类标准，将城市固体废物中的可回收利用垃圾和可填埋垃圾进行源头分离，以减少其后期处置难度，加强资源的回收利用并减少填埋造成的环境损害	回收利用、源头分离、处置难度、环境损害
徐林等（2017）	垃圾分类	城市居民的垃圾分类与回收关乎城市的治理水平，是破解当前中国“垃圾围城”困境的出路，也是实现城市垃圾减量化和资源化的根本路径	城市治理、减量化、资源化
Areeprasert（2017）	垃圾源分离活动	垃圾源分离实践是通过人们在日常生活中对生活垃圾进行源头分离，再将不同类别的垃圾运输至废物转运中心，选择性地对其进行材料回收、焚烧等活动	源头分离、不同类别、材料回收

然而，从主体方面来看，垃圾的源头来自家庭住宅、公共场所、商业部门、公共机构等（王建明，2007；Zhang et al.，2010），并不只是家庭住宅。因此，实施垃圾分类行为更为确切的主体应该是城市居民，居民积极参与垃圾的源头分类活动是解决垃圾带来的环境污染和资源浪费问题的关键与基础要素。综上，本书认为，垃圾分类行为是指在垃圾管理的过程中，城市居民作为垃圾产生和处理的源头，将其按规定类别进行分类收集，并投放到指定地点，进而降低垃圾的处置难度，促进实现垃圾无害化、资源化和减量化的行为。

二　垃圾分类行为范畴

从行为学的角度来说，对个体行为选择与行为表现形式的细化，有助于系统化和专业化研究，进而能够更加有针对性地和有效地解决行为现象中存在的问题。通过文献回顾可以发现，现有关于垃圾分类行为的研究多集中在行为影响因素方面，鲜有针对行为本身概念结构的探究。垃圾分类行为是一种特殊的、更为具体的环境行为，在其维度划分时，可借鉴参考环境行为结构的相关研究。在相关研究中，学者基于研究需要对环境行为结构进行划分，目前尚未形成统一的结构模式。

Sia等（1986）根据行为的表现形式，从说服、消费行为、日常生态管理、法律行动和政治行动五个方面对环境行为进行了细化研究。Thapa（2010）则认为，环境行为包括政治行动、资源回收、环境教育、绿色消费和社区活动五个方面。同样基于行为的表现形式，Smith-sebasto和D'costa（1995）将环境行为更加细化为公民行为、教育行为、财务行为、法律行为、实践行为和说服行为六类。Lee等（2013）则更加细化了环境行为的结构维度，基于社区游客的视角构建了负责任环境行为的七因素结构，包括公民行为、财务行为、肢体行为、说服行为、可持续行为、亲环境行为和环境友好行为。

基于行为发生心理导向领域，Stern（2000）结合行为的激进程度，将环境行为划分成激进的环境行为、公共领域的非激进行为、私人领域的环境行为和其他具有环境意义的行为（主要是指决策设计过程中工程师设计出可以在制造过程中减少资源消耗或减少污染的产品，或是公司的决策者能将环保因素纳入决策过程）四类。Chen等（2017）则基于行为发生的空间领域，将环境行为从居家领域、工作领域和公共领域进行了系统的探析，进一步地，又根据行为表现形式将不同空间领域的环境行为划分成基础环境行为、决策环境行为、人际环境行为和公民环境行为。

Kaiser等（2003）按照行为发生的内容，从垃圾管理、水和能源保护、资源恢复等具体行为对环境行为进行分类。彭远春（2013）在把城市居民环境行为分为私域环境行为与公域环境行为的基础上，又将其根据行为发生的具体内容划分为十类，包括垃圾分类投放、与亲友讨论环保问题、自带购物篮或购物袋、重复利用塑料包装袋、为环境保护捐款、关注环境问题与环保信息、参与环境宣教活动、参与民间环保团体举办的环保活动、自费养护树林或绿地以及参加要求解决环境问题的投诉或上诉。

综上所述，在环境行为结构维度的研究中，学者主要依据行为表现形成、呈现内容、心理导向、发生空间区域等方面，对环境行为进行细化分析。居民的垃圾分类行为在内容呈现和表现形式上，本身具有一定的末端性，难以更加细化。基于空间区域对分类行为的划分，虽然能够识别个体在不同空间领域的行为一致性，但无法了解行为发生的具体机理特征。Chen 等（2017）认为，从行为动机视角对行为进行结构划分，有利于洞悉行为原因，便于实施干预措施，并将负面的非期望环境行为分为自发型、跟随型和防御型三类。基于这种启发，本书将结合质性分析，从行为发生动机的视角，对垃圾分类行为进行结构细化。

第二节　垃圾分类行为相关理论基础及理论模型

一　规范行为理论（Norm Activation Model）

美国学者 Schwartz 于 1977 年最早提出规范行为理论，并构建了一个基于宏观社会心理模型框架的规范行为理论模型。该模型指出，只有当行为者意识到他们的行为可能对自身产生积极结果时，才会产生行为责任感，继而实施行为。该模型是由“道德责任义务行为”到“利他行为”的运转模型，主要包括需要的意识、获得这种需要的感受、解决问题的认知、对责任的理解、个人和社会规范的激励、个人和社会规范、成本的评估、情形再评估和行为九类因素。这九类因素之间的关系如图 2-1 所示。

基于这一规范行为理论，资源、环境行为领域相关学者对个体的环保类行为进行了深入的分析。Liere 和 Dunlap（1978）基于该模型探讨了后果意识和责任归属感与居民自家垃圾焚烧行为的关系，结果表明责任归属感对垃圾焚烧行为具有显著的预测作用，并验证了后果意识和责任归属感对垃圾焚烧行为的显交互影响效应。同样地，Guagnano 等（1995）通过实验的方式，对 257 名样本对象的垃

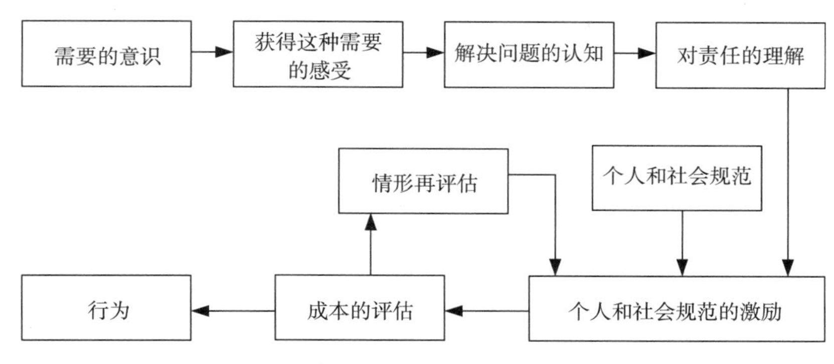

图 2-1　规范行为理论模型中各因素间关系

圾回收行为进行研究，发现对于没有配备垃圾箱实验组的居民，其行为变化也符合规范行为理论模型的关系影响路径，即态度因素与外部条件因素对居民垃圾回收行为存在显著的交互影响作用。Wittenberg 等（2018）则基于改进的规范激活模型，调查并分析了环境动机、相关心理因素、技术和经济因素对居民家庭节能行为的影响，最后发现问题意识、后果意识和主观规范能够显著地预测个人规范。He 和 Zhan（2018）提出了扩展化的规范激活模型来探讨个人规范与消费者购买电动汽车意向之间的关系，并探究了这种关系是如何受到外部成本以及个人规范影响的，实证分析结果表明，个人规范对电动汽车购买意向有正向的影响，并且这种影响会受到外部成本的调节作用，其中价格感知为负面调节作用，而复杂性感知则存在着非线性的调节作用。可以看出，在环境行为相关研究领域，规范行为理论基础模型或扩展模型存在广泛的应用，对相关研究的开展具有重要的指导意义。

二　计划行为理论（Theory of Planned Behavior）

Ajzen（1985）在理性行为理论的基础上，为了增加行为的预测和解释力，加入了行为控制认知对行为意向与行为的影响，提出了一种相对更为全面的态度与行为关系理论——计划行为理论，用以解释和预测在各种不同情境下个体的行为特征。该理论认为，个体的行为决策除受自身心理特征影响外，还受周围环境及其他个体行为的影响（见图2-2），即个体行为态度、主观规范、行为控制认知决定了个体的行为意向。行为态度是指个人对自身行为可能出现的结果的看法和观点，主观规范是指对他人标准化的行为模式的主观性感知，行为控制认知则指的是对于促进或阻碍行为效果的相关因素的认知。

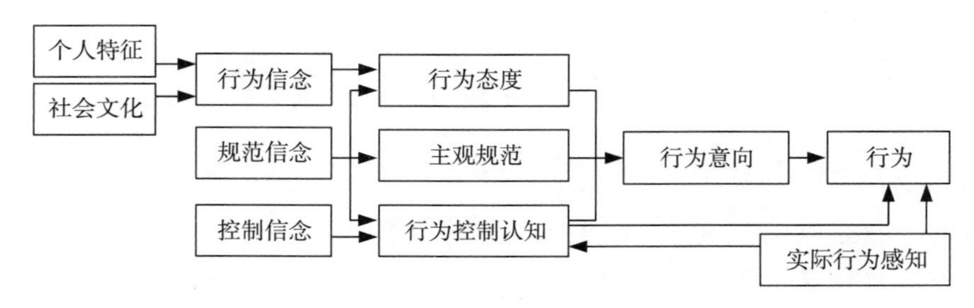

图2-2　计划行为理论框架

计划行为理论主要从三个阶段来分析行为的形成过程。其中，对于由行为人意志控制的行为，行为意向具有直接的决定作用，行为态度对行为具有正面或负面的影响，主观规范、行为控制认知与行为意向之间具有正向促进作用，即积极正向的态度和主观规范，以及较强的行为控制认知可以加强个体实施行为的意向，从而较可能做出相应的实际行为；不能由行为人意志控制的行为，除受行为意向这一因素影响外，还受到行为人对行为能力、资源条件等的行为控制认知的影响，行为控制认知在这种情况下，不仅会对行为意向产生影响，还会对是否实施行为产生直接影响，此时，行为控制认知可以作为实际行为的直接测量指标。Ajzen还认为，在不同的情景下，行为个体对行为会产生多种不同的信念，但行为信念、规范信念和控制信念这三种信念起主要作用。受个体特征及社会文化因素影响的行为信念构成行为态度的认知基础，对行为发生的可能性及行为结果进行评价，规范信念和控制信念分别构成主观规范和行为控制认知的心理基础。之后，Ajzen和Madden（1986）通过对大学生的实证研究，指出了计划行为理论相比于理性行动理论的优越性，由于增加了对主观控制感认知的考量，个体行为意向和行为的预测能力也相应合理了许多。

在垃圾分类行为相关研究领域，同样有许多学者应用该理论对循环利用行为、堆肥行为等进行了研究。Taylor 和 Todd（1995）基于该理论建立了一体化生活垃圾管理模型，并发现循环利用行为主要由行为意向和行为控制这两个因素决定，而行为意向则受到态度、社会规范和行为控制的影响。这一结论反映了计划行为理论在解释和预测居民生活垃圾循环利用行为时的合理性。Wan 等（2013）基于计划行为理论，通过问卷调查得到的数据分析了公众参与食品垃圾源头分类行为的影响因素，结果表明在当地有关部门充分准备了垃圾源头分类的机会、设施和知识条件下，公众则具有较高的垃圾源头分类参与意愿。此外，良好的道德价值观和情境因素，如储存便利性和收集时间也会提高公众对垃圾分类的参与率。

总体来看，计划行为理论已经广泛地应用于管理学和社会学等各个领域，许多环境行为研究领域相关学者也普遍采用该理论模型对各种情境下个体的环保类行为进行探索和研究，该模型已经成为环境行为研究领域中基础的理论依据和概念构架。在垃圾分类行为研究中引入计划行为理论，能够有助于发掘各主观变量与情境变量因素的作用方式。但计划行为理论也存在一定的不足，既然理性行动需要考虑诸如行为习惯、道德责任感以及自我同一性等变量来提高对意向和行为的预测能力，那么在计划行为理论中仅增加一个主观控制认知或许是不够的。如群体规范、行为意义感知及行为效能感知也是影响行为的重要因素。

三　行为决策理论（Behavioral Decision Theory）

“圣彼得堡悖论”对理性人的假设提出了挑战，该理论指出，若将硬币游戏无限次进行，预期收益将无限大，但并没有人愿意付更多的钱去获得如此可观的收益，这显然违背了利益最大化的决策原则。许多学者尝试对此做出解释，其中边际效用递减理论的提出为解释这一现象以及发展行为决策理论奠定了基础。至今，行为决策理论的内容发展已较为丰富，本书对其中较为典型的三种理论进行梳理如下。

（一）有限理性模型（Bounded Rationality Model）

20 世纪 50 年代由 Simon 提出的有限理性和满意决策模型，是最早代替期望效用的理论之一。现实中的个人往往依靠直觉来解决问题，而且就算人们谨遵各种理性假设，也会经常犯错误，所以说理性的经济人假设往往是一种理想的、简化的假设。现实世界纷繁复杂，个体之间千差万别，不可能用一个假设束缚住所有个体。[①] 基于此，Simon 指出了新古典经济学中两个致命的弱点：一是假设当前的决策现状与未来的决策变化有必然的一致性；二是假设决策者拥有所有方案的完备信息，并且各种可能的结果以及出现的概率都是确定的。Simon 认为，在现实中，如此严格的决策条件，几乎是不可能满足的，人类在获取信息或者处理信息时，能力都是有限的。知识和信息都是通过后天学习形成的主观认识，只要有主观因素的存在，就不可能是完全理性的。通过对人类认知过程的研究，Simon 发现人类的短时记忆容量实际上非常有限。记忆的偏差和想象力的局限，成为决策的又一大限制。Thaler（1988）同样认为，完全理性化的自利原则并不完全有效，人们会通过合作来产生共赢，甚至会无私地牺牲掉自己的利益来进行慈善捐赠。

近年来，学者不断地将有限理性决策理论应用到能源环境领域。Wittmann 等（2006）就基于有限理性模型分析了能源市场中规模、价格、竞争水平与消费者行为之间的关系，并据此探讨了能效投资障碍。Munro（2009）将有限理性决策理论应用到环境行为引导政策等公众政策上，为政府的政策制定提供了参考借鉴。Lange 等（2014）

---

① Simon H.，*Models of Bounded Rationality*：*Economic Analysis and Public Policy*，Cambridge：Mit Press，1982.

则在探讨影响个体回收行为因素的研究中，引入有限理性的经济概念，通过对306位居民的问卷调查分析表明，回收设施的感知距离相比于实际距离，更能够影响到个体的回收行为，验证了感知距离能够解释回收行为变化特征，而实际距离则显得较为多余。

总体来看，有限理性的核心在于人既不是完全自利，也不是完全自私，而是非完全理性的个体。人们常常会选择一个相对于预期目标比较满意的决策方案，而不是一味地追求效用最大化的决策方案，即服从"满意原则"。决定个体满意的因素可能包括关系、健康、经济、社会期望等各个方面。这些多方面的满意因素将有助于本书对城市居民垃圾分类行为驱动机理的解释。

（二）期望效用理论（Expected Utility Theory）

该理论是由John和Osker于1947年最早提出的，他们认为经典效用理论并非要解释人类的实际行为，而是要描述在一定理性决策条件下，人类会表现出怎样的行为。该理论的目的是给理性决策提供明确的公理，根据这些公理，决策研究者就可以将期望效用理论的数学预测结果与实际行为决策结果相比较，当某一公理未能满足时，便可对此理论做出修改和新的预测，通过理论与实际的不断对比，提出新的学说。

期望效用理论中的公理主要包括以下六条：一是偏好的有序性；二是偏好的可传递性；三是决策方案的占优性原则，理性决策者绝对不会选择一个其他决策方案占优的策略；四是决策因素的相消性，在比较这两个决策方案的时候，应当把能够产生相同结果的因素忽略掉；五是连续性，对于任意一类决策方案的结果，如果出现效用最大化的概率非常大，那么理性的决策者一定会在效用最大化和效用最小化的结果中进行选择，而不是选择介于两者之间的中间值；六是偏好的稳定性，理性的决策者不会因为决策方案不同的表达方式而改变其原始的偏好顺序，即使这些方案较为复杂而且具有阶段性特征。在该理论通过大量的数学方法进行原则验证后，发现若不能满足这些原则，决策效用就无法达到最大值。

通过文献检索可以发现，该理论在投资决策、风险决策领域应用较为广泛。但在环境行为相关研究领域，尤其是垃圾分类行为研究领域，对以该理论为基础开展的行为规律和行为现象的解释研究少之又少。个体的垃圾分类行为是其日常性行为，同样也会涉及效用感知问题，将该理论应用到个体垃圾分类行为研究领域，以个体的期望效用为视角分析其行为决策具有一定的创新性。

（三）前景理论（Prospect Theory）

在有限理性模型提出以后，出现了许多对行为决策的新研究。Kahneman 和 Tversky（1979，1986）通过大量的实验研究发现，在不确定的情景下，人们所做出的判断和决策往往是非理性的，并且这些决策偏差具有一定的规律性，由此提出前景理论。该理论指出，面对不确定的情景时，人类的决策常常以三种典型的启发式作为决策依据。一是代表性启发，是指在决策过程中人们会倾向于依据样本是否类似总体来判断事件出现的概率，代表性越高的样本会被认为有更高的出现概率；二是易得性启发，是指在决策过程中人们会倾向于以事物在记忆和知觉中较为容易获得的信息作为依据来评估其相对概率；三是锚定和调整，是指在决策过程中人们获得的最初信息会产生“锚定”效应，在接下来的过程中人们会以最初的信息为参照点，调整对某项事件的评估。在大部分的情景中，人们根据初始值进行推测来获得最终答案。最初的参照点或者出发点，可以解释为对某一特定问题的明确表达，也可以部分作为评估概率的结果。

前景理论主要存在五个方面的观点：①参照点依赖，人们在决策时往往会预先设定一个参照点，并依据参照点来衡量收益或损失，真正影响人行为的是相对量而不是绝对量；②风险偏好逆转，人们的风险偏好会在参照点附近发生逆转，人们面对收益倾向于风险厌恶，面对损失倾向于风险追求；③损失规避，面对同等数额的收益和损失时，人们对损失的规避程度要大于对收益的偏爱程度；④敏感性递减，越远离参照点，收益或损失的边际变化对人们的心理影响越小，类似于边际效用递减规律；⑤非线性决策权重，人们在决策时将事件发生的原始概率转化为一个非线性的决策权重，并且时常高估小概率事件而低估大概率事件。

关于前景理论，许多学者还有着更为深入的研究，如行为经济学研究领域的 Thaler，基于前景理论先后提出了禀赋效应、跨期选择、心理账户、行为金融等重要的经济学理论，也因此于 2017 年获得诺贝尔经济学奖。在资源回收、环境行为研究领域，Gsottbauer（2011）将有限理性决策理论和个体的偏好特征纳入对环境政策理论的研究，讨论了在风险不确定性、跨期选择、决策启发式、其他偏好或异质性特征的情境下，个体环境行为决策的演化情况。秦世环（2013）在研究居民出行方式选择的过程中，计算分析了基于前景理论和期望效用理论的出行联合选择模型，结果发现，基于前景理论的出行联合选择模型可以较好地描述不同类型的出行者在实际出行过程中的出行方式与路径选择行为。

同样地，垃圾分类行为是居民的一种行为决策结果，居民在城市生活垃圾分类的过程中，同样会受到参照点依赖、风险偏好逆转、损失规避、敏感性递减、非线性决策权重的影响。另外，居民往往会考量垃圾分类活动给自己带来的收益和损失是什么。由于现行的政府激励机制和政策不完善，居民在短期内无法得到物质上的收益，且在健康上的收益也只是一种隐性收益。与之相对应，居民垃圾源头分类行为造成的时间损失、舒适损失却是易得性感知。针对这种背离的现象，亟须以前景理论为基础支撑，探索居民垃圾分类行为的驱动机理，并进行相应的对策研究。

四　信任理论（Trust Model）

信任是经济学、社会学、社会心理学以及管理学领域中的一个共同关注的研究主题，学者从多个角度对信任进行了定义。有学者从正面期望的视角，将信任定义为个体对他人的相信程度，并愿意基于他人的语言、行为和决定采取行动，它是个体间对于彼此都不会利用对方弱点的信心（McAllister，1995）。McAllister（1995）还从信任者的视角将信任划分为认知型信任和情感型信任两种类型。还有学者从个体负面期望的视角，认为信任是人们对他人包含机会主义风险行为的依赖意愿（Williams，2001）。其中，Rousseau 等（1998）对信任的定义综合了他们的观点，在管理理论中被广泛接受。他们认为，信任是一种甘愿暴露弱点的心理状态，这种状态基于的是信任者对被信任者的意图和行为的积极期望，即期望被信任者未来的意图和行为都不会损害信任者的利益。进一步地，基于这一定义，Rousseau 等将信任分为威慑型信任、计算型信任、关系型信任和制度型信任四个方面。

从信任的定义看，可将其关键要素总结为以下四个方面（宝贡敏和徐碧祥，2006）：①同时存在信任方和被信任方。缺少任何一方，信任将无从产生，信任可以存在于个体与个体间、个体与群体或组织间；②乐观的心理预期。信任与否取决于信任方对被信任方行为的预期，当信任方对被信任方的行为持乐观的预期时，信任才可能产生；③接受风险的意愿。由于信任方不具备监督和控制被信任方行为的能力，被信任方的行为与信任方的预期可能会相背离，从而使得信任结果的不确定性导致风险的存在，信任意味着信任双方都愿意承担风险；④动态的过程。信任源于信任双方间的相互作用，信任方对被信任方的心理预期及其承担风险的意愿会受不同时间、情境的影响，并且会影响信任的程度。

货币哲学相关研究指出，现代社会中占支配地位的互动形式或社会关系是交换，交换不仅存在于有货币参与的经济领域，这一点在资本主义时期表现得尤为突出，而且社会各主体间的每次互动都可以被看作一个交换，只不过是交换的评价标准不同而已，而信任是社会交换和主体间互动的基础。[①] 垃圾源头分类活动是个体的一种社会活动，在此过程中需要多个环节的多方主体的共同参与，即垃

---

① Atkinson E.，"The Philosophy of Money"，*Monist*，Vol. 6，No. 3，2011.

圾产生、分类、收集运输、处理、监管等各环节主体的共同配合和努力。因此，垃圾源头分类处理作为一种多主体共同参与的管理活动，信任机制的建立便显得极为重要。

五　回弹效应理论（Rebound Effects）

Jevons 在 1886 年出版的专著《煤炭问题——英国能度过吗?》中指出，能源使用效率的提高并不会降低能源消费，反而将增加能源消费。这一观点后来被人们称为“杰文斯悖论”①。基于该悖论中阐述的现象，Khazzoom（1980）首次提出回弹效应的概念，这一概念也引起了众多学者对回弹现象的关注。Khazzoom 在概念界定时，仅针对因能源效率改善而引起的直接能源服务需求增加进行探讨，涵盖的范围与领域存在一定的限制性。随后，学者对回弹效应的内涵进行了不断丰富。目前最为流行和认可的是 Evans（2009）对回弹效应的界定与分类。他认为，回弹效应主要是经济范围的回弹效应，表示能源使用效率提高对整体经济的回弹效应，包括直接回弹效应与间接回弹效应。其中，直接回弹效应指的是能源利用效率的提高将会降低能源服务的有效使用价格，因此，将会增加此种能源的消费。直接回弹效应包括替代效应和收入效应两个方面。间接回弹效应指的是能源服务使用价格的降低可能会同时降低那些将能源作为投入要素的产品和服务价格，从而引致对其需求的增加。间接回弹效应主要由次生效应和隐含效应两方面来体现。

目前，关于回弹效应的研究已延伸至行为的回弹效应，尤其是在资源消费、环境行为相关研究领域。梁艳萍（2007）将回弹效应应用在环境政策研究领域，认为回弹效应是个体行为或者系统针对缓和环境影响的政策所做出的反应，这种反应会抵消政策和技术的效用。由于这种衍生效应，一些生态政策的效果有时候不仅低于事

---

① Jevons W. S., *The Coal Question: An Inquiry Concerning the Progress of the Nation, and the Probable Exhaustion of Our Coal-mines*, Hardpress Publishing, 2010.

先预期的，甚至还产生了相反的效果。Usui 和 Takeuchi（2012）使用回弹效应的内涵和 8 年追踪调查得到的资料分析城市居民垃圾减量化行为变化情况。

可以看出，避免居民垃圾分类行为可能存在的回弹效应具有重要的意义。基于此，本书将通过探讨城市居民对垃圾分类行为引导政策的态度、反应及其响应机制问题，厘清现有引导政策的效力性，并为政策制定者的政策设计与执行提供参考借鉴，预防因长期不当的引导政策而导致居民分类行为的反弹。

六 学习理论（Learning Theory）

学习理论的发展主要经历了行为主义、认知主义、建构主义、人本主义和社会学习理论等阶段（见表 2-2）。

1913 年美国心理学家 Watson 在 Pavlov 条件反射学说的基础上发表了《行为主义者视角下的心理学》，代表了早期的行为主义理论观点。Watson 主张心理学应该注重研究能够客观测量的和能够观察到的刺激和反应，因为个体的行为是通过环境的影响后天习得的，环境对个体的行为有决定性的作用，因此他的研究也会忽略和摈弃个体的主观意识与认知。1930 年开始出现以 Tolman 为代表的新行为主义理论，此流派的学者在行为主义理论的基础上修正了 Watson 的极端观点。他们认为，个体的心理或者生理状态包括需求变量以及认知变量，它们在个体受到刺激与做出反应之间起着决定性的作用。新行为主义的代表人物 Skinner 提出的操作条件反射理论表明了给予个体相应的外部刺激会使其产生相应的行为，这种行为的强化通过不断地刺激来实现。总之，行为主义理论认为，学习就是刺激与反应之间的联结，常用 S—R 加以表示。他们在研究方法上都强调动物与人的行为类比的客观研究，着重于客观的观察和实验。

然而，行为主义的理论只强调行为，忽略了个体的主观能动性与意识，把个体的学习都看成“刺激—反应”间的联结。因此，越来越多的学者开始研究个体内部认知与心理的变化过程，造就了认知主义学习理论的发展。1957 年，语言学家 Chomsky 对新行为主义代表人物 Skinner 的《言语学习》（*Verbal Learning*）提出了尖锐的批评，强调研究人的认知过程以及语言的先天性与生成性，他的观点直接影响到很多学习研究者，使他们开始从行为主义转向认知主义。

认知主义的代表人物 Ausubel 提出了认知同化说，认为学习新知识的过程，就是学习者积极主动地从自己已有的认知结构中，提取与新知识最有联系的旧知识，并且加以“固定”或者“归属”的一种动态的过程。Bruner 从教育学的角度说明了学习的重点是对信息的加工、归类、编码等，这需要培养学生的发现能力和创造能力。认知主义是以格式塔心理学为基点，强调了个体处理其环境刺激时的内部过程，而不是外显的刺激与反应。学习的基础是学习者内部心理结构的形成与改组，而不是外显的刺激—反应联结的形成或者行为习惯的加强或改变。认知学习理论的不足在于没有揭示学习过程的心理结构，以及不能解释为何相同个体在不同的环境下会有不同的表现。

1966 年，Piaget 在认知主义观点的基础上提出了建构主义的学习观点，他认为学习的结果，不是简单地对某种特定刺激做出某种特定反应，而是头脑中认知图式的重建，包括图式、同化、顺应和平衡四个过程。另一个建构派的代表人物 Vygotsky 指出，人所特有的心理机能不是从内部自发产生的，而是只能产生于人们的团队合作活动和人际互动中，个体的学习首先在外部环境的影响中形成初步结构，然后经由个体内部认知的处理，最终成为个体的内部认知结构。总的来说，建构主义的学习观点认为，个体学习不是被动接收信息刺激，而是主动地建构意义，即个体根据自己的经验背景，对外部信息进行主动的选择、加工和处理，完成对信息的同化，从而获得自己的意义。但是建构主义忽视了社会过程和认知过程之间的因果关系，也没有考虑到个体的遗传因素等。

20 世纪中叶，以 Maslow 和 Rogers 为代表的人本主义学习理论开始兴起，它是建立在人本主义心理学的基础之上来看待个体的学习的。人本主义心理学的观点是，个体应该是完整的，心理学也应该研究一个完整的个体，不能把人的认知、行为表现、情绪障碍等个体的从属方面分开分析，且人本主义心理学家是从个体行为者的角度，而不是观察者的视角来分析与研究行为。人本主义学者关注的是个体的情感、意图与信念，以及个体的自我实现方面。Rogers 把学习分成无意义学习和有意义学习两类。无意义学习只涉及心智，与完整的人无关，而有意义学习是指一种使个体的行为、态度、个性以及在未来选择行动方针时发生重大变化的学习。有意义的学习包括个体参与、自发性、全面发展和学习者自我评价四个要素。人本主义观点考虑的中心是学习者，以“学习者”为本，但这也就意味着把外界环境的作用削减了。

社会学习理论作为行为主义学派和认知主义学派的中介学派，是由美国心理学家 Bandura 于 1977 年提出的。他认为，个体的行为受到个体的认知和环境共同的影响，并探讨了个体的认知、行为与环境三者之间的交互作用，且他的理论着眼于个体的观察学习和自我调节在个体行为中的影响机制。Bandura 认为，行为主义理论的研究都是通过对动物的实验来进行研究的，忽略了人是社会人的因素，不具有科学说服力。社会学习理论认为，人的学习有两种方式：一是通过反应结果进行的学习（直接学习）；二是通过观察示范习得（间接学习）。观察学习包括四个过程：注意过程、保持过程、运动再生过程和动机过程。

表 2-2　　学习理论的发展

理论学派	起始时间	代表人物	基本观点	特点
行为主义学习理论	1913 年	Watson、Tolman、Skinner 等	学习是刺激与反应之间的联结（S—R），通过强化刺激来学习	解释了某些行为发生的原因，但没有探讨个体内部心理机制
认知主义学习理论	1957 年	Chomsky、Ausubel、Bruner 等	学习是个体处理刺激时内部的认知过程，不是简单的刺激与反应	从个体认知角度解释学习，但无法解释个体面对事物的不同行为

续表

理论学派	起始时间	代表人物	基本观点	特点
建构主义学习理论	1966 年	Vygotsky、Piaget 等	学习是在一定的情境下借助其他人、利用必要的学习资料进行的意义建构	解释了人类学习过程的认知规律，注重人学习时个体的意义建构能力
人本主义学习理论	20 世纪中叶	Maslow、Rogers 等	学习是一个完整的个体为了自我价值的实现或需要而进行的活动	从完整人的角度解释了学习行为发生的原因，关注点在于个体的需要和自我实现
社会学习理论	1977 年	Bandura 等	学习是反应结果学习或是观察示范学习，人的行为表现取决于认知和环境	把行为主义理论和认知主义理论折中，消除了它们的弊端

资料来源：根据文献整理获得。

第三节　垃圾分类行为影响因素相关研究

一　心理层面因素

（一）价值观因素

价值观是个体最底层最关键的心理特征，是指对人们生活起到指导原则作用的目标或标准，通常被认为是作用于个体的整个系统，影响特定态度和行为形成的主要因素（Kristiansen and Zanna，1994）。因此，探讨价值观与个体行为倾向的关系一直受到学者的广泛关注。一般来说，个体在日常工作、生活和学习等活动中主要体现为利己主义的倾向，这也与理性人假设的观点相符合；然而，Freud 等（1993）指出，人们还经常会施行限制来满足自己，并称其为“文明”倾向。有学者认为，关心自己的家庭、朋友或国家，都被视作利他而不是利己（Fehr and Fischbacher，2003）。这就导致了利他行为理论的出现，利他行为比较宽泛的定义是指提供时间、资源或能够帮助他人的行为。基于这一分析，“为己利他”的个体行为机理模式被学者普遍接受，而且人类社会文明越发达、社会合作化程度越高，这种行为机理也就越普遍。

在资源、环境相关研究领域，基于环境意识的价值基础理论认为，生态价值观直接或间接影响个体的生态中心环境态度的形成（Thompson and Barton，1994）。Schwartz（1992）和Chen等（2018）应用个体价值观体系对居民的垃圾管理、垃圾回收行为的研究发现，持有社会利他价值观或自我超越价值观的个体更倾向于个人主义，持有自我增进价值观的个体更愿意牺牲一定个人利益，从事利他的、需要与他人合作的、有利于环境的行为。类似的结论也在Stern等（1995，1998）等研究中得到验证。还有很多研究同样证实了价值观影响与环境相关的居民消费行为、能源管理行为、政治行为、环境公民行为等。McCarty和Shrum（1994）认为，持有集体主义价值观的居民比个人主义者更具有合作精神。Barr（2003）在居民垃圾管理行为的研究中，认为环境价值观与心理变量、情境变量等共同影响环境行为，环境价值观显著影响回收、再利用和减量化三种家庭垃圾管理行为。Howell（2013）对英国的城市居民进行调查研究后发现，社会利他价值观是其采取低碳生活方式的主要影响因素，生态价值观也是一个影响的因素，但对环境的关心不是改变原有生活方式的主要动机，被调查者改变生活方式更多的是由于重视人类利益，因此，该学者认为利他价值观对低碳行为的作用更显著。Chen等（2014）在低碳消费行为的研究中将价值观分为炫耀型消费价值观、情感型消费价值观、经济型消费价值观、功能型消费价值观和社会型消费价值观。通过文献发现，学者一致认为价值观对环境行为是有影响的，且价值观对于环境行为的影响是通过对环境意识和环境态度的影响进而作用于环境行为的，对于环境价值观的界定不同的学者有不同的看法。

总体来看，以利己、利他为基础结构的个体价值观，在资源、环境相关研究领域中得到了广泛的应用，用于分析个体在环保类行为选择时内在的心理机制。同时，还在学者将个体在生态环境建设中的准则和标准专门界定为生态价值观，以针对性地深入研究。此外，大部分研究均发现，个体的价值观在环保类行为上存在显著的预测作用。基于此，本书将进一步通过调查分析，探讨城市居民价值观对其垃圾分类行为的影响效应。

（二）环境认知

Locke（2000）认为，所有人类行为都与认知和情感等因素有关。Courbalay 等（2015）研究发现，认知不仅可以在意识层面影响行为决策，还可以在无意识层面发挥作用，通过诸如习惯这样的机制来影响个体的行为。Wossink 和 Wenum（2003）更是指出了认知的提升必然会导致合理的期望行为。在环境研究领域，多数学者的研究结果也符合认知决定行为的观点。环境认知指的是个体对环境问题的知识了解（Arcury，1990）、识别（Kida and Muraoka，2002）、关注（Peter and Viraraghavan，2005）等。Echegaray 和 Hansstein（2016）、Zhang 等（2017）研究表明，个体掌握更多的垃圾分类知识会促进其积极参与垃圾分类与回收活动。Cooke 和 Vermaire（2015）研究表明，环境知识和环境行为之间具有正相关关系，特别是环境问题知识和环境行动知识与各种环境行为的相关性更强。None 和 Datta（2011）发现，环境知识与印度居民的绿色购买行为有显著的正相关关系。Lee 等（2014）研究也发现，环境知识对于个体的环境购买行为和环境公民行为有显著的正向影响作用。还有研究表明，个体的环境知识能够对其环境意识、敏感度以及环境态度产生显著的影响（Synodinos，1990；Chaofeng et al.，1998）。进一步地，Kelly 等（2006）、孙岩（2006）均指出，环境知识会在影响环境态度的基础上，进而影响个体的环境行为。焦开山（2014）利用 CGSS2010 的环境项目调查数据也发现，环境意识显著影响了环境保护意愿和环境保护行为。在对垃圾分类的关注上，Tadesse（2009）通过实证研究也表明，其对家庭垃圾分类行为具有显著的正向影响作用。

但也有学者指出了环境认知与行为决策的不一致性，如 Mousavi 等（2016）研究发现，分类知识与垃圾管理行为之间并不存在显著的相关性。Maloney 等（1975）较早地对环境知识与环境情感、口头承诺、实际承诺之间的关系进行了研究，发现环境知识与三者之间不存在相关关系，并对此予以解释：环境知识涉及范围过广，较难测量；民众难以获取环境知识，环境知识水平较低。后续的研究亦发现环境知识与环境行为之间没有关系（Schahn and Holzer，1990；Grob，1995）、关系较弱（Ellen，1994；Moore et al.，1994），或者最多中等程度的相关（Hines et al.，1987）。王丽萍（2016）的研究表明，虽然居民对环境的关心度、环保知识的丰裕度、环境产品了解度正向影响居民对环境产品的主观态度，但居民对环境的关心度反向影响居民对环境友好型产品的客观行为。因此，环境认知与垃圾分类行为之间的关系需要进一步探究。

（三）调节聚焦

行为是个体心理对原有认知、情境因素、群体氛围等信息源加工处理后反馈出的外显活动，而个体内在对信息源的加工处理是一种调节的过程，不同的关注倾向会促使他们选择相异的行为策略，这一倾向可用调节聚焦来表达。

调节聚焦是在认知和决策过程中，个体通过自我调节对外界刺激进行区别性选择和应对的特定心理倾向，包括促进聚焦和预防聚焦两种方式。传统动机理论中，“趋利避害”的享乐原则（Hedonic Principle）是其主导思想，动机原理为“趋向—回避”（Approach-Avoidance）（Koob，1996；Yim et al.，2014；Budisantoso et al.，2016），而调节聚焦理论在此基础上进一步对人们如何趋利避害的过程运作机理给出了深入的解释，提出了一种“策略性”趋向—回避原理，人们在“趋利”或者“避害”的过程中往往体现出策略性的调节聚焦动机，即促进聚焦或预防聚焦两种不同类型。

促进聚焦和预防聚焦是个体自我调节过程中两种不同的动机倾向，在个体内可以共存，而非相互排斥，只是某一个聚焦长期来说更为显著，且两者在影响决策的过程中是相互独立的（Higgins，2002）。促进聚焦是一种积极的自我调节，会使个体关注积极的结果而渴望采取进取的行为策略以提高正面结果出现的可能性，所以高促进聚焦的个体会通过调节内部动机而倾向于主动变革。相反，预防聚焦是一种消极的自我调节，会使个体对负面结果更敏感，而谨慎的行为方式会降低负面结果出现的可能性，所以高预防聚焦的个体会具有规避的行为倾向。当不同调节聚焦倾向的个体分别使用各自所偏好的行为策略时，就产生调节匹配效应（Higgins，2000）。总体而言，促进聚焦和预防聚焦直接影响人们在认知评价时对不同信息的敏感性，对人们的决策判断和行为策略选择等心理过程都会产生重要影响。

综上，在各种信息源的刺激下，调节聚焦会引导个体关注同一信息的不同层面。其中，预防聚焦会使个体关注负面、消极的信息及结果，促进聚焦会使个体对正面、积极的信息及结果更加敏感。经过这一心理加工过程后，个体会反馈出不同的行为结果。在对待垃圾分类的行为上，调节聚焦则表现为对环境和资源具有积极效应的友好行为，或负面效应的扔弃、过度消耗等行为。

（四）舒适偏好

居民在参与资源回收等环保行为的决策上，很多情况下还会取决于其对舒适度的追求。例如，在研究交通低碳行为时，有实证研究表明，出行者的时间舒适偏好显著影响其对出行交通工具的选择（Bowman and Ben-Akiva，2000）。Anker-Nilssen（2003）通过分析挪威家庭1973—1990年的能源使用统计数据，发现居民对生活舒适度的需求提升是导致家庭能源使用增加的最主要原因。Gatersleben等（2002）在对荷兰2167位和1250位居民分别做的关于一般环境行为和家庭能源使用行为的调查中发现，影响不同类型环境行为的主要变量也不同。当人们采取某种环境行为所付出的代价并不昂贵，且不需要付出太多努力的时候，普通的态度变量对行为的影响比较大。陈红等（2006）运用比较动态分析方法，分析消费者的绿色生态住宅偏好，结果表明环境舒适度参数是绿色生态需求的重要影响因素之一。因此，无论是家庭日常资源能源消费行为还是居民的出行行为，个体的舒适偏好都是重要的影响因素之一。偏好舒适的个体，如果能感知到垃圾分类行为所带来积极的、愉悦的结果体验，则更容易自发性地对垃圾进行源头分类。反之，如果个体感知到垃圾分类会给自己带来生活上的不舒适，他们便难以形成分类的动机。

（五）效用感知

计划行为理论中也指出，一个人在执行特定行为时所感知到的资源和机会越多，预期的障碍越少，感知到的行为控制就越强烈，对应的行为则更有可能发生。[①] Xu 等（2018）也表明，居民垃圾分类最有影响力的因素是个人奖励、损失和其他非货币因素（便利性与易用性）。Best 和 Kneip（2011）同样发现，减少个体的行为成本可以对居民垃圾回收行为产生促进作用。也就是说，除了具有舒适性特征的便利与易用，个体感知到的"收益"或效用，往往会决定其是否会对垃圾进行分类。可以看出，个体对行为发生过程的"易操作性"，以及对发生结果的经济效应等方面的效用感知，会直接影响其行为倾向。

除此之外，社会学习理论则认为，个体对自我行为的效能感知，是影响行为的一个重要的先行因素。行为的结果因素能激发和维持行为的动机，从而控制和调节人的行为，在行为实施之前，行为主体会对自己是否具有某种行为的实施能力以及行为导致的结果进行"效能"判断。Bandura（1986）认为，自我效能感主要通过中介机制发挥对个体行为的影响作用，即自我效能感能够对不同的认知性动机产生作用，如认知性目标、结果预期，进而影响个体的行为。

个体的效用感知不仅会体现在行为发生过程的"易操作性""高效能性"，以及对发生结果的经济效应等方面的效用感知上，还会体现在意义方面的效用感知上。Zhang 等（2017）在研究中就指出，有垃圾污染和浪费危害环境意识的大学生更加清楚垃圾源头分类的意义，更愿意参与垃圾分类活动。基于此，本书将进一步探讨

---

① Ajzen I., *From Intentions to Actions: A Theory of Planned Behavior*, Springer Berlin Heidelberg, 1985.

城市居民在各方面的效用感知对其垃圾分类行为的影响机制。

二　情境层面因素

Hines 等（1987）采用元分析的方法，整合了以往资源回收等环保类行为的相关文献，发现情境变量可以显著地预测个体的环保类行为。Poortinga 等（2004）在对英国居民能源使用行为研究中指出，当一些环境行为较难实施的时候，环境行为对心理变量的依赖就会减弱，而情境变量的影响力就会增强。通过文献回顾可以发现，与环保类行为相关的情境变量主要体现在政策、产品技术、基础设施、社会规范等方面。

（一）政策因素

岳婷（2014）将城市居民节能行为影响因素中的情境因素分为政策类因素和产品类因素，其中政策类因素主要包括政策执行力度和效度，主要通过考察经济政策和引导型政策，使用居民被影响程度来衡量节能政策的执行力度和效度。芈凌云（2011）将影响城市居民低碳消费行为的情境因素概括为政策法规、社会规范、宣传教育、技术成熟度等六个方面。孙岩等（2012）在研究城市居民环境行为时将情境因素分为行为约束、公共规范和奖惩机制三个方面，其中行为约束主要通过政府政策体现。王建明和王俊豪（2011）运用扎根理论构建的公众低碳消费模式的影响因素模型，也表明政策执行这一因素对居民低碳消费行为会产生一定的影响。基于此，本书认为垃圾分类行为管制政策的普及程度会对其实施垃圾分类行为产生影响。

（二）产品设施因素

在产品设施因素方面，Santos 等（2011）研究发现，人们虽然较为关注环境问题并持有积极的环境价值观，但是其环境行为还受到当地情境氛围的影响，若绿色产品在地域上并未普及，居民还是会更多地选择不环保的采购行为。Bernstad（2014）在对家庭食物垃圾的研究中指出，相比于书面信息的提示引导，直接提供设施等便利性因素更能够促进居民对垃圾进行源头分类。同样，Ghani 等（2013）也指出，政府有关部门提供便利的分类设施和收集服务，会促进公众积极参与食物垃圾的源头分类。Chan（2001）在中国所做的关于居民绿色采购的研究表明，人们虽然较为关注环境问题并持有积极的环境价值观，但是并不能有效落实到采购行为上，主要原因之一就是绿色产品在国内并不普及，居民的绿色采购行为更多地受到了情境因素的制约。Barr（2003）在对美国和英国等地居民垃圾回收行为的研究中也发现，是否设置回收箱等社区公共设施、是否具备方便条件、是否耗时等外部条件对居民垃圾回收行为影响显著。可以看出，可分类回收技术、产品和分类设施的成熟与普及程度，会直接影响个体进行垃圾分类时的便利性，减少个体花费的时间和精力成本，有利于促进居民形成垃圾分类的习惯。

（三）群体规范因素

Valle 等（2004）、Shaw（2008）研究发现，来自家庭、邻居、同伴和社区等与个体有关的群体的压力，会对其回收行为意愿产生显著的影响。Yuan 等（2016）通过对北京 362 位居民的调查，结合结构方程模型，同样证明道德规范这一社会氛围因素是预测居民厨余垃圾分类的最关键指标。Carrus 等（2008）认为，个体的回收行为受到社会规范的显著影响，这些规范可以通过榜样示范的方式来促进个体的分类行为。Zhang等（2017）研究则表明，身边朋友若积极参与垃圾分类，他们自己也更愿意付出努力参与垃圾分类。Zhang 等（2015）结合计划行为理论，通过对中国广东居民的问卷调查分析发现，个体的态度、主观规范、感知行为控制、意图和情境因素均能够显著预测家庭的垃圾分类行为，并指出以道德义务为导向的宣传和倡导会对提高垃圾分类的参与率特别有效。Reiss 和 White（2006）研究发现，来自社会公众的压力比价格更能引导居民采取节能行为。于伟（2010）对消费者绿色消费行为的实证调研结果表明，消费者感知到群体压力后环保意识显著增强，进而影响其绿色消费行为。可以看出，来自不同群体的压力、风气和道德准则将在一定程度上影响城市居民垃圾分类行为的参与情况。

综上，影响个体环境行为的外源因素主要包括规范情境、政策情境和技术情境等方面。规范情境主要是指社会上的节能环保风气和道德准则，以及外界社会公众给个体带来的压力。政策类因素主要包括政策的普及及实施力度。技术情境主要是指关于分类行为实施的基础设施条件和产品条件等。基于此，本书将进一步分析情境因素对垃圾分类行为的作用机制。

三　交互作用因素

Bandura（1986）在社会认知理论中指出个体内部认知、外界情境和行为之间存在交互作用的关系。Bandura 的社会认知论认为，行为不仅是一个被决定的角色，还有可能反过来影响着个体的认知与周围环境，即个体认知、外界环境、行为的三元交互论。另外，他认为个体发生模仿学习时，模仿的动机影响了他对榜样行为的选择，而在此过程中，个体的动机与之后的强化是个体模仿是否成功的决定性因素。Bandura 还指出，人类既不是由内力驱动，也不是环境的摆布物。人有自己独特的认知过程，他们选择参与行为的模式以至人格的获得和维系，可以评价自己的行为，为自己提供自我强化。奖赏的强化作用还可通过反馈对后继的行为产生动机作用。如 Bandura 和 Cervone（1983）通过研究表明，和只有目标、反馈或控制组相比，在具有目标和反馈的情况下，个体的行为所表现出的努力程度最高。

与此相似，在环境行为的相关研究中，学者也同样发现个体的心理因素、情境因素两者之间会交互影响个体的环保类行为。如黄粹和鹿群（2014）研究发现，环境态度对环境行为意向的影响受到“合作参与”“参与渠道”“政策法规”等外部情境因素的调节作用，

Guagnano 等（1995）在态度—情境—行为（Attitude - Context - Behavior，ABC）理论中也指出，环境行为是环境态度变量和情境因素（包括行为的难易度、社会法规和经济条件等）相互作用的结果。基于此，本书将进一步探讨心理因素和情境因素对垃圾分类行为的交互作用关系。

四　个体统计学特征

个体统计特征一直以来都被学者认为对个体行为是具有重要的影响的因素。Stern（2000）认为，人口统计特征不仅可以反映人们对于环境问题的认知与解决环境问题的能力（如学历、社会地位、收入等），而且可以在一定程度上预测环境行为。在对垃圾分类等环保类行为的研究中，许多学者也据此得到有趣的结论。Oskamp 等（1991）发现，女性参与居民垃圾管理等环境行为的人数较男性多。Miller Associates（1999）对回收商的典型社会人口统计特征数据的研究表明，受过良好教育的、富裕的老年居民更有可能参与垃圾分类。Olli 等（2001）则得出不同的结论，指出人口统计变量中居民的收入水平与环境行为呈现负相关的关系。Boonrod 等（2015）通过观察实验对居民有机垃圾源头分类活动进行了研究，分析结果就发现居民的住房风格会影响家庭垃圾产生量，且家庭住宅面积较小的家庭在源头分类方面的效率高于住宅面积大的家庭。Robinson 和 Read（2005）则指出，影响居民参与回收利用的因素不仅包括回收意识和动力，家庭特征也存在着较大的影响，其中规模较大的家庭相比于规模较小的家庭的回收意愿和参与率更高。Swami 等（2011）在研究中也指出，年龄、性别和教育等人口统计特征因素会影响其垃圾管理行为。Zhang 等（2017）也在对大学生垃圾分类的研究中发现，女性大学生相比于男性更积极参与垃圾源头的分类活动。

通过文献分析发现，人口统计特征因素在不同程度上对垃圾分类、回收等环保类行为存在影响。以往的研究关注点主要集中在个体的人口变量（性别、年龄、教育程度、月收入等）和家庭统计变量（家庭人口、家庭收入、家庭规模等）方面。城市居民还具有“组织工作”特征，其所处行业特征、职位特征等很可能也会在参与垃圾分类行为的积极性上具有差异性。基于此，本书从人口统计特征、家庭统计特征和组织工作特征三个层面探讨城市居民垃圾分类行为的差异性。

第四节　中国垃圾分类行为引导政策及公众响应的理论研究

一　垃圾分类行为引导政策

经济学家和规制者提出了针对城市居民的一些生活废弃物规制政策，主要包括垃圾收费政策、原生材料征税政策、再生材料补贴政策、预收处理费用或征收消费税制度、押金返还制度、生产者责任延伸制度、循环材料含量标准、回收率标准、产品耐用性标准等（Yu et al.，2010；Moh and Manaf，2014）。中国政府自1986年以来，制定的有关城市生活垃圾规制政策见表2-3。1996年全国人大常委会通过的《中华人民共和国固体废物污染环境防治法》，首次建立了中国城市生活垃圾分类管理制度，也是中国第一次以法律条文明确要求全国逐步实行城市生活垃圾分类。且自2000年以来，中国对城市生活垃圾的处理方式，更加强调循环利用。2008年8月，全国人大常委会更是通过了《中华人民共和国循环经济促进法》，首次以法律的形式明确循环经济在国家发展中的重要战略地位，进一步强调了减量化、再利用、资源化的原则，将对废弃物被动的“末端处理”转变为对废弃物的“源头预防”。直至2017年，国家发展改革委、住房和城乡建设部通过了《生活垃圾分类制度实施方案》，第一次强制居民对生活垃圾进行分类，中国垃圾分类管理进入又一新的阶段。

表 2-3　　垃圾分类相关政策及其内容

时间	制定单位	政策	涉及内容
1986 年	国务院	《关于处理城市垃圾改善环境卫生面貌的报告》	城市环境卫生，包括垃圾收运
1987 年	国务院	《关于加强城市环境综合整治报告的通知》	城市环境卫生，包括垃圾收运
1991 年	建设部	《城市环境卫生当前产业政策实施办法》	城市环境卫生，包括垃圾收运
1992 年	建设部、全国爱国卫生运动委员会、国家环境保护局	《关于解决我国城市生活垃圾问题几点意见的通知》	首次提出要求各地区制定城市生活垃圾管理办法、生活垃圾分类收集的概念
1992 年	国务院	《城市市容和环境卫生管理条例》	城市环境卫生，包括垃圾收运
1994 年	建设部	《城市道路和公共场所清扫保洁管理办法》	城市环境卫生，包括垃圾收运
1995 年	全国人大常委会	《中华人民共和国固体废物污染环境防治法》	标志着我国城市生活垃圾分类管理制度的初步建立，是我国第一次以法律条文明确要求全国逐步实行城市生活垃圾分类
1997 年	交通部、建设部、国家环境保护局	《防止船舶垃圾和沿岸固体废物污染长江水域管理规定》	城市环境卫生，包括垃圾收运
1998 年	环保总局、建设部、铁道部、交通部、旅游局	《关于加强重点交通干线、流域及旅游景区塑料包装废物管理的若干意见》	城市环境卫生，包括垃圾收运
2000 年	建设部	《关于公布生活垃圾分类收集试点城市的通知》	垃圾分类收集
2000 年	建设部	《城市生活垃圾处理及污染防治技术政策》	垃圾综合利用
2001 年	国家经济贸易委员会（以下简称经贸委）	《关于立即停止生产一次性发泡塑料餐具的紧急通知》	垃圾源头控制
2001 年	经贸委	《关于餐饮企业停止使用一次性发泡塑料餐具的通知》	垃圾源头控制
2001 年	经贸委、工商总局、质检总局、环保总局	《关于加强对淘汰一次性发泡塑料餐具执法监督工作的通知》	垃圾源头控制
2002 年	计委	《关于推进城市污水、垃圾处理产业化发展的意见》	垃圾处理产业化

续表

时间	制定单位	政策	涉及内容
2002 年	计委、财政部、建设部、环保总局	《关于实行城市生活垃圾处理收费制度促进垃圾处理产业化的通知》	垃圾收费与处理产业化
2003 年	建设部	《城市生活垃圾分类标志》	垃圾分类收集
2003 年	建设部	《关于转发〈山西省人民政府办公厅关于贯彻落实城市生活垃圾处理收费制度有关问题的通知〉的通知》	垃圾收费
2003 年	建设部	《关于做好重点流域、区域城市污水、垃圾处理项目情况总结汇报工作的通知》	垃圾处理产业化
2004 年	建设部	《城市生活垃圾分类及其评价标准》	垃圾分类收集
2004 年	建设部	《关于印发城市供水、管道燃气、城市生活垃圾处理特许经营协议示范文本的通知》	垃圾处理产业化
2004 年	全国人大常委会	《中华人民共和国固体废物污染环境防治法》（修订版）	补充了 1995 年通过的《中华人民共和国固体废物污染环境防治法》；规定了对固体废物实行减量化、资源化和无害化的“三化”原则，明确了生活垃圾分类管理的责任主体、标准、法律责任等
2006 年	国务院	《关于加快发展循环经济的若干意见》	垃圾资源化与减量化处理
2006 年	建设部	《中国城乡环境卫生体系建设》	城市环境卫生，包括垃圾收运
2006 年	信息产业部、国家发展改革委、商务部、海关总署、工商总局、质检总局、环保总局	《电子信息产品污染控制管理办法》	垃圾源头控制与污染治理
2006 年	环保总局	《电子废物污染环境防治管理办法》	垃圾综合利用与污染治理
2007 年	商务部、国家发展改革委、公安部、建设部、工商总局、环保总局	《再生资源回收管理办法》	垃圾回收与循环利用

续表

时间	制定单位	政策	涉及内容
2007年	建设部	《城市生活垃圾管理办法》	在2004年《中华人民共和国固体废物污染环境防治法》（修订版）的总体指导下做出的专门针对城市生活垃圾分类管理的专项法规，它进一步细化并完善了2004年《中华人民共和国固体废物污染环境防治法》（修订版）中城市生活垃圾分类管理的内容
2008年8月	全国人大常委会	《中华人民共和国循环经济促进法》	首次以法律的形式明确循环经济在国家发展中的重要战略地位，进一步强调了减量化、再利用、资源化的原则，对废弃物被动的“末端处理”转变为对废弃物的“源头预防”。
2011年	全国人大常委会	国家“十二五”规划	强调在五年规划中健全生活垃圾分类回收制度，完善分类回收、密闭运输、集中处理体系，加强设施运行监管，在政策方面推动我国城市生活垃圾分类管理体制的建立
2014年	全国人大常委会	《中华人民共和国环境保护法》（修订版）	城市环境卫生，包括防治垃圾污染
2015年	国家发展改革委	《关于开展循环经济示范城市（县）建设的通知》	提高资源产出效率，强调循环发展
2017年	国家发展改革委、住房和城乡建设部	《生活垃圾分类制度实施方案》	首次要求强制居民对生活垃圾进行分类

廖银章（2000）对一些工业发达国家和地区（包括欧洲、日本、美国等）的城市生活垃圾管制政策进行了梳理和总结，并认为这些国家和地区普遍制定了法律、经济、管理三类垃圾管制政策。王建明和彭星闾（2006）从垃圾处理产业链的视角将中国城市生活垃圾规制政策分为下游政策、上游政策和综合性政策三类，其中下游政策是直接针对家庭垃圾处理和消费行为的政策，上游政策是针对厂商生产行为的制度，综合性政策则包括同时影响厂商和城市居民行为的政策。袁丽静（2016）认为，中国各级政府陆续出台的针

对城市固体垃圾的整治和管制政策包括三项主要规制手段，分别是增值税先征后退、生活垃圾收费制度以及再生环节补贴政策。吕维霞和杜娟（2016）从规制者的角度考虑，将日本垃圾管制政策归纳为公民参与、教育宣传、法律约束、政府激励四类。

总的来说，这些对城市生活垃圾管制政策的研究基本都是从政策制定方的视角进行分类的，这种分类方式存在两方面特点：一方面，政策内容会多于对城市居民生活垃圾的管制，如还包含对执法者、生产商等的责任分配和要求；另一方面，研究的视角仍为政府，而非政策作用主体，不能有效地反映城市居民对这些政策的态度与反应。Endre 和 Elisabeth（2016）从社会个体的角度对气候政策进行了划分，认为社会个体执行政策会花费成本，并据此将政策分为高成本政策、低成本政策和不确定成本政策。本书借鉴这种方式，结合中国城市生活垃圾分类管制政策的实际情况，从公众参与者的视角，将城市生活垃圾分类管制政策分为技术标准类、费用征收类、命令控制类和参与监督类四类（见图 2-3）。

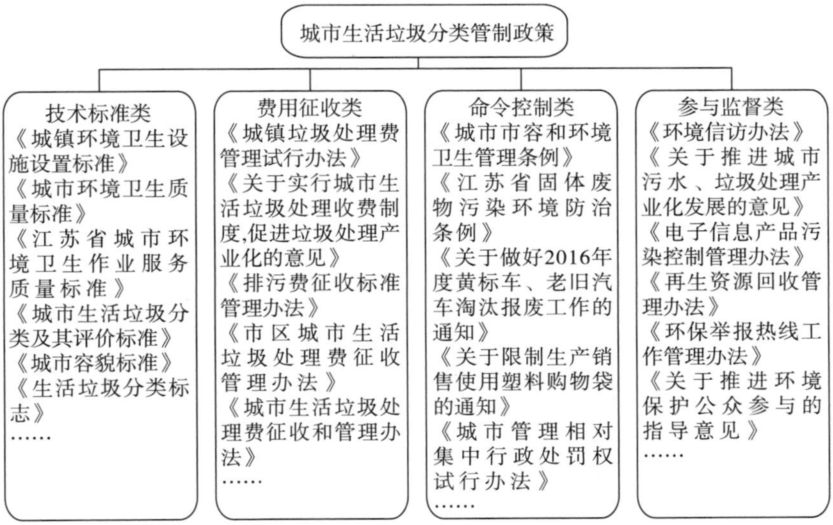

城市生活垃圾分类管制政策

技术标准类	费用征收类	命令控制类	参与监督类
《城镇环境卫生设施设置标准》 《城市环境卫生质量标准》 《江苏省城市环境卫生作业服务质量标准》 《城市生活垃圾分类及其评价标准》 《城市容貌标准》 《生活垃圾分类标志》 ……	《城镇垃圾处理费管理试行办法》 《关于实行城市生活垃圾处理收费制度,促进垃圾处理产业化的意见》 《排污费征收标准管理办法》 《市区城市生活垃圾处理费征收管理办法》 《城市生活垃圾处理费征收和管理办法》 ……	《城市市容和环境卫生管理条例》 《江苏省固体废物污染环境防治条例》 《关于做好2016年度黄标车、老旧汽车淘汰报废工作的通知》 《关于限制生产销售使用塑料购物袋的通知》 《城市管理相对集中行政处罚权试行办法》 ……	《环境信访办法》 《关于推进城市污水、垃圾处理产业化发展的意见》 《电子信息产品污染控制管理办法》 《再生资源回收管理办法》 《环保举报热线工作管理办法》 《关于推进环境保护公众参与的指导意见》 ……

图 2-3　城市生活垃圾分类管制政策结构

（一）技术标准类

早在 1989 年建设部在对城市基础设施规划时，就出台了《城镇环境卫生设施设置标准》，为城市环境卫生设施的规划、设计、建设、管理制定了相应的标准；1997 年又通过《城市环境卫生质量标准》，规定了城市环境卫生质量应达到的标准。为让城市居民更好地了解垃圾如何投放、收运和分类，并规范这一流程，2004 年建设部出台了《城市生活垃圾分类及其评价标准》，国家标准化管理委员会在 2008 年进一步出台了《生活垃圾分类标志》。对于城市中的建（构）筑物、道路、园林绿化、公共设施、广告标识、照明、公共场所、城市水域、居住区等的容貌建设与管理，住房和城乡建设部于 2008 年发布了《城市容貌标准》，为城市容貌建设与管理提供了参考标准。同时，全国各省份及城市也出台并实施了相应的配套标准。

（二）费用征收类

本着“谁污染，谁治理”的原则，中国政府制定了垃圾处理收费的政策。从 1991 年开始，中国政府提出要对垃圾处置实行服务收费，1993 年规定生活垃圾管理费用要逐步扩展至居民。2002 年计委等多部门共同出台了《关于实行城市生活垃圾处理收费制度，促进垃圾处理产业化的意见》，该政策旨在建立城市生活垃圾处理收费制度，促进垃圾处理产业化。此外，2003 年，计委、财政部、环保总局、经贸委对于排污费的征收问题也在《排污费征收标准管理办法》中予以规定，即直接向环境排放污染物的排污者必须缴纳排污费。同样地，中国各省份及城市依据以上政策理念，也随之颁布了针对本省份及城市的相关垃圾收费政策。如北京市的《北京市征收城市生活垃圾处理费实施办法》（2000）、上海市的《上海市单位生活垃圾处理费征收管理暂行办法》（2004）、江苏南京的《南京市城市生活垃圾处理费征收和管理办法》（2008）等，这些政策均是各省份及城市对国家政策理念的延伸。

（三）命令控制类

为了规范城市居民环境行为及城市污染物的处理流程，国家及省级部门相继出台了相关政策。1992 年，国务院首先出台了《城市市容和环境卫生管理条例》，规定了一些禁止的城市居民破坏环保的行为（如随地吐痰、乱扔垃圾、乱涂乱画等），以期通过处罚的方式对城市环境进行管制。国务院在 2007 年出台了《关于限制生产销售使用塑料购物袋的通知》，严格限制了塑料购物袋的生产、销售及使用。为了进一步规范环境行政处罚的实施，包括对破坏环境行为的行政处罚分类，环境保护部于 2009 年颁布了《环境行政处罚办法》。这些政策的颁布与实施，也为各省份出台有针对性的垃圾管制政策提供了依据和基础。

（四）参与监督类

垃圾的回收与处理需要政府和公众的共同付出和参与，以此理念为中心，中国政府出台了一系列激励公众积极参与垃圾处理活动的规章制度。其中包括：①规范公众反映环境保护情况，提出建议、意见或者投诉请求的流程，保障居民获取环境信息、参与和监督环境保护的权利，拓宽参与渠道，如《环境信访办法》（国家环保局，2006 年）、《环保举报热线工作管理办法》（环境保护部，2011 年）、《环境保护公众参与办法》（环境保护部，2013 年）等；②鼓励并规范公众积极参与垃圾处理相关基础设施的建设，如 2002 年计委、建设部、环保总局出台的《关于推进城市污水、垃圾处理产业化发展的意见》，2013 年国务院及环境保护部相继出台的《关于加强城市基础设施建设的实施意见》《关于推进环境保护公众参与的指导意见》等。各省份针对这些参与监督类政策，也付出了很多的努力。

综上，无论技术标准、费用征收、命令控制、参与监督哪一类政策，都具有国家主导、各省份响应的特点。虽然中国各省份在政策的颁布上存在些许差异，但总体来说内涵相近。

二　垃圾分类行为引导政策公众响应的相关研究

（一）关于垃圾分类行为政策响应的现状研究

自 1986 年以来，为了解决经济发展过程中的能源供需矛盾和环境污染问题，实现城市生活垃圾的无害化、资源化、减量化，中国政府不仅颁布了《中华人民共和国清洁生产促进法》（2003）、《中华人民共和国固体废物污染环境防治法》（2005）、《中华人民共和国循环经济促进法》（2008）等基本法律，还制定了以《城市生活垃圾卫生填埋技术标准》（2004）、《再生资源回收管理办法》（2006）、《城市生活垃圾管理办法》（2007）等为代表的部门规章制度。然而现实情况是，虽然中国政府制定了大量的生活垃圾管制政策，但其成效有限，居民参与垃圾分类意愿并没有随着政策数量的增加而明显提升[①]。国家发展改革委会同住房和城乡建设部更是在《生活垃圾分类制度实施方案（征求意见稿）》[②] 中要求在2020年底前，在特定城市的城区范围内先行实施垃圾强制分类，期望到2020年底，重点城市生活垃圾得到有效分类，垃圾分类的法律法规和标准制度体系基本建立，生活垃圾无害化、资源化、减量化和产业化体系基本形成，初步形成可复制、可推广、公众基本接受的生活垃圾强制分类典型模式。

但值得注意的是，这一垃圾分类制度方案以及现有关于城市生活垃圾管制政策的制定多借鉴发达国家对垃圾治理的经验（丁纯，2007；杜军，2010），“制定侧”（政府）决定了政策的颁布与实施，但鲜有从“执行侧”（公众）的视角考虑政策的人本性和有效性。政策的目标在于节约资源、减少污染，进而建立健康与和谐的生活环境。在政策的制定与实施过程中，忽视政策执行者的态度和反应，意味着偏离了政府、企业、公众等多主体合作治理城市生活垃圾的现实趋势（Aleluia and Ferrão，2016；Flynn et al.，2016）。此外，采用不当的政策制度约束个体行为，容易导致制度消失后对立行为的

① 王婷婷：《公众生活垃圾源头分类行为影响因素研究》，博士学位论文，浙江理工大学，2015年。

② 国家发展改革委、住房和城乡建设部：《生活垃圾分类制度实施方案（征求意见稿）》，2016年6月24日，http：//www.chinaclean.org/html/258/4485.html，2020年1月18日。

反弹（陈红和祁慧，2013）。因此，探讨政策的执行者对生活垃圾分类或管制政策的态度与反应具有必要性。

（二）关于垃圾分类行为政策响应的路径研究

近年来，国家频繁出台城市生活垃圾管制政策，从技术标准、费用征收、命令控制和公众监督等方面构建了垃圾分类回收政策体系，规制广度和力度都在不断加大。但相较于发达国家，中国垃圾分类与回收现状处于落后的地位，这或许与政策的时效性（刘义圣，2007）存在一定的关系，但政策本身的效力更是关键的影响因素，因而引起了很多学者对各具体政策进行深入的理论分析和实证检验。可以发现，技术、环境与健康、经济与金融、社会、组织等多方面因素被用来评价生活垃圾分类等环境管制政策（江源，2002；Christian et al.，2014）。但这些评价没有从公众的视角去分析政策的可行性与有效性及考虑政策的人本性（Chen et al.，2017）。

王建明（2007）不仅从组织反应，还从家庭对政策的满意度及执行情况进行了管制效应分析，并发现16.5%的居民并不认同垃圾收费政策，因而会影响政策的实施效果。这符合环境态度能够预测环境行为表现（Chen et al.，2014；Wei et al.，2014）的观点，公众对于生活垃圾管制政策的态度也决定了他们是否会参与垃圾分类回收行为。而态度又包含认知、情感和行为意向三个维度（Breckler，1984），王建明（2007），只从“认同度”（偏向于情感）分析城市居民对“抛量收费”垃圾管制政策的反应，不能够全面地阐释公众对政策的态度。

首先，公众会由于内生因素（如健康生存意识、环境责任感、公民意识等）而对垃圾管制政策具有认同感（Asensio and Delmas，2015；Babiak and Trendafilova，2011；Mckinley and Fletcher，2012），但如果不是建立在对政策充分了解和对其与自身利益关系明确判断的基础上，这种认同感便不具有可持续性（Tversky and Kahneman，1981）。也就是说，公众在对政策认知基础上形成的认同感，会更稳定和持久。其次，在公众对政策的态度和反应中，遵从与执行政策的行为意向才是政策效力的最直接体现。长期稳定的行为意向选择则会受到诸多因素的影响，如社会责任意识、经济成本、生活习惯、信任程度、从众心理、舒适偏好等（刘春济，2014；Jiang et al.，2013）。

执行意愿固然不容忽视，但是政策的执行者还需要以身作则，以一种“传教士”的姿态向周围人传播政策理念，带动其他人共同执行政策制度。计划行为理论也表明，个人行为意愿受到主观规范的影响，如果比较重要的其他人认为应该进行某项行为，此人更加可能顺从他们的意愿进行此项行为（Ajzen，1991）。可见，除对认知程度、认同程度、执行意愿测量之外，在对公众对政策的态度与反应的度量时还应该注重个体间的相互影响，即“带动意愿”。尽管学者并没有明确提出“政策带动意愿”这一概念，但是在环境行为的相关研究中，学者会使用“说服行为”（Persuasive Action）（Lee et al.，2014）来表达个体带动其他人参与环保的现象。综上，本书认为，个体对城市生活垃圾管制政策的态度与反应是认知、认可、行动意愿和带动意愿的综合体现。

行为相关研究理论中指出，认知是行为意愿的基础（Rachlin et al.，1985；Costa-Gomes and Grawford，2006），城市居民生活垃圾管制政策的认知体现在对政策内容的了解程度和认可程度方面，行为意愿则体现在对政策的遵从以及把政策向其他人宣传并且带动更多人遵循上。金刚和柳清瑞（2012）在有关新农保补贴政策的研究中表明，政策认知能够影响个体的行为选择。但也有学者认为，个体对政策的认知和行为选择并不存在必然的联系，如常跟应等（2016）在对强制性节水政策的公众态度及政策效果公众认知的研究中发现，即使当地居民不支持强制性节水政策，但政策仍然具有效力，居民还是会减少用水的。

综上，对垃圾分类行为引导政策的了解度是指个体对政策内容的知晓、认识的程度；支持意愿表示个体对某项政策的认同情况；执行意愿指的是个体愿意对该项政策的遵从程度；带动意愿表示个体愿意把该项政策向其他人宣传并且带动更多人遵循的程度。其中，了解度与支持意愿属于个体对政策态度的认知和情感层，执行意愿与带动意愿表现为个体对政策态度的行为意向层，而对于了解度、支持意愿与执行意愿、带动意愿之间的关系和影响机制需要进一步的探究。

第三章

城市居民垃圾分类行为驱动与政策响应模型构建

第一节 城市居民垃圾分类行为驱动因素选择与界定

一 质性研究设计与实施

城市居民垃圾分类行为的核心要义是在垃圾管理的过程中，城市居民作为垃圾产生和处理的源头，将其按规定类别进行分类收集，并投放到指定地点，进而降低垃圾的处置难度，促进实现垃圾无害化、资源化和减量化的行为。在垃圾分类行为的决策过程中，个体的心理状态和情境干扰都会影响到最终的行为选择。本书旨在研究城市居民垃圾分类行为的驱动机理，需要对垃圾分类行为影响因素系统全面地探析。仅靠理论研究的梳理和论证则脱离了现实因素，无法将现实情况中的驱动因素完全反映出来。基于此，本书将采用探索性的质化分析（质性分析），进一步挖掘城市居民垃圾分类行为的深层驱动因素，在此基础上，将各个概念和变量要素联系起来，形成相应的理论框架，并构建出城市居民垃圾分类行为驱动机理的综合理论模型。进一步地，根据访谈记录，结合现实情境，设计出更为合理的调查量表，通过大样本（城市居民）的问卷调查，做进一步量化的实证检验。

质性研究是指以研究者本人作为研究工具，在自然情境下采用多种资料收集方法，对社会现象进行整体性研究，主要使用归纳法分析资料和形成理论，通过与研究对象互动对其行为和意义建构获得解释性理解的一种活动（Stebbins，2006；Charmaz，2006）。它具有探索社会现象、对意义进行阐释以及挖掘整体和深层社会文化结构的作用。质性研究的过程主要包括资料收集、编码和归类、核心范畴饱和度验证等几个步骤（Flick，2009；Chen et al.，2017），具体过程如图 3-1 所示。

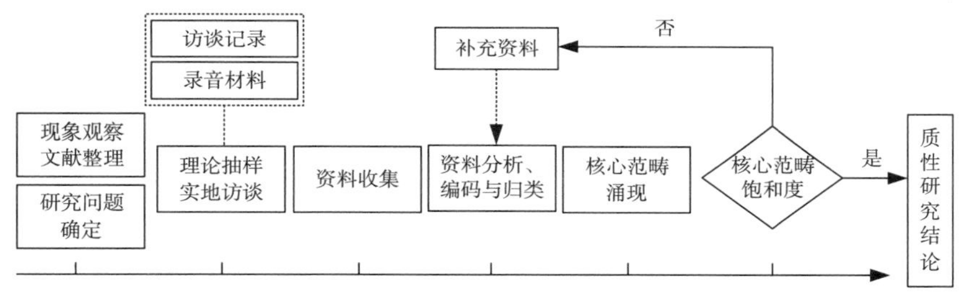

图 3-1　质化研究的过程步骤

（一）抽样与资料收集

质性研究的第一步是收集调查对象的第一手相关资料。本书通过深度访谈和问卷调查的方式，引导城市居民在访谈过程中参与到本研究所设计的半结构式访谈（调查）提纲中，并从他们自身的角度出发，表达对资源环境、垃圾分类的看法和态度，分享他们在日常生活中关于垃圾分类的所见所闻、分类经验，最后聚焦到他们在日常生活中的垃圾分类障碍及驱动因素等。

2017 年 8—10 月，在选取深度访谈调查方式的基础上，同时配合使用开放式问卷调查的方法来收集相关资料，以对深度访谈得到的资料进行补充。为保证调查的样本具有代表性，本书基于中国城市分布、居民数量、年龄、学历、工作特征等现实情况，采用预先分层方法确定了样本结构（Flick，2009）。被调查的城市居民分布在中国三个省（江苏、安徽、甘肃）的 12 个城市。江苏为中国的经济大省，处于中国东部海岸区，城市居民资源消耗量及生活垃圾产生量相对较多，共调研 5 个不同城市（从南至北依次为苏州、无锡、南京、盐城、徐州）的 119 位居民（其中 12 位为深度访谈）；安徽位处中国中东部地区，经济为中国中等水平，城市居民资源消耗量及生活垃圾产生量相对居中，共调研 4 个不同城市（从南至北依次为芜湖、合肥、淮南、淮北）的 107 位居民（其中 10 位为深度访谈）；甘肃位处中国西部地区，在中国经济较为落后，城市居民资源消耗量及生活垃圾产生量相对较少，共调研 3 个不同城市（从南至北依次为天水、兰州、金昌）的 104 位居民（其中 8 位为深度访谈）。

同时，在调查之前，通过与不同地区同学、亲戚和朋友的沟通，提前了解将要调查城市居民的性别、年龄、学历和工作特征，以此来进行分层抽样，保证样本在性别、年龄、学历、工作特征等上分布的合理性。在正式访谈和发放问卷之前，我们会向被调研者保证此次调研结果中涉及的个人信息将完全保密，并通过发放小礼品的形式，感谢他们花费时间配合我们的调研工作。访谈提纲及调查题项如表 3-1 所示。

表 3-1　　访谈提纲及调查题项

访谈主题	主要内容提纲
垃圾分类行为是指在垃圾管理的过程中，城市居民作为垃圾产生和处理的源头，将其按规定类别进行分类收集，并投放到指定地点，进而降低垃圾的处置难度，促进实现垃圾无害化、资源化和减量化的行为。	
基本信息	性别、年龄、收入水平、学历、职业、家庭结构、所在城市
垃圾分类行为相关认知及驱动因素	• 您对现在的资源环境问题有什么看法？ • 您对垃圾分类有什么看法？ • 为什么（不）需要垃圾分类？ • 您在日常生活中是如何践行垃圾分类的呢？ • 您和身边的人为什么（不）愿意进行垃圾分类？ • 您以什么为出发点（不）对垃圾进行分类？

在对 30 位城市居民进行的深度访谈中，除了 1 位居民中途（17 分钟）选择退出访谈，每位居民的访谈时间均在 20—35 分钟。此

外，对300位不同城市的居民进行开放式问卷调查，由于调查对象多为同学、亲戚和朋友的关系群体，调查操作过程较易控制，因此共回收294份有效的调查问卷。使用Audacity软件对访谈对象进行录音、音频编辑与导出，并配合文字记录将访谈和问卷调查记录进行整理，以供挖掘城市居民垃圾分类行为的深层驱动因素，并助力设计出更为合理的调查量表。

（二）资料分析、编码与归类

由于访谈人数众多（29份深度访谈+294份开放式问卷），形成了大量文字内容的质性资料，因此我们利用计算机辅助的质性资料分析软件（CAQDAS）对其进行分析，将含有大量文字内容的质性资料分门别类或分割成片段以利于归档和查找。CAQDAS具有如下优点：①加快处理大规模数据的速度；②在计算现象特征时更加精确；③促进团队研究，如设计一致的编码方式（Kotarba，1997）。

当我们利用CAQDAS进行资料整理时发现，不同被调查者对同一问题给出相同或者极为相似的回答，如重复列出，给研究带来冗余且繁杂障碍，因此本书首先对相同或极为相似的词条进行归类。如：当被访者讨论到为什么愿意（或者不愿意）对垃圾进行分类时，将“垃圾种类太多”一词输入电脑，就能把所有这些编码片段列出来，并利用CAQDAS程序对其进行计数。该项工作邀请了两名团队研究人员，分别对同一份访谈资料进行整理归类，工作完成后互相对照，确保工作的科学严谨性。现将出现频次较多的词条进行列举（见图3-2）。

随机选择约2/3的样本访谈和调查（22份深度访谈+217份开放式问卷）记录，进行开放式编码、轴向式编码和选择式编码分析，剩余的1/3样本访谈和调查记录用于理论饱和度检验。经过统计分析得到，在239位被访者中，有107位被访者提及“垃圾种类太多”一词，占比最高，102位被访者提及“不清楚分类标准”一词，位居第二，可见被访者在对垃圾问题认知上具有较高的一致性。此外，“参与垃圾分类”“麻烦”“环保意识”“浪费时间”

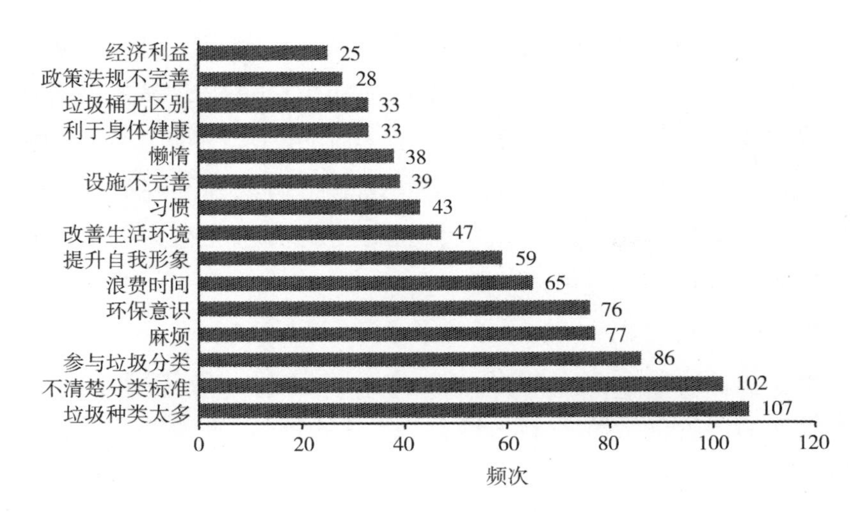

图 3-2　访谈资料关键词条出现频次

“提升自我形象”“改善生活环境”“习惯”“设施不完善”“懒惰”“利于身体健康”“垃圾桶无区别”“政策法规不完善”“经济利益”等提及频次也较高，均超过 20 次。该工作为后续的编码工作打下基础。

质化研究中的编码（Kodierung）是一种分析资料的程序，包括不断地对现象、概念等进行比较以及针对文本提出问题，而归类（Kategorisierung）则是将这些概念总结归入上级概念，以及表明范畴和上级范畴之间的关系（Flick，2009）。编码和归类的方法主要包括理论编码、开放式编码、轴向式编码、选择式编码、质性内容分析等（Wakeford，2012；Strauss and Corbin，1990）。编码和归类的方法通常结合起来使用，开放式编码、轴向式编码和选择式编码是分析文本资料最经典的组合方式之一，能够精确地压缩简化资料，进而对相关概念进行归类。本书选取开放式编码、轴向式编码和选择式编码结合使用的方法对收集到的资料进行编码和归类。

在开放式编码、轴向式编码和选择式编码过程中，为保证整个编码、归类研究的可信性和可靠性，本书严格依据编码分类技术标准和步骤进行操作①。由于编码和归类过程均为主观操作流程，可能会存在个人偏见的问题。基于此，本书在个人编码的基础上，还咨询了本领域的相关专家学者，以提高编码和归类结果的客观性与科学性。

（1）开放式编码

访谈结束后，经过对资料的初始整理，首先进行的编码步骤就是开放式编码。在第一份访谈记录中先整理出一些概念，然后分析这些概念之间的相关性和差异性，进而归纳出一些范畴，然后根据编码过程中发现的问题和整理出的概念范畴，有针对性地开始第二次访谈。如此循环式进行，直至编码者感觉编码的概念和范畴相对比较丰富，相关的概念和范畴在编码过程中不断重复出现，则访谈可不再继续，编码可进入下一级。表 3-2、表 3-3 反映了本书对原始访谈记录的概念化和范畴化的过程，范畴化的结果即城市居民垃圾分类行为的相关影响因素。考虑篇幅限制，本书对每个范畴仅选择有代表性的原始记录语句和初始概念予以罗列，受访者具体回答信息示例参见附录 1。

表 3-2 城市居民垃圾分类行为开放式编码过程及结果

原始资料语句（代表性语句）	范畴
平时没有回收和分类的习惯，往往就把垃圾直接丢进垃圾桶，根本不会在意哪边是可回收的，哪边是不可回收的。	习惯型垃圾分类行为
我不知道还有垃圾分类这回事啊，住宅区没有垃圾分类桶，只有统一垃圾房，所有垃圾都只能一起扔。	
我不喜欢随便乱丢垃圾，这是我从小就知道的，并且这是应该做的事情，没有为什么。	
我非常支持和愿意进行垃圾分类和回收，这样可以保持我们的生活环境和工作环境清洁，但必须持之以恒，切不可搞形式主义或虎头蛇尾。	决策型垃圾分类行为
垃圾分类虽然是件小事，但是人人都分类的话，长此以往就可以改善自身与身边人的健康水平。	
有的时候我进行垃圾分类，比如将瓶子、纸箱什么的分开就可以拿去卖钱。	

① Strauss A. L., *Corbin J. M.*, *Basics of Qualitative Research: Grounded Theory Procedures and Techniques*, Newbury Park: Sage Publications, 1990.

续表

原始资料语句（代表性语句）	范畴
如果和同学或者家人一起扔垃圾，自己分类垃圾，多有面子呀。	人际型垃圾分类行为
现在大家的素质都这么高了，要是乱扔垃圾的话，会显得很没有素质，一般大家虽然不会明说，但总是会有异样的眼光的。	
在众目睽睽之下，我不会乱扔垃圾啊，也更愿意进行垃圾分类。	
周围没有垃圾分类的氛围啊，大家都在乱扔，没有大环境，自己很难坚持。	
作为社会人，我觉得我有必要为社会、为绿色生态贡献出自己的一份力量。	公民型垃圾分类行为
为了维护城市形象，我不会乱扔垃圾，有时候看到有人没有分类扔垃圾，我还会主动上前跟他讲，哪些是可回收的，哪些是不可回收的。	
垃圾分类是一件造福子孙后代的事情啊，我愿意行动起来。	
俗话说得好“绿水青山就是金山银山”，中国未来的发展不能再以破坏环境为代价了，我觉得垃圾分类也是迫在眉睫的。	
党的十九大报告指出，要坚决抓好生态建设和环境保护工作，作为社会的一分子，我觉得我有义务和责任把我们党的精神贯彻下去，垃圾分类对环境保护很重要。	
作为公民，我觉得我有义务向有关部门建言，向他们提出一些利于环境保护、垃圾分类的建议，积极参与垃圾分类的各项相关活动，让我们的城市变得更加美好。	
我有义务和权利对垃圾不分类的行为进行投诉，做好监督工作是我们每个公民的义务和责任。	

表 3-3　　　垃圾分类行为驱动因素开放式编码过程及结果

原始资料语句（代表性语句）	范畴
垃圾分类政策宣传力度不够，大家对很多政策都不清楚。	政策普及度
我支持垃圾分类或垃圾回收，建议完善政策法规，规范人们环保的意识。	
我们国家对一些垃圾分类标准不明确，所以我们对垃圾分类的标准不是很了解，例如，什么是可回收垃圾，什么是不可回收垃圾。	政策标准可识度
垃圾分类的标准太宽泛了，不够细化，没有较专业的概念去分类（不知怎么分，知道日本垃圾分类细化到几十种）。	

续表

原始资料语句（代表性语句）	范畴
现阶段我国的垃圾分类回收技术还较为欠缺，例如在小区居民把垃圾都认真地分类了，可是当把垃圾装车时却不分，一股脑儿倒入车内运走了，所以白费劲了。	产品技术条件
我们在日常生活中购买的很多产品，也并没有标明是可回收还是不可回收的，如果在包装上标明，可能更容易辨别吧。	
我觉得很多产品都是不可回收的啊，比如说我老婆买的化妆品、日常用品，这些不可回收的产品到最后会给环境造成很大的污染，所以我觉得从产品源头上将其设计为可回收的，才能从根本上解决环境污染问题吧，所以归根结底我觉得还是技术的问题。	
我知道垃圾需要分类，可是小区楼下只有一个垃圾桶，并且没有标明可回收或不可回收，有心无力。	设施条件
我见到的垃圾桶一般只有两个口，一个写着可回收垃圾，一个写着不可回收垃圾，然而这并不能准确地引导我进行垃圾分类啊。	
分类垃圾桶设置不到位，比如有的地方垃圾桶设置比较密集，有的地方好远都看不到一个垃圾桶，这种现象在我旅游的时候表现得尤为明显。	
我觉得家庭对一个人的影响挺大的，像我老婆就觉得不应该乱扔垃圾，觉得那是一件很丢脸的事情，所以我现在也基本上不乱扔垃圾了。	家庭氛围
父母年纪大了，还经常问我们哪些是可回收的垃圾，哪些是不可回收的，还在学着怎样进行垃圾分类，我觉得作为子女应该以他们为榜样，他们都这样做了，我还有什么理由不做？	
我觉得首先应该有组织氛围吧，比如我周围的同事都在进行垃圾分类，我要是不分的话，就显得我特别没有素质。	组织氛围
上次跟同事讨论垃圾分类的问题，他们都觉得如果乱扔垃圾或者不按要求进行分类，是件特别丢脸的事情，毕竟我们都是有文化的一代。	
现在整个社会都没有分类的氛围啊，大家都是在乱扔啊，所以凭我一个人也改变不了什么啊。	社会氛围
社会现在对垃圾不分类貌似持一种默许的态度，大家不分类的时候，没有人觉得有什么不好，更没有人用异样的眼光看你，我觉得还是社会环境的问题。	
随着社会的不断发展，人们的生活水平越来越高了，我觉得垃圾只会越来越多吧，现在的快递垃圾就是一个很大的问题了。	生产环节信任
现在可回收包装产品应该不是很普及吧，加上价格因素，我更加觉得大家都不会去使用可回收包装的产品啊。	
现在的环保主义者还是比较少，大多数人不会降低个人的生活品质去刻意减少食物、纸等资源的消耗，我也不愿意去降低自己的生活品质。	
我觉得大多数人都不重视垃圾分类、回收，很多法律没有普及。	分类环节信任
我不大清楚垃圾具体是怎么分类的，我觉得其他人应该和我一样也不知道怎么分类吧。	

续表

原始资料语句（代表性语句）	范畴
就算我进行垃圾分类了，到最后垃圾处理末端还会将它们混合处理，垃圾回收利用率不高，没有适合垃圾回收利用的地方。	收运环节信任
除了从源头上抓以外，还得切实做好回收终端的工作，现在我们辛辛苦苦分类了，到最后还不是又统一装在一个车里运走，所以分与不分有什么区别吗？	
我支持垃圾收费，但是对垃圾收运的收费标准一定要公平合理。	
还有一点，现在处理垃圾的方式是什么？要么填埋要么焚烧，所以我们进行垃圾分类还有意义吗？最后可回收垃圾还是得不到有效利用。	处理环节信任
一般来说，我不愿意用回收的产品，我总觉得是不干净的，害怕对自己的健康造成影响，所以我宁愿多花点钱也不愿意用这类产品。	
回收利用的产品质量一般都不是很好吧，毕竟都用过了，也许用过都不止两次了，谁说得准呢？	
监管惩处力度不够，监管机构对垃圾分类并不重视。	监管环节信任
从现在的情况来看，监管机构很难实现按照法律法规对垃圾分类行为进行监管吧，这样难度太大。	
如果垃圾到处都是，臭烘烘的，对我的健康会造成很大威胁啊，所以垃圾分类很有必要。	利己价值观
垃圾分类的话，可以把可回收的垃圾变废为宝，我家经常会积攒一些可回收的垃圾，等多了打电话叫人来收，可以卖钱。	
垃圾分类这件事情应该是由专门的清洁人员负责吧，如果我们也去做这件事的话，感觉不太合适，对我的社会地位会有一定影响吧。	
垃圾分类关乎我们每一个人的生活环境啊，我在生活中是一个很注重空气与环境质量的人。	
为了我的家人、朋友的健康，我愿意进行垃圾分类，并愿意把这种思想传递给其他人。	利关系价值观
现在频频曝出环境污染的新闻，我不想让自己的父母、小孩也生活在很差的环境中，他们的生活环境是我非常在意的。	
垃圾分类可以为大家创造一个良好的生活环境，这是作为一个公民应该履行的责任。	利社会价值观
我们的发展不应该再以破坏环境为代价了，我们应该爱护我们生活的环境，人与自然应该和谐相处。	
为了维护城市、社会、国家形象，我们也不应该破坏环境，应该多做对环境有益的事。	
我知道垃圾分类的一些相关知识，比如：我知道在我们国家垃圾主要分为可回收垃圾、厨余垃圾、有毒有害垃圾和其他垃圾四类。	分类知识
我不太清楚哪些垃圾是可回收的，哪些垃圾是不可回收的，我觉得大多数人都不具备这方面的知识吧。	
生活中的小常识啊，比如说，纸巾和厕所纸由于水溶性太强不可回收。	
我知道不可回收垃圾中包括厨余垃圾、有毒有害垃圾和其他垃圾，对可回收的垃圾掌握得不是特别全。	

续表

原始资料语句（代表性语句）	范畴
我经常关注环境方面的新闻，垃圾分类这方面的也有关注，现在我生活的小区也经常进行垃圾分类的宣传。	分类关注
目前我国的垃圾分类还不成熟，经常发生各种垃圾乱扔事件，这是我比较在意的。	
我知道日本的垃圾分类比较成熟，大街上基本没有垃圾，我们国内还有待提高。	
我也关注垃圾分类，我更加关注的是会不会有新的分类设施出现，这是比较新颖、比较时尚的。	
我比较关注垃圾分类政策或标准的出台、修订。	
很多垃圾都会对环境造成很大的污染，比如废弃的电池含有金属汞、镉等有毒的物质，会对人类产生严重的危害；还有把一些塑料袋丢入大海中，对海洋生物造成的威胁等。	预防聚焦
垃圾不分类的话会极大地浪费资源。	
我觉得环境保护、垃圾分类是我们每个人的责任，对我而言，履行责任是很重要的。	
我觉得应该不断完善垃圾分类的规章制度，因为规章制度对我是有帮助并且是必须的。	
垃圾分类可以节约资源，很多垃圾回收之后可以再利用，可以极大地缓解资源稀少带给我们的压力。	促进聚焦
垃圾分类可以极大地减少环境污染，让我们生活的城市更加美观。	
垃圾分类给我们带来很多好处，可以使很多垃圾变废为宝，生活中的垃圾一半以上是可以回收的。	
我信奉一句话叫“多多益善”，东西当然是越多越好。	数量偏好
我觉得中国人都比较讲究排场，喜欢大场面的庆生，觉得人越多越热闹，其实我也是这么认为的。	
我喜欢高消费水平的生活，这样我的生活品质就会好啊。	
我喜欢快节奏的生活，有的时候闲下来我反而会觉得无所适从。	节奏偏好
公司领导交给的任务，我总是能尽快完成，不拖泥带水。	
我喜欢同时做很多事情，这样可以节省很多时间，也感觉很有成就感。	
我对生活没有什么规划，当一天和尚撞一天钟吧。	
我最注重的是产品的质量，我不会买便宜但质量不好的东西。	品质偏好
我非常讲究生活品质，从不在这方面将就。	
只要可以，我都会让自己过得舒服一点，但是现在经济状况并不是特别好，等我有钱了就会追求舒适、幸福。	

续表

原始资料语句（代表性语句）	范畴
我认为对生活垃圾分类很重要啊，利国利民。	分类意义感知
作为一个环保人士，我经常说服我的家人、朋友对垃圾进行分类，我认为这是非常有意义的一件事，一点也不觉得麻烦。	
垃圾分类的好处很多啊，从近处来说，可以给我带来经济收益，从长远来看，可以给我带来健康收益。	
我比较喜欢按照我自己的方式对垃圾进行分类。	分类抉择感知
我可以自己决定如何劝说身边朋友、家人不乱扔垃圾，对垃圾回收等。	
对于随意处置垃圾的人或单位，我有权自己决定是否向有关部门举报等，而不希望别人来告诉或迫于压力去这样做。	
对于垃圾分类我掌握了大量的知识，知道如何有效地对垃圾进行分类。	分类效能感知
我觉得周围的人都是有素质的好公民，如果他们乱扔垃圾的话，我上去制止或进行劝说一定会有用的。	
我拥有辨识可回收垃圾与不可回收垃圾的能力。	
我觉得我对垃圾进行分类能够改善人类的生存环境，让我们生活的环境变得更加美好。	分类影响感知
我觉得我有能力和信心劝说我周围的人积极参与垃圾分类。	
我觉得我们对垃圾分类能做的影响微乎其微啊，我们可以为相关部门提供建议，但是相关部门不一定会采纳我的意见。	
现在国家对环境这一块相当重视，我觉得我一个大男人，更应该对社会有担当吧，俗话说得好，国家兴亡，匹夫有责，哈哈。	性别
垃圾分类的话，我老婆做得比我好，可能女性比较细心吧，我就觉得比较烦。	
垃圾分类应该是不分性别、不分年龄、不分种族的，人人一小步，社会一大步，每个人都要行动起来。	
我年龄这么大了，再过几年连字都快看不清了，垃圾分类这种事我做不来，也做不好。	年龄
我爸妈那个年龄的更容易分类一些吧，不过他们做的都是一些简单的分类，就会分分一些纸张、箱子、瓶子之类的，再细化的他们倒是没做过。	
这种事情要从小孩子时期就要开始教育，养成良好习惯之后就是自然而然的事情了，而且现在很多小孩子在保护环境这件事上做得都很好。	
垃圾分类应该是不分性别、不分年龄、不分种族的，人人一小步，社会一大步，每个人都要行动起来。	
要想做到垃圾分类，首先应该提高人们的文化水平，我觉得文化程度越高，越容易做到这一点，所以教育还是非常有必要的。	学历
现在有很多人文化水平一般，可能没这个意识去分类吧。	
大学生在垃圾分类和保护环境这方面做得挺好的。	

续表

原始资料语句（代表性语句）	范畴
作为一名共产党员，我必须要起到模范带头作用，保护环境从我做起。	政治面貌
我一个普通群众，管好自己生活就行了，垃圾分类这种事我没有时间想。	
我家庭收入水平很低，所以平时一些能回收的垃圾我会尽量回收起来再利用一下或者拿去卖钱。	收入水平
我觉得垃圾回收啊、环保啊这类行为无关乎经济水平吧，只要有意识，这是举手之劳的事情啊。	
我就是从事环保行业的，如果大家都能做到垃圾分类，把该扔的垃圾放到合适的位置，可以减轻我们很大的工作量，希望你们能多帮忙呼吁一下。	行业特征
我是一名大学教师，我从事的工作就是研究能源和环境，所以平时还是很注重这些的。	
我在政府部门上班，是一名公务员，所以平时我特别注意这些，有损国家和人民利益的事情我们是坚决不会做的。	单位性质
我觉得跟人的层次有很大关系，像一些企业的高管啊，社会的精英啊，环保意识都挺强的。	职位层级
我一个基层小员工，自己的生活都快顾不上了，国家的环保政策什么的我都不了解，哪有时间关心那么多啊。	
家里有小孩，所以平时特别注意自己一些言传身教的行为，时刻想着给小孩树立榜样。	家庭结构
为人父母，必须以身作则，我想让我的小孩以后成为一个有责任心的人，垃圾分类这件事说小其实也不小，我们平时不管在家还是外出都很注意这一点的。	
我们家的家务活儿基本上都是我做，所以我非常清楚哪些用完的东西可以回收再利用，像我老公就不知道。	家务承担倾向

（2）轴向式编码

第二级的编码为轴向式编码，又称关联式登录或轴心登录。其主要任务是发现范畴之间的潜在逻辑联系。轴向式编码中，研究者每次只对一个范畴进行深度分析，围绕这个范畴进一步探索相关关系，分析每一个范畴在概念层次上是否存在潜在相关关系，因此称为“轴心”或“主轴”。每一组范畴之间的相关关系分析之后，还要识别组内范畴的级别，即识别其中的主范畴和子范畴，然后在持续比较分析下，建立主范畴和子范畴之间的关系。主范畴的形成过程（轴向式编码过程）如表 3-4 所示。

表 3-4　　轴向式编码过程及结果

范畴关系的内涵	对应子范畴	主范畴
城市居民进行垃圾分类是出于一种日常生活习惯的行为活动	习惯型垃圾分类行为	垃圾分类行为
城市居民进行垃圾分类是在权衡经济、健康等利益之后的抉择结果	决策型垃圾分类行为	
城市居民进行垃圾分类是受到其他人对垃圾分类行为和态度影响后的行为选择	人际型垃圾分类行为	
城市居民进行垃圾分类是出于公民意识、建设美好家园的行为活动	公民型垃圾分类行为	
政策的普及程度是影响城市居民进行垃圾分类的政策标准情境层面因素	政策普及度	政策标准
标准的可识别程度是影响城市居民进行垃圾分类的政策标准情境层面因素	标准可识别度	
市场上的销售产品与生产技术是影响居民进行垃圾分类的产品设施情境层面因素	产品技术条件	产品设施
现有基础设施建设情况是影响城市居民进行垃圾分类的产品设施情境层面因素	设施条件	
家庭成员对垃圾分类的看法是影响城市居民进行垃圾分类的群体规范情境因素	家庭氛围	群体规范
单位同事对垃圾分类的看法是影响城市居民进行垃圾分类的群体规范情境因素	组织氛围	
社区等周围的其他人对垃圾分类的看法是影响城市居民进行垃圾分类的群体规范情境因素	社会氛围	
对垃圾管理过程中生产环节主体的行为信任是影响城市居民进行垃圾分类的群体规范情境因素	生产环节信任	环节信任
对垃圾管理过程中分类环节其他主体的行为信任是影响城市居民进行垃圾分类的群体规范情境因素	分类环节信任	
对垃圾管理过程中收运环节主体的行为信任是影响城市居民进行垃圾分类的群体规范情境因素	收运环节信任	
对垃圾管理过程中处理环节主体的行为信任是影响城市居民进行垃圾分类的群体规范情境因素	处理环节信任	
对垃圾管理过程中监管环节主体的行为信任是影响城市居民进行垃圾分类的群体规范情境因素	监管环节信任	
城市居民利己价值观是影响垃圾分类行为的个体心理层面的价值观因素	利己价值观	价值观倾向
城市居民利身边关系群体价值观是影响垃圾分类行为的个体心理层面的价值观因素	利关系价值观	
城市居民利社会价值观是影响垃圾分类行为的个体心理层面的价值观因素	利社会价值观	

续表

范畴关系的内涵	对应子范畴	主范畴
分类知识是影响城市居民垃圾分类行为的个体心理层面的认知因素	分类知识	分类认知
分类关注是影响城市居民垃圾分类行为的个体心理层面的认知因素	分类关注	
预防聚焦是影响城市居民垃圾分类行为的个体心理层面因素	预防聚焦	调节聚焦
促进聚焦是影响城市居民垃圾分类行为的个体心理层面因素	促进聚焦	
数量偏好是影响城市居民垃圾分类行为的个体心理层面的偏好因素	数量偏好	舒适偏好
节奏偏好是影响城市居民垃圾分类行为的个体心理层面的偏好因素	节奏偏好	
品质偏好是影响城市居民垃圾分类行为的个体心理层面的偏好因素	品质偏好	
个体感知到发生的垃圾分类行为给自己带来的意义会进一步影响其垃圾分类行为的发生	分类意义感知	分类授权感知
个体感知到发生的垃圾分类行为给自己带来的自主性会进一步影响其垃圾分类行为的发生	分类抉择感知	
个体感知到发生的垃圾分类行为给自己带来的效能会进一步影响其垃圾分类行为的发生	分类效能感知	
个体感知到发生的垃圾分类行为给自己带来的影响力会进一步影响其垃圾分类行为的发生	分类影响感知	
性别、年龄、学历、政治面貌、收入水平	人口统计变量	社会人口学变量
行业特征、单位性质、职务层级	组织工作变量	
家庭结构、家务承担倾向	家庭统计变量	

（3）选择式编码

选择式编码，又称核心式登录或选择式登录。其是从主范畴中挖掘核心范畴，进而分析核心范畴与主范畴及其他范畴的联结关系，并以“故事线”（Storyline）的方式描绘行为现象和脉络条件，在此基础上发展出新的理论框架。本书主范畴典型关系如表3-5所示。

本书确定了“垃圾分类行为驱动机理”这一核心范畴，围绕核心范畴的“故事线”可以概括为：分类授权感知、个体心理因素、情境因素、社会人口学变量四个主范畴对垃圾分类行为存在显著影响；分类授权感知、个体心理因素、情境因素、社会人口学变量是垃圾分类行为的内驱因素，其直接决定公众的垃圾分类行为；同时分类授权感知和情境因素可以作为调节变量，分别调节个体心理因素—垃圾分类行为、分类授权感知—垃圾分类行为之间的联结关系。以此“故事线”为基础，本书建构和发展出一个全新的垃圾分类行为驱动机理框架。

表 3-5　　　　选择式编码结果

关系结构的内涵	典型关系结构	核心范畴
分类授权感知是垃圾分类行为的内驱因素，分类授权感知直接决定个体是否会进行垃圾分类行为	分类授权感知→垃圾分类行为	垃圾分类行为驱动机理
垃圾分类行为能够强化分类授权感知，带来正向的分类授权体验	垃圾分类行为→分类授权感知	
个体心理因素是垃圾分类行为的内驱因素，个体心理因素直接决定其是否会进行垃圾分类行为	个体心理因素→垃圾分类行为	
情境因素是垃圾分类行为的内驱因素，情境因素直接决定个体是否会进行垃圾分类行为	情境因素→垃圾分类行为	
个体的价值观倾向、分类认知、调节聚焦、舒适偏好会决定个体对于某项行为结果的感知，即该项行为能否给到自己带来分类意义、分类抉择、分类效能、分类影响等各个方面的满足感，进而决定是否进行垃圾分类行为	个体心理因素→分类授权感知→垃圾分类行为	
政策标准、产品设施、群体规范、环节信任等情境因素是垃圾分类行为的外部制约因素，情境因素作为调节变量影响分类授权感知—垃圾分类行为之间的关系强度和关系方向	情境因素→分类授权感知→垃圾分类行为	
社会人口学变量（性别、年龄、学历、政治面貌、收入水平、行业特征、单位性质、职务层级、家庭结构、家务承担倾向等）对垃圾分类行为存在显著的直接影响，社会人口学变量直接决定个体的垃圾分类行为	社会人口学变量→垃圾分类行为	

（4）理论饱和度检验

Glaser 和 Holton（1967）提出“理论饱和”的标准，用来判断针对某一结构范畴的取样是否饱和，这里饱和是指已经不能再找到额外的资料让学者可以据此发展出更多的该范畴的特征。本书用另外 8 份访谈资料和 77 份开放式问卷资料的调查记录（约占总样本的 1/3）进行理论饱和度检验。结果显示，模型中的类别和范畴已经发展得非常丰富，没有发现形成新的重要范畴和关系，也没有发现新的构成因子。由此可以认为，上述垃圾分类行为及其驱动因素的结构在理论上是饱和的。

二　城市居民垃圾分类行为驱动机理研究变量界定

城市居民的垃圾分类行为在范围上来说，属于环境行为的一种。根据现有对环境行为的相关理论及文献研究的回顾，可以发现，由于研究侧重点和研究视角的不同，相关理论模型中选取的变量以及对变量的界定具有差异性，因此，需要对相关变量进行重新梳理和归纳，并结合实际调研情况加以改进，从而得出更加具有现实意义的成果。根据相关文献分析，结合质性分析结果对变量进行补充，最终将城市居民垃圾分类行为及其驱动因素相关变量界定如下。

（一）垃圾分类行为（Waste Separation Behavior，WSB）

在前文中，本书对城市居民的垃圾分类行为进行了界定，它是指在垃圾管理的过程中，城市居民作为垃圾产生和处理的源头，将其按规定类别进行分类收集，并投放到指定地点，进而降低垃圾的处置难度，促进实现垃圾无害化、资源化和减量化的行为。通过文献回顾，在有关环境行为结构维度的研究中，鲜有从行为发生动机的视角将此类行为进行分类的。Chen 等（2017）基于动机的视角将非期望环境行为划分为自发型、跟随型和防御型三类。在有关行为选择的研究中，可以发现以下结论或问题。

（1）人的行为呈现受到多种因素的影响。Lee（2014）、Chen 等（2014）认为，个体的环境、低碳行为与其掌握的环境知识具有相关性，低环境知识个体更易发生损害环境、高碳消费行为等。这与行为学中 Locke（2000）的观点一致，他认为，所有人类行为都与认知和情感等因素有关。但也有学者指出，行为是个体价值观的体现。如 Courbalay 等（2015）指出，价值观不仅可以在意识层面影响行为决策，还可以在无意识层面发挥作用，它可以通过诸如习惯这样的机制来影响个体的行为。类似地，在环境研究领域，Chen 等（2019）、Cooke 等（2015）等发现个体的环境价值观与环境行为之间存在显著的相关性。可以看出，个体的知识、价值观等因素会影响自身习惯性地发生垃圾分类行为，本书认为这些因素是源于个体本身，是一种习惯行为。

（2）人们的分类行为总是基于习惯产生的吗？Jarkko 和 Emilia（2015）、Hung 和 Plott（2001）在个体的行为决策研究中就指出，为保证自身利益的最大化，个体往往会在信息缺失的情况下选择和别人相同的行为策略。在垃圾分类行为中亦是如此，个体会出于一种经济、健康等利益的心态，主动或被动地对垃圾进行分类行为，本书将此类行为称为决策行为。

（3）除此之外，个体为了保持与群体的一致性，往往也会发生并非出于本意的行为或反应。如：Dyne 等（2003）、Deniz 等（2013）等认为，个体在保护自己或由于担心会产生人际隔阂时，会选择漠视某种行为和意见。所以当个体需要在分类行为和维持人际关系两者之间做出选择的情境下，也会为了避免破坏人际关系，出于防御的目的，而进行垃圾分类。这种行为在本书中称为人际行为。

（4）还存在公民意识强的个体，对社会环境的较高责任感，促进其对垃圾进行分类。Hines 等（1987）研究发现，道德责任感与环境行为之间存在较强的相关性。同样地，Stern（2000）在大量文献回顾的基础上，通过实证研究总结出道德责任感是影响环境行为最为基础的前因变量，甚至对任何一种环境行为都有影响力。一些欧洲学者更明确提出，在一些富裕的北欧国家中公民实施环境行为很大程度源于公民自身的道德责任感（Thogersen，1996）。正是这种责任感促使居民萌生保护生态、造福社会的意愿，进而进行垃圾分类，本书将这类行为称为公民行为。

结合上述分析及质性研究结果，本书基于城市居民垃圾分类的行为动机视角，可将垃圾分类行为划分为四种类型：习惯型分类行为（Waste Separation Behavior for Habit，HWSB）、决策型分类行为（Waste Separation Behavior for Decision，DWSB）、人际型分类行为（Waste Separation Behavior for Relationship，RWSB）和公民型分类行为（Waste Separation Behavior for Citizen，CWSB）。其中，习惯型分类行为是指城市居民基于自身的生活习惯而发生的垃圾分类行为；决策型分类行为是指城市居民在权衡经济、健康等利益之后而发生的分类行为；人际型分类行为是指城市居民在受到其他人的垃圾分类行为和态度影响后而选择进行垃圾分类的行为；公民型分类行为则是指城市居民出于对社会的责任感和公民意识而发生的垃圾分类行为。

（二）分类授权感知（Perception of Separation Empowerment，PSE）

卷入理论（Theory of Involvement）指出，个体对事件的参与感知会增加其投入度（Milem and Berger，1997）。后来学者用心理授权的概念来阐述这种现象，用以表达被赋予权利的个体心理感知。现阶段关于心理授权的研究主要集中于组织行为学和心理学研究领域。在工作场所中，传统的授权理念主要从宏观角度出发，关注组织结构和政策，将授权视为组织所采取的一系列分享权力的管理措施，信息、支持、完成工作所需的资源、持续的发展机会以及组织机动性等因素一起将决定个体被授权的程度，这种授权方式被称为自上而下的结构授权。[①] Conger 和 Kanungo（1988）认为，传统的授权实践和研究都仅仅关注组织高层如何将权力下放给基层员工的措施或行为，忽视了被授权者的心理体验，并指出只有当下属感受到自己“被授权”时，他们才有可能产生态度及行为上的改变。因此，授权措施能否真正发挥作用，在很大程度上取决于被授权者的心理感受。基于这种认识，Conger 和 Kanungo（1988）从微观（心理）角度出发，指出授权是个体对工作及自己在组织中的角色的知觉或态度，并将授权视为下属所产生的体验和内在激励。Thomas 和 Velthouse

---

① Laschinger H. K. S.，Finegan J. E.，Shamian J.，et al.，“A Longitudinal Analysis of the Impact of Workplace Empowerment on Work Satisfaction”，*Journal of Organizational Behavior*，Vol. 25，No. 4，2004.

（1990）在这一观点的基础上正式提出了心理授权（Psychological Empowerment）的概念。

进一步地，Thomas 和 Velthouse（1990）认为，授权作为一种内在的激励方式，可以持续提高员工的工作激情和动力，是个体体验到被授权的一种认知综合体。这一综合体可划分为四个维度：工作意义（Meaning）、自我效能感（Competence）、选择权（Choice）、影响力（Impact）。工作意义是指个体对当前工作目标价值的认知；自我效能感是指个体对自身实现目标能力的认知；选择权是指个体对工作活动控制和工作方式决策程度的认知；影响力是指个体对自己所在组织或者部门影响程度的认知。Spreizer（1995）在此四个维度的基础上，开发、编制了包含 12 个题项的心理授权量表，该表得到学者的广泛借鉴和使用。

学者随后对心理授权与个体行为之间的关系展开了相应的实证研究。Spreitzer 等（1997，1999）采用企业的中层管理者样本进行的几项研究表明，心理授权对管理有效性（Managerial Effectiveness）、创新性（Innovativeness）、向上影响力（Upward Influence）和鼓舞人心（Inspiration）均具有显著的正向预测作用。Janssen（2005）的研究发现，心理授权中的影响维度与员工的创新行为呈显著正相关，并且主管支持对这一关系具有调节作用，主管支持程度越高，二者之间的正向关系越紧密。Singh 和 Sarkar（2015）指出，在工作和组织层面的自主决定对员工的创新行为有正向影响，但自我效能感和影响对创新行为没有直接或间接影响。Ginsburg 等（2016）研究发现，心理授权的不同维度对不同的组织公民行为产生的影响具有差异性，且自我效能感会促进个体的组织责任感和人际关系，工作意义会提高个体的奉献精神。

可以看出，在工作场所中，授权本质上并不仅是对个体外部行为的设定，它同时也是一种改变个体内在信念的过程。心理授权正是对员工的一种内在激励，使其感受到“被授权”，改变个体内在信念、态度，进而对其创新行为、组织公民行为等积极行为均具有显著的影响作用。相似地，在对垃圾的源头分类过程中，个体也可以被赋予这种心理上的权利，提升其自我效能感、环保意义等，强化其内在环保动机（Chen et al.，2019）。访谈也发现，这一情境中，个体通过个体自身的价值观和标准来判断垃圾分类行为的价值和意义，形成分类意义感知（Perception of Separation Meaning，PSM）；并判断自身具有能够正确进行垃圾分类、回收等的能力，形成分类效能感知（Perception of Separation Self-efficacy，PSS）；同时，分类抉择感知（Perception of Separation Choice，PSC）也为其增强了分类的自主性和主导性，增加了居民的分类卷入感；另外，个体对自己发生垃圾分类行为影响程度的感知，即分类影响感知（Perception of Separation Impact，PSI），也将促进或抑制其进一步发生分类行为。

（三）产品设施（Products and Facilities，PF）

在质性分析时发现，多数居民不愿意进行垃圾分类的原因是他们对分类产品和技术的否定。一方面，可回收产品的健康性与可规模化实践性，是城市居民一直心存疑惑的因素；另一方面，基础设施的配套性以及整个回收系统的完备性，也将对居民进行垃圾分类的意愿产生影响。基于此，本书将产品设施因素分为产品技术条件（Product Technical Conditions，PTC）和设施条件（Facilities Conditions，FC）两个方面。

（四）政策标准（Policy and Standards，PS）

城市居民垃圾管制政策普及度（Popularity of Policy，PP）主要包括技术标准类政策普及度、费用征收类政策普及度、命令控制类政策普及度和参与监督类政策普及度四个方面，主要用以考察现有相关垃圾管制政策的普及效果，通过政策的宣传力度和完善程度测量。标准可识别度（Recognition of Standard，RS）则是垃圾分类依赖的一个标准，而标准细则的可操作性以及垃圾类别的可区分性是居民参考标尺进行垃圾分类的基础，也决定了城市居民对垃圾进行分类的难度和意愿。

（五）环节信任（Trustworthiness for Links，TL）

多数访谈对象均表明，其他主体“不可信任”，致使其不愿意对垃圾进行分类。在整个垃圾管理的过程中，涉及生产、分类、收集运输、处理、监管等环节的多个主体，且具有串联属性，存在木桶效应。因此，每个环节出现弱点或不足，都会对其他环节造成重要的负面影响，增加其他环节的操作难度，进而降低其他环节“认真”做事的意愿。根据信任理论，在多方主体共同完成的垃圾分类与回收过程中，乐观的心理预期和可接受的风险意愿是形成各个环节相互信任，进而避免行为背离，达成目标的重要条件。本书基于垃圾管理过程全环节参与的原则，结合质性分析结果，将环节信任划分为生产环节信任（Trustworthiness for Production Links，TPL）、分类环节信任（Separation Links，TSL）、收运环节信任（Collection and Transportation Links，TCTL）、处理环节信任（Disposal Links，TDL）和监管环节信任（Regulation Links，TRL）。

（六）群体规范（Group Norms，GN）

群体规范是指人们对待环境问题的行为活动规矩、准则或者氛围，对人们的环境行为起着调节、选择、评价、稳定与过滤作用。在日常生活中，当公众面临环境问题时，其所感受到的社区舆论氛围、群体价值取向、道德评判准则等，都属于群体规范的范畴。在群体规范方面，学者大多得到的结论一致，即群体规范对个体行为（包括环境行为、垃圾分类行为）具有显著的影响作用。城市居民这一社会人，其角色会随着空间的变化而改变。同时，在不同角色和空间转换的过程中，个体的角色期望与群体规范内涵也在发生着变化。Chen 等（2017）在关于环境行为的研究中，从个体角色的视角，将个体活动的空间分为居家领域、工作领域和公共领域。同样地，本书根据这一空间划分方式，结合质性分析结果，将城市居民接触的群体规范界定为三类，即家庭氛围（Family Norms，FN）、组织氛围（Organization Norms，ON）、社会氛围（Community Norms，CN）。

（七）价值观倾向（Value Orientation，VO）

通过理论研究可以发现，个体价值观是行为发生的决定性因素。尤其是个体的生态价值观会直接或间接地影响其环境态度与行为。在质性分析时也发现，不同价值倾向的个体，对分类的着眼点并不一致，利己个体与利他个体对垃圾分类的看法也会存在差异。

社会生物学家认为，利他行为主要涉及群体选择和亲属选择。群体选择性的利他行为是指群体成员不顾其他情况有选择地帮助与自己有亲密关系成员的行为。亲属选择性的利他行为是指个体不顾其他情况有选择性地帮助自己亲属的行为。心理学家认为，利他行为包含了以下三层含义：其一，由他人的外貌、言谈或其他特征引起的行为，即施动者是自觉自愿的。其二，有利于他人利益的并且不带有其他私利。其三，善良和道德利他行为体现着人类的善良以及社会道德感，并且利他行为的发展应当与社会道德发展是同步的。当一个社会道德高度发展，即每一个社会公民都具有高尚道德品质和社会责任感，社会中利他行为必然会增多，且不管如何定义和理解，不管是针对亲人还是其他人，这其中所有观点的核心都在于不图回报性，也就是讲在实施利他行为的过程中不带有任何私利，同时这种不图回报性在他们看来也有两种含义：一种是真正的利他行为，它只是以助人为目的而没有其他的私利，即我为人人。与此类似的行为如亲社会的行为，指那些能使他人获益的行为，包括助人、分享、安慰、捐赠和合作等行为（Eisenberg et al.，1998）。另一种是报答性的利他行为，因曾经受人帮助而认为自己应该帮助他人，即因为人人为我，所以我要帮助他人进而我要去利他（万明钢、刘显翠，2013）。

基于此，结合质性分析结果，本书依据获利的主体对象将一个人的价值观按照圈层划分为个体自身层、关系层和社会层，并据此延伸为利己价值观（Self-interest Values，SEV）、利关系价值观（Relatives-interest Values，REV）和利社会价值观（Social-interest Values，SOV），进而分析不同价值观倾向的城市居民分类行为的选择情况。

（八）分类认知（Cognition of Separation，CGS）

与环境认知的概念相似，分类认知指的是个体对垃圾分类相关知识的掌握程度，以及对垃圾分类相关信息的关注程度。参考 Chen 等（2017）对环境认知内涵的阐述，本书结合质性分析结果，将分类认知划分为分类知识（Knowledge of Separation，KS）和分类关注（Concerns of Separation，CNS）两个方面

（九）调节聚焦（Regulatory Focus，RF）

调节聚焦包括预防聚焦（Prevention Focus，PREF）和促进聚焦（Promotion Focus，PROF）两个方面，表达的是个体由于心理反馈机制自我调节的差异，而引发的对外界刺激的差异性关注与选择，进而影响其行为选择。在访谈中也发现，不同的个体会关注不同的事情，一些人关注分类带来的积极影响，而另一些人则对不分类造成的健康损害等负面影响比较敏感。

（十）舒适偏好（Preferences for Comfort，PC）

根据前文的文献回顾可知，居民对自身生活的舒适度要求及偏好会影响其环保类行为。通过访谈发现，城市居民的心理舒适偏好主要体现在以下 3 个方面：数量偏好（Preferences for Quantity，PQT），即居民在日常生活消费过程中，对规模、场面等方面的追求；节奏偏好（Preferences for Rhythm，PR），即居民在日常生活工作过程中，对时间紧迫性、效率性的追求；品质偏好（Preferences for Quality，PQL），即居民在日常生活过程中，对生活质量的追求。

（十一）社会人口学变量(Social Demography Variables，SDV)

本书从个体自身、个体所在家庭和个体所在组织 3 个方面，选取社会人口学统计变量。其中，个人统计特征因素中选取性别、年龄、婚姻状况、学历、政治面貌、月收入和月生活支出 7 个变量；家庭统计特征因素中选取家庭住宅面积、家庭成员数、家庭排行、家庭月收入和家务承担倾向 5 个变量；组织统计特征因素选

取工作行业、工作单位性质、职位层级和职位等级 4 个变量。

第二节　城市居民垃圾分类行为驱动模型构建与假设提出

通过前文分析，城市居民垃圾分类行为的主要驱动因素包括个体心理因素（价值观倾向、分类认知、调节聚焦、舒适偏好）、分类授权感知、情境因素（产品设施、政策标准、环节信任、群体规范）等方面，且居民垃圾分类行为在社会人口学变量上可能存在差异性。各个变量对城市居民垃圾分类行为的影响路径及作用机制并不仅是简单的 A→B，其中变量还会对垃圾分类行为存在交互影响和中介影响。具体表现如下。

一　个体心理因素对城市居民垃圾分类行为的影响

（一）价值观倾向对城市居民垃圾分类行为的影响

价值观是行为发生的根本准则，同时行为也能够体现一个人的价值观取向。从现有有关行为学的研究中可以发现，价值观总是影响个体行为的关键因素。同样地，在环境心理与行为领域相关研究中，多数研究者均指出价值观对个体环境行为具有显著的影响（Groot and Steg，2007；Lee，2011；Han，2015）。本书通过文献分析和质性分析，将个体的价值观划分为利己价值观、利关系价值观和利社会价值观三类。基于此，本书假设：

H1：价值观倾向对城市居民垃圾分类行为存在显著的影响作用。

H1-1：价值观倾向对城市居民习惯型分类行为存在显著的影响作用；

H1-2：价值观倾向对城市居民决策型分类行为存在显著的影响作用；

H1-3：价值观倾向对城市居民人际型分类行为存在显著的影响

作用；

H1-4：价值观倾向对城市居民公民型分类行为存在显著的影响作用。

H1a：利己价值观对城市居民垃圾分类行为存在显著的影响作用。

H1a-1：利己价值观对城市居民习惯型分类行为存在显著的影响作用；

H1a-2：利己价值观对城市居民决策型分类行为存在显著的影响作用；

H1a-3：利己价值观对城市居民人际型分类行为存在显著的影响作用；

H1a-4：利己价值观对城市居民公民型分类行为存在显著的影响作用。

H1b：利关系价值观对城市居民垃圾分类行为存在显著的影响作用。

H1b-1：利关系价值观对城市居民习惯型分类行为存在显著的影响作用；

H1b-2：利关系价值观对城市居民决策型分类行为存在显著的影响作用；

H1b-3：利关系价值观对城市居民人际型分类行为存在显著的影响作用；

H1b-4：利关系价值观对城市居民公民型分类行为存在显著的影响作用。

H1c：利社会价值观对城市居民垃圾分类行为存在显著的影响作用。

H1c-1：利社会价值观对城市居民习惯型分类行为存在显著的影响作用；

H1c-2：利社会价值观对城市居民决策型分类行为存在显著的影响作用；

H1c-3：利社会价值观对城市居民人际型分类行为存在显著的影响作用；

H1c-4：利社会价值观对城市居民公民型分类行为存在显著的影响作用。

（二）分类认知对城市居民垃圾分类行为的影响

虽然通过前文的文献回顾可知，多数研究者认为环境认知对个体的环保类行为存在显著的预测作用。但也有学者指出了环境认知与行为决策的不一致性，Maloney 等（1975）较早对环境知识与环境情感、口头承诺、实际承诺之间的关系进行了研究，发现环境知识与三者之间不存在相关关系，其对此予以解释：环境知识涉及范围过广，较难测量；民众难以获取环境知识，环境知识水平较低。后续的研究亦发现环境知识与环境行为之间没有关系①②、关系较弱③④，或者最多中等程度的相关⑤。王丽萍（2016）在研究中表明，虽然居民对环境的关心度、环保知识的丰裕度、环境产品了解度正向影响居民对环境产品的主观态度，但居民对环境的关心度反向影响居民对环境友好型产品的客观行为。因此城市居民对垃圾分类的认知与分类行为之间的关系需要进一步探究，故本书提出如下假设：

---

① Schahn J., Holzer E., "Studies of Individual Environmental Concern: The Role of Knowledge, Gender and Background Variables", *Environment & Behavior*, Vol. 22, No. 6, 1990.

② Grob A., "A Structural Model of Environmental Attitudes and Behaviour", *Journal of Environmental Psychology*, Vol. 15, No. 3, 1995.

③ Ellen P. S., "Do We Know What We Need to Know? Objective and Subjective Knowledge Effects on Pro - ecological Behaviors", *Journal of Business Research*, Vol. 30, No. 1, 1994.

④ Moore S., Murphy M., Watson R., "A Longitudinal Study of Domestic Water Conservation Behavior", *Population & Environment*, Vol. 16, No. 2, 1994.

⑤ Hines J. M., Hungerford H. R., Tomera A. N., "Analysis and Synthesis of Research on Responsible Environmental Behavior: A Meta - analysis", *Journal of Environmental Education*, Vol. 18, No. 2, 1987.

H2：分类认知对城市居民垃圾分类行为存在显著的影响作用。

H2-1：分类认知对城市居民习惯型分类行为存在显著的影响作用；

H2-2：分类认知对城市居民决策型分类行为存在显著的影响作用；

H2-3：分类认知对城市居民人际型分类行为存在显著的影响作用；

H2-4：分类认知对城市居民公民型分类行为存在显著的影响作用。

H2a：分类知识对城市居民垃圾分类行为存在显著的影响作用。

H2a-1：分类知识对城市居民习惯型分类行为存在显著的影响作用；

H2a-2：分类知识对城市居民决策型分类行为存在显著的影响作用；

H2a-3：分类知识对城市居民人际型分类行为存在显著的影响作用；

H2a-4：分类知识对城市居民公民型分类行为存在显著的影响作用。

H2b：分类关注对城市居民垃圾分类行为存在显著的影响作用。

H2b-1：分类关注对城市居民习惯型分类行为存在显著的影响作用；

H2b-2：分类关注对城市居民决策型分类行为存在显著的影响作用；

H2b-3：分类关注对城市居民人际型分类行为存在显著的影响作用；

H2b-4：分类关注对城市居民公民型分类行为存在显著的影响作用。

（三）调节聚焦对城市居民垃圾分类行为的影响

行为是个体心理对外界信息加工处理后反馈出的外显活动，这一心理反馈机制与个体的关注点、动机倾向密切相关。调节聚焦就是由于个体心理反馈机制自我调节的差异，而引发的对外界刺激的差异性关注与选择现象（Crowe and Higgins，1997；Higgins，1998）。姚琦和乐国安（2009）研究中也指出，高预防聚焦的个体关注安全、保护、义务、责任及消极结果，往往会固守“应该的自我”，倾向于采取警惕与规避的行为；高促进聚焦的个体关注理想、进步、抱负、成就及积极结果，经常会追求“理想的自我”，喜欢采取渴望与进取的行为。可以看出，促进聚焦和预防聚焦直接影响人们在认知评价时对不同信息的敏感性，对人们的决策判断和行为策略选择等心理过程，都会产生重要影响。基于此，本书假设：

H3：调节聚焦对城市居民垃圾分类行为存在显著的影响作用。

H3-1：调节聚焦对城市居民习惯型分类行为存在显著的影响作用；

H3-2：调节聚焦对城市居民决策型分类行为存在显著的影响作用；

H3-3：调节聚焦对城市居民人际型分类行为存在显著的影响作用；

H3-4：调节聚焦对城市居民公民型分类行为存在显著的影响作用。

H3a：预防聚焦对城市居民垃圾分类行为存在显著的影响作用。

H3a-1：预防聚焦对城市居民习惯型分类行为存在显著的影响作用；

H3a-2：预防聚焦对城市居民决策型分类行为存在显著的影响作用；

H3a-3：预防聚焦对城市居民人际型分类行为存在显著的影响作用；

H3a-4：预防聚焦对城市居民公民型分类行为存在显著的影响作用。

H3b：促进聚焦对城市居民垃圾分类行为存在显著的影响作用。

H3b-1：促进聚焦对城市居民习惯型分类行为存在显著的影响作用；

H3b-2：促进聚焦对城市居民决策型分类行为存在显著的影响作用；

H3b-3：促进聚焦对城市居民人际型分类行为存在显著的影响作用；

H3b-4：促进聚焦对城市居民公民型分类行为存在显著的影响作用。

（四）舒适偏好对城市居民垃圾分类行为的影响

通过前文访谈可知，在决定是否要垃圾分类时，城市居民会充分考虑自身的生活习惯、生活品质等。不少居民表达了在“人本”与“绿色”出现冲突和矛盾时，让自己生活过得舒适才最重要的观点。相关文献研究也表明，在研究绿色出行行为时，舒适偏好会显著影响个体在对出行时交通方式的选择①。还有研究表明，居民对生活舒适度的需求提升是导致家庭能源使用增加的最主要原因②。此外，数量偏好的个体注重规模和场合，容易发生铺张浪费的行为；节奏偏好的个体更需要节约时间，可能不愿意投入时间尤其是工作时间在垃圾分类上；品质偏好的个体则对物品质量要求较高，他们或许会认为分类回收的物品具有“劣质”的特征。基于此，本书提出如下研究假设：

H4：舒适偏好对城市居民垃圾分类行为存在显著的影响作用。

H4-1：舒适偏好对城市居民习惯型分类行为存在显著的影响作用；

---

① Bowman J. L., Ben-Akiva M., “Activity-based Disaggregates Travel Demand Model System with Activity Schedules”, *Transportation Research Part A*, Vol. 35, No. 1, 2000.

② Anker-Nilssen P., “Household Energy Use and the Environment—A Conflicting Issue”, *Applied Energy*, Vol. 76, No. 1-3, 2003.

H4-2：舒适偏好对城市居民决策型分类行为存在显著的影响作用；

H4-3：舒适偏好对城市居民人际型分类行为存在显著的影响作用；

H4-4：舒适偏好对城市居民公民型分类行为存在显著的影响作用。

H4a：数量偏好对城市居民垃圾分类行为存在显著的影响作用。

H4a-1：数量偏好对城市居民习惯型分类行为存在显著的影响作用；

H4a-2：数量偏好对城市居民决策型分类行为存在显著的影响作用；

H4a-3：数量偏好对城市居民人际型分类行为存在显著的影响作用；

H1a-4：数量偏好对城市居民公民型分类行为存在显著的影响作用。

H4b：节奏偏好对城市居民垃圾分类行为存在显著的影响作用。

H4b-1：节奏偏好对城市居民习惯型分类行为存在显著的影响作用；

H4b-2：节奏偏好对城市居民决策型分类行为存在显著的影响作用；

H4b-3：节奏偏好对城市居民人际型分类行为存在显著的影响作用；

H4b-4：节奏偏好对城市居民公民型分类行为存在显著的影响作用。

H4c：品质偏好对城市居民垃圾分类行为存在显著的影响作用。

H4c-1：品质偏好对城市居民习惯型分类行为存在显著的影响作用；

H4c-2：品质偏好对城市居民决策型分类行为存在显著的影响作用；

H4c-3：品质偏好对城市居民人际型分类行为存在显著的影响作用；

H4c-4：品质偏好对城市居民公民型分类行为存在显著的影响作用。

二　分类授权感知对城市居民垃圾分类行为的影响

分类授权感知是个体内心感受到的对垃圾分类的意义、抉择权、效能感、影响力等，并据此赋予其自身心理上的权利，并改变个体内在信念。环境行为研究领域中的分类授权感知是将组织工作中的授权拓展至环境工作中，把原本心理授权对员工的内在激励拓展为使城市居民感受到“被授权”，从而改变个体内在环保信念、环保态度，进而对其分类行为、亲社会行为等积极行为均具有显著的影响作用。多名学者研究也发现了心理授权对个体行为的影响作用（Singh and Sarkar，2015；Ginsburg et al.，2016），他们认为，这种心理上的授权能够鼓舞人心，给予个体心理上的满足和奖励。因此，本书假设：

H5：分类授权感知对城市居民垃圾分类行为存在显著的影响作用。

H5-1：分类授权感知对城市居民习惯型分类行为存在显著的影响作用；

H5-2：分类授权感知对城市居民决策型分类行为存在显著的影响作用；

H5-3：分类授权感知对城市居民人际型分类行为存在显著的影响作用；

H5-4：分类授权感知对城市居民公民型分类行为存在显著的影响作用。

H5a：分类意义感知对城市居民垃圾分类行为存在显著的影响作用。

H5a-1：分类意义感知对城市居民习惯型分类行为存在显著的

影响作用；

H5a-2：分类意义感知对城市居民决策型分类行为存在显著的影响作用；

H5a-3：分类意义感知对城市居民人际型分类行为存在显著的影响作用；

H5a-4：分类意义感知对城市居民公民型分类行为存在显著的影响作用。

H5b：分类抉择感知对城市居民垃圾分类行为存在显著的影响作用。

H5b-1：分类抉择感知对城市居民习惯型分类行为存在显著的影响作用；

H5b-2：分类抉择感知对城市居民决策型分类行为存在显著的影响作用；

H5b-3：分类抉择感知对城市居民人际型分类行为存在显著的影响作用；

H5b-4：分类抉择感知对城市居民公民型分类行为存在显著的影响作用。

H5c：分类效能感知对城市居民垃圾分类行为存在显著的影响作用。

H5c-1：分类效能感知对城市居民习惯型分类行为存在显著的影响作用；

H5c-2：分类效能感知对城市居民决策型分类行为存在显著的影响作用；

H5c-3：分类效能感知对城市居民人际型分类行为存在显著的影响作用；

H5c-4：分类效能感知对城市居民公民型分类行为存在显著的影响作用。

H5d：分类影响感知对城市居民垃圾分类行为存在显著的影响作用。

H5d-1：分类影响感知对城市居民习惯型分类行为存在显著的影响作用；

H5d-2：分类影响感知对城市居民决策型分类行为存在显著的影响作用；

H5d-3：分类影响感知对城市居民人际型分类行为存在显著的影响作用；

H5d-4：分类影响感知对城市居民公民型分类行为存在显著的影响作用。

三　分类授权感知对个体心理因素与城市居民垃圾分类行为之间关系的中介作用

在组织行为学的相关研究中，个体的心理授权感知还经常以中间变量的形式出现。例如，调节聚焦控制着个体的关注倾向，进而影响其行为决策。在这一过程中，行为结果的利害关系起到决定性的作用（Higgins，2000）。心理授权的意义和影响力维度侧面量化了行为利害关系，对行为的发生具有一定的促进或抑制作用。此外，自主性衡量个体对行为方式的自我选择性，是个体舒适度、便利性等的侧面体现；自我效能感则反映着个体的自信度。Avnet 和 Higgins（2006）认为，个体自身动机的调节会使人们感觉舒适，进而会增加对判断的自信，提高行为的重要性，增强行为的动机。可见，自主性和自我效能感在个体动机和行为之间也可能存在着促进的作用。基于此，本书假设：

H6：价值观倾向各维度通过分类授权感知间接作用于城市居民垃圾分类行为。

H6-1：价值观倾向各维度通过分类授权感知间接作用于城市居民习惯型分类行为；

H6-2：价值观倾向各维度通过分类授权感知间接作用于城市居民决策型分类行为；

H6-3：价值观倾向各维度通过分类授权感知间接作用于城市居

民人际型分类行为；

H6-4：价值观倾向各维度通过分类授权感知间接作用于城市居民公民型分类行为。

H7：分类认知各维度通过分类授权感知间接作用于城市居民垃圾分类行为。

H7-1：分类认知各维度通过分类授权感知间接作用于城市居民习惯型分类行为；

H7-2：分类认知各维度通过分类授权感知间接作用于城市居民决策型分类行为；

H7-3：分类认知各维度通过分类授权感知间接作用于城市居民人际型分类行为；

H7-4：分类认知各维度通过分类授权感知间接作用于城市居民公民型分类行为。

H8：调节聚焦各维度通过分类授权感知间接作用于城市居民垃圾分类行为。

H8-1：调节聚焦各维度通过分类授权感知间接作用于城市居民习惯型分类行为；

H8-2：调节聚焦各维度通过分类授权感知间接作用于城市居民决策型分类行为；

H8-3：调节聚焦各维度通过分类授权感知间接作用于城市居民人际型分类行为；

H8-4：调节聚焦各维度通过分类授权感知间接作用于城市居民公民型分类行为。

H9：舒适偏好各维度通过分类授权感知间接作用于城市居民垃圾分类行为。

H9-1：舒适偏好各维度通过分类授权感知间接作用于城市居民习惯型分类行为；

H9-2：舒适偏好各维度通过分类授权感知间接作用于城市居民决策型分类行为；

H9-3：舒适偏好各维度通过分类授权感知间接作用于城市居民人际型分类行为；

H9-4：舒适偏好各维度通过分类授权感知间接作用于城市居民公民型分类行为。

四 情境因素对城市居民垃圾分类行为的影响

（一）产品设施对城市居民垃圾分类行为的影响

回顾文献可以发现，关于产品设施对环保类行为影响的研究已经较成熟。居民的环保类行为（垃圾回收、绿色采购等）会受到产品的成熟度和普及度、基础设施的便利性等因素的影响[①]。通过访谈结果也可知，现实中很多城市居民不对垃圾进行分类，就是因为基础设施（垃圾桶、垃圾车等）不健全。可见，基础设施的完备性是垃圾分类回收的重要保障。因而，公共设施及其便利性、绿色产品的成熟度及应用条件等外部条件固有因素，也会影响居民的垃圾分类行为。故本书假设：

H10：产品设施对城市居民垃圾分类行为存在显著的影响作用。

H10-1：产品设施对城市居民习惯型分类行为存在显著的影响作用；

H10-2：产品设施对城市居民决策型分类行为存在显著的影响作用；

H10-3：产品设施对城市居民人际型分类行为存在显著的影响作用；

H10-4：产品设施对城市居民公民型分类行为存在显著的影响作用。

H10a：产品技术条件对城市居民垃圾分类行为存在显著的影响作用。

---

① Barr S.，"Strategies for Sustainability：Citizens and Responsible Environmental Behaviour"，*Area*，Vol. 35，No. 3，2003.

H10a-1：产品技术条件对城市居民习惯型分类行为存在显著的影响作用；

H10a-2：产品技术条件对城市居民决策型分类行为存在显著的影响作用；

H10a-3：产品技术条件对城市居民人际型分类行为存在显著的影响作用；

H10a-4：产品技术条件对城市居民公民型分类行为存在显著的影响作用。

H10b：设施条件对城市居民垃圾分类行为存在显著的影响作用。

H10b-1：设施条件对城市居民习惯型分类行为存在显著的影响作用；

H10b-2：设施条件对城市居民决策型分类行为存在显著的影响作用；

H10b-3：设施条件对城市居民人际型分类行为存在显著的影响作用；

H10b-4：设施条件对城市居民公民型分类行为存在显著的影响作用。

（二）政策标准对城市居民垃圾分类行为的影响

垃圾管制政策及分类标准对个体的分类行为起到引导的作用。前文的文献回顾及质性分析都发现，政策的宣传力度在很大程度上影响着个体是否会对垃圾进行分类[①]。特别地，分类标准的可操作性、可识别性以及合理性直接会影响居民进行分类的便利性，决定他们的分类行为是否能够发生以及是否能够有效地发生。因此，本书假设：

H11：政策标准对城市居民垃圾分类行为存在显著的影响作用。

H11-1：政策标准对城市居民习惯型分类行为存在显著的影响

---

① Ahmed Q. I., Lu H., Ye S., "Urban Transportation and Equity: A Case Study of Beijing and Karachi", *Transportation Research Part A Policy & Practice*, Vol. 42, No. 1, 2008.

作用；

H11-2：政策标准对城市居民决策型分类行为存在显著的影响作用；

H11-3：政策标准对城市居民人际型分类行为存在显著的影响作用；

H11-4：政策标准对城市居民公民型分类行为存在显著的影响作用。

H11a：政策普及度对城市居民垃圾分类行为存在显著的影响作用。

H11a-1：政策普及度对城市居民习惯型分类行为存在显著的影响作用；

H11a-2：政策普及度对城市居民决策型分类行为存在显著的影响作用；

H11a-3：政策普及度对城市居民人际型分类行为存在显著的影响作用；

H11a-4：政策普及度对城市居民公民型分类行为存在显著的影响作用。

H11b：标准可识别度对城市居民垃圾分类行为存在显著的影响作用。

H11b-1：标准可识别度对城市居民习惯型分类行为存在显著的影响作用；

H11b-2：标准可识别度对城市居民决策型分类行为存在显著的影响作用；

H11b-3：标准可识别度对城市居民人际型分类行为存在显著的影响作用；

H11b-4：标准可识别度对城市居民公民型分类行为存在显著的影响作用。

（三）环节信任对城市居民垃圾分类行为的影响

在整个垃圾管理的过程中，不管是产生、分类、收运、处理还是监管环节，都需要人的参与，且各环节相互联系，配合工作。若其中某一环节出现“劣性”特征，其他环节的工作难度也将随之增加，进而降低其他环节主体的工作激情与意愿。在质性分析的过程中也发现，许多城市居民皆是考虑到对其他环节主体，如收运环节的失望，才不愿意投入精力进行垃圾分类，因为他们觉得即使自己分得很好，但是其他环节做不好，自己的工作相当于没有做。可以看到，对其他环节工作能力、态度的信任，也可能会影响一个人的分类行为。基于此，本书提出如下假设：

H12：环节信任对城市居民垃圾分类行为存在显著的影响作用。

H12-1：环节信任对城市居民习惯型分类行为存在显著的影响作用；

H12-2：环节信任对城市居民决策型分类行为存在显著的影响作用；

H12-3：环节信任对城市居民人际型分类行为存在显著的影响作用；

H12-4：环节信任对城市居民公民型分类行为存在显著的影响作用。

H12a：生产环节信任对城市居民垃圾分类行为存在显著的影响作用。

H12a-1：生产环节信任对城市居民习惯型分类行为存在显著的影响作用；

H12a-2：生产环节信任对城市居民决策型分类行为存在显著的影响作用；

H12a-3：生产环节信任对城市居民人际型分类行为存在显著的影响作用；

H12a-4：生产环节信任对城市居民公民型分类行为存在显著的影响作用。

H12b：分类环节信任对城市居民垃圾分类行为存在显著的影响作用。

H12b-1：分类环节信任对城市居民习惯型分类行为存在显著的影响作用；

H12b-2：分类环节信任对城市居民决策型分类行为存在显著的影响作用；

H12b-3：分类环节信任对城市居民人际型分类行为存在显著的影响作用；

H12b-4：分类环节信任对城市居民公民型分类行为存在显著的影响作用。

H12c：收运环节信任对城市居民垃圾分类行为存在显著的影响作用。

H12c-1：收运环节信任对城市居民习惯型分类行为存在显著的影响作用；

H12c-2：收运环节信任对城市居民决策型分类行为存在显著的影响作用；

H12c-3：收运环节信任对城市居民人际型分类行为存在显著的影响作用；

H12c-4：收运环节信任对城市居民公民型分类行为存在显著的影响作用。

H12d：处理环节信任对城市居民垃圾分类行为存在显著的影响作用。

H12d-1：处理环节信任对城市居民习惯型分类行为存在显著的影响作用；

H12d-2：处理环节信任对城市居民决策型分类行为存在显著的影响作用；

H12d-3：处理环节信任对城市居民人际型分类行为存在显著的影响作用；

H12d-4：处理环节信任对城市居民公民型分类行为存在显著的影响作用。

H12e：监管环节信任对城市居民垃圾分类行为存在显著的影响

作用。

H12e-1：监管环节信任对城市居民习惯型分类行为存在显著的影响作用；

H12e-2：监管环节信任对城市居民决策型分类行为存在显著的影响作用；

H12e-3：监管环节信任对城市居民人际型分类行为存在显著的影响作用；

H12e-4：监管环节信任对城市居民公民型分类行为存在显著的影响作用。

（四）群体规范对城市居民垃圾分类行为的影响

Ari 等（2008）研究指出，特定的群体规范下个体会有一种群体支持感，无形中被提供了一种匿名保护，从而发生符合群体期望的行为。Glomb 和 Liao（2003）也认为，个体行为受到他们所处群体背景的影响。那么平时不会实施垃圾分类行为的个体处于群体中时，则由于群体规范的影响更有可能发生这种行为。这种行为现象进而又会诱使群体中其他个体发生垃圾分类行为，从而形成良性循环，形成垃圾分类行为的涌现。正如 Deniz 等（2013）在书中指出的，个体因迫于群体行为的压力，担心会产生人际隔阂或显得与群体格格不入，而选择跟随或漠视某种行为。基于此，本书假设：

H13：群体规范对城市居民垃圾分类行为存在显著的影响作用。

H13-1：群体规范对城市居民习惯型分类行为存在显著的影响作用；

H13-2：群体规范对城市居民决策型分类行为存在显著的影响作用；

H13-3：群体规范对城市居民人际型分类行为存在显著的影响作用；

H13-4：群体规范对城市居民公民型分类行为存在显著的影响

作用。

H13a：家庭氛围对城市居民垃圾分类行为存在显著的影响作用。

H13a-1：家庭氛围对城市居民习惯型分类行为存在显著的影响作用；

H13a-2：家庭氛围对城市居民决策型分类行为存在显著的影响作用；

H13a-3：家庭氛围对城市居民人际型分类行为存在显著的影响作用；

H13a-4：家庭氛围对城市居民公民型分类行为存在显著的影响作用。

H13b：组织氛围对城市居民垃圾分类行为存在显著的影响作用。

H13b-1：组织氛围对城市居民习惯型分类行为存在显著的影响作用；

H13b-2：组织氛围对城市居民决策型分类行为存在显著的影响作用；

H13b-3：组织氛围对城市居民人际型分类行为存在显著的影响作用；

H13b-4：组织氛围对城市居民公民型分类行为存在显著的影响作用。

H13c：社会氛围对城市居民垃圾分类行为存在显著的影响作用。

H13c-1：社会氛围对城市居民习惯型分类行为存在显著的影响作用；

H13c-2：社会氛围对城市居民决策型分类行为存在显著的影响作用；

H13c-3：社会氛围对城市居民人际型分类行为存在显著的影响作用；

H13c-4：社会氛围对城市居民公民型分类行为存在显著的影响作用。

五　情境因素对分类授权感知与城市居民垃圾分类行为之间关系的调节作用

环境行为的相关研究中，情境变量一般是指对个体发生环保类行为有影响的外界变量。在本书中，这些变量包括产品设施（产品技术条件、设施条件）、政策标准（政策普及度、标准可识别度）、环节信任（生产环节信任、分类环节信任、收运环节信任、处理环节信任、监管环节信任）和群体规范（家庭氛围、组织氛围、社会氛围）。个体感知对行为的影响总会受到外界情境因素的影响，国内外多数学者也均验证了情境因素对于环境行为的调节作用[①][②]。本书依据相关文献及理论模型，从产品设施、政策标准、环节信任和群体规范四个方面对情境因素的调节作用进行探讨。基于此，所提假设如下：

H14：政策标准对分类授权感知作用于城市居民垃圾分类行为的路径关系存在显著调节作用。

H14a：政策普及度对分类授权感知作用于城市居民垃圾分类行为的路径关系存在显著调节作用；

H14b：标准可识别度对分类授权感知作用于城市居民垃圾分类行为的路径关系存在显著调节作用。

H15：产品设施对分类授权感知作用于城市居民垃圾分类行为的路径关系存在显著调节作用。

H15a：产品技术条件对分类授权感知作用于城市居民垃圾分类行为的路径关系存在显著调节作用；

H15b：设施条件对分类授权感知作用于城市居民垃圾分类行为的路径关系存在显著调节作用。

H16：环节信任对分类授权感知作用于城市居民垃圾分类行为

---

① 王建明、王俊豪：《公众低碳消费模式的影响因素模型与政府管制政策——基于扎根理论的一个探索性研究》，《管理世界》2011年第4期。

② Kotchen M. J., "Impure Public Goods and the Comparative Statics of Environmentally Friendly Consumption", *Journal of Environmental Economics & Management*, Vol. 49, No. 2, 2005.

的路径关系存在显著调节作用。

H16a：生产环节信任对分类授权感知作用于城市居民垃圾分类行为的路径关系存在显著调节作用；

H16b：分类环节信任对分类授权感知作用于城市居民垃圾分类行为的路径关系存在显著调节作用；

H16c：收运环节信任对分类授权感知作用于城市居民垃圾分类行为的路径关系存在显著调节作用；

H16d：处理环节信任对分类授权感知作用于城市居民垃圾分类行为的路径关系存在显著调节作用；

H16e：监管环节信任对分类授权感知作用于城市居民垃圾分类行为的路径关系存在显著调节作用。

H17：群体规范对分类授权感知作用于城市居民垃圾分类行为的路径关系存在显著调节作用。

H17a：家庭氛围对分类授权感知作用于城市居民垃圾分类行为的路径关系存在显著调节作用；

H17b：组织氛围对分类授权感知作用于城市居民垃圾分类行为的路径关系存在显著调节作用；

H17c：社会氛围对分类授权感知作用于城市居民垃圾分类行为的路径关系存在显著调节作用。

六　城市居民垃圾分类行为对分类授权感知的影响

人际行为理论、计划行为理论等经典行为理论均指出，对行为结果的感知与效益评估，能够进一步影响个体的环保意愿与环保行为。同样，多数学者在研究中也发现，个体对行为结果的积极感知能够促进其环境行为的实施，而环境行为的实施能够进一步强化其结果体验感知。① 城

① Geng J., Long R., Chen H., et al., "Exploring Multiple Motivations on Urban Residents' Travel Mode Choices: An Empirical Study from Jiangsu Province in China", *Sustainability*, Vol. 9, No. 1, 2017.

市居民对垃圾进行分类后，会进一步增强其改善环境的信念与效能感，同时也会发现分类能够改善身边的环境，具有正向的意义。因此，本书假设：

H18：城市居民垃圾分类行为对分类授权感知存在显著的影响作用。

H18-1：城市居民垃圾分类行为对分类意义感知存在显著的影响作用；

H18-2：城市居民垃圾分类行为对分类抉择感知存在显著的影响作用；

H18-3：城市居民垃圾分类行为对分类效能感知存在显著的影响作用；

H18-4：城市居民垃圾分类行为对分类影响感知存在显著的影响作用。

H18a：城市居民习惯型分类行为对分类授权感知存在显著的影响作用。

H18a-1：城市居民习惯型分类行为对分类意义感知存在显著的影响作用；

H18a-2：城市居民习惯型分类行为对分类抉择感知存在显著的影响作用；

H18a-3：城市居民习惯型分类行为对分类效能感知存在显著的影响作用；

H18a-4：城市居民习惯型分类行为对分类影响感知存在显著的影响作用。

H18b：城市居民决策型分类行为对分类授权感知存在显著的影响作用。

H18b-1：城市居民决策型分类行为对分类意义感知存在显著的影响作用；

H18b-2：城市居民决策型分类行为对分类抉择感知存在显著的影响作用；

H18b-3：城市居民决策型分类行为对分类效能感知存在显著的影响作用；

H18b-4：城市居民决策型分类行为对分类影响感知存在显著的影响作用。

H18c：城市居民人际型分类行为对分类授权感知存在显著的影响作用。

H18c-1：城市居民人际型分类行为对分类意义感知存在显著的影响作用；

H18c-2：城市居民人际型分类行为对分类抉择感知存在显著的影响作用；

H18c-3：城市居民人际型分类行为对分类效能感知存在显著的影响作用；

H18c-4：城市居民人际型分类行为对分类影响感知存在显著的影响作用。

H18d：城市居民公民型分类行为对分类授权感知存在显著的影响作用。

H18d-1：城市居民公民型分类行为对分类意义感知存在显著的影响作用；

H18d-2：城市居民公民型分类行为对分类抉择感知存在显著的影响作用；

H18d-3：城市居民公民型分类行为对分类效能感知存在显著的影响作用；

H18d-4：城市居民公民型分类行为对分类影响感知存在显著的影响作用。

七　社会人口学变量对城市居民垃圾分类行为的影响

结合对相关文献的回顾，根据质性分析结果，本书选取了个体的性别、年龄、婚姻状况、学历、政治面貌、月收入、月生活支出、家庭住宅面积、家庭成员数、家庭排行、家庭月收入、家务承担倾向、工作行业、工作单位性质、职位层级和职位等级 16 个变量，分别归属于个体人口统计特征因素、家庭统计特征因素和组织工作特征因素，假设垃圾分类行为在不同社会人口学变量上存在显著的差异性，如下：

H19：城市居民垃圾分类行为及各维度在不同个体人口统计特征上呈现出显著差异。

H19a：城市居民垃圾分类行为及各维度在性别上呈现出显著差异；

H19b：城市居民垃圾分类行为及各维度在年龄上呈现出显著差异；

H19c：城市居民垃圾分类行为及各维度在婚姻状况上呈现出显著差异；

H19d：城市居民垃圾分类行为及各维度在学历上呈现出显著差异；

H19e：城市居民垃圾分类行为及各维度在月收入上呈现出显著差异；

H19f：城市居民垃圾分类行为及各维度在月生活支出上呈现出显著差异。

H20：城市居民垃圾分类行为及各维度在不同家庭统计特征上呈现出显著差异。

H20a：城市居民垃圾分类行为及各维度在家庭住宅面积上呈现出显著差异；

H20b：城市居民垃圾分类行为及各维度在家庭成员数上呈现出显著差异；

H20c：城市居民垃圾分类行为及各维度在家庭排行上呈现出显著差异；

H20d：城市居民垃圾分类行为及各维度在家庭月收入上呈现出显著差异；

H20e：城市居民垃圾分类行为及各维度在家务承担倾向上呈现出显著差异。

H21：城市居民垃圾分类行为及各维度在不同组织工作特征上

呈现出显著差异。

H21a：城市居民垃圾分类行为及各维度在工作行业上呈现出显著差异；

H21b：城市居民垃圾分类行为及各维度在工作单位性质上呈现出显著差异；

H21c：城市居民垃圾分类行为及各维度在职位层级上呈现出显著差异；

H21d：城市居民垃圾分类行为及各维度在职位等级上呈现出显著差异。

根据上述分析，可将城市居民垃圾分类行为驱动模型构建如图3-3所示。

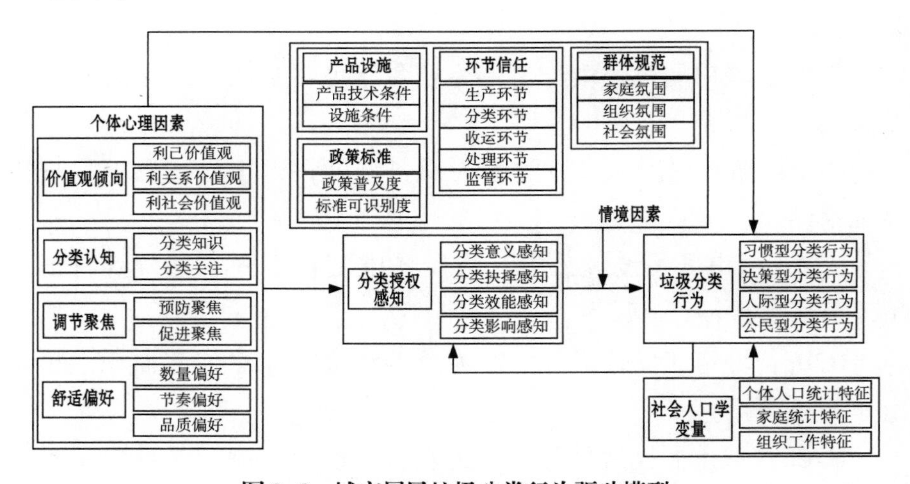

图3-3　城市居民垃圾分类行为驱动模型

第三节　城市居民垃圾分类行为引导政策响应模型构建与假设提出

根据前文关于政策的公众响应的文献回顾，在厘清垃圾分类行为驱动机理，进而在设计具有系统性、针对性的分类行为引导政策的理论基础上，进一步探讨政府在践行政策时，如何提升政府的政策效力性，有效引导城市居民进行垃圾分类尤为重要。本书将基于城市居民视角，结合个体认知、情感和行为意向的态度反应模式，构建垃圾管制政策公众态度与反应的四维度结构，从了解度、支持意愿、执行意愿和带动意愿四个方面探讨当前城市居民对垃圾分类行为引导政策的态度与反应。

在认知、情感和行为意向的态度反应模式中，认知和情感是能够正向预测行为意向的。[①][②] 同样在政策认知方面，学者也发现，个体对政策的认知与认同情况会影响到政策的实施效果。[③][④] Li 等（2016）在对新能源汽车政策的研究中，指出对国家颁布政策的重要度感知和满意度感知反映了居民对政策的评价情况，且会对居民购买电动车的意愿产生影响。可以看出，个体对政策的认知情况与认同情况决定了其是否愿意遵从政策，决定了政策能否有效实施。基于此，本书假设：

H22-1：城市居民垃圾分类行为引导政策了解度对执行意愿具有正向影响作用；

H22-2：城市居民垃圾分类行为引导政策支持意愿对执行意愿具有正向影响作用；

H22-3：城市居民垃圾分类行为引导政策了解度对带动意愿具有正向影响作用；

---

① Rachlin H., Logue A. W., Gibbon J., et al., "Cognition and Behavior in Studies of Choice", *Psychological Review*, Vol. 93, No. 1, 1985.

② Costa-Gomes M. A., Crawford V. P., "Cognition and Behavior in Two-Person Guessing Games: An Experimental Study", *American Economic Review*, Vol. 96, No. 5, 2006.

③ 金刚、柳清瑞：《新农保补贴激励、政策认知与个人账户缴费档次选择——基于东北三省数据的有序 Probit 模型估计》，《人口与发展》2012 年第 4 期。

④ 常跟应、王鹭、张文侠：《民勤县农民对石羊河流域节水政策及节水效果认知》，《干旱区资源与环境》2016 年第 2 期。

H22-4：城市居民垃圾分类行为引导政策支持意愿对带动意愿具有正向影响作用。

但事实上，认知和情感并非完全统一，尤其是在对待政策的认知和情感方面，例如居民了解政策，但不一定就支持或认同这一政策。当出现认知与认同错位的情形时，甚至会使政策出现负面的引导作用。王建明（2007）在关于垃圾管制政策的公众认同调查中就指出，虽然公众了解垃圾管制政策，但由于公众对政策的不认同，政策的效力性大大降低。因此，本书将进一步分析了解度、支持意愿的一致性与行为意向（执行意愿和带动意愿）的关系。综上，本书假设：

H23-1：城市居民垃圾分类行为引导政策了解度与支持意愿的一致性对执行意愿具有非线性影响作用；

H23-2：城市居民垃圾分类行为引导政策了解度与支持意愿的一致性对带动意愿具有非线性影响作用；

H23-3：城市居民垃圾分类行为引导政策了解度与支持意愿的不一致性对执行意愿具有非线性影响作用；

H23-4：城市居民垃圾分类行为引导政策了解度与支持意愿的不一致性对带动意愿具有非线性影响作用。

根据上述分析，可将城市居民垃圾分类行为引导政策响应模型构建如图 3-4 所示。

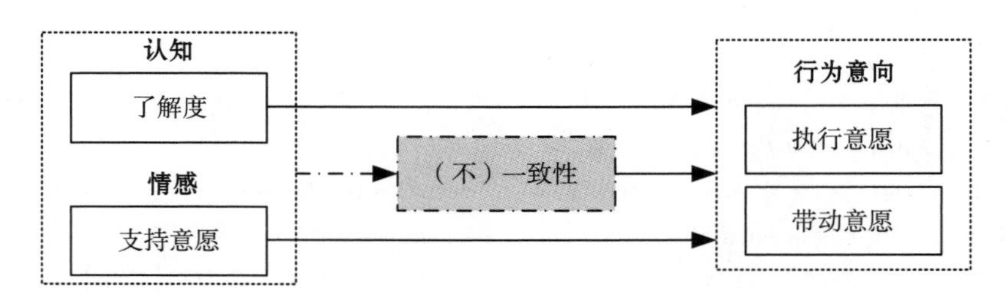

图 3-4　城市居民垃圾分类行为引导政策响应模型

第四节　城市居民垃圾分类行为综合研究模型构建

对城市居民垃圾分类行为有效引导的前提是厘清其内在的驱动机理，因此通过文献研究、质性研究以及后续的实证研究，构建并验证城市居民垃圾分类行为的驱动机理，探讨引导中国城市居民垃圾分类行为的瓶颈及关键障碍因素，将为政府有针对地、系统性地引导城市居民垃圾分类行为提供理论基础与支撑。政策的制定与实施是解决现实社会问题的有效途径之一，对城市居民生活垃圾分类行为引导也不例外。然而，政策制定、实施与推行往往会出现失灵的现象。通过前文的分析可知，公众对政策的态度（包括了解度、支持意愿、执行意愿与带动意愿）会很大程度上影响到政策效力性。由此可知，把握城市居民对垃圾分类行为引导政策的态度与反应，探讨城市居民对垃圾分类行为引导政策的响应机制，是提升政策效力性，有效引导城市居民进行垃圾分类的基础与现实保障。

在全方位掌握城市居民垃圾分类行为的驱动机理，兼顾政策制定、实施与执行效力性的前提下，本书将进一步通过计算机仿真实验的方式，探析在各类现实情境信息的刺激与影响下，个体垃圾分类行为的形成、复现等动态的变化机制，模拟其行为变化路径，进而发现最优的垃圾分类行为引导途径。促进城市居民对垃圾分类的执行固然不容忽视，但由于垃圾收集容器需要共同使用，个别居民乱扔垃圾的行为不仅会破坏分类结果，还会降低其他居民的分类意愿，导致各主体、各环节不信任的心理生态出现。因此，管理者还需进一步引导居民以身作则，以一种“传教士”“监管者”的姿态带动周围人对垃圾进行分类。基于此，本书将从行为的“执行—带动”方面，仿真居民垃圾分类行为的学习路径，探究具体的政策引导模式。本书的城市居民垃圾分类行为综合研究路径模型如图 3-5 所示。

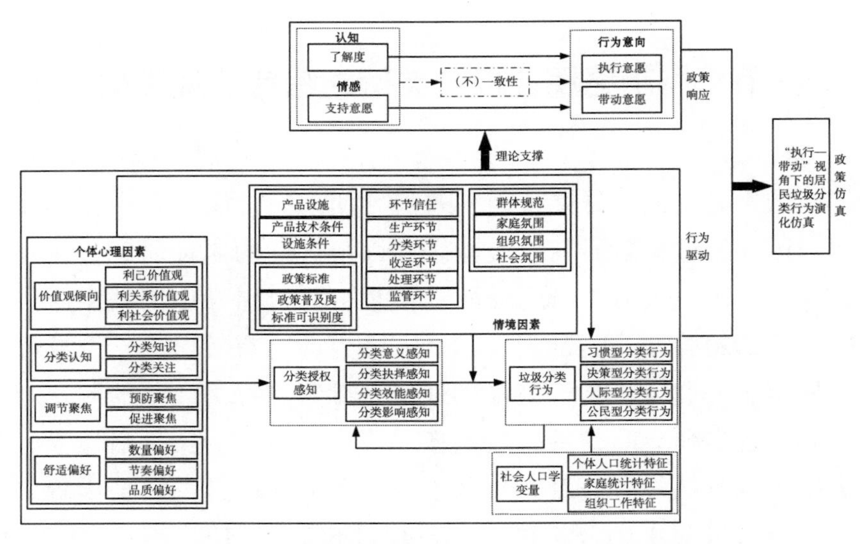

图 3-5　城市居民垃圾分类行为综合研究路径模型

第四章

城市居民垃圾分类行为及其驱动因素量表开发与数据收集

问卷调查法是通过研究者设计、编制一套问题表格，经过被调查者填写后回收的一种收集样本数据资料的方法。它的主要特征在于能够帮助研究者获取定量的数据资料，进而以此为基础进行客观的数据统计分析并验证研究假设，获得最终结论。通过文献回顾可以发现，在资源、环境及个体的心理与行为研究领域中，问卷调查法被各学者广泛地运用，并起到了非常好的效果。

问卷调查法的主要优点在于：一是可以面向多位调查对象进行相关的信息收集；二是相比于访谈法、实验法、观察法等，在同等规模的调查样本量下，该方法更节省资源；三是获取到的信息更加标准和规范；四是通过对题项的设置，可根据需要设计定量标尺，并进行所需要的定量分析；五是匿名性较强，便于获取样本不愿公开表达的真实想法。[①] 基于以上考虑，本书将使用问卷调查法获取相关实证数据。

---

① 孙国强：《管理研究方法》，格致出版社、上海人民出版2010年版。

第一节　研究量表的设计与开发

一　量表开发步骤、原则及评价方法

问卷调查法的基础和关键在于相关变量量表的设计与开发，量表的质量是数据收集和统计结果是否真实有效的前提，高质量的问卷量表是高质量研究结果的保证。

（一）量表开发步骤

为了开发高质量的研究量表，必须严格遵循操作步骤。首先，研究变量的选择及概念模型构建需要具备充分的理论基础和实证支持，主要来源于文献研究、专家咨询、研究对象访谈等。① 其次，在参考相关成熟量表的基础上，结合专家咨询和研究对象访谈的结果，对量表进行情境修正，不存在参考量表的研究变量则需自行开发指标题项。最后，使用初始量表，进行小范围的预调查，根据收集的样本数据对量表的信度和效度进行检验，并据此进一步修正相关量表，形成正式量表。本书对于相关量表的开发过程如图 4-1 所示。

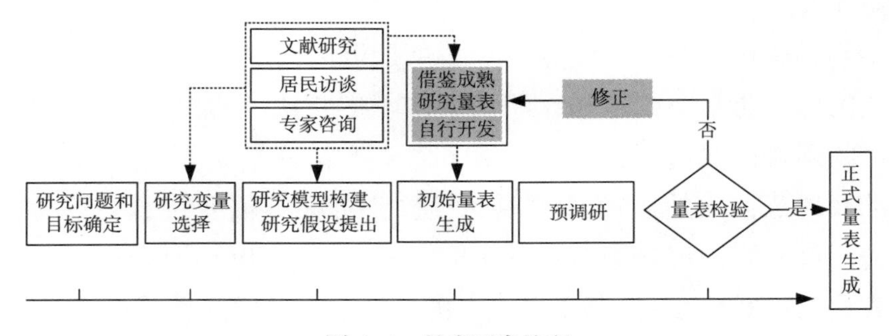

图 4-1　量表开发流程

① Wilson C., Dowlatabadi H., "Models of Decision Making and Residential Energy Use", *Annual Review of Environment & Resources*, Vol. 32, No. 1, 2007.

（二）量表开发原则

量表开发主要遵循六个方面的原则：在内容方面，同一变量指标题项应具有相关性、同质性，不同变量指标题项应具有异质性；在结构方面，避免使用（少用）开放式问题，多用封闭式问题；在语言方面，测量题项应简单清晰，通俗易答；在长度方面，保证测量内容完整的情况下，问卷不宜太长，避免影响反馈率，应控制在八页以内；在提示语方面，需要给予答题人简明、必要的指示；在测量评分选择方面，李克特（Likert）五级量表在大多数情况下可靠性最高，测量对象对在五点以上的评分题项，通常会难以清晰地辨别相应的等级。[①②③④]

（三）量表评价方法

（1）信度分析

信度又称可靠性，指的是多次使用同一种方式测量某一对象所得结果的一致性程度，经常用来评价测量结果的稳定性或一致性情况。针对问卷调查的信度分析方法主要包括重测信度法（Test-retest Reliability）、复本信度法、折半信度法（Split-half reliability）、α 信度系数法等。本书将选取 α 信度系数法作为问卷调查的信度分析方法，并通过 Cronbach α 系数来测定量表题项之间的一致性程度。其中，Cronbach α 系数越接近于 1，说明内部一致性信度越高。通常情况下，Cronbach α 系数达到 0. 7 即为可接受水平，超过 0. 8 则为较高

---

① Schwab D. P. , "Construct Validity in Organizational Behavior", *Research in Organizational Behavior*, Vol. 2, 1980.

② Bentler P. M. , Chou C. , "Practical Issues in Structural Modeling", *Sociological Methods Research*, Vol. 16, No. 1, 1987.

③ Berdie D. R. , "Reassessing the Vvalue of High Response Rates to Mail Surveys", *Marketing Research*, Vol. 1, No. 9, 1989.

④ Berger I. E. , "The Demographics of Recycling and the Structure of Environmental Behavior", *Environmental and Behavior*, Vol. 29, No. 4, 1997.

的信度水平。①

（2）效度分析

效度又称有效性，指的是测量指标能够准确测度所要测量变量的程度，常用以分析测量结果能否反映测量对象的真实表现。在问卷调查过程中，常用的效度分析方法主要包括单项与总和相关效度（内容效度）、准则效度（效标效度或预测效度）、结构效度等。其中，单项与总和相关效度指测量内容与测量目标之间的适合性和逻辑相符性，通常采用理论探讨和预先测试来判断内容效度，还可以邀请相关领域的专家和学者来进行判定和检验。准则效度是衡量量表不同维度间关联性强弱的程度，如果一个量表具有区别效度，那么量表不同维度之间的相关性不能很强。衡量区别效度常用的是 Gaski 提出的标准，如果每对维度之间的相关系数小于其中任何一个维度的 Cronbach α 系数，可以认为量表具有较好的区别效度。② 结构效度是衡量量表能够划分为抽象概念或理论维度的程度，但结构效度往往很难直接测量，因子分析是判定结构有效性常用的方法之一。

因子分析包括探索性因子分析（Exploratory Factor Analysis，EFA）和验证性因子分析（Confirmatory Factor Analysis，CFA）两种，在分析方法的选择上，学者并未形成统一的观点。一般情况下，探索性因子分析注重题项的降维与变量初始结构的探讨，验证性因子分析重点关注现有变量维度的合理性与科学性。基于这一特征，本书将使用探索性因子分析检验预调查结果的有效性水平，使用验证性因子分析探讨正式调查结果的有效性水平。

此外，在因子分析之前，还需要保证样本数据通过 KMO 检验和 Bartlett 球形度检验。探索性因子分析中，因子负荷是评判因子是否

---

① Kline R. B.，*Principles and Practice of Structural Equation Modeling*，New York：Guilford Press，1998.

② Gaski J. F.，"Interrelations among a Channel Entity's Power Sources：Impact of the Exercise of Reward and Coercion on Expert，Referent，and Legitimate Power Sources"，*Journal of Marketing Research*，Vol. 23，No. 1，1986.

需要剔除的标准，若题项因子负荷低于0.5，则该题项应被剔除。验证性因子分析时，各项拟合指标（χ^2、χ^2/df、GFI、RMR、RMSEA、NFI、TLI、CFI等）则是衡量量表有效性的重要标准，相关的评价标准见表4-1。

表4-1　验证性因子分析评价标准

指标名称	评价标准
χ^2	越小越好
χ^2/df	小于5模型拟合尚可接受，且越接近0越好
GFI	大于0.80模型拟合尚可接受，且越接近1越好
RMR	小于0.08模型拟合尚可接受，且越接近0越好
RMSEA	小于0.08模型拟合尚可接受，且越接近0越好
NFI	大于0.80模型拟合尚可接受，且越接近1越好
TLI	大于0.80模型拟合尚可接受，且越接近1越好
CFI	大于0.80模型拟合尚可接受，且越接近1越好

二　初始题项的生成与修正

现有研究中，关于城市居民垃圾分类行为的调查量表较多，且多为因研究具体需要而设置的相应题项，量表题项具有多样性的特征，缺乏统一的研究量表。加之，其驱动因素为文献回顾和质性研究的综合分析结果，各驱动因素变量的内涵、结构均与现有研究中的相关变量存在差异性。基于此，本书中城市居民垃圾分类行为及其驱动因素的研究量表初始题项主要源于两个方面。首先，在借鉴现有城市居民垃圾分类行为及其驱动因素研究相关成熟量表的基础上，结合前文质性分析中城市居民访谈资料及数据结果，根据各变量的操作化定义，再基于中国城市居民垃圾分类现实情况，修正、改进和开发相关变量题项（见表4-2）。其次，为保证修正和开发题项的科学性与合理性，在设计题项的后期，本书邀请了六名本领域专家及十位城市居民对初始题项进行探讨。对专家的咨询、访谈，主要是为探讨确定本书量表中变量的选择、变量的概念化界定和操作化定义以及具体指标题项的设计是否合理有效，而对普通居民的咨询、访谈主要是为探讨确定本书所选变量是否是城市居民在日常生活中比较看重的，具体指标题项的设计是否符合居民的日常消费行为，以及量表语言的描述是否通俗易懂。完成初始题项的修改后，再次邀请两名专家从理论意义和实践意义两个方面，对量表整体结构效度和内容效度进行评估检验，从而完成城市居民垃圾分类行为及其驱动因素的初始调查量表。

表 4-2　　初始量表构成

研究变量	维度或因素	对应题项	参考量表
社会人口学变量	性别	Q1	Barr(1995);Boonrodd 等（2015）;Swami 等（2011）;自行开发
	年龄	Q2	
	婚姻状况	Q3	
	学历	Q4	
	政治面貌	Q5	
	月收入	Q6	
	月生活支出	Q7	
	家庭住宅面积	Q8	
	家庭成员数	Q9	
	家庭排行	Q10	
	家庭月收入	Q11	
	家务承担倾向	Q12	
	工作行业	Q13	
	工作单位性质	Q14	
	职位层级	Q15	
	职位等级	Q16	
价值观倾向	利己价值观	Q17-1—Q17-4	Stern 等（1995）；Barr（2003）；Howell（2013）；自行开发
	利关系价值观	Q17-5—Q17-8	
	利社会价值观	Q17-9—Q17-12	
分类认知	分类知识	Q18-1—Q18-4	Kelly 等（2006）；Tadesse（2009）；自行开发
	分类关注	Q18-5—Q18-8	
调节聚焦	预防聚焦	Q19-1—Q19-5	Higgins 等（2001）
	促进聚焦	Q19-6—Q19-11	

续表

研究变量	维度或因素	对应题项	参考量表
舒适偏好	数量偏好	Q20-1—Q20-4	Gatersleben 等（2002）；岳婷（2014）；自行开发
	节奏偏好	Q20-5—Q20-8	
	品质偏好	Q20-9-Q20-12	
分类授权感知	分类意义感知	Q21-1—Q21-4	Thomas 和 Velthouse（1990）；自行开发
	分类抉择感知	Q21-5—Q21-7	
	分类效能感知	Q21-8—Q21-10	
	分类影响感知	Q21-11—Q21-13	
政策标准	政策普及度	Q22-1—Q22-3	Santos 等（2011）；芈凌云（2011）；岳婷（2014）；自行开发
	标准可识别度	Q22-4—Q22-6	
产品设施	产品技术条件	Q23-1—Q23-3	
	设施条件	Q23-4—Q23-6	
群体规范	家庭氛围	Q24-1—Q24-3	Stern（2000）；Palmer 等（1999）；自行开发
	组织氛围	Q24-4—Q24-6	
	社会氛围	Q24-7—Q24-9	
环节信任	生产环节信任	Q25-1—Q25-3	Rousseau 等（1998）；自行开发
	分类环节信任	Q25-4—Q25-6	
	收运环节信任	Q25-7—Q25-10	
	处理环节信任	Q25-11—Q25-13	
	监管环节信任	Q25-14—Q25-16	
城市居民垃圾分类行为	习惯型分类行为	Q26-1—Q26-4	Chen 等（2017a）；Chen 等（2017b）；Stern（2000）；自行开发
	决策型分类行为	Q26-5—Q26-8	
	人际型分类行为	Q26-9—Q26-12	
	公民型分类行为	Q26-13—Q26-16	

三　预调研与初始量表检验

初始量表需要预调研以检验其信度和效度，并通过预调研反馈得到的信息对初始量表进行修正完善，最后形成正式的调查问卷。在此过程中，调查对象的数量应为整个量表中最大分量表题项数的三倍至五倍，且样本越多，越有利于量表检验。[①②] 本研究初始量表

① 吴明隆：《SPSS 统计应用实务》，中国铁道出版社 2000 年版。

② 杜强、贾丽艳：《SPSS 统计分析入门到精通》，人民邮电出版社 2009 年版。

中“环节信任”分量表共包含16个题项，大于其他分量表题项数。基于此，研究的预调研数量应高于48份。

为保证样本分布更加合理，具有科学性和代表性，本研究在问卷发布之前，通过分层抽样的方式对调研对象进行了预安排，并根据这一安排对所需调研群体进行定向发放，使被调查样本的性别、年龄、收入、所在行业等结构分布合理、符合实际。预调研问卷的发放主要借助于专业的问卷调查网站问卷星，通过转发问卷链接、扫描问卷二维码等方式，利用微信、QQ等网络通信平台进行问卷网址链接的扩散。在问卷转发前，事先联络被调查者，详细说明调研目的和注意事项，以保障问卷的回收率和有效率。预调研的实施为期一个月，于2017年9月19日至2017年10月22日共收回问卷312份，其中45份问卷因连续8题以上选择同一值而被剔除，最终有效问卷为267份，占回收问卷总数的85.58%，样本量符合科学研究的基本要求。

本研究的初始量表中相关变量的测量部分采用了负向指标题目，为保证量表的一致性，在数据检验前需对此部分负向指标题目进行正向转换。本研究的初始量表检验主要是采用SPSS22.0统计软件对数据进行可靠性和有效性检验，即信度和效度检验。本研究初始量表的信度检验主要考虑垃圾分类行为、价值观倾向、分类认知、调节聚焦、舒适偏好、分类授权感知、政策标准、产品设施、环节信任和群体规范10个部分。

（一）信度检验

由于调研量表中变量的测量基于多个问题的回答结果，因此首先需要对量表各题项的内部一致性进行检验。加之，调查对象难以跟踪进行后续调查，无法对样本进行重复测试，本书将使用李克特量表中最常用的Cronbach α系数法对数据的一致性进行信度检验。信度检验结果见表4-3，可以看出，各量表的信度检验指标均达到良好水平。

表 4-3　　　　　　　　　预调研各量表的信度检验结果

变量	垃圾分类行为	价值观倾向	分类认知	调节聚焦	舒适偏好	分类授权感知	政策标准	产品设施	环节信任	群体规范
N	14	12	8	11	12	13	6	6	16	9
Cronbach α	0.90	0.94	0.89	0.87	0.85	0.93	0.81	0.72	0.92	0.92

（二）效度检验

本书从内容效度和结构效度两个方面对预调研量表的效度进行检验。由于量表是在文献分析和参考相关量表的基础上，结合质性分析结果，并在咨询本领域相关专家后进行修订和开发的，由此可以认为本研究相关量表具有较好的内容效度。在结构效度方面，本书将从取样适切性量数（Kaiser-Meyer-Olkin Measure of Sampling Adequacy，KMO）、Bartlett 球形度检验、题项的解释方差等方面并结合因子分析进行考察。

（1）垃圾分类行为变量的因子分析

本书通过统计软件 SPSS22.0 对量表进行降维和探索性因子分析。在此之前，需要检验量表的适用性，即通过 KMO 值以及 Bartlett 球形度检验，检验各量表是否适合进行探索性因子分析，检验结果如表 4-4 所示。可以看出，垃圾分类行为初始量表 KMO 值大于 0.7，Bartlett 球形度检验近似卡方值（χ^2）较大，且统计显著（$P=0.00<0.05$），说明垃圾分类行为初始量表适合进行探索性因子分析。

本书采用主成分分析法对垃圾分类行为量表进行主成分提取，设置提取标准为特征值大于 1，并进行方差最大化正交旋转。分析结果见表 4-5，可以看出在提取 4 个公因子后，累积方差贡献率为 67.74%，前文中理论模型得到进一步的验证。

表 4-4　　　　　垃圾分类行为初始量表的 KMO 和 Bartlett 检验

取样足够度的 KMO 度量		0.898
Bartlett 球形度检验	近似卡方值	4137.98
	自由度	91
	P 值	0.00

表 4-5　垃圾分类行为初始量表因子解释的总方差

成分	初始特征值			提取平方和载入			旋转平方和载入		
	特征值	方差贡献率（%）	累积方差贡献率（%）	特征值	方差贡献率（%）	累积方差贡献率（%）	特征值	方差贡献率（%）	累积方差贡献率（%）
1	7.22	30.21	30.21	7.22	30.21	30.21	4.75	20.23	20.23
2	3.83	16.29	46.50	3.83	16.29	46.50	4.71	18.54	38.77
3	3.16	13.26	59.76	3.16	13.26	59.76	2.60	15.55	54.32
4	1.74	7.98	67.74	1.74	7.98	67.74	2.18	13.42	67.74

注：因四舍五入，累积方差贡献率可能存在误差，不作调整。下同。

垃圾分类行为量表中题项 HWSB3、DWSB2 因子载荷值小于 0.5（见表 4-6），因此，本书将这两个题项进行删除，使其余题项较好地分布在 4 个潜在因子（习惯型分类行为、决策型分类行为、人际型分类行为和公民型分类行为）上。综上，垃圾分类行为测量量表具有较好的效度和较高的有效性。

表 4-6　垃圾分类行为初始量表的正交旋转成分矩阵

	成分			
	1	2	3	4
HWSB2	0.68	0.05	0.11	-0.01
HWSB1	0.72	-0.03	0.07	-0.02
HWSB4	0.54	0.38	0.10	-0.02
HWSB3	*0.50*	*0.17*	*0.04*	*0.10*
CWSB4	0.46	0.77	0.22	-0.02
CWSB2	0.51	0.74	0.11	0.12
CWSB3	0.26	0.75	0.22	-0.02
CWSB1	0.37	0.68	0.03	-0.15
RWSB1	0.09	0.23	0.85	0.18
RWSB4	0.32	0.11	0.82	0.09
RWSB3	0.35	0.06	0.63	0.14
RWSB2	0.00	0.19	0.62	-0.01

续表

	成分			
	1	2	3	4
DWSB1	0.01	0.04	0.19	0.80
DWSB2	*0.25*	*0.13*	*0.44*	*0.48*
DWSB3	0.26	0.14	0.77	0.78
DWSB4	-0.04	0.18	0.12	0.73

注：HWSB1 至 HWSB4 代表习惯型分类行为相应题项，CWSB1 至 CWSB4 代表公民型分类行为相应题项，RWSB1 至 RWSB4 代表人际型分类行为相应题项，DWSB1 至 DWSB4 代表决策型分类行为相应题项；斜体表示因子载荷值不高于 0.5，下同。

（2）价值观倾向变量的因子分析

由表 4-7 可知，价值观倾向初始量表 KMO 值大于 0.7，Bartlett 球形度检验近似卡方值较大，且统计学意义上显著（$P = 0.00 < 0.05$），说明价值观倾向初始量表适合进行探索性因子分析。

表 4-7 价值观倾向初始量表的 KMO 和 Bartlett 检验

取样足够度的 KMO 度量		0.93
Bartlett 球形度检验	近似卡方值	4306.96
	自由度	55
	P 值	0.00

探索性因子分析结果见表 4-8，在提取 3 个公因子后，累积方差贡献率为 72.99%，前文中理论模型得到进一步的验证。

价值观倾向初始量表的 1 个题项（SEV2）因子上的载荷值小于 0.5（见表 4-9），因此，本书将这个题项删除，使其余题项较好地分布在 3 个潜在因子（利己价值观、利关系价值观和利社会价值观）上。综上，价值观倾向初始量表具有较好的效度和较高的有效性。

表 4-8　　价值观倾向初始量表因子解释的总方差

成分	初始特征值			提取平方和载入			旋转平方和载入		
	特征值	方差贡献率（%）	累积方差贡献率（%）	特征值	方差贡献率（%）	累积方差贡献率（%）	特征值	方差贡献率（%）	累积方差贡献率（%）
1	6.83	40.15	40.15	6.83	40.15	40.15	6.54	34.22	34.22
2	3.79	21.54	61.69	3.79	21.54	61.69	4.86	26.51	60.73
3	1.44	11.30	72.99	1.44	11.30	72.99	2.16	12.26	72.99

表 4-9　　价值观倾向初始量表的正交旋转成分矩阵

	成分		
	1	2	3
REV3	0.87	0.21	0.03
REV1	0.85	-0.28	0.00
REV4	0.83	0.15	-0.03
REV2	0.61	0.28	-0.03
SEV1	0.40	0.84	0.11
SEV3	0.18	0.81	0.24
SEV4	0.11	0.79	0.06
SEV2	*0.13*	*0.43*	*0.27*
SOV4	0.154	-0.265	0.73
SOV3	0.171	-0.284	0.71
SOV2	0.014	-0.056	0.69
SOV1	0.023	0.194	0.64

注：REV1 至 REV4 代表利关系价值观相应题项，SEV1 至 SEV4 代表利己价值观相应题项，SOV1 至 SOV4 代表利社会价值观相应题项。

（3）分类认知变量的因子分析

由表 4-10 可知，分类认知初始量表 KMO 值大于 0.7，Bartlett 球形度检验近似卡方值较大，且统计学意义上显著（$P = 0.00 < 0.05$），说明分类认知初始量表适合进行探索性因子分析。

表 4-10 分类认知初始量表的 KMO 和 Bartlett 检验

取样足够度的 KMO 度量		0. 89
Bartlett 球形度检验	近似卡方值	2141. 33
	自由度	28
	P 值	0. 00

探索性因子分析结果见表 4-11，在提取 2 个公因子后，累积方差贡献率为 71. 46%，前文中理论模型得到进一步的验证。

表 4-11 分类认知初始量表因子解释的总方差

成分	初始特征值			提取平方和载入			旋转平方和载入		
	特征值	方差贡献率（%）	累积方差贡献率（%）	特征值	方差贡献率（%）	累积方差贡献率（%）	特征值	方差贡献率（%）	累积方差贡献率（%）
1	4. 49	56. 14	56. 14	4. 49	56. 14	56. 14	3. 12	39. 05	39. 05
2	1. 23	15. 32	71. 46	1. 23	15. 32	71. 46	2. 59	32. 41	71. 46

分类认知初始量表因子上的载荷值均大于 0. 5，且题项较好地分布在 2 个潜在因子（分类知识和分类关注）上，具体见表 4-12。综上，分类认知初始量表具有较好的效度和较高的有效性。

表 4-12 分类认知初始量表的正交旋转成分矩阵

	成分	
	1	2
CNS4	0. 80	0. 22
CNS1	0. 75	0. 29
CNS2	0. 73	0. 22
CNS3	0. 76	0. 22
KS4	0. 22	0. 90
KS3	0. 27	0. 88
KS1	0. 30	0. 82
KS2	0. 27	0. 81

注：CNS1 至 CNS4 代表分类关注相应题项，KS1 至 KS4 代表分类知识相应题项。

（4）调节聚焦变量的因子分析

由表 4-13 可知，调节聚焦初始量表 KMO 值大于 0.7，Bartlett 球形度检验近似卡方值较大，且统计学意义上显著（P = 0.00 < 0.05），说明调节聚焦初始量表适合进行探索性因子分析。

表 4-13　调节聚焦初始量表的 KMO 和 Bartlett 检验

取样足够度的 KMO 度量		0.88
Bartlett 球形度检验	近似卡方值	2205.60
	自由度	55
	P 值	0.00

探索性因子分析结果见表 4-14，在提取 2 个公因子后，累积方差贡献率为 57.66%，前文中理论模型得到进一步的验证。

表 4-14　调节聚焦初始量表因子解释的总方差

成分	初始特征值			提取平方和载入			旋转平方和载入		
	特征值	方差贡献率（%）	累积方差贡献率（%）	特征值	方差贡献率（%）	累积方差贡献率（%）	特征值	方差贡献率（%）	累积方差贡献率（%）
1	4.98	45.25	45.25	4.98	45.25	45.25	3.24	29.45	29.45
2	1.37	12.41	57.66	1.37	12.41	57.66	3.10	28.21	57.66

调节聚焦初始量表因子上的载荷值均大于 0.5，且题项较好地分布在 2 个潜在因子（预防聚焦和促进聚焦）上，具体见表 4-15。综上，调节聚焦初始量表具有较好的效度和较高的有效性。

表 4-15　调节聚焦初始量表的正交旋转成分矩阵

	成分	
	1	2
PREF2	0.81	0.21
PREF1	0.76	0.19
PREF4	0.75	0.28
PREF3	0.73	0.23
PREF5	0.71	0.20

续表

	成分	
	1	2
PROF3	0. 26	0. 79
PROF2	0. 32	0. 78
PROF6	0. 22	0. 75
PROF4	0. 03	0. 66
PROF5	0. 27	0. 59
PROF1	0. 34	0. 53

注：PREF1 至 PREF5 代表预防聚焦相应题项，PROF1 至 PROF6 代表促进聚焦相应题项。

（5）舒适偏好变量的因子分析

由表 4-16 可知，舒适偏好初始量表 KMO 值大于 0. 7，Bartlett 球形度检验近似卡方值较大，且统计学意义上显著（P = 0. 00 < 0. 05），说明舒适偏好初始量表适合进行探索性因子分析。

表 4-16 舒适偏好初始量表的 KMO 和 Bartlett 检验

取样足够度的 KMO 度量		0. 85
Bartlett 球形度检验	近似卡方值	1579. 05
	自由度	45
	P 值	0. 00

探索性因子分析结果见表 4-17，在提取 3 个公因子后，累积方差贡献率为 72. 99%，前文中理论模型得到进一步的验证。

表 4-17 舒适偏好初始量表因子解释的总方差

成分	初始特征值			提取平方和载入			旋转平方和载入		
	特征值	方差贡献率（%）	累积方差贡献率（%）	特征值	方差贡献率（%）	累积方差贡献率（%）	特征值	方差贡献率（%）	累积方差贡献率（%）
1	6. 83	40. 15	40. 15	6. 83	40. 15	40. 15	6. 53	34. 02	34. 02
2	3. 77	21. 45	61. 60	3. 77	21. 45	61. 60	4. 86	26. 51	60. 53
3	1. 53	11. 39	72. 99	1. 53	11. 39	72. 99	2. 17	12. 46	72. 99

舒适偏好初始量表的两个题项（PR2、PQL1）因子上的载荷值小于0.5（见表4-18），因此，本书将这两个题项删除，使其余题项较好地分布在3个潜在因子（数量偏好、节奏偏好和品质偏好）上。综上，舒适偏好初始量表具有较好的效度和较高的有效性。

表4-18　　舒适偏好初始量表的正交旋转成分矩阵

	成分		
	1	2	3
PR3	0.85	0.20	0.29
PR1	0.77	-0.23	0.06
PR4	0.76	0.15	0.19
PR2	*0.31*	*0.28*	*-0.02*
PQT1	0.20	0.79	0.15
PQT3	0.12	0.70	0.27
PQT4	0.19	0.70	0.03
PQT2	0.13	0.64	0.26
PQL4	0.26	-0.23	0.73
PQL3	0.07	-0.23	0.72
PQL2	0.30	-0.06	0.68
PQL1	*0.14*	*0.19*	*0.44*

注：PR1至PR4代表节奏偏好相应题项，PQT1至PQT4代表数量偏好相应题项，PQL1至PQL4代表品质偏好相应题项。

（6）分类授权感知变量的因子分析

由表4-19可知，分类授权感知初始量表KMO值大于0.7，Bartlett球形度检验近似卡方值较大，且统计显著（P=0.00<0.05），说明分类授权感知初始量表适合进行探索性因子分析。

表4-19　　分类授权感知初始量表的KMO和Bartlett检验

取样足够度的KMO度量		0.92
Bartlett球形度检验	近似卡方值	4083.14
	自由度	78
	P值	0.00

探索性因子分析结果见表 4-20，可以看出在提取 4 个公因子后，累积方差贡献率为 64.97%，前文中理论模型得到进一步的验证。

表 4-20　　分类授权感知初始量表因子解释的总方差

成分	初始特征值			提取平方和载入			旋转平方和载入		
	特征值	方差贡献率（%）	累积方差贡献率（%）	特征值	方差贡献率（%）	累积方差贡献率（%）	特征值	方差贡献率（%）	累积方差贡献率（%）
1	6.22	35.54	35.54	6.22	35.54	35.54	4.88	28.88	28.88
2	3.03	16.21	51.75	3.03	16.21	51.75	2.55	14.44	42.44
3	1.64	8.31	60.06	1.64	8.31	60.06	2.32	12.32	54.76
4	1.03	4.91	64.97	1.03	4.91	64.97	1.78	10.21	64.97

所有题项均较好地分布在 4 个潜在因子（分类意义感知、分类抉择感知、分类效能感知和分类影响感知）上，具体见表 4-21。综上，分类授权感知初始量表具有较好的效度和较高的有效性。

表 4-21　　分类授权感知初始量表的正交旋转成分矩阵

	成分			
	1	2	3	4
PSM3	0.84	0.06	0.14	0.21
PSM1	0.82	-0.02	0.07	0.33
PSM4	0.81	0.38	0.11	0.25
PSM2	0.67	0.17	0.05	0.40
PSS1	0.50	0.79	0.22	0.14
PSS2	0.42	0.72	0.14	0.11
PSS3	0.40	0.71	0.23	0.12
PSI2	0.18	0.68	0.83	0.19
PSI1	0.28	0.23	0.82	0.12
PSI3	0.23	0.11	0.76	0.23
PSC3	0.29	0.06	0.23	0.71
PSC2	0.33	0.19	0.22	0.66
PSC1	0.34	0.04	0.19	0.66

注：PSM1 至 PSM4 代表分类意义感知相应题项，PSS1 至 PSS3 代表分类效能感知相应题项，PSI1 至 PSI3 代表分类影响感知相应题项，PSC1 至 PSC3 代表分类抉择感知相应题项。

（7）政策标准变量的因子分析

由表4-22可知，政策标准初始量表KMO值大于0.7，Bartlett球形度检验近似卡方值较大，且统计学意义上显著（P=0.00<0.05），说明政策标准初始量表适合进行探索性因子分析。

表4-22　　政策标准初始量表的KMO和Bartlett检验

取样足够度的KMO度量		0.75
Bartlett球形度检验	近似卡方值	1994.39
	自由度	35
	P值	0.00

探索性因子分析结果见表4-23，在提取2个公因子后，累积方差贡献率为84.42%，前文中理论模型得到进一步的验证。

表4-23　　政策标准初始量表因子解释的总方差

成分	初始特征值			提取平方和载入			旋转平方和载入		
	特征值	方差贡献率（%）	累积方差贡献率（%）	特征值	方差贡献率（%）	累积方差贡献率（%）	特征值	方差贡献率（%）	累积方差贡献率（%）
1	3.06	50.99	50.99	3.06	50.99	50.99	2.63	43.76	43.76
2	2.01	33.44	84.42	2.01	33.44	84.42	2.44	40.66	84.42

政策标准初始量表因子上的载荷值均大于0.5，且题项较好地分布在2个潜在因子（政策普及度和标准可识别度）上，具体见表4-24。综上，政策标准初始量表具有较好的效度和较高的有效性。

表4-24　　政策标准初始量表的正交旋转成分矩阵

	成分	
	1	2
PP2	0.94	0.07
PP1	0.93	0.13
PP3	0.91	0.09
RS2	0.05	0.92
RS3	0.06	0.92
RS1	0.17	0.85

注：PP1至PP3代表政策普及度相应题项，RS1至RS3代表政策可识别度相应题项。

（8）产品设施变量的因子分析

由表 4-25 可知，产品设施初始量表 KMO 值大于 0.7，Bartlett 球形度检验近似卡方值较大，且统计学意义呈显著结果（P=0.00<0.05），说明产品设施初始量表适合进行探索性因子分析。

表 4-25　　　产品设施初始量表的 KMO 和 Bartlett 检验

取样足够度的 KMO 度量		0.78
Bartlett 球形度检验	近似卡方值	1830.78
	自由值	35
	P 值	0.00

探索性因子分析结果见表 4-26，在提取 2 个公因子后，累积方差贡献率为 67.16%，前文中理论模型得到进一步的验证。

表 4-26　　　产品设施初始量表因子解释的总方差

成分	初始特征值			提取平方和载入			旋转平方和载入		
	特征值	方差贡献率（%）	累积方差贡献率（%）	特征值	方差贡献率（%）	累积方差贡献率（%）	特征值	方差贡献率（%）	累积方差贡献率（%）
1	2.51	41.76	41.76	2.51	41.76	41.76	2.23	37.11	37.11
2	1.52	25.40	67.16	1.52	25.40	67.16	1.81	30.05	67.16

产品设施初始量表因子上的载荷值均大于 0.5，且题项较好地分布在 2 个潜在因子（政策普及度和标准可识别度）上，具体见表 4-27。综上，产品设施初始量表具有较好的效度和较高的有效性。

表 4-27　　　产品设施初始量表的正交旋转成分矩阵

	成分	
	1	2
FC2	0.84	0.06
FC3	0.82	-0.01
FC1	0.63	0.26
PTC2	0.04	0.91

续表

	成分	
	1	2
PTC3	0.09	0.86
PTC1	0.17	0.77

注：FC1 至 FC3 代表设施条件相应题项，PTC1 至 PTC3 代表产品技术条件相应题项。

（9）群体规范变量的因子分析

由表 4-28 可知，群体规范初始量表 KMO 值大于 0.7，Bartlett 球形度检验近似卡方值较大，且统计学意义呈显著结果（P=0.00<0.05），说明群体规范初始量表适合进行探索性因子分析。

表 4-28　　群体规范初始量表的 KMO 和 Bartlett 检验

取样足够度的 KMO 度量		0.89
Bartlett 球形度检验	近似卡方值	3121.17
	自由度	36
	P 值	0.00

探索性因子分析结果见表 4-29，在提取 3 个公因子后，累积方差贡献率为 62.45%，前文中理论模型得到进一步的验证。

表 4-29　　群体规范初始量表因子解释的总方差

成分	初始特征值			提取平方和载入			旋转平方和载入		
	特征值	方差贡献率（%）	累积方差贡献率（%）	特征值	方差贡献率（%）	累积方差贡献率（%）	特征值	方差贡献率（%）	累积方差贡献率（%）
1	6.83	40.15	40.15	6.83	40.15	40.15	5.43	26.51	26.51
2	2.95	17.31	57.47	2.95	17.31	57.47	3.68	26.05	52.56
3	0.82	4.98	62.45	0.82	4.98	62.45	1.62	9.89	62.45

群体规范初始量表因子上的载荷值均大于 0.5，说明题项较好地分布在 3 个潜在因子（家庭氛围、组织氛围和社会氛围）上，具体见表 4-30。综上，群体规范初始量表具有较好的效度和较高的有效性。

表 4-30　群体规范初始量表的正交旋转成分矩阵

	成分		
	1	2	3
FN3	0.81	0.24	0.10
FN1	0.76	-0.25	0.03
FN2	0.73	0.19	0.11
ON1	0.23	0.80	0.05
ON3	0.13	0.74	0.26
ON2	0.14	0.61	0.21
CN3	0.05	-0.23	0.78
CN2	0.31	-0.05	0.68
CN1	0.18	0.14	0.67

注：FN1 至 FN3 代表家庭氛围相应题项，ON1 至 ON3 代表组织氛围相应题项，CN1 至 CN3 代表社会氛围相应题项。

（10）环节信任变量的因子分析

经过分析，由表 4-31 可知，环节信任初始量表 KMO 值大于 0.7，Bartlett 球形度检验卡方值较大，且统计显著（$P = 0.00 < 0.05$），说明环节信任初始量表适合进行探索性因子分析。

表 4-31　环节信任初始量表的 KMO 和 Bartlett 检验

取样足够度的 KMO 度量		0.89
Bartlett 球形度检验	近似卡方值	4334.43
	自由度	11
	P 值	0.00

探索性因子分析结果见表 4-32，可以看出在提取 5 个公因子后，累积方差贡献率为 74.67%，前文中理论模型得到进一步的验证。

环节信任初始量表的 1 个题项（TCTL2）因子上的载荷值小于 0.5，因此，本书将这个题项删除，使其余题项较好地分布在 5 个潜在因子（生产环节信任、分类环节信任、收运环节信任、处理环节信任和监管环节信任）上，具体见表 4-33。综上，环节信任初始量表具有较好的效度和较高的有效性。

表 4-32　　环节信任初始量表因子解释的总方差

成分	初始特征值			提取平方和载入			旋转平方和载入		
	特征值	方差贡献率（%）	累积方差贡献率（%）	特征值	方差贡献率（%）	累积方差贡献率（%）	特征值	方差贡献率（%）	累积方差贡献率（%）
1	6.98	46.55	46.55	6.98	46.55	46.55	4.41	29.37	29.37
2	1.93	12.89	59.44	1.93	12.89	59.44	3.64	24.29	53.67
3	1.22	8.11	67.55	1.22	8.11	67.55	2.08	13.89	67.55
4	0.86	5.74	73.29	0.86	5.74	73.29	1.02	6.34	73.89
5	0.62	4.16	77.45	0.62	4.16	77.45	0.51	3.56	77.45

表 4-33　　环节信任初始量表的正交旋转成分矩阵

	成分				
	1	2	3	4	5
TSL2	0.79	0.42	0.04	0.30	0.11
TSL1	0.78	0.40	0.07	0.33	0.05
TSL3	0.64	0.16	0.31	0.25	0.22
TPL3	0.29	0.88	0.34	0.40	0.14
TPL1	0.26	0.86	0.38	0.14	0.23
TPL2	0.18	0.72	0.30	0.71	0.12
TCTL1	0.37	0.05	0.76	0.72	0.11
TCTL3	0.29	0.02	0.70	0.79	0.18
TCTL4	0.36	0.19	0.61	0.82	0.23
TCTL2	*0.15*	*0.10*	*0.006*	*0.23*	*0.11*
TDL2	0.22	0.08	0.13	0.71	0.17
TDL1	0.13	0.04	0.22	0.66	0.19
TDL3	0.15	0.13	0.20	0.66	0.04
TRL1	0.20	0.12	0.11	0.21	0.81
TRL2	0.16	0.15	0.13	0.13	0.78
TRL3	0.01	0.12	0.22	0.16	0.78

注：TSL1 至 TSL3 代表分类环节信任相应题项，TPL1 至 TPL3 代表生产环节信任相应题项，TCTL1 至 TCTL4 代表收运环节信任相应题项，TDL1 至 TDL3 代表处理环节信任相应题项，TRL1 至 TRL3 代表监管环节信任相应题项。

四　初始量表修订与正式量表生成

根据前文信度和效度分析结果，结合本领域内专家（3 位资源与环境行为研究领域教授、6 位博士生）的意见，现将量表修正情况汇总如下：

（1）根据探索性因子分析结果，由于垃圾分类行为初始量表中的 2 个题项（HWSB3、DWSB2）、价值观倾向初始量表中的 1 个题项（SEV2）、舒适偏好初始量表中的两个题项（PR2、PQL1）、环节信任初始量表中的一个题项（TCTL2）在正交旋转成分矩阵中的因子载荷值小于 0.5，因此予以剔除。

（2）根据在调查过程中一些被调查者对问卷的反馈意见，本书对此询问了相关专家，对这些题项的描述予以修改。修改的题项主要为价值观倾向测量题项中的 SEV3、REV3 与 SOV3 等容易引发歧义的题项，从而保证问卷的每一个指标题项均能够准确、易懂。

初始量表经过严谨的调整与修改后，最终得到正式的调研问卷。正式量表共 120 个题项，题项示例见附录 2。

第二节　正式调研与样本情况

一　正式调研样本数据收集

（一）收集样本量的确定

调研样本量应取决于样本总体规模、抽样的准确性和可靠性以及总体的异质性。在一定的异质性水平下，样本量可以用 Scheaffer 方程（Scheaffer et al.，1996）确定：

$$n = N/[(N-1)\delta^2 + 1] \tag{4-1}$$

其中，n 是样本大小，N 是总体大小，δ 是可接受的抽样误差。2016 年，中国市区总人口为 75481.61 万人，可接受的抽样误差 δ 一般设置为 0.05。因此，中国城市居民的统计理论样本量大约为 400 人，由于调查中存在多重偏差，最小样本量应超过 600 人，以便将估计值与实际值之间的偏差降低到 15%以内（Mitchell and Carson，1989）。在此基础上，样本量越高则越能反映总体情况，即越优。

（二）数据收集过程

正式调研同样首先通过分层抽样的方式大致确定调研的样本对

象，使样本在性别、年龄、月收入、月生活支出、工作单位性质、职位层级等区间上合理分布，保证样本的代表性与科学性。正式问卷发放于2017年11月2日至2018年1月7日，围绕中国北京、上海、广州、深圳、杭州、南京等一线城市地区大规模发放问卷。问卷主要采用走访居民小区、写字楼、市区图书馆、快餐店等现场调查的方式，同时辅以网络调查（问卷链接）的方式扩大调查范围，并弥补现场调查样本分布的不合理性。在调研过程中，我们首先会向被调查者说明此次调研结果仅用作于科学研究，个人信息将会保密，并向他们强调问卷认真、真实填写的重要性。调查结束后，我们会通过赠送小礼品和发放红包（主要为微信红包）的方法，感谢居民参与调查。最后，现场调查共发放问卷900份，回收有效问卷759份，有效回收率为84.33%；网络调查共发放问卷937份，回收有效问卷746份，有效回收率为79.62%；现场、网络调查共发放问卷1837份，回收有效问卷1505份，有效回收率为81.93%。

二　正式调研样本特征分析

本书对回收的有效问卷进行了样本特征分析，以了解在不同性别、年龄、婚姻状况、学历、政治面貌、月收入、月生活支出、家庭住宅面积、家庭成员数、家庭排行、家庭月收入、家务承担倾向、工作单位性质、职位层级和职位等级等方面的人群分布概况，具体如表4-34所示。

表4-34　正式调研样本分布概况

变量		频数	频率（%）	变量		频数	频率(%)
性别	男	789	52.4	家庭成员数	1—2人	193	12.8
	女	716	47.6		3人	563	37.4
年龄（岁）	≤17	59	3.9		4人	424	28.2
	18—25	424	28.2		5人及以上	325	21.6
	26—30	406	27.0	家庭排行	独生子女	401	26.6
	31—40	324	21.5		老大	504	33.5
	41—50	210	14.0		最小	391	26.0
	≥51	82	5.4		其他	209	13.9

续表

变量		频数	频率（%）	变量		频数	频率(%)
婚姻状况	已婚	665	44.2	家庭月收入（元）	≤2000	55	3.7
	未婚	770	51.2		2001—4000	170	11.3
	离异	62	4.1		4001—6000	260	17.3
	其他	8	0.5		6001—8000	203	13.5
学历	初中及以下	100	6.6		8001—1万	247	16.4
	高中或中专	203	13.5		1万—3万	459	30.5
	大专	238	15.8		3万—10万	77	5.1
	大学本科	720	47.8		10万以上	34	2.3
	硕士及以上	244	16.2	家务承担倾向	是	411	27.3
政治面貌	中共党员	544	36.1		不是	740	49.2
	民主党派	63	4.2		偏向是	232	15.4
	群众	898	59.7		偏向不是	122	8.1
月收入（元）	≤2000	271	18.0	职位层级	普通员工	575	38.2
	2001—4000	272	18.1		基层管理	363	24.1
	4001—6000	337	22.4		中层管理	237	15.7
	6001—8000	227	15.1		高层管理	131	8.7
	8001—1万	160	10.6		其他	199	13.2
	1万—3万	150	10.0	职位等级	无	934	62.1
	3万—10万	63	4.2		科级	155	10.3
	10万以上	25	1.7		处级	43	2.9
月生活支出（元）	≤1000	206	13.7		厅局级	25	1.7
	1001—3000	570	37.9		省部级	13	0.9
	3001—5000	346	23.0		其他	335	22.3
	5001—8000	173	11.5	工作单位性质	政府部门	176	11.7
	8001—1.2万	118	7.8		事业单位	202	13.4
	1.2万—3万	73	4.9		国有企业	206	13.7
	3万以上	19	1.3		集体所有制企业	108	7.2
家庭住宅面积（平方米）	≤90	338	22.5		私营企业	334	22.2
	91—120	494	32.8		中外合资经营企业	123	8.2
	121—144	273	18.1		中外合作经营企业	62	4.1
	145—200	206	13.7		外资企业	77	5.1
	201—500	121	8.0		股份制企业	63	4.2
	≥501	73	4.9		其他	154	10.2

第二节　正式量表的检验

一　正态性检验

正态性检验是分析调研数据的先决条件。本书通过调查问卷获取的样本数据的正态性检验，可通过题项数据偏度与峰度的统计值与标准误差实现（Mardia，1970）。若偏度或峰度统计值的绝对值低于2，则表明调查数据通过正态性检验，可认为数据近似服从正态分布。①② 本书正态性检验具体分析结果如表4-35所示，垃圾分类行为、

表4-35　　　　正式量表的正态性检验结果

题项	偏度		峰度		题项	偏度		峰度	
	统计量	标准误差	统计量	标准误差		统计量	标准误差	统计量	标准误差
SEV1	-1.80	0.06	1.71	0.13	PREF1	-0.94	0.06	1.27	0.13
SEV2	-1.01	0.06	1.55	0.13	PREF2	-1.35	0.06	1.37	0.13
SEV3	-0.37	0.06	0.16	0.13	PREF3	-0.91	0.06	0.72	0.13
REV1	-1.54	0.06	1.63	0.13	PREF4	-1.02	0.06	1.33	0.13
REV2	-0.03	0.06	1.32	0.13	PREF5	-0.97	0.06	1.269	0.13
REV3	-1.94	0.06	1.50	0.13	PROF1	-0.54	0.06	-0.125	0.13
REV4	-1.45	0.06	1.66	0.13	PROF2	-0.37	0.06	-0.19	0.13
SOV1	-0.77	0.06	0.42	0.13	PROF3	-0.48	0.06	-0.25	0.13
SOV2	-1.28	0.06	1.66	0.13	PROF4	-0.23	0.06	-0.62	0.13
SOV3	-0.96	0.06	1.01	0.13	PROF5	-0.85	0.06	0.88	0.13
SOV4	-1.34	0.06	1.62	0.13	PROF6	-0.54	0.06	-0.11	0.13
KS1	-0.73	0.06	-0.36	0.13	PQT1	-0.54	0.06	-0.10	0.13
KS2	-0.81	0.06	0.14	0.13	PQT2	0.16	0.06	-0.87	0.13
KS3	-0.46	0.06	-0.93	0.13	PQT3	0.01	0.06	-0.82	0.13
KS4	-0.72	0.06	-0.36	0.13	PR1	0.20	0.06	-0.66	0.13
CNS1	0.02	0.06	-0.88	0.13	PR2	-0.92	0.06	1.01	0.13
CNS2	-0.08	0.06	-0.83	0.13	PR3	0.02	0.06	-0.87	0.13
CNS3	-0.10	0.06	-0.91	0.13	PR4	-0.56	0.06	-0.30	0.13
CNS4	-0.09	0.06	-0.90	0.13	PQL1	-0.84	0.06	0.92	0.13

① Mardia K. V., Foster K., "Omnibus Tests of multinormality Based on Skewness and Kurtosis", *Communications in Statistics-Theory & Methods*, Vol. 12, 1983.

② Edwards J. R., "An Examination of Competing Versions of the Person-environment Fit Approach to Stress", *Academy of Management Journal*, Vol. 39, No. 2, 1996.

续表

题项	偏度		峰度		题项	偏度		峰度	
	统计量	标准误差	统计量	标准误差		统计量	标准误差	统计量	标准误差
PQL2	-0.33	0.06	-0.29	0.13	ON1	-0.61	0.06	0.04	0.13
PQL3	-1.07	0.06	1.62	0.13	ON2	-0.67	0.06	0.17	0.13
PSM1	-1.14	0.06	1.71	0.13	ON3	-0.85	0.06	0.63	0.13
PSM2	-0.74	0.06	0.27	0.13	CN1	-0.40	0.06	-0.14	0.13
PSM3	-0.78	0.06	0.31	0.13	CN2	-0.44	0.06	-0.06	0.13
PSM4	-0.61	0.06	-0.14	0.13	CN3	-0.44	0.06	-0.03	0.13
PSC1	-0.62	0.06	-0.02	0.13	TPL1	-0.16	0.06	-0.61	0.13
PSC2	-0.45	0.06	-0.25	0.13	TPL2	-0.41	0.06	-0.44	0.13
PSC3	-0.18	0.06	-0.57	0.13	TPL3	-0.73	0.06	0.08	0.13
PSS1	-0.40	0.06	-0.47	0.13	TSL1	-0.57	0.06	0.15	0.13
PSS2	-0.14	0.06	-0.74	0.13	TSL2	-0.54	0.06	-0.03	0.13
PSS3	-0.46	0.06	-0.35	0.13	TSL3	-0.29	0.06	-0.41	0.13
PSI1	-1.08	0.06	1.44	0.13	TCTL1	-0.77	0.06	0.43	0.13
PSI2	-0.53	0.06	-0.52	0.13	TCTL2	-0.69	0.06	0.24	0.13
PSI3	-0.12	0.06	-0.54	0.13	TCTL3	-0.30	0.06	-0.13	0.13
PP1	0.01	0.06	-0.74	0.13	TDL1	-0.70	0.06	0.30	0.13
PP2	0.13	0.06	-0.77	0.13	TDL2	-0.13	0.06	-0.80	0.13
PP3	0.12	0.06	-0.78	0.13	TDL3	0.09	0.06	-0.71	0.13
RS1	-0.60	0.06	0.00	0.13	TRL1	-0.73	0.06	0.32	0.13
RS2	-0.57	0.06	0.09	0.13	TRL2	-0.48	0.06	-0.22	0.13
RS3	-0.77	0.06	0.55	0.13	TRL3	-0.72	0.06	0.38	0.13
PTC1	-0.29	0.06	-0.67	0.13	HWSB1	-0.39	0.06	-0.52	0.13
PTC2	-0.78	0.06	0.51	0.13	HWSB2	0.87	0.06	-0.47	0.13
PTC3	-0.85	0.06	0.92	0.13	HWSB3	0.78	0.06	-0.60	0.13
FC1	-0.44	0.06	-0.46	0.13	DWSB1	-0.75	0.06	0.62	0.13
FC2	-0.36	0.06	-0.65	0.13	DWSB2	-0.23	0.06	-0.70	0.13
FC3	-0.38	0.06	-0.71	0.13	DWSB3	-0.75	0.06	0.46	0.13
FN1	-0.58	0.06	-0.17	0.13	RWSB1	-0.64	0.06	0.05	0.13
FN2	-0.63	0.06	0.05	0.13	RWSB2	-0.54	0.06	-0.14	0.13
FN3	-0.84	0.06	0.38	0.13	RWSB3	-0.62	0.06	-0.38	0.13

续表

题项	偏度		峰度		题项	偏度		峰度	
	统计量	标准误差	统计量	标准误差		统计量	标准误差	统计量	标准误差
RWSB4	-0.35	0.06	-0.53	0.13	CWSB3	-0.14	0.06	-0.91	0.13
CWSB1	-0.01	0.06	-0.79	0.13	CWSB4	-0.11	0.06	-0.95	0.13
CWSB2	-0.09	0.06	-0.87	0.13	—	—	—	—	—

价值观倾向、调节聚焦、舒适偏好等测量题项的偏度和峰度系数绝对值均小于2，符合正态性检验标准，量表数据近似服从正态分布。

二 正式量表的信度、效度及因子分析

经过预调研的分析及改进，本研究已初步确认城市居民垃圾分类行为及其驱动因素量表的内容和构成，接下来将对正式量表的信度和效度分别进行检验。

（一）正式量表的信度分析

通过对样本数据的分析，得到正式量表的信度检验结果见表4-36。可以看到，城市居民垃圾分类行为及其相关量表的Cronbach α系数均在0.65以上，且绝大部分都在0.8以上，在可以接受的范围之内，因此量表具有较好的可靠性。

表4-36 正式量表的信度检验指标

变量	题项数	Cronbach α 系数
价值观倾向	11	0.94
利己价值观	4	0.80
利关系价值观	3	0.93
利社会价值观	4	0.93
调节聚焦	11	0.89
预防聚焦	5	0.85
促进聚焦	6	0.83
舒适偏好	10	0.84
数量偏好	3	0.71

续表

变量	题项数	Cronbach α 系数
节奏偏好	4	0.72
品质偏好	3	0.74
分类认知	8	0.88
分类知识	4	0.79
分类关注	4	0.90
分类授权感知	13	0.93
分类意义	4	0.87
分类自主性	3	0.83
分类自我效能感	3	0.84
分类影响力	3	0.79
产品设施	6	0.82
产品技术条件	3	0.93
设施条件	3	0.89
政策标准	6	0.72
政策普及度	3	0.67
标准可识别度	3	0.79
环节信任	15	0.92
生产环节	3	0.79
分类环节	3	0.87
收运环节	3	0.79
处理监督	3	0.69
监督环节	3	0.90
群体规范	9	0.93
家庭氛围	3	0.82
组织氛围	3	0.84
社会氛围	3	0.89
垃圾分类行为	14	0.90
习惯型分类行为	3	0.66
决策型分类行为	3	0.75
人际型分类行为	4	0.78
公民型分类行为	4	0.93

（二）正式量表的效度分析

本书对正式量表的效度检验同样是从内容效度和结构效度两个方面分析的。在内容效度方面，量表是在文献分析和参考相关量表的基础上，结合我国现实情况（基于访谈内容），并在咨询本领域相关专家后进行修订和开发的。同时，通过分析预调研收集的数据，本研究进一步对量表进行了检验和修订，由此可以认为本研究相关量表具有较好的内容效度。在结构效度方面，研究同样需要首先考察取样适切性量数、Bartlett 球形度检验、题项的解释方差等方面，在达到可接受水平的基础上进一步进行因子分析。

通过分析，可以看到各量表的 KMO 值均在 0.65 以上，且绝大部分都在 0.8 以上，在良好的范围之内，Bartlett 球形度检验的显著性水平均为 0.00（见表 4-37），说明各量表的有效性通过了初步的检验，适合进行因子分析。

表 4-37　城市居民垃圾分类行为及其驱动因素正式量表 KMO 和 Bartlett 的检验结果

量表	取样足够度的 KMO 度量	Bartlett 球形度检验		
		近似卡方值	自由度	P 值
价值观倾向	0.93	14269.26	55	0.00
调节聚焦	0.90	7425.26	55	0.00
舒适偏好	0.85	5007.35	45	0.00
分类认知	0.89	6325.67	28	0.00
分类授权感知	0.93	12762.59	78	0.00
产品设施	0.69	2444.12	15	0.00
政策标准	0.77	6533.00	15	0.00
环节信任	0.91	13628.50	105	0.00
群体规范	0.90	10282.71	36	0.00
垃圾分类行为	0.90	13477.25	91	0.00

（三）正式量表的因子分析

验证性因子分析是检验量表效度的方法之一，通过对已建立起来的潜在结构的检验，考察其与原始数据的拟合程度，从而验证这种结构的正确性[①]。本书采用验证性因子分析进一步对城市居民垃圾分类行为及其驱动因素量表进行结构的效度检验。在验证性因子分析中，如果每个题项对其所反映的潜在变量的参数估计值都具有统计意义，则量表符合收敛有效性。基于前文对理论架构及预调研的分析结果，本书进一步对各量表的结构维度进行了验证。

表 4-38　　正式量表验证性因子分析拟合指标结果

	绝对拟合指标					增量拟合指标		
	χ^2	χ^2/df	GFI	RMR	RMSEA	NFI	TLI	CFI
价值观倾向	2365.20	5.14	0.86	0.05	0.05	0.90	0.90	0.91
调节聚焦	2644.94	4.83	0.90	0.04	0.04	0.88	0.92	0.91
舒适偏好	2935.58	3.26	0.92	0.02	0.03	0.91	0.93	0.94
分类认知	2772.25	4.24	0.91	0.04	0.04	0.91	0.88	0.89
分类授权感知	2669.66	3.74	0.90	0.03	0.04	0.93	0.93	0.92
政策标准	2537.94	4.89	0.92	0.04	0.04	0.89	0.91	0.92
产品设施	2855.37	3.95	0.91	0.04	0.04	0.92	0.90	0.92
环节信任	2255.63	5.79	0.90	0.04	0.05	0.90	0.90	0.91
群体规范	2633.99	4.36	0.93	0.03	0.04	0.91	0.89	0.90
垃圾分类行为	2978.11	4.59	0.91	0.04	0.04	0.90	0.90	0.93

本书主要借助软件 AMOS 17.0 来实现验证性因子分析（最大似然估计方法），在根据前文的理论架构绘制出 SEM 模型的基础上，代入正式调研得到的样本数据对模型进行检验，在对模型进行相关

---

① 王松涛：《探索性因子分析与验证性因子分析比较研究》，《兰州学刊》2006 年第 5 期。

调整后，最终模型输出的拟合优度指数如表 4-38 所示。

由表 4-38 可知，个体价值观倾向、调节聚焦、舒适偏好、分类认知、分类授权感知、政策标准、产品设施、环节信任、群体规范和垃圾分类行为结构拟合指标均达到可接受水平（指标参考值参见表 4-1）。卡方值由于受到样本容量大小的影响，不能很好地判断模型的拟合程度，因此，该模型的拟合优度可接受。综上，各变量结构及量表信度和效度均得到了验证。

第五章

城市居民垃圾分类行为驱动机理分析

第一节　城市居民垃圾分类行为现状及差异

一　垃圾分类行为现状

在垃圾分类行为量表中，采用的是李克特 5 分等级测度，其中“5”代表总是发生垃圾分类行为；当得分为 4 时，说明个体经常发生垃圾分类行为；当得分低于“3”时，可认为个体较少发生垃圾分类行为，对环境具有“劣性”的损害特征（Chen et al.，2017）。因此，本书将均值低于 3 的垃圾分类行为得分界定为劣性值。

对回收的样本数据进行统计分析，结果如表 5-1 所示。城市居民垃圾分类行为总体均值为 3.28，处于一般的水平，劣性值检出率达到 45.78%，说明了整体上有超过四成的城市居民很少对垃圾进行分类，经常发生具有劣性特征（浪费资源和破坏环境）的行为。

表 5-1　　城市居民垃圾分类行为的描述性统计分析结果

变量	均值（M）	标准差	劣性值（均值<3）	
			频数	检出率（%）
垃圾分类行为	3.28	0.59	689	45.78
习惯型分类行为	3.01	0.80	613	40.73
决策型分类行为	3.65	0.81	405	26.91
人际型分类行为	3.52	0.81	507	33.69
公民型分类行为	2.93	1.07	829	55.08

在垃圾分类行为各个维度方面，决策型分类行为均值（M=3.65）最高，其次为人际型分类行为（M=3.52），反映了个体的趋利性可能对其垃圾分类行为具有重要的促进作用。均值最低的为公民型分类行为（M=2.93），整体上处于劣性状态，其劣性值检出率高达55.08%。可以看出，在对待垃圾分类问题上，中国城市居民的公民意识水平较低。同样地，习惯型分类行为均值也仅为3.01，且其劣性值检出率超过四成（40.73%），可能是由于总体上来说，中国居民还未形成垃圾分类的习惯。特别地，劣性值检出率中，偏低的是决策型分类行为和人际型分类行为，反映了除个体自身的经济收益外，在中国情境中，群体规范对垃圾分类行为同样具有较高的促进作用。

二　垃圾分类行为的个体间差异

本书主要通过独立样本T检验（Independent Sample T-test）、单因素方差分析（One-Way ANOVA）及均值分析的方法探讨城市居民垃圾分类行为在社会人口统计变量上的差异性。

（一）性别

将城市居民垃圾分类行为及其各维度作为因变量，性别为分组变量，对男性和女性样本在垃圾分类行为及其各维度上存在的差异性进行独立样本T检验，数据分析结果见表5-2。独立样本T检验中，若方差方程的Levene检验显著，则假设方差不相等；若方差方程的Levene检验不显著，那么假设方差相等。可以看出，城市居民垃圾分类行为在性别上无显著的差异性，在其各维度变量方面，决策型分类行为和人际型分类行为在性别上也不具有显著的差异性，但习惯型分类行为和公民型分类行为在性别上存在显著的差异性。

进一步地，本书对在性别上有显著差异性的因变量（习惯型分类行为和公民型分类行为）进行均值比较。结果显示，相比于女性，男性在习惯型分类行为和公民型分类行为上的均值更高（见表5-3），更容易发生习惯型分类行为和公民型分类行为。

表 5-2　　城市居民垃圾分类行为在性别上的 T 检验结果

性别		方差方程的 Levene 检验		均值方程的 T 检验				
		F 值	P 值	t 值	自由度	P 值	均值差值	标准误差值
垃圾分类行为	假设方差相等	2.11	0.15	-0.35	1503.00	0.73	-0.01	0.03
	假设方差不相等	—	—	-0.36	1300.71	0.72	-0.01	0.03
习惯型分类行为	假设方差相等	4.24	0.04	-3.48	1503.00	0.00	-0.15	0.04
	假设方差不相等	—	—	-3.46	1228.47	0.00	-0.15	0.04
决策型分类行为	假设方差相等	0.74	0.39	0.34	1503.00	0.74	0.01	0.04
	假设方差不相等	—	—	0.33	1223.21	0.74	0.01	0.04
人际型分类行为	假设方差相等	1.40	0.24	-1.24	1503.00	0.21	-0.05	0.04
	假设方差不相等	—	—	-1.25	1281.03	0.21	-0.05	0.04
公民型分类行为	假设方差相等	0.64	0.43	2.52	1503.00	0.01	0.14	0.06
	假设方差不相等	—	—	2.53	1285.55	0.01	0.14	0.06

表 5-3　　不同性别下城市居民垃圾分类行为均值比较

性别	均值				
	垃圾分类行为	习惯型分类行为	决策型分类行为	人际型分类行为	公民型分类行为
男	3.47	3.63	3.66	3.49	3.13
女	3.49	2.91	3.64	3.54	2.99

（二）年龄

将城市居民垃圾分类行为及其各维度作为因变量，年龄作为分组变量，对不同年龄层个体在垃圾分类行为及其各维度上存在的差异性进行单因素方差分析，数据分析结果见表 5-4。

表 5-4　　城市居民垃圾分类行为在年龄上的单因素方差分析结果

		平方和	自由度	均方	F 值	P 值
垃圾分类行为	组间	3.30	5	0.66	2.10	0.05
	组内	524.94	1499	0.35		
	总数	528.24	1504	—		

续表

		平方和	自由度	均方	F 值	P 值
习惯型分类行为	组间	5.01	5	1.00	1.57	0.17
	组内	957.10	1499	0.64		
	总数	962.11	1504	—		
决策型分类行为	组间	2.79	5	0.56	0.86	0.51
	组内	975.13	1499	0.65		
	总数	977.92	1504	—		
人际型分类行为	组间	3.42	5	0.68	1.03	0.40
	组内	995.27	1499	0.66		
	总数	998.69	1504	—		
公民型分类行为	组间	18.19	5	3.64	3.22	0.01
	组内	1695.59	1499	1.13		
	总数	1713.78	1504	—		

可以看出，垃圾分类行为在年龄上具有显著的差异性。在垃圾分类行为各维度变量中，习惯型分类行为、决策型分类行为和人际型分类行为在居民不同的年龄段之间不存在显著的差异性，而公民型分类行为具有显著的差异性。

进一步地，本书对垃圾分类行为和公民型分类行为的得分均值（见表 5-5）进行了比较，结果显示，随着城市居民年龄的增长，其垃圾分类行为均值呈“对钩型”变化趋势［见图 5-1（a）］。18—25 岁的城市居民垃圾分类行为得分最低，其次为 26—30 岁年龄段的个体，且 51 岁及以上的城市居民最易发生垃圾分类行为，41—50 岁的居民次之。此外，随着年龄的增长，城市居民公民型分类行为整体得分趋势与垃圾分类行为相同［见图 5-1（b）］。随着年龄的成长，个体对家庭成员健康的关心和公民意识都在不断增强，进而会使分类行为的均值由低变高。然而鉴于国家的发展规划与倡导思想，现阶段各方主体比较注重对孩子的分类教育和环境素养的培养，所以未成年人的群体分类行为的均值较高。

表 5-5　　不同年龄段的城市居民垃圾分类行为均值比较

年龄	垃圾分类行为		习惯型分类行为		决策型分类行为		人际型分类行为		公民型分类行为	
	均值	标准差	均值	标准差	均值	标准差	均值	标准差	均值	标准差
≤17	3.51	0.94	3.22	1.05	3.67	1.11	3.67	1.08	3.50	1.08
18—25	3.44	0.54	3.73	0.78	3.60	0.75	3.47	0.76	2.94	1.03
26—30	3.48	0.60	3.71	0.80	3.68	0.83	3.52	0.77	3.03	1.07
31—40	3.52	0.65	3.66	0.81	3.67	0.89	3.57	0.94	3.18	1.11
41—50	3.55	0.59	3.76	0.86	3.70	0.75	3.61	0.86	3.20	1.05
≥51	3.65	0.67	3.94	0.85	3.77	0.85	3.59	0.89	3.31	1.09

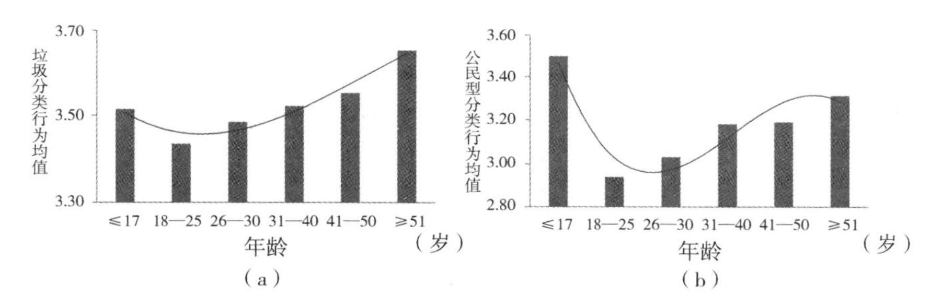

图 5-1　不同年龄段的城市居民垃圾分类行为均值比较

（三）婚姻状况

将城市居民垃圾分类行为及其各维度作为因变量，婚姻状况作为分组变量，对不同婚姻状况的个体在垃圾分类行为及其各维度上存在的差异性进行单因素方差分析，数据分析结果见表 5-6。可以看出，垃圾分类行为在婚姻状况上具有显著的差异性。在垃圾分类行为各维度变量中，习惯型分类行为和公民型分类行为具有显著的差异性，而决策型分类行为和人际型分类行为在居民不同的年龄段之间不存在显著的差异性。

表 5-6　城市居民垃圾分类行为在婚姻状况上的单因素方差分析结果

		平方和	自由度	均方	F 值	P 值
垃圾分类行为	组间	2.29	3	0.76	2.18	0.05
	组内	525.94	1501	0.35		
	总数	528.23	1504	—		

续表

		平方和	自由度	均方	F 值	P 值
习惯型分类行为	组间	4.41	3	1.47	2.30	0.04
	组内	957.71	1501	0.64		
	总数	962.12	1504	—		
决策型分类行为	组间	0.88	3	0.29	0.45	0.72
	组内	977.04	1501	0.65		
	总数	977.92	1504	—		
人际型分类行为	组间	1.83	3	0.61	0.92	0.43
	组内	996.86	1501	0.66		
	总数	998.69	1504	—		
公民型分类行为	组间	12.27	3	4.09	3.61	0.01
	组内	1701.51	1501	1.13		
	总数	1713.78	1504	—		

进一步地，本书对垃圾分类行为、习惯型分类行为和公民型分类行为的得分均值（见表 5-7）进行了比较，结果显示，已婚的城市居民得分均为最高，其次为未婚群体。特别地，离异的城市居民在垃圾分类行为、习惯型分类行为和公民型分类行为上的得分均为最低（见图 5-2）。已组建家庭的居民，会更加注重身边的生活环境及家人的健康问题，促使其积极参与垃圾分类。

表 5-7　　不同婚姻状况的城市居民垃圾分类行为均值比较

婚姻状况	垃圾分类行为		习惯型分类行为		决策型分类行为		人际型分类行为		公民型分类行为	
	均值	标准差	均值	标准差	均值	标准差	均值	标准差	均值	标准差
已婚	3.52	0.66	3.74	0.83	3.66	0.90	3.55	0.90	3.14	1.11
未婚	3.45	0.54	3.71	0.78	3.64	0.73	3.49	0.74	2.97	1.03
离异	3.33	0.42	3.22	0.46	3.86	0.30	3.50	0.69	2.75	1.22
其他	3.45	0.18	3.33	0.67	3.58	0.30	3.69	0.29	3.19	0.55

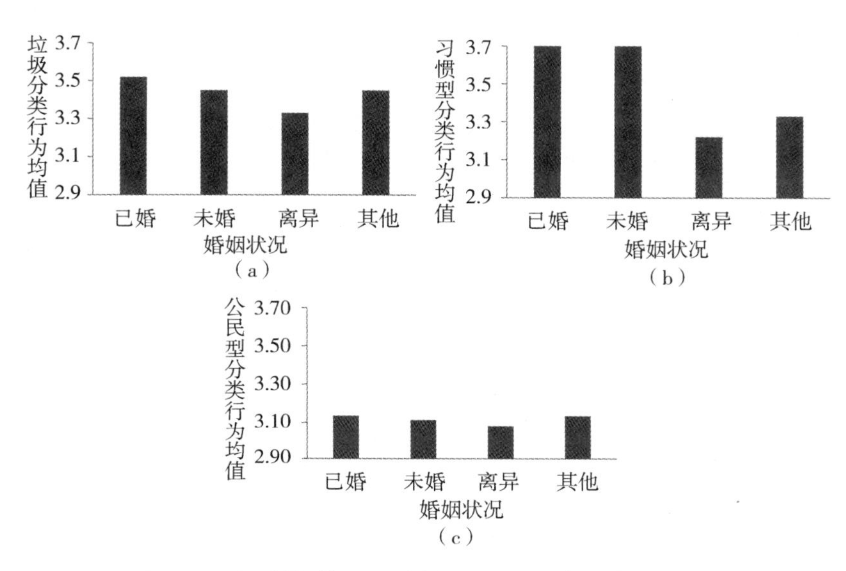

图 5-2　不同婚姻状况的城市居民垃圾分类行为均值比较

（四）学历

将城市居民垃圾分类行为及其各维度作为因变量，学历作为分组变量，对不同受教育程度个体在垃圾分类行为及其各维度上存在的差异性进行单因素方差分析，数据分析结果见表 5-8。可以看出，垃圾分类行为及其各维度在学历上均具有显著的差异性。

表 5-8　城市居民垃圾分类行为在学历上的单因素方差分析结果

		平方和	自由度	均方	F 值	P 值
垃圾分类行为	组间	14.93	4	3.73	10.91	0.00
	组内	513.30	1500	0.34		
	总数	528.23	1504	—		
习惯型分类行为	组间	16.20	4	4.05	6.42	0.00
	组内	945.91	1500	0.63		
	总数	962.11	1504	—		
决策型分类行为	组间	19.61	4	4.90	7.68	0.00
	组内	958.31	1500	0.64		
	总数	977.92	1504	—		

续表

		平方和	自由度	均方	F 值	P 值
人际型分类行为	组间	12.19	4	3.05	4.64	0.00
	组内	986.50	1500	0.66		
	总数	998.69	1504	—		
公民型分类行为	组间	59.57	4	14.89	13.50	0.00
	组内	1654.21	1500	1.10		
	总数	1713.78	1504	—		

进一步地，本书对垃圾分类行为及其各维度的得分均值（见表5-9）进行了比较，结果显示，随着受教育程度的增长，城市居民垃圾分类行为均值呈“倒U形”变化趋势（见图5-3）。大专学历的城市居民垃圾分类行为得分最高，其次为高中或中专学历的个体。在垃圾分类行为各个维度变量上，随着年龄的增长，也呈现出“倒U形”变化趋势。这反映了高学历的个体并不一定会有高环境素养，原因在于现有中国学校的教育和培养体系中，缺乏环境类知识的教育与考核。

表5-9　　　　不同学历的城市居民垃圾分类行为均值比较

学历	垃圾分类行为		习惯型分类行为		决策型分类行为		人际型分类行为		公民型分类行为	
	均值	标准差	均值	标准差	均值	标准差	均值	标准差	均值	标准差
初中及以下	3.29	0.63	3.21	0.61	3.31	0.94	3.49	0.93	3.18	0.99
高中或中专	3.64	0.58	3.66	0.86	3.83	0.90	3.72	0.85	3.37	0.99
大专	3.72	0.77	3.81	0.95	3.91	0.95	3.71	1.04	3.47	1.19
本科	3.47	0.54	3.73	0.78	3.63	0.76	3.51	0.79	3.05	1.04
硕士及以上	3.41	0.58	3.74	0.77	3.61	0.77	3.44	0.75	2.83	1.03

（五）月收入

将城市居民垃圾分类行为及其各维度作为因变量，月收入作为

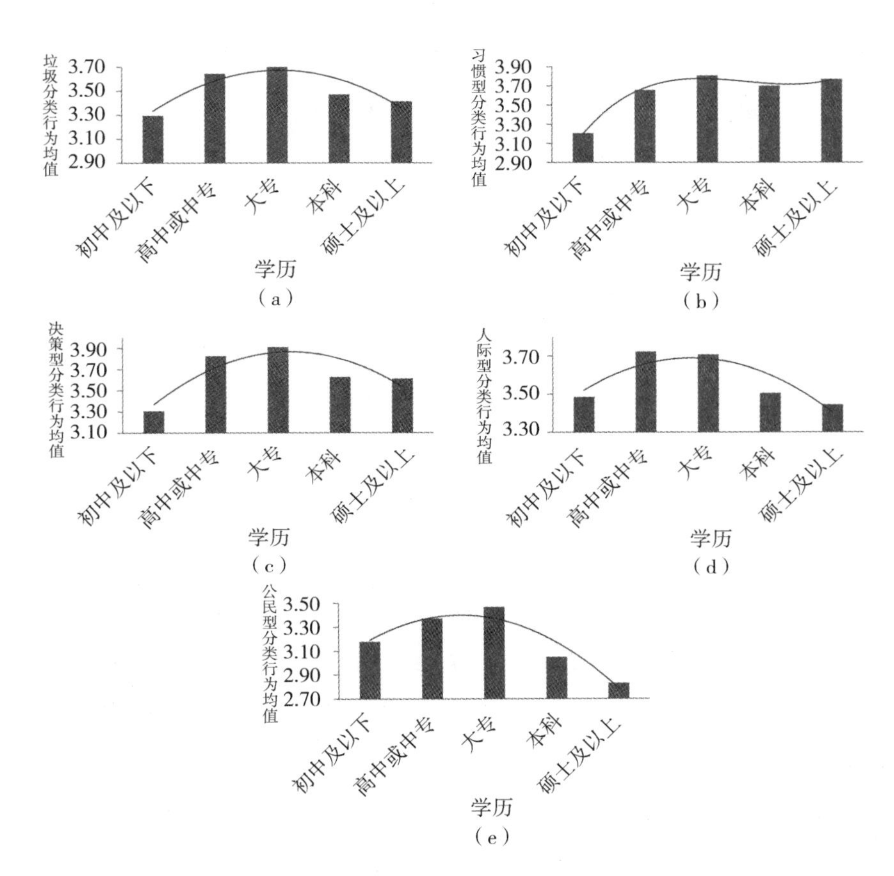

图 5-3　不同学历的城市居民垃圾分类行为均值比较

分组变量，对不同月收入个体在垃圾分类行为上存在的差异性进行单因素方差分析，结果见表 5-10。可以看出，垃圾分类行为及其各维度变量在月收入上具有显著的差异性。

表 5-10　城市居民垃圾分类行为在月收入上的单因素方差分析结果

		平方和	自由度	均方	F 值	P 值
垃圾分类行为	组间	13.42	7	1.92	5.57	0.00
	组内	514.82	1497	0.34		
	总数	528.23	1504	—		

续表

		平方和	自由度	均方	F 值	P 值
习惯型分类行为	组间	22.17	7	3.17	5.04	0.00
	组内	939.95	1497	0.63		
	总数	962.11	1504	—		
决策型分类行为	组间	14.76	7	2.11	3.28	0.00
	组内	963.16	1497	0.64		
	总数	977.92	1504	—		
人际型分类行为	组间	14.95	7	2.14	3.25	0.00
	组内	983.74	1497	0.66		
	总数	998.69	1504	—		
公民型分类行为	组间	38.12	7	5.45	4.87	0.00
	组内	1675.66	1497	1.12		
	总数	1713.78	1504	—		

进一步地，本书对垃圾分类行为和公民型分类行为的得分均值（见表 5-11）进行了比较，结果显示，随着城市居民月收入的增长，其垃圾分类行为均值呈“M 形”变化趋势（见图 5-4）。在垃圾分类行为各维度变量上，决策型分类行为、人际型分类行为和公民型分类行为也呈现出这种趋势，而习惯型分类行为总体呈下降趋势。月收入超过 10 万元的城市居民垃圾分类行为得分最低，其次为月收入在 2000 元及以下和 8001—10000 元的个体，月收入在 30001—100000 元的城市居民最易发生垃圾分类行为，2001—4000 元的居民次之。

表 5-11　　不同月收入的城市居民垃圾分类行为均值比较

月收入（元）	垃圾分类行为		习惯型分类行为		决策型分类行为		人际型分类行为		公民型分类行为	
	均值	标准差	均值	标准差	均值	标准差	均值	标准差	均值	标准差
≤2000	3.39	0.57	3.73	0.80	3.62	0.76	3.48	0.75	2.91	1.02
2001—4000	3.56	0.61	3.72	0.82	3.73	0.83	3.63	0.81	3.19	1.12
4001—6000	3.54	0.61	3.83	0.76	3.65	0.82	3.55	0.87	3.13	1.09

续表

月收入（元）	垃圾分类行为		习惯型分类行为		决策型分类行为		人际型分类行为		公民型分类行为	
	均值	标准差	均值	标准差	均值	标准差	均值	标准差	均值	标准差
6001—8000	3.48	0.56	3.69	0.70	3.69	0.80	3.53	0.80	3.03	1.01
8001—10000	3.39	0.60	3.73	0.81	3.58	0.82	3.36	0.86	2.89	1.11
10001—30000	3.43	0.54	3.41	0.82	3.64	0.85	3.47	0.77	3.15	1.03
30001—100000	3.71	0.60	3.36	1.04	3.92	0.68	3.62	1.18	3.92	0.75
≥100001	2.23	1.13	2.73	1.67	2.20	1.10	2.30	1.19	1.70	0.82

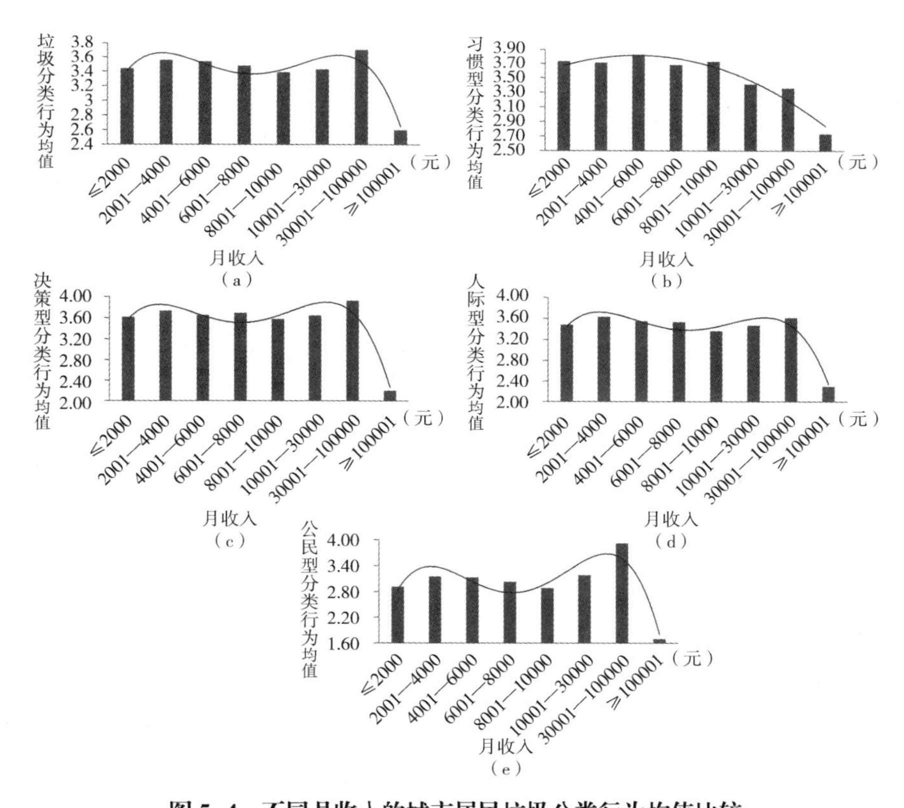

图 5-4　不同月收入的城市居民垃圾分类行为均值比较

（六）月生活支出

将城市居民垃圾分类行为及其各维度作为因变量，月生活支出作为分组变量，对不同月生活支出水平个体在垃圾分类行为及其各维度上存在的差异性进行单因素方差分析，数据分析结果见表5-12。可以看出，垃圾分类行为在月生活支出上具有显著的差异性。在垃圾分类行为各维度变量中，习惯型分类行为、决策型分类行为和人际型分类行为在不同的月生活支出水平之间存在显著的差异性，而公民型分类行为不具有显著的差异性。

表5-12　城市居民垃圾分类行为在月生活支出上的单因素方差分析结果

		平方和	自由度	均方	F值	P值
垃圾分类行为	组间	5.36	6	0.89	2.56	0.02
	组内	522.88	1498	0.35		
	总数	528.24	1504	—		
习惯型分类行为	组间	17.09	6	2.85	4.51	0.00
	组内	945.03	1498	0.63		
	总数	962.12	1504	—		
决策型分类行为	组间	9.31	6	1.55	2.40	0.03
	组内	968.61	1498	0.65		
	总数	977.92	1504	—		
人际型分类行为	组间	11.92	6	1.99	3.02	0.01
	组内	986.77	1498	0.66		
	总数	998.69	1504	—		
公民型分类行为	组间	3.95	6	0.66	0.58	0.75
	组内	1709.83	1498	1.14		
	总数	1713.78	1504	—		

进一步地，本书对垃圾分类行为、习惯型分类行为、决策型分类行为和人际型分类行为的得分均值（见表5-13）进行了比较，结果显示随着城市居民月生活支出的增长，其垃圾分类行为均值呈

"M 形"变化趋势（见图 5-5）。月支出超过 30000 元的城市居民垃圾分类行为得分最低，其次为 1000 元及以下的个体，月生活支出在 12001—30000 元的城市居民最易发生垃圾分类行为，1001—3000 元的居民次之。此外，在垃圾分类行为各维度变量上，随着月生活支出的增长，决策型分类行为和人际型分类行为也呈现出这种趋势，而习惯型分类行为得分总体呈下降趋势。

表 5-13　　不同月生活支出的城市居民垃圾分类行为均值比较

月生活支出（元）	垃圾分类行为		习惯型分类行为		决策型分类行为		人际型分类行为		公民型分类行为	
	均值	标准差	均值	标准差	均值	标准差	均值	标准差	均值	标准差
≤1000	3.40	0.59	3.67	0.81	3.51	0.85	3.44	0.79	3.00	1.04
1001—3000	3.52	0.59	3.78	0.79	3.70	0.76	3.56	0.78	3.05	1.09
3001—5000	3.47	0.59	3.71	0.77	3.62	0.83	3.51	0.85	3.02	1.04
5001—8000	3.45	0.53	3.61	0.76	3.70	0.85	3.51	0.81	2.99	1.05
8001—12000	3.41	0.52	3.45	0.78	3.58	0.80	3.38	0.82	3.25	0.98
12001—30000	3.54	0.80	3.45	0.95	3.83	1.01	3.78	0.99	3.11	1.25
≥30001	2.98	1.22	2.93	1.38	3.22	1.44	2.67	1.56	3.11	1.46

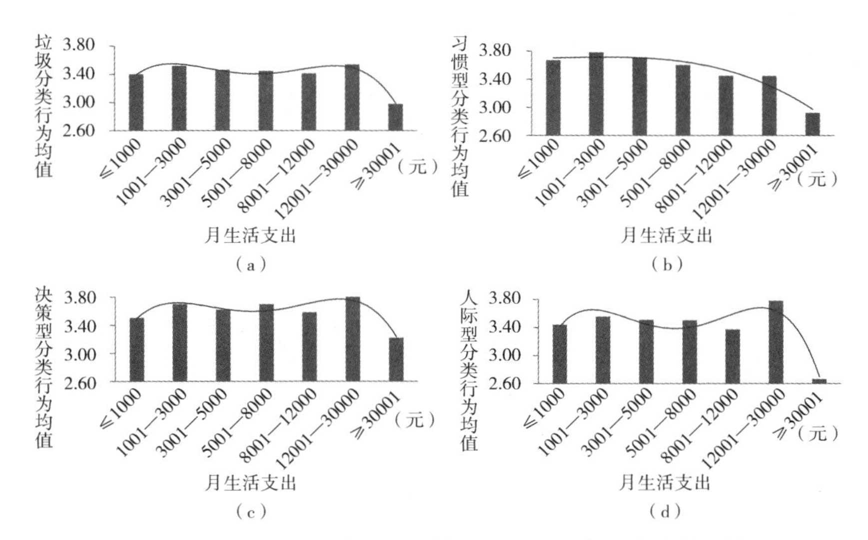

图 5-5　不同月生活支出的城市居民垃圾分类行为均值比较

（七）家庭住宅面积

将城市居民垃圾分类行为及其各维度作为因变量，家庭住宅面积作为分组变量，对不同家庭住宅面积个体在垃圾分类行为及其各维度上存在的差异性进行单因素方差分析，数据分析结果见表5-14。可以看出，垃圾分类行为在家庭住宅面积上具有显著的差异性。在垃圾分类行为各维度变量中，决策型分类行为、人际型分类行为和公民型分类行为在居民不同的年龄段之间也存在显著的差异性，而习惯型分类行为不具有显著的差异性。

表5-14　城市居民垃圾分类行为在家庭住宅面积上的单因素方差分析结果

		平方和	自由度	均方	F值	P值
垃圾分类行为	组间	9.06	5	1.81	5.23	0.00
	组内	519.17	1499	0.35		
	总数	528.23	1504	—		
习惯型分类行为	组间	3.71	5	0.74	1.16	0.33
	组内	958.41	1499	0.64		
	总数	962.12	1504	—		
决策型分类行为	组间	10.54	5	2.11	3.27	0.01
	组内	967.38	1499	0.65		
	总数	977.92	1504	—		
人际型分类行为	组间	13.38	5	2.68	4.07	0.00
	组内	985.31	1499	0.66		
	总数	998.69	1504	—		
公民型分类行为	组间	35.20	5	7.04	6.29	0.00
	组内	1678.58	1499	1.12		
	总数	1713.78	1504	—		

进一步地，本书对垃圾分类行为、决策型分类行为、人际型分类行为和公民型分类行为的得分均值（见表5-15）进行了比较。结果显示，家庭住宅面积在145—200平方米的城市居民垃圾分类行为得分最高，而家庭住宅面积超过500平方米的个体得分最低（见图

5-6）。这可能是由于家庭住宅面积大的群体，对资源的敏感性较低，更容易发生资源浪费的行为。

表 5-15　　不同家庭住宅面积的城市居民垃圾分类行为均值比较

家庭住宅面积（平方米）	垃圾分类行为		习惯型分类行为		决策型分类行为		人际型分类行为		公民型分类行为	
	均值	标准差	均值	标准差	均值	标准差	均值	标准差	均值	标准差
≤90	3.51	0.57	3.69	0.79	3.67	0.74	3.57	0.80	3.12	1.02
91—120	3.48	0.55	3.76	0.79	3.66	0.76	3.52	0.75	3.00	1.02
121—144	3.41	0.62	3.71	0.75	3.59	0.88	3.40	0.83	2.95	1.12
145—200	3.65	0.63	3.63	0.88	3.86	0.95	3.72	0.88	3.41	1.10
201—500	3.33	0.73	3.79	0.79	3.53	0.94	3.30	0.98	2.69	1.24
≥501	3.16	0.81	3.46	1.14	3.23	0.92	3.35	1.05	2.59	1.22

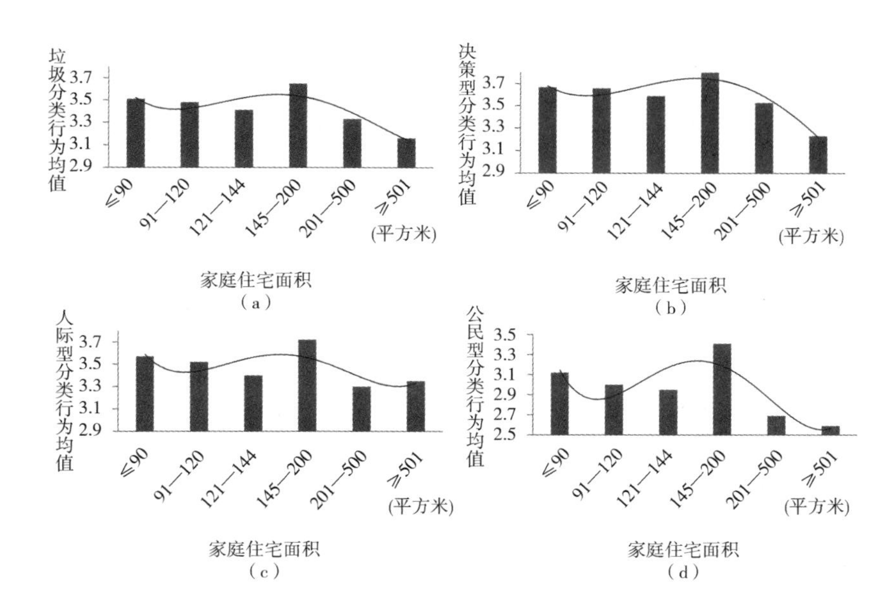

图 5-6　不同家庭住宅面积的城市居民垃圾分类行为均值比较

（八）家庭成员数

将城市居民垃圾分类行为及其各维度作为因变量，家庭成员数作为分组变量，对不同家庭成员数个体在垃圾分类行为及其各维度上存在的差异性进行单因素方差分析，数据分析结果见表 5-16。

可以看出，垃圾分类行为在家庭成员数量上具有显著的差异性。在垃圾分类行为各维度变量中，决策型分类行为和人际型分类行为在居民不同的家庭成员数之间也存在显著的差异性，而习惯型分类行为和公民型分类行为不具有显著的差异性。

表 5-16　城市居民垃圾分类行为在家庭成员数上的单因素方差分析结果

		平方和	自由度	均方	F 值	P 值
垃圾分类行为	组间	2.87	3	0.96	2.73	0.04
	组内	525.36	1501	0.35		
	总数	528.23	1504	—		
习惯型分类行为	组间	3.15	3	1.05	1.64	0.18
	组内	958.96	1501	0.64		
	总数	962.11	1504	—		
决策型分类行为	组间	5.12	3	1.71	2.63	0.05
	组内	972.80	1501	0.65		
	总数	977.92	1504	—		
人际型分类行为	组间	6.11	3	2.04	3.08	0.03
	组内	992.59	1501	0.66		
	总数	998.70	1504	—		
公民型分类行为	组间	5.85	3	1.95	1.71	0.16
	组内	1707.93	1501	1.14		
	总数	1713.78	1504	—		

进一步地，本书对垃圾分类行为、决策型分类行为和人际型分类行为的得分均值（见表 5-17）进行了比较，结果显示，家庭成员数为 3 人的城市居民垃圾分类行为得分最高，其次为家庭成员数为 4 人的居民，家庭成员数超过 5 人的居民再次之，家庭成员数为 1—2 人的城市居民最少发生垃圾分类行为（见图 5-7）。此外，随着家庭人口数的增长，城市居民人际型分类行为得分趋势与垃圾分类行为相同，而决策型分类行为中，得分最高的则是家庭成员数为 4 人的

个体，其次是家庭成员数为 3 人的样本。

表 5-17　　不同家庭成员数的城市居民垃圾分类行为均值比较

家庭成员数（人）	垃圾分类行为		习惯型分类行为		决策型分类行为		人际型分类行为		公民型分类行为	
	均值	标准差	均值	标准差	均值	标准差	均值	标准差	均值	标准差
1—2	3. 38	0. 56	3. 61	0. 80	3. 59	0. 81	3. 40	0. 84	2. 93	1. 07
3	3. 51	0. 58	3. 74	0. 82	3. 62	0. 78	3. 58	0. 76	3. 11	1. 03
4	3. 50	0. 58	3. 70	0. 77	3. 74	0. 79	3. 53	0. 82	3. 04	1. 10
≥5	3. 46	0. 64	3. 75	0. 79	3. 61	0. 87	3. 46	0. 86	3. 00	1. 07

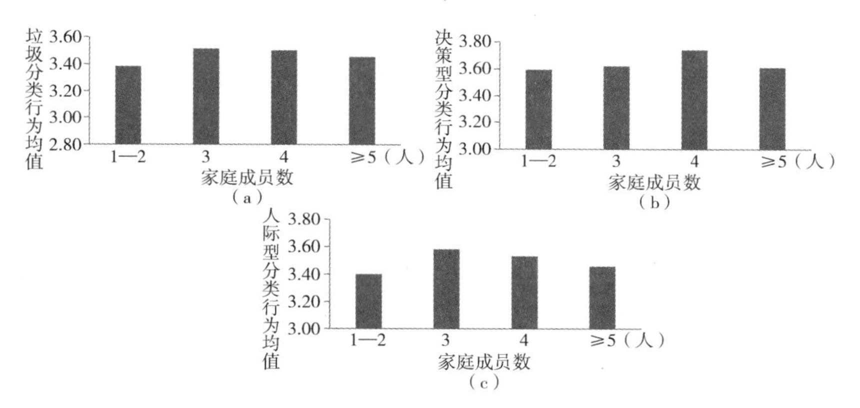

图 5-7　不同家庭成员数的城市居民垃圾分类行为均值比较

（九）家庭排行

将城市居民垃圾分类行为及其各维度作为因变量，家庭排行作为分组变量，对不同家庭排行个体在垃圾分类行为及其各维度上存在的差异性进行单因素方差分析，数据分析结果见表 5-18。可以看出，垃圾分类行为在家庭排行上具有显著的差异性。在垃圾分类行为各维度变量中，决策型分类行为、人际型分类行为和公民型分类行为在居民不同的家庭排行之间也存在显著的差异性，而习惯型分类行为则不具有显著的差异性。

表 5-18　城市居民垃圾分类行为在家庭排行上的单因素方差分析结果

		平方和	自由度	均方	F 值	P 值
垃圾分类行为	组间	6.55	3	2.18	6.28	0.00
	组内	521.68	1501	0.35		
	总数	528.23	1504	—		
习惯型分类行为	组间	2.23	3	0.75	1.16	0.32
	组内	959.88	1501	0.64		
	总数	962.11	1504	—		
决策型分类行为	组间	13.48	3	4.49	6.99	0.00
	组内	964.44	1501	0.64		
	总数	977.92	1504	—		
人际型分类行为	组间	6.81	3	2.27	3.43	0.02
	组内	991.89	1501	0.66		
	总数	998.70	1504	—		
公民型分类行为	组间	11.09	3	3.70	3.26	0.02
	组内	1702.70	1501	1.13		
	总数	1713.79	1504	—		

进一步地，本书对垃圾分类行为、决策型分类行为、人际型分类行为和公民型分类行为的得分均值（见表 5-19）进行了比较，结果显示，家庭排行老大的城市居民垃圾分类行为得分最低，其次为独生子女群体，家庭排行在中间的城市居民最易发生垃圾分类行为（见图 5-8）。此外，城市居民决策型分类行为、人际型分类行为和公民型分类行为整体得分趋势与垃圾分类行为相同。

表 5-19　不同家庭排行的城市居民垃圾分类行为均值比较

家庭排行	垃圾分类行为		习惯型分类行为		决策型分类行为		人际型分类行为		公民型分类行为	
	均值	标准差	均值	标准差	均值	标准差	均值	标准差	均值	标准差
独生子女	3.46	0.55	3.74	0.79	3.60	0.75	3.50	0.74	3.00	1.03
老大	3.43	0.60	3.69	0.75	3.58	0.83	3.50	0.83	2.97	1.06
最小	3.48	0.58	3.68	0.81	3.68	0.80	3.47	0.84	3.08	1.08

续表

家庭排行	垃圾分类行为		习惯型分类行为		决策型分类行为		人际型分类行为		公民型分类行为	
	均值	标准差	均值	标准差	均值	标准差	均值	标准差	均值	标准差
其他	3.64	0.64	3.79	0.89	3.86	0.83	3.68	0.87	3.23	1.12

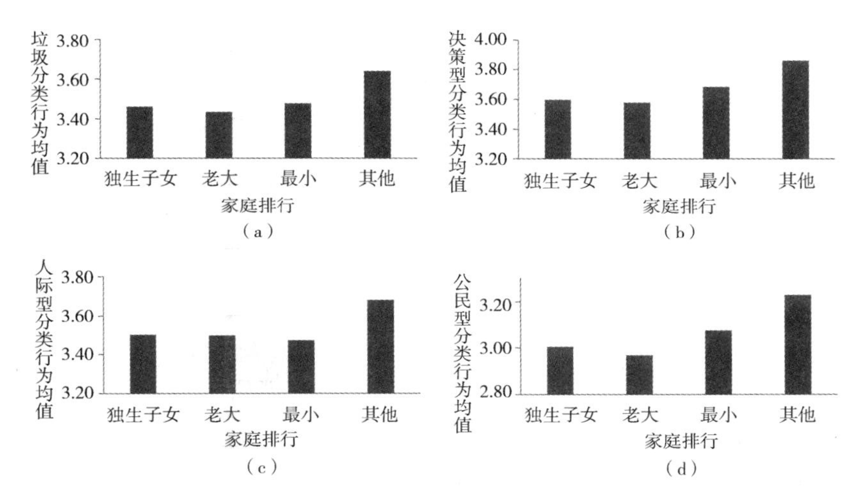

图 5-8　不同家庭排行的城市居民垃圾分类行为均值比较

（十）家庭月收入

将城市居民垃圾分类行为及其各维度作为因变量，家庭月收入作为分组变量，对不同家庭月收入个体在垃圾分类行为及其各维度上存在的差异性进行单因素方差分析，数据分析结果见表 5-20。可以看出，垃圾分类行为及其各维度在家庭月收入上均具有显著的差异性。

表 5-20　城市居民垃圾分类行为在家庭月收入上的单因素方差分析结果

		平方和	自由度	均方	F 值	P 值
垃圾分类行为	组间	13.68	7	1.95	5.69	0.00
	组内	514.55	1497	0.34		
	总数	528.23	1504	—		

续表

		平方和	自由度	均方	F 值	P 值
习惯型分类行为	组间	18.04	7	2.58	4.09	0.00
	组内	944.07	1497	0.63		
	总数	962.11	1504	—		
决策型分类行为	组间	19.34	7	2.76	4.32	0.00
	组内	958.58	1497	0.64		
	总数	977.92	1504	—		
人际型分类行为	组间	14.76	7	2.11	3.21	0.00
	组内	983.94	1497	0.66		
	总数	998.70	1504	—		
公民型分类行为	组间	25.14	7	3.59	3.18	0.00
	组内	1688.64	1497	1.13		
	总数	1713.78	1504	—		

进一步地，本书对垃圾分类行为及其各维度在不同家庭月收入居民间的得分均值（见表 5-21）进行了比较，结果显示，随着城市居民家庭月收入的增加，垃圾分类行为及其各维度得分均表现为家庭月收入超过 10 万元的最少发生分类行为（见图 5-9）。

表 5-21　　不同家庭月收入的城市居民垃圾分类行为均值比较

家庭月收入（元）	垃圾分类行为		习惯型分类行为		决策型分类行为		人际型分类行为		公民型分类行为	
	均值	标准差	均值	标准差	均值	标准差	均值	标准差	均值	标准差
≤2000	3.63	0.74	3.82	0.91	3.87	0.98	3.62	0.88	3.20	1.10
2001—4000	3.37	0.60	3.55	0.79	3.55	0.78	3.46	0.82	2.94	1.13
4001—6000	3.53	0.57	3.71	0.82	3.76	0.76	3.56	0.81	3.10	1.01
6001—8000	3.58	0.51	3.88	0.78	3.63	0.74	3.68	0.77	3.15	0.94
8001—10000	3.50	0.60	3.75	0.81	3.64	0.83	3.51	0.83	3.11	1.11
10001—30001	3.44	0.58	3.73	0.75	3.62	0.81	3.47	0.77	2.96	1.08
30001—100000	3.49	0.66	3.44	0.82	3.81	0.88	3.50	1.02	3.19	1.14
≥100001	2.94	0.68	3.44	0.96	3.03	0.74	3.00	0.83	2.29	0.94

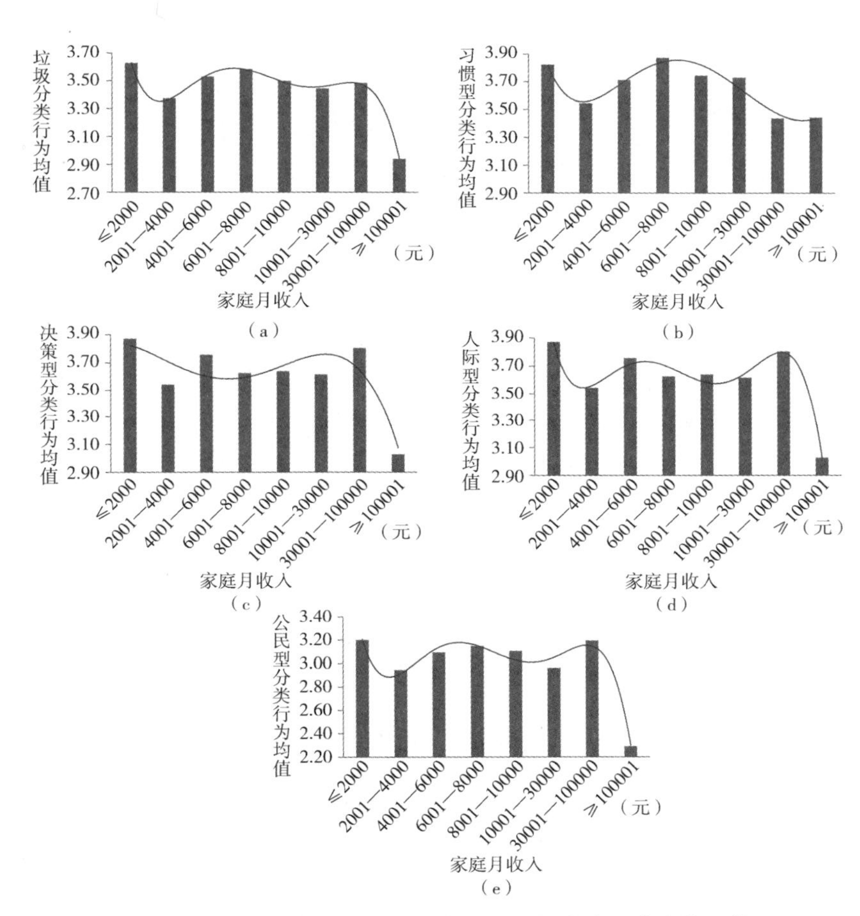

图 5-9　不同家庭月收入的城市居民垃圾分类行为均值比较

（十一）家务承担倾向

将城市居民垃圾分类行为及其各维度作为因变量，家务承担倾向作为分组变量，对不同家务承担倾向个体在垃圾分类行为及其各维度上存在的差异性进行单因素方差分析，数据分析结果见表5-22。可以看出，垃圾分类行为及其各维度在家务承担倾向上均具有显著的差异性。

表 5-22 城市居民垃圾分类行为在家务承担倾向上的单因素方差分析结果

		平方和	自由度	均方	F 值	P 值
垃圾分类行为	组间	7.09	3	2.36	6.81	0.00
	组内	521.14	1501	0.35		
	总数	528.23	1504	—		
习惯型分类行为	组间	10.13	3	3.38	5.33	0.00
	组内	951.98	1501	0.63		
	总数	962.11	1504	—		
决策型分类行为	组间	9.24	3	3.08	4.77	0.00
	组内	968.68	1501	0.65		
	总数	977.92	1504	—		
人际型分类行为	组间	19.54	3	6.51	9.99	0.00
	组内	979.15	1501	0.65		
	总数	998.69	1504	—		
公民型分类行为	组间	31.26	3	10.42	9.30	0.00
	组内	1682.52	1501	1.12		
	总数	1713.78	1504	—		

进一步地，本书对垃圾分类行为及其各维度在不同家务承担倾向上的得分均值（见表 5-23）进行了比较，结果显示，较少承担家务或不承担家务的城市居民平时也很少发生垃圾分类行为，相反，经常承担家务的居民则更愿意对垃圾进行分类（见图 5-10）。可能的原因在于，愿意承担家务倾向的个体具有更强的责任感，同样，在环保和垃圾分类上也会体现这种特质，因而具有较高的分类意向。

表 5-23　　不同家务承担倾向的城市居民垃圾分类行为均值比较

家务承担倾向	垃圾分类行为		习惯型分类行为		决策型分类行为		人际型分类行为		公民型分类行为	
	均值	标准差	均值	标准差	均值	标准差	均值	标准差	均值	标准差
是	3.58	0.64	3.62	0.87	3.75	0.86	3.70	0.87	3.27	1.10
不是	3.42	0.59	3.71	0.77	3.59	0.80	3.43	0.80	2.96	1.07
偏向是	3.50	0.53	3.88	0.74	3.73	0.77	3.49	0.75	2.90	1.02

续表

家务承担倾向	垃圾分类行为		习惯型分类行为		决策型分类行为		人际型分类行为		公民型分类行为	
	均值	标准差	均值	标准差	均值	标准差	均值	标准差	均值	标准差
偏向不是	3.47	0.54	3.75	0.77	3.56	0.71	3.49	0.74	3.06	0.92

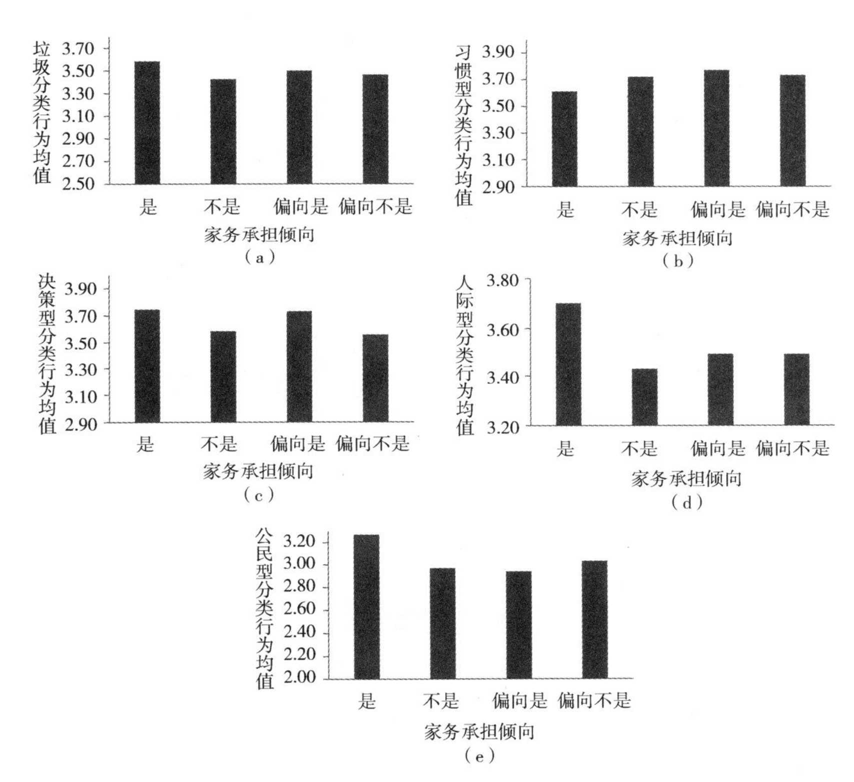

图 5-10　不同家务承担倾向的城市居民垃圾分类行为均值比较

（十二）工作行业

将城市居民垃圾分类行为及其各维度作为因变量，工作行业作为分组变量，对不同工作行业个体在垃圾分类行为及其各维度上存在的差异性进行单因素方差分析，数据分析结果见表 5-24。可以看出，垃圾分类行为及其各维度在工作行业上均不具有显著的差异性。

表 5-24　城市居民垃圾分类行为在工作行业上的单因素方差分析结果

		平方和	自由度	均方	F 值	P 值
垃圾分类行为	组间	6.18	14	0.44	1.26	0.23
	组内	522.05	1490	0.35		
	总数	528.23	1504	—		
习惯型分类行为	组间	31.55	14	2.25	1.61	0.19
	组内	930.56	1490	0.63		
	总数	962.11	1504	—		
决策型分类行为	组间	13.19	14	0.94	1.46	0.12
	组内	964.73	1490	0.65		
	总数	977.92	1504	—		
人际型分类行为	组间	10.45	14	0.75	1.13	0.33
	组内	988.24	1490	0.66		
	总数	998.69	1504	—		
公民型分类行为	组间	36.09	14	2.58	1.29	0.23
	组内	1677.70	1490	1.13		
	总数	1713.79	1504	—		

（十三）工作单位性质

将城市居民垃圾分类行为及其各维度作为因变量，工作单位性质作为分组变量，对不同工作单位个体在垃圾分类行为上存在的差异性进行单因素方差分析，结果见表 5-25。可以看出，垃圾分类行为及其各维度在工作单位性质上均不具有显著的差异性。

表 5-25　城市居民垃圾分类行为在工作单位性质上的单因素方差分析结果

		平方和	自由度	均方	F 值	P 值
垃圾分类行为	组间	7.65	9	0.85	1.440	0.23
	组内	520.59	1495	0.35		
	总数	528.24	1504	—		
习惯型分类行为	组间	18.45	9	2.05	1.248	0.29
	组内	943.66	1495	0.63		
	总数	962.11	1504	—		

续表

		平方和	自由度	均方	F值	P值
决策型分类行为	组间	11.21	9	1.25	1.726	0.07
	组内	966.71	1495	0.65		
	总数	977.92	1504	—		
人际型分类行为	组间	19.10	9	2.12	1.238	0.30
	组内	979.60	1495	0.66		
	总数	998.70	1504	—		
公民型分类行为	组间	31.21	9	3.47	1.081	0.35
	组内	1682.57	1495	1.13		
	总数	1713.78	1504	—		

（十四）职位层级

将城市居民垃圾分类行为及其各维度作为因变量，职位层级作为分组变量，对不同职位层级个体在垃圾分类行为及其各维度上存在的差异性进行单因素方差分析，数据分析结果见表5-26。可以看出，垃圾分类行为在职位层级上不具有显著的差异性。在垃圾分类行为各维度变量中，习惯型分类行为、决策型分类行为和人际型分类行为在居民不同的职位层级之间不存在显著的差异性，而公民型分类行为具有显著的差异性。

表5-26　城市居民垃圾分类行为在职位层级上的单因素方差分析结果

		平方和	自由度	均方	F值	P值
垃圾分类行为	组间	3.25	4	0.81	2.32	0.06
	组内	524.98	1500	0.35		
	总数	528.23	1504	—		
习惯型分类行为	组间	6.58	4	1.65	2.28	0.06
	组内	955.53	1500	0.64		
	总数	962.11	1504	—		
决策型分类行为	组间	3.78	4	0.95	1.46	0.21
	组内	974.14	1500	0.65		
	总数	977.92	1504	—		

续表

		平方和	自由度	均方	F值	P值
人际型分类行为	组间	5.64	4	1.41	2.13	0.08
	组内	993.05	1500	0.66		
	总数	998.69	1504	—		
公民型分类行为	组间	19.06	4	4.76	4.22	0.00
	组内	1694.72	1500	1.13		
	总数	1713.78	1504	—		

进一步地，本书对公民型分类行为在不同职位层级居民间的得分均值（见表5-27）进行了比较，结果显示，高职位层级的居民更倾向于发生公民型分类行为，而基层员工或其他居民较少发生公民型分类行为（见图5-11）。高职位层级的员工往往具有较强的政治意识，注重印象管理。对垃圾分类这种环保性的活动，是各方主体所期望的行为，且能够体现实施者的责任感，有助于提高其他员工对高职位层级居民的评价。因此，他们会更倾向于表现出高的分类意愿。

表5-27　不同职位层级的城市居民垃圾分类行为均值比较

职位层级	垃圾分类行为		习惯型分类行为		决策型分类行为		人际型分类行为		公民型分类行为	
	均值	标准差	均值	标准差	均值	标准差	均值	标准差	均值	标准差
基层员工	3.51	0.60	3.73	0.81	3.69	0.81	3.55	0.84	3.03	1.08
基层管理	3.47	0.57	3.72	0.73	3.63	0.83	3.50	0.81	3.08	1.03
中层管理	3.52	0.58	3.79	0.86	3.69	0.73	3.47	0.79	3.14	1.10
高层管理	3.66	0.44	3.29	0.73	3.85	0.64	3.87	0.72	3.65	0.73
其他	3.43	0.60	3.70	0.80	3.59	0.82	3.48	0.80	2.94	1.07

（十五）职位等级

将城市居民垃圾分类行为及其各维度作为因变量，职位等级作为分组变量，对不同职位等级个体在垃圾分类行为及其各维度上存在的差异性进行单因素方差分析，数据分析结果见表5-28。可以看出，垃圾分类行为在职位等级上不具有显著的差异性。在垃圾分类

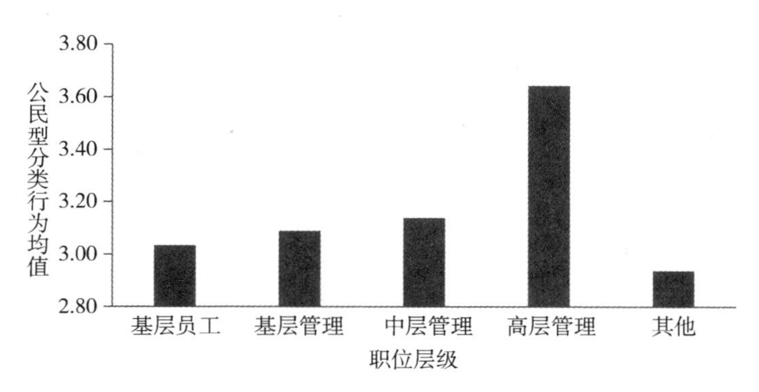

图 5-11　不同职位层级的城市居民垃圾分类行为均值比较

行为各维度变量中，决策型分类行为和人际型分类行为在居民不同的职位等级之间不存在显著的差异性，而习惯型分类行为和公民型分类行为具有显著的差异性。

表 5-28　城市居民垃圾分类行为在职位等级上的单因素方差分析结果

		平方和	自由度	均方	F 值	P 值
垃圾分类行为	组间	2. 50	5	0. 50	1. 43	0. 21
	组内	525. 73	1499	0. 35		
	总数	528. 23	1504	—		
习惯型分类行为	组间	14. 61	5	2. 92	4. 62	0. 00
	组内	947. 51	1499	0. 63		
	总数	962. 12	1504	—		
决策型分类行为	组间	1. 82	5	0. 37	0. 56	0. 73
	组内	976. 09	1499	0. 65		
	总数	977. 91	1504	—		
人际型分类行为	组间	2. 41	5	0. 48	0. 73	0. 61
	组内	996. 29	1499	0. 67		
	总数	998. 70	1504	—		
公民型分类行为	组间	15. 24	5	3. 05	2. 69	0. 02
	组内	1698. 54	1499	1. 13		
	总数	1713. 78	1504	—		

进一步地，本书对习惯型分类行为和公民型分类行为的得分均值（见表5-29）进行了比较，结果显示，职位等级为省部级的居民很少发生习惯型分类行为，但有趣的是他们经常发生公民型分类行为（见图5-12）。高职位等级的个体，需要发挥榜样和带头的作用，其公民意识和社会责任感更强，因此会经常发生公民型分类行为。

表5-29　不同职位等级的城市居民垃圾分类行为均值比较

职位等级	垃圾分类行为		习惯型分类行为		决策型分类行为		人际型分类行为		公民型分类行为	
	均值	标准差	均值	标准差	均值	标准差	均值	标准差	均值	标准差
无	3.46	0.58	3.74	0.79	3.64	0.80	3.49	0.80	2.98	1.06
科级	3.59	0.63	3.82	0.85	3.74	0.80	3.62	0.85	3.10	1.17
处级	3.33	0.50	3.12	0.50	3.46	0.67	3.63	0.69	3.19	0.97
厅局级	3.52	0.58	3.80	0.96	3.73	0.89	3.50	0.50	3.25	0.27
省部级	3.44	0.38	2.78	0.19	3.67	0.58	3.67	0.58	3.67	0.58
其他	3.51	0.62	3.64	0.81	3.66	0.85	3.55	0.86	3.19	1.05

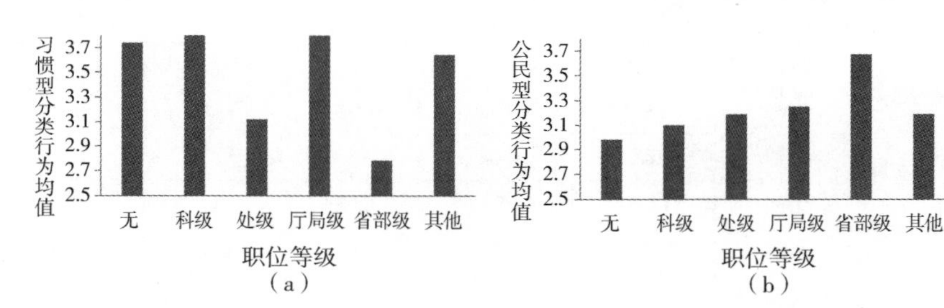

图5-12　不同职位等级的城市居民垃圾分类行为均值比较

第二节　城市居民垃圾分类行为及其驱动因素的相关性分析

一　个体心理因素与分类授权感知的相关性分析

本书首先对城市居民垃圾分类行为驱动模型中的自变量和中介变

量进行皮尔森（Pearson）相关分析，即分析个体心理因素与分类授权感知（PSE）及其各个维度之间的相关性。个体心理因素包括利己价值观（SEV）、利关系价值观（REV）、利社会价值观（SOV）、预防聚焦（PREF）、促进聚焦（PROF）、数量偏好（PQT）、节奏偏好（PR）、品质偏好（PQL）、分类知识（KS）和分类关注（CNS）。分类授权感知包括分类意义感知（PSM）、分类抉择感知（PSC）、分类效能感知（PSS）和分类影响感知（PSI），相关性分析结果如表5-30所示。可以看出，个体心理因素均与分类授权感知及其各维度显著相关，且均为正相关关系，即存在同向变化关系。

二　分类授权感知与垃圾分类行为的相关性分析

本书分析了城市居民垃圾分类行为驱动模型中的中介变量和因变量之间的相关性，即分类授权感知与垃圾分类行为（WSB）之间的相关性。垃圾分类行为包含习惯型分类行为（HWSB）、决策型分类行为（DWSB）、人际型分类行为（RWSB）和公民型分类行为（CWSB）四个维度。相关性分析结果如表5-31所示。可以看出，分类授权感知及其各维度与个体的垃圾分类行为均显著相关，且均为正相关关系，即随着居民授权感知（分类意义感知、分类抉择感知、分类效能感知和分类影响感知）的提升，其垃圾分类行为的发生频率会随之增加。但居民分类抉择感知和分类效能感知与其习惯型分类行为的相关性并不显著。

三　个体心理因素与垃圾分类行为的相关性分析

本书对城市居民垃圾分类行为驱动模型中的自变量和因变量进行皮尔森相关分析，即分析个体心理因素与垃圾分类行为及其各维度之间的相关性。相关性分析结果见表5-32所示。可以看出，个体心理因素与垃圾分类行为具有显著相关性。其中，利关系价值观、利社会价值观、预防聚焦、促进聚焦、数量偏好、节奏偏好、品质偏好、分类知识和分类关注与垃圾分类行为呈正相关关系，即为同

表 5-30 个体心理因素与分类授权感知的相关性分析结果

	SEV	REV	SOV	CGS	KS	CNS	PREF	PROF	PQT	PR	PLT	PSE	PSM	PSC	PSS	PSI
SEV	1															
REV	0. 80 **	1														
SOV	0. 61 **	0. 72 **	1													
CGS	0. 18 **	0. 21 **	0. 40 **	1												
KS	0. 20 **	0. 23 **	0. 37 **	0. 88 **	1											
CNS	0. 14 **	0. 16 **	0. 35 **	0. 90 **	0. 59 **	1										
PREF	0. 34 **	0. 39 **	0. 47 **	0. 53 **	0. 44 **	0. 50 **	1									
PROF	0. 28 **	0. 28 **	0. 31 **	0. 49 **	0. 40 **	0. 46 **	0. 61 **	1								
PQT	0. 28 **	0. 13 **	0. 15 **	0. 24 **	0. 19 **	0. 24 **	0. 27 **	0. 45 **	1							
PR	0. 22 **	0. 18 **	0. 25 **	0. 45 **	0. 37 **	0. 43 **	0. 46 **	0. 57 **	0. 57 **	1						
PLT	0. 30 **	0. 31 **	0. 34 **	0. 43 **	0. 35 **	0. 41 **	0. 56 **	0. 58 **	0. 44 **	0. 57 **	1					
PSE	0. 21 **	0. 25 **	0. 43 **	0. 67 **	0. 52 **	0. 67 **	0. 59 **	0. 55 **	0. 35 **	0. 54 **	0. 53 **	1				
PSM	0. 24 **	0. 29 **	0. 47 **	0. 58 **	0. 44 **	0. 58 **	0. 57 **	0. 43 **	0. 22 **	0. 41 **	0. 47 **	0. 84 **	1			
PSC	0. 16 **	0. 18 **	0. 37 **	0. 58 **	0. 44 **	0. 59 **	0. 50 **	0. 49 **	0. 38 **	0. 52 **	0. 47 **	0. 90 **	0. 69 **	1		
PSS	0. 13 **	0. 15 **	0. 30 **	0. 64 **	0. 53 **	0. 61 **	0. 46 **	0. 50 **	0. 32 **	0. 52 **	0. 44 **	0. 88 **	0. 59 **	0. 77 **	1	
PSI	0. 21 **	0. 24 **	0. 37 **	0. 54 **	0. 41 **	0. 55 **	0. 53 **	0. 49 **	0. 29 **	0. 44 **	0. 46 **	0. 87 **	0. 68 **	0. 66 **	0. 68 **	1

注：* 表示 $P<0.05$，** 表示 $P<0.01$；该类表为对称矩阵。

表 5-31　分类授权感知与垃圾分类行为的相关性分析结果

	PSE	PSM	PSC	PSS	PSI	WSB	HWSB	DWSB	RWSB	CWSB
PSE	1									
PSM	0.84**	1								
PSC	0.90**	0.69**	1							
PSS	0.88**	0.59**	0.77**	1						
PSI	0.87**	0.68**	0.66**	0.68**	1					
WSB	0.71**	0.60**	0.62**	0.62**	0.62**	1				
HWSB	0.07**	0.15**	0.01	0.01	0.09**	0.24**	1			
DWSB	0.61**	0.56**	0.51**	0.51**	0.55**	0.84**	0.06*	1		
RWSB	0.55**	0.44**	0.50**	0.49**	0.49**	0.82**	0.08*	0.67**	1	
CWSB	0.64**	0.47**	0.61**	0.60**	0.53**	0.78**	0.20**	0.56**	0.60**	1

注：* 表示 $P<0.05$，** 表示 $P<0.01$。

表 5-32 个体心理因素与垃圾分类行为的相关性分析结果

	SEV	REV	SOV	CGS	KS	CNS	PREF	PROF	PQT	PR	PQL	WSB	HWSB	DWSB	RWSB	CWSB
SEV	1															
REV	0. 80 **	1														
SOV	0. 61 **	0. 72 **	1													
CGS	0. 20 **	0. 23 **	0. 37 **	1												
KS	0. 14 **	0. 16 **	0. 35 **	0. 59 **	1											
CNS	0. 18 **	0. 21 **	0. 40 **	0. 88 **	0. 90 **	1										
PREF	0. 34 **	0. 39 **	0. 47 **	0. 44 **	0. 50 **	0. 53 **	1									
PROF	0. 28 **	0. 28 **	0. 31 **	0. 40 **	0. 46 **	0. 49 **	0. 61 **	1								
PQT	0. 28 **	0. 13 **	0. 15 **	0. 19 **	0. 24 **	0. 24 **	0. 27 **	0. 45 **	1							
PR	0. 22 **	0. 18 **	0. 25 **	0. 37 **	0. 43 **	0. 45 **	0. 46 **	0. 57 **	0. 57 **	1						
PQL	0. 30 **	0. 31 **	0. 34 **	0. 35 **	0. 41 **	0. 43 **	0. 56 **	0. 58 **	0. 44 **	0. 57 **	1					
WSB	-0. 19 **	0. 24 **	0. 35 **	0. 41 **	0. 54 **	0. 54 **	0. 50 **	0. 47 **	0. 27 **	0. 43 **	0. 47 **	1				
HWSB	-0. 01	0. 08 **	0. 08 **	0. 14 **	0. 03	-0. 09 **	0. 18 **	-0. 02	-0. 24 **	-0. 11 **	0. 07 *	0. 24 **	1			
DWSB	-0. 23 **	0. 26 **	0. 35 **	0. 39 **	0. 48 **	0. 49 **	0. 49 **	0. 44 **	0. 27 **	0. 39 **	0. 45 **	0. 84 **	0. 06 *	1		
RWSB	-0. 21 **	0. 22 **	0. 28 **	0. 30 **	0. 39 **	0. 39 **	0. 38 **	0. 40 **	0. 30 **	0. 42 **	0. 38 **	0. 82 **	0. 08 *	0. 67 **	1	
CWSB	-0. 09 **	0. 11 **	0. 23 **	0. 29 **	0. 52 **	-0. 46 **	-0. 33 **	0. 41 **	0. 34 **	0. 42 **	0. 36 **	0. 78 **	0. 20	0. 56 **	0. 60 **	1

注：* 表示 P<0. 05，** 表示 P<0. 01。

向变化关系，而利己价值观与城市居民垃圾分类行为呈负相关关系。但垃圾分类行为各维度与个体心理特征因素相关性表现存在差异，具体表现为：利关系价值观、利社会价值观、预防聚焦、品质偏好与习惯型分类行为呈正相关关系，而数量偏好、节奏偏好和分类关注与习惯型垃圾分类行为呈负相关关系；利关系价值观、利社会价值观、促进聚焦、数量偏好、节奏偏好、品质偏好、分类知识与公民型分类行为呈正相关关系，而利己价值观、预防聚焦和分类关注与公民型垃圾分类行为呈负相关关系；决策型分类行为、人际型分类行为与个体心理特征因素的相关性表现和整体垃圾分类行为相同。

四　情境因素与垃圾分类行为的相关性分析

本书对城市居民垃圾分类行为驱动模型中的情境因素变量和因变量进行了相关性分析，即情境因素与垃圾分类行为之间的相关性分析。相关性分析结果如表 5-33 所示。可以看出，情境因素与垃圾分类行为具有显著的相关性。其中，政策普及度（PP）、标准可识别度（PS）、产品技术条件（PTC）、设施条件（FC）、生产环节信任（TPL）、分类环节信任（TSL）、收运环节信任（TCTL）、处理环节信任（TDL）、监管环节信任（TPL）、家庭氛围（FN）、组织氛围（ON）和社会氛围（CN）均与垃圾分类行为呈正相关关系，即为同向变化关系。但垃圾分类行为各维度与情境因素的相关性表现存在差异，具体表现为：在决策型分类行为和人际型分类行为方面，政策普及度、标准可识别度、设施条件、生产环节信任、分类环节信任、收运环节信任、处理环节信任、监管环节信任、家庭氛围、组织氛围和社会氛围均与其呈正相关关系，而产品技术条件与之呈负相关关系；此外，政策普及度、标准可识别度、产品技术条件、设施条件、生产环节信任、收运环节信任、处理环节信任、监管环节信任、家庭氛围、组织氛围和社会氛围均与公民型分类行为呈正相关关系，而分类环节信任与其具有负相关关系；习惯型分类行为与情境因素相关性表现和整体垃圾分类行为相同。

表 5-33 情境因素与垃圾分类行为的相关性分析结果

	PP	RS	PTC	FC	TPL	TSL	TCTL	TDL	TRL	TL	FN	ON	CN	GN	WSB	HWSB	DWSB	RWSB	CWSB
PP	1																		
RS	-0.24 **	1																	
PTC	-0.26 **	0.50 **	1																
FC	0.56 **	-0.23 **	-0.26 **	1															
TPL	-0.25 **	0.31 **	0.43 **	-0.24 **	1														
TSL	-0.15 **	0.36 **	0.48 **	-0.11 **	0.69 **	1													
TCTL	-0.10 **	0.41 **	0.48 **	-0.15 **	0.52 **	0.66 **	1												
TDL	-0.33 **	0.24 **	0.40 **	-0.29 **	0.56 **	0.50 **	0.56 **	1											
TRL	0.01	0.43 **	0.47 **	-0.02	0.42 **	0.54 **	0.61 **	0.46 **	1										
TL	-0.20 **	0.44 **	0.57 **	-0.20 **	0.80 **	0.85 **	0.83 **	0.77 **	0.76 **	1									
FN	0.37 **	-0.34 **	-0.40 **	0.37 **	-0.26 **	-0.23 **	-0.28 **	-0.20 **	-0.20 **	-0.29 **	1								
ON	0.38 **	-0.33 **	-0.37 **	0.39 **	-0.26 **	-0.23 **	-0.29 **	-0.19 **	-0.18 **	-0.28 **	0.77 **	1							
CN	0.51 **	-0.32 **	-0.34 **	0.44 **	-0.28 **	-0.25 **	-0.25 **	-0.22 **	-0.12 **	-0.28 **	0.68 **	0.74 **	1						
GN	0.46 **	-0.36 **	-0.41 **	0.44 **	-0.29 **	-0.26 **	-0.30 **	-0.22 **	-0.18 **	-0.31 **	0.90 **	0.92 **	0.89 **	1					
WSB	0.43 **	0.30 **	0.38 **	0.39 **	0.30 **	0.25 **	0.24 **	0.23 **	0.19 **	0.30 **	0.63 **	0.61 **	0.60 **	0.68 **	1				
HWSB	0.21 **	0.05 **	0.04	0.12 **	0.24 **	0.23 **	0.12 **	0.37 **	0.12 **	0.27 **	0.18 **	0.16 **	0.05	0.14 **	0.24 **	1			
DWSB	0.36 **	0.31 **	-0.40 **	0.36 **	0.33 **	0.28 **	0.28 **	0.23 **	0.26 **	0.35 **	0.57 **	0.53 **	0.53 **	0.60 **	0.84 **	0.06 *	1		
RWSB	0.40 **	0.26 **	-0.37 **	0.38 **	0.36 **	0.30 **	0.30 **	0.38 **	0.23 **	0.39 **	0.49 **	0.50 **	0.48 **	0.54 **	0.82 **	0.08 *	0.67 **	1	
CWSB	0.53 **	0.27 **	0.30 **	0.40 **	0.31 **	-0.29 **	0.20 **	0.32 **	0.13 **	0.31 **	0.47 **	0.45 **	0.54 **	0.54 **	0.78 **	0.20 **	0.56 **	0.60 **	1

注：* 表示 P<0.05，** 表示 P<0.01。

第三节 城市居民垃圾分类行为直接驱动效应分析

一 个体心理因素对垃圾分类行为的预测效应分析

（一）个体心理因素对垃圾分类行为整体的预测效应分析

通过“进入”的方式，利用回归模型分析了个体心理因素对垃圾分类行为的预测效应，结果（见表 5-34）显示，个体心理因素对垃圾分类行为的预测效应模型拟合优度指数达到了较高水平。

表 5-34 个体心理因素对垃圾分类行为整体的回归模型结果

模型	平方和	自由度	均方	F 值	P 值	R^2
回归	216.34	10	21.63	103.63	0.00	0.41
残差	311.89	1494	0.21			
总计	528.23	1504	—			

通过路径系数显著性水平（见表 5-35）可以看出，利己价值观、利社会价值观、预防聚焦、促进聚焦、节奏偏好、品质偏好和分类知识均对垃圾分类行为具有显著的预测效应（$P<0.05$），其中利社会价值观、预防聚焦、促进聚焦、节奏偏好、品质偏好和分类知识均为正向的预测效应，而利己价值观为负向的预测效应。相反，利关系价值观、数量偏好和分类关注对垃圾分类行为不具有显著的预测效应（$P>0.05$）。

表 5-35 个体心理因素对垃圾分类行为整体的回归系数

模型	非标准化系数		标准化系数	t 值	P 值
	β	标准误差			
（常量）	1.30	0.09	—	14.36	0.00
利己价值观	-0.06	0.03	-0.08	-2.23	0.03
利关系价值观	0.04	0.03	0.06	1.52	0.13
利社会价值观	0.05	0.02	0.07	2.34	0.02
预防聚焦	0.13	0.03	0.15	5.03	0.00
促进聚焦	0.07	0.03	0.08	2.87	0.00

续表

模型	非标准化系数		标准化系数	t 值	P 值
	β	标准误差			
数量偏好	0. 01	0. 02	0. 01	0. 44	0. 66
节奏偏好	0. 07	0. 02	0. 09	3. 07	0. 00
品质偏好	0. 11	0. 02	0. 13	4. 63	0. 00
分类知识	0. 17	0. 02	0. 29	10. 73	0. 00
分类关注	0. 02	0. 02	0. 04	1. 41	0. 16

（二）个体心理因素对习惯型分类行为的预测效应分析

本书使用回归模型分析了个体心理因素对习惯型分类行为的预测效应，结果（见表5-36）显示，个体心理因素对习惯型分类行为的预测效应模型拟合优度指数达到了可接受水平。

表5-36　　个体心理因素对习惯型分类行为的回归模型结果

模型	平方和	自由度	均方	F 值	P 值	R^2
回归	149. 55	10	14. 96	27. 50	0. 00	0. 16
残差	812. 56	1494	0. 54			
总计	962. 11	1504	—			

进一步地，通过路径系数显著性水平（见表5-37）可以看出，预防聚焦、促进聚焦、数量偏好、节奏偏好、品质偏好、分类知识和分类关注均对习惯型分类行为具有显著的预测效应（P<0. 05），其中预防聚焦、品质偏好和分类知识均为正向的预测效应，而促进聚焦、数量偏好、节奏偏好和分类关注则表现为负向的预测效应。相反，利己价值观、利关系价值观和利社会价值观对习惯型分类行为不具有显著的预测效应（P>0. 05）。

表5-37　　个体心理因素对习惯型分类行为的回归系数

模型	非标准化系数		标准化系数	t 值	P 值
	β	标准误差			
（常量）	3. 26	0. 15	—	22. 33	0. 00

续表

模型	非标准化系数		标准化系数	t 值	P 值
	β	标准误差			
利己价值观	-0.04	0.05	-0.04	-0.85	0.40
利关系价值观	0.05	0.05	0.05	1.12	0.27
利社会价值观	-0.04	0.03	-0.04	-1.09	0.28
预防聚焦	0.30	0.04	0.26	7.40	0.00
促进聚焦	-0.09	0.04	-0.08	-2.26	0.02
数量偏好	-0.25	0.03	-0.27	-8.63	0.00
节奏偏好	-0.13	0.04	-0.13	-3.66	0.00
品质偏好	0.16	0.04	0.14	4.32	0.00
分类知识	0.15	0.03	0.17	5.41	0.00
分类关注	-0.07	0.03	-0.09	-2.81	0.01

（三）个体心理因素对决策型分类行为的预测效应分析

本书使用回归模型分析了个体心理因素对决策型分类行为的预测效应，结果（见表5-38）显示，个体心理因素对决策型分类行为的预测效应模型拟合优度指数达到了较高水平。

表5-38　　　　个体心理因素对决策型分类行为的回归模型结果

模型	平方和	自由度	均方	F 值	P 值	R^2
回归	350.30	10	35.03	83.39	0.00	0.36
残差	627.62	1494	0.42			
总计	977.92	1504	—			

进一步地，通过路径系数显著性水平（见表5-39）可以看出，利社会价值观、预防聚焦、促进聚焦、品质偏好和分类知识均对决策型分类行为具有显著的预测效应（$P<0.05$），且均表现为正向的预测效应。相反，利己价值观、利关系价值观、数量偏好、节奏偏好和分类关注对决策型分类行为不具有显著的预测效应（$P\geqslant 0.05$）。

表 5-39　　　　个体心理因素对决策型分类行为的回归系数

模型	非标准化系数		标准化系数	t 值	P 值
	β	标准误差			
（常量）	0.65	0.13	—	5.07	0.00
利己价值观	-0.03	0.04	-0.03	-0.82	0.41
利关系价值观	0.04	0.04	0.05	1.09	0.28
利社会价值观	0.07	0.03	0.08	2.32	0.02
预防聚焦	0.20	0.04	0.17	5.69	0.00
促进聚焦	0.08	0.04	0.07	2.31	0.02
数量偏好	0.04	0.03	0.04	1.51	0.13
节奏偏好	0.05	0.03	0.04	1.39	0.17
品质偏好	0.15	0.03	0.13	4.51	0.00
分类知识	0.18	0.02	0.22	7.83	0.00
分类关注	0.05	0.02	0.05	1.94	0.05

（四）个体心理因素对人际型分类行为的预测效应分析

本书使用回归模型分析了个体心理因素对人际型分类行为的预测效应，结果（见表 5-40）显示，个体心理因素对人际型分类行为的预测效应模型拟合优度指数达到了可接受水平。

表 5-40　　　　个体心理因素对人际型分类行为的回归模型结果

模型	平方和	自由度	均方	F 值	P 值	R^2
回归	270.64	10	27.06	55.54	0.00	0.27
残差	728.05	1494	0.49			
总计	998.69	1504	—			

通过路径系数显著性水平（见表 5-41）可以看出，促进聚焦、数量偏好、节奏偏好和分类知识均对人际型分类行为具有显著的预测效应（P<0.05），且均表现为正向的预测效应。相反，利己价值观、利关系价值观、利社会价值观、预防聚焦、品质偏

好和分类关注对人际型分类行为不具有显著的预测效应（P>0.05）。

表 5-41　　个体心理因素对人际型分类行为的回归系数

模型	非标准化系数		标准化系数	t 值	P 值
	β	标准误差			
（常量）	0.90	0.14	—	6.54	0.00
利己价值观	-0.02	0.04	-0.02	-0.44	0.66
利关系价值观	0.06	0.04	0.06	1.32	0.19
利社会价值观	0.06	0.03	0.06	1.73	0.08
预防聚焦	0.07	0.04	0.06	1.75	0.08
促进聚焦	0.10	0.04	0.09	2.73	0.01
数量偏好	0.07	0.03	0.07	2.53	0.01
节奏偏好	0.19	0.04	0.17	5.48	0.00
品质偏好	0.06	0.04	0.05	1.70	0.09
分类知识	0.15	0.02	0.18	6.05	0.00
分类关注	0.00	0.03	0.00	0.14	0.89

（五）个体心理因素对公民型分类行为的预测效应分析

本书使用回归模型分析了个体心理因素对公民型分类行为的预测效应，结果（见表 5-42）显示，个体心理因素对公民型分类行为的预测效应模型拟合优度指数达到了较高水平。

表 5-42　　个体心理因素对公民型分类行为的回归模型结果

模型	平方和	自由度	均方	F 值	P 值	R^2
回归	599.40	10	59.94	80.36	0.00	0.35
残差	1114.38	1494	0.75			
总计	1713.78	1504	—			

通过路径系数显著性水平（见表 5-43）可以看出，利己价值观、利社会价值观、促进聚焦、数量偏好、节奏偏好、分类知识和分类关注均对公民型分类行为具有显著的预测效应（P<0.05），其

中利社会价值观、促进聚焦、数量偏好、节奏偏好和分类知识表现为正向的预测效应，利己价值观和分类关注则表现为负向的预测效应。相反，利关系价值观、预防聚焦和品质偏好对公民型分类行为不具有显著的预测效应（P>0.05）。

表 5-43　　个体心理因素对公民型分类行为的回归系数

模型	非标准化系数		标准化系数	t 值	P 值
	β	标准误差			
（常量）	0.38	0.17	—	2.24	0.03
利己价值观	-0.17	0.05	-0.11	-3.03	0.00
利关系价值观	0.02	0.05	0.02	0.38	0.71
利社会价值观	0.11	0.04	0.09	2.74	0.01
预防聚焦	-0.06	0.05	-0.04	-1.35	0.18
促进聚焦	0.19	0.05	0.12	4.07	0.00
数量偏好	0.17	0.03	0.14	5.13	0.00
节奏偏好	0.18	0.04	0.13	4.16	0.00
品质偏好	0.06	0.04	0.04	1.35	0.18
分类知识	0.43	0.03	0.41	14.33	0.00
分类关注	-0.10	0.03	-0.09	-3.20	0.00

二　情境因素对垃圾分类行为的预测效应分析

（一）情境因素对垃圾分类行为整体的预测效应分析

本书将情境因素作为自变量，分析其对垃圾分类行为的预测效应，回归模型分析结果（见表 5-44）显示，情境变量对垃圾分类行为的预测效应模型拟合优度指数达到了较高水平。

表 5-44　　情境因素对垃圾分类行为整体的回归模型结果

模型	平方和	自由度	均方	F 值	P 值	R^2
回归	261.67	12	21.81	122.05	0.00	0.50
残差	266.56	1492	0.18			
总计	528.23	1504	—			

通过路径系数显著性水平（见表5-45）可以看出，标准可识别度、产品技术条件、设施条件、分类环节信任、收运环节信任、家庭氛围、组织氛围和社会氛围均对垃圾分类行为具有显著的预测效应（P<0.05），且均为正向预测效应。相反，政策普及度、生产环节信任、处理环节信任和监管环节信任对垃圾分类行为不具有显著的预测效应（P>0.05）。

表5-45 情境因素对垃圾分类行为整体的回归系数

模型	非标准化系数		标准化系数	t值	P值
	β	标准误差			
（常量）	1.80	0.10	—	17.76	0.00
政策普及度	0.01	0.02	0.01	0.40	0.69
标准可识别度	0.06	0.01	0.11	4.53	0.00
产品技术条件	0.07	0.02	0.08	3.44	0.00
设施条件	0.04	0.02	0.07	2.82	0.01
生产环节信任	-0.04	0.02	-0.06	-2.00	0.35
分类环节信任	0.05	0.02	0.03	2.85	0.02
收运环节信任	0.04	0.02	0.05	2.37	0.02
处理环节信任	0.02	0.02	0.02	0.79	0.43
监管环节信任	-0.03	0.02	-0.04	-1.57	0.12
家庭氛围	0.20	0.02	0.29	9.38	0.00
组织氛围	0.11	0.02	0.15	4.52	0.00
社会氛围	0.12	0.02	0.17	5.66	0.00

（二）情境因素对习惯型分类行为的预测效应分析

将情境因素作为自变量，分析其对习惯型分类行为的预测效应，回归模型分析结果（见表5-46）显示，情境变量对习惯型分类行为的预测效应模型拟合优度指数达到了可接受的水平。

表5-46 情境因素对习惯型分类行为的回归模型结果

模型	平方和	自由度	均方	F值	P值	R^2
回归	253.12	12	21.09	44.39	0.00	0.26
残差	708.99	1492	0.48			
总计	962.11	1504	—			

通过路径系数显著性水平（见表5-47）可以看出，标准可识别度、产品技术条件、分类环节信任、收运环节信任、处理环节信任、家庭氛围和组织氛围均对习惯型分类行为具有显著的预测效应（P<0.05），且均为正向预测效应。相反，政策普及度、设施条件、生产环节信任、监管环节信任和社会氛围对习惯型分类行为不具有显著的预测效应（P>0.05）。

表5-47　情境因素对习惯型分类行为的回归系数

模型	非标准化系数		标准化系数	t值	P值
	β	标准误差			
（常量）	2.04	0.17	—	12.37	0.00
政策普及度	0.03	0.03	0.03	1.22	0.22
标准可识别度	0.16	0.02	0.20	6.76	0.00
产品技术条件	0.10	0.03	0.09	3.04	0.00
设施条件	-0.05	0.03	-0.05	-1.78	0.08
生产环节信任	0.05	0.03	0.05	1.44	0.15
分类环节信任	0.15	0.03	0.16	4.33	0.00
收运环节信任	0.09	0.04	0.09	2.58	0.01
处理环节信任	0.30	0.03	0.31	10.04	0.00
监管环节信任	0.03	0.03	0.03	0.88	0.38
家庭氛围	0.22	0.04	0.23	6.24	0.00
组织氛围	0.14	0.04	0.14	3.61	0.00
社会氛围	-0.01	0.04	-0.01	-0.25	0.80

（三）情境因素对决策型分类行为的预测效应分析

将情境因素作为自变量，分析其对决策型分类行为的预测效应，回归模型分析结果（见表5-48）显示，情境变量对决策型分类行为的预测效应模型拟合优度指数达到了较高水平。

表 5-48 情境因素对决策型分类行为的回归模型结果

模型	平方和	自由度	均方	F 值	P 值	R^2
回归	408.98	12	34.08	89.38	0.00	0.42
残差	568.94	1492	0.38			
总计	977.92	1504	—			

通过路径系数显著性水平（见表 5-49）可以看出，标准可识别度、产品技术条件、设施条件、分类环节信任、处理环节信任、监管环节信任、家庭氛围、组织氛围和社会氛围均对决策型分类行为具有显著的预测效应（P<0.05），除产品技术条件外均为正向预测效应。相反，政策普及度、生产环节信任和收运环节信任对决策型分类行为不具有显著的预测效应（P>0.05）。

表 5-49 情境因素对决策型分类行为的回归系数

模型	非标准化系数		标准化系数	t 值	P 值
	β	标准误差			
（常量）	2.00	0.15	—	13.56	0.00
政策普及度	0.00	0.02	0.00	0.11	0.91
标准可识别度	0.06	0.02	0.07	2.73	0.01
产品技术条件	-0.11	0.03	-0.10	-3.63	0.00
设施条件	0.08	0.02	0.09	3.38	0.00
生产环节信任	0.00	0.03	0.00	0.11	0.91
分类环节信任	0.11	0.03	0.11	3.90	0.00
收运环节信任	0.01	0.03	0.01	0.44	0.66
处理环节信任	0.06	0.03	0.06	2.31	0.02
监管环节信任	0.11	0.03	0.120	4.25	0.00
家庭氛围	0.26	0.03	0.27	8.12	0.00
组织氛围	0.07	0.03	0.08	2.17	0.03
社会氛围	0.15	0.03	0.16	4.82	0.00

（四）情境因素对人际型分类行为的预测效应分析

将情境因素作为自变量，分析其对人际型分类行为的预测效应，回归模型分析结果（见表5-50）显示，情境变量对人际型分类行为的预测效应模型拟合优度指数达到了较高水平。

表5-50　　情境因素对人际型分类行为的回归模型结果

模型	平方和	自由度	均方	F值	P值	R^2
回归	390.02	12	32.50	79.67	0.00	0.39
残差	608.68	1492	0.41			
总计	998.70	1504	—			

通过路径系数显著性水平（见表5-51）可以看出，标准可识别度、产品技术条件、设施条件、分类环节信任、处理环节信任、家庭氛围、组织氛围和社会氛围均对人际型分类行为具有显著的预测效应（P<0.05），除产品技术条件外均为正向预测效应。相反，政策普及度、生产环节信任、收运环节信任和监管环节信任对人际型分类行为不具有显著的预测效应（P>0.05）。

表5-51　　情境因素对人际型分类行为的回归系数

模型	非标准化系数		标准化系数	t值	P值
	β	标准误差			
（常量）	2.35	0.15	—	15.36	0.00
政策普及度	0.02	0.02	0.03	1.01	0.31
标准可识别度	0.08	0.02	0.10	3.73	0.00
产品技术条件	-0.08	0.03	-0.07	-2.42	0.02
设施条件	0.08	0.02	0.09	3.39	0.00
生产环节信任	-0.01	0.03	-0.01	-0.39	0.70
分类环节信任	0.09	0.03	0.09	2.94	0.00
收运环节信任	0.03	0.03	0.03	1.07	0.29
处理环节信任	0.17	0.03	0.17	5.91	0.00
监管环节信任	-0.04	0.03	-0.04	-1.33	0.19
家庭氛围	0.14	0.03	0.14	4.13	0.00
组织氛围	0.19	0.04	0.19	5.24	0.00
社会氛围	0.08	0.03	0.08	2.39	0.02

（五）情境因素对公民型分类行为的预测效应分析

将情境因素作为自变量，分析其对公民型分类行为的预测效应，回归模型分析结果（见表5-52）显示，情境变量对公民型分类行为的预测效应模型拟合优度指数达到了较高水平。

表5-52　　情境因素对公民型分类行为的回归模型结果

模型	平方和	自由度	均方	F值	P值	R^2
回归	732.40	12	61.03	92.79	0.00	0.43
残差	981.38	1492	0.66			
总计	1713.78	1504	—			

通过路径系数显著性水平（见表5-53）可以看出，标准可识别度、设施条件、分类环节信任、收运环节信任、处理环节信任、家庭氛围和社会氛围均对公民型分类行为具有显著的预测效应（$P<0.05$），除分类环节信任和处理环节信任外均为正向预测效应。相反，政策普及度、产品技术条件、生产环节信任、监管环节信任和组织氛围对公民型分类行为不具有显著的预测效应（$P>0.05$）。

表5-53　　情境因素对公民型分类行为的回归系数

模型	非标准化系数		标准化系数	t值	P值
	β	标准误差			
（常量）	0.80	0.19	—	4.10	0.00
政策普及度	-0.03	0.03	-0.03	-1.09	0.28
标准可识别度	0.28	0.03	0.27	10.18	0.00
产品技术条件	0.00	0.04	0.00	0.08	0.94
设施条件	0.06	0.03	0.05	2.14	0.03
生产环节信任	-0.00	0.04	-0.00	-0.11	0.91
分类环节信任	-0.21	0.04	-0.17	-5.23	0.00
收运环节信任	0.16	0.04	0.12	3.88	0.00
处理环节信任	-0.14	0.04	-0.11	-3.99	0.00
监管环节信任	0.01	0.03	0.01	0.26	0.80

续表

模型	非标准化系数		标准化系数	t 值	P 值
	β	标准误差			
家庭氛围	0.20	0.04	0.16	4.83	0.00
组织氛围	0.03	0.05	0.02	0.57	0.57
社会氛围	0.27	0.04	0.21	6.45	0.00

三 分类授权感知对垃圾分类行为的预测效应分析

（一）分类授权感知对垃圾分类行为整体的预测效应分析

将分类授权感知各维度作为自变量，分析其对垃圾分类行为的预测效应，回归模型分析结果（见表5-54）显示，分类授权感知各维度变量对垃圾分类行为的预测效应模型拟合优度指数达到了较高水平。

表5-54 分类授权感知对垃圾分类行为整体的回归模型结果

模型	平方和	自由度	均方	F 值	P 值	R^2
回归	265.14	4	66.28	377.91	0.00	0.50
残差	263.10	1500	0.18			
总计	528.24	1504	—			

通过路径系数显著性水平（见表5-55）可以看出，分类授权感知各个维度变量均对垃圾分类行为具有显著的预测效应（$P<0.05$），且均为正向预测效应。为避免多重共线性问题，本书单独分析了分类授权感知对垃圾分类行为的影响作用，结果同样显示预测效应显著（$P<0.05$）。

表5-55 分类授权感知对垃圾分类行为整体的回归系数

模型	非标准化系数		标准化系数	t 值	P 值
	β	标准误差			
（常量）	1.47	0.05	—	26.98	0.00
分类意义感知	0.15	0.02	0.22	7.88	0.00

续表

模型	非标准化系数		标准化系数	t 值	P 值
	β	标准误差			
分类抉择感知	0.11	0.02	0.16	4.94	0.00
分类效能感知	0.14	0.02	0.21	6.94	0.00
分类影响感知	0.16	0.02	0.23	8.10	0.00

（二）分类授权感知对习惯型分类行为的预测效应分析

将分类授权感知各维度作为自变量，分析其对习惯型分类行为的预测效应，回归模型分析结果（见表5-56）显示，分类授权感知各维度变量对习惯型分类行为的预测效应模型拟合优度指数达到了可接受水平。

表5-56　　分类授权感知对习惯型分类行为整体的回归模型结果

模型	平方和	自由度	均方	F 值	P 值	R^2
回归	39.39	4	9.85	16.01	0.00	0.04
残差	922.72	1500	0.62			
总计	962.11	1504	—			

通过路径系数显著性水平（见表5-57）可以看出，分类意义感知和分类抉择感知对习惯型分类行为具有显著的预测效应（$P<0.05$），且均为正向预测效应；而分类效能感知和分类影响感知对习惯型分类行为不存在显著的预测效应（$P>0.05$）。为避免多重共线性问题，本书单独分析了分类授权感知对习惯型分类行为的影响作用，结果同样显示预测效应显著（$P<0.05$）。

表5-57　　分类授权感知对习惯型分类行为整体的回归系数

模型	非标准化系数		标准化系数	t 值	P 值
	β	标准误差			
（常量）	3.26	0.10	—	32.02	0.00
分类意义感知	0.24	0.04	0.25	6.44	0.00

续表

模型	非标准化系数		标准化系数	t 值	P 值
	β	标准误差			
分类抉择感知	0.14	0.04	0.15	3.43	0.00
分类效能感知	-0.07	0.04	-0.07	-1.73	0.08
分类影响感知	0.07	0.04	0.08	1.90	0.06

（三）分类授权感知对决策型分类行为的预测效应分析

将分类授权感知各维度作为自变量，分析其对决策型分类行为的预测效应，回归模型分析结果（见表5-58）显示，分类授权感知各维度变量对决策型分类行为的预测效应模型拟合优度指数达到了较高水平。

表5-58　分类授权感知对决策型分类行为整体的回归模型结果

模型	平方和	自由度	均方	F 值	P 值	R^2
回归	377.78	4	94.44	236.06	0.00	0.39
残差	600.14	1500	0.40			
总计	977.92	1504	—			

通过路径系数显著性水平（见表5-59）可以看出，分类意义感知、分类效能感知和分类影响感知对决策型分类行为具有显著的预测效应（P<0.05），且均为正向预测效应；而分类抉择感知对决策型分类行为不存在显著的预测效应（P>0.05）。为避免多重共线性问题，本书单独分析了分类授权感知对决策型分类行为的影响作用，结果同样显示预测效应显著（P<0.05）。

表5-59　分类授权感知对决策型分类行为整体的回归系数

模型	非标准化系数		标准系数	t 值	P 值
	β	标准误差			
（常量）	1.19	0.08	—	14.53	0.00
分类意义感知	0.29	0.03	0.30	9.70	0.00

续表

模型	非标准化系数		标准系数	t 值	P 值
	β	标准误差			
分类抉择感知	0.06	0.03	0.06	1.75	0.08
分类效能感知	0.13	0.03	0.14	4.22	0.00
分类影响感知	0.20	0.03	0.21	6.71	0.00

（四）分类授权感知对人际型分类行为的预测效应分析

将分类授权感知各维度作为自变量，分析其对人际型分类行为的预测效应，回归模型分析结果（见表5-60）显示，分类授权感知各维度变量对人际型分类行为的预测效应模型拟合优度指数达到了较高水平。

表5-60　　分类授权感知对人际型分类行为整体的回归模型结果

模型	平方和	自由度	均方	F 值	P 值	R^2
回归	304.12	4	76.03	164.20	0.00	0.31
残差	694.57	1500	0.46			
总计	998.69	1504	—			

通过路径系数显著性水平（见表5-61）可以看出，分类意义感知、分类抉择感知、分类效能感知和分类影响感知均对人际型分类行为具有显著的预测效应（P<0.05），且均为正向预测效应。为避免多重共线性问题，本书单独分析了分类授权感知对人际型分类行为的影响作用，结果同样显示预测效应显著（P<0.05）。

表5-61　　分类授权感知对人际型分类行为整体的回归系数

模型	非标准化系数		标准化系数	t 值	P 值
	β	标准误差			
（常量）	1.42	0.09	—	16.14	0.00
分类意义感知	0.08	0.03	0.08	2.55	0.01
分类抉择感知	0.16	0.04	0.17	4.47	0.00

续表

模型	非标准化系数		标准化系数	t 值	P 值
	β	标准误差			
分类效能感知	0.17	0.03	0.19	5.13	0.00
分类影响感知	0.18	0.03	0.19	5.75	0.00

（五）分类授权感知对公民型分类行为的预测效应分析

将分类授权感知各维度作为自变量，分析其对公民型分类行为的预测效应，回归模型分析结果（见表5-62）显示，分类授权感知各维度变量对公民型分类行为的预测效应模型拟合优度指数达到了较高水平。

表5-62　　分类授权感知对公民型分类行为整体的回归模型结果

模型	平方和	自由度	均方	F 值	P 值	R^2
回归	728.34	4	182.09	277.16	0.00	0.43
残差	985.44	1500	0.66			
总计	1713.78	1504	—			

通过路径系数显著性水平（见表5-63）可以看出，分类授权感知中的分类抉择感知、分类效能感知和分类影响感知对公民型分类行为具有显著的预测效应（P<0.05），且均为正向预测效应；而分类意义感知对公民型分类行为不存在显著的预测效应（P>0.05）。为避免多重共线性问题，本书单独分析了分类授权感知对公民型分类行为的影响作用，结果同样显示预测效应显著（P<0.05）。

表5-63　　分类授权感知对公民型分类行为整体的回归系数

模型	非标准化系数		标准化系数	t 值	P 值
	β	标准误差			
（常量）	−0.01	0.11	—	−0.11	0.91
分类意义感知	0.01	0.04	0.01	0.33	0.74
分类抉择感知	0.35	0.04	0.29	8.42	0.00
分类效能感知	0.33	0.04	0.28	8.43	0.00

续表

模型	非标准化系数		标准化系数	t 值	P 值
	β	标准误差			
分类影响感知	0.18	0.04	0.15	4.84	0.00

四　城市居民垃圾分类行为直接驱动效应假设检验

根据上述实证分析，接下来本书分别对前文提出的个体心理因素、情境因素与分类授权感知对城市居民垃圾分类行为的预测效应相关假设进行检验。

（一）个体心理因素对城市居民垃圾分类行为影响的假设检验

1. 价值观倾向对城市居民垃圾分类行为影响的假设检验

根据实证分析结果可知，价值观倾向中的各个维度并非全部对城市居民垃圾分类行为存在显著的预测效应，其中利己价值观与利社会价值观的预测效应显著（P<0.05），而利关系价值观的预测效应不显著（P>0.05），假设 H1 部分成立，假设 H1a、H1c 成立，假设 H1b 不成立。

价值观倾向中的各个维度均对城市居民习惯型分类行为不存在显著的预测效应（P>0.05），假设 H1-1、H1a-1、H1b-1、H1c-1 均不成立。

价值观倾向中的各个维度并非全部对城市居民决策型分类行为存在显著的预测效应，其中利社会价值观的预测效应显著（P<0.05），而利己价值观和利关系价值观的预测效应不显著（P>0.05），假设 H1-2 部分成立，假设 H1c-2 成立，H1a-2、H1b-2 不成立。

价值观倾向中的各个维度均对城市居民人际型分类行为不存在显著的预测效应（P>0.05），假设 H1-3、H1a-3、H1b-3、H1c-3 均不成立。

价值观倾向中的各个维度并非全部对城市居民公民型分类行为

存在显著的预测效应，其中利己价值观和利社会价值观的预测效应显著（P<0.05），而利关系价值观的预测效应不显著（P>0.05），假设 H1-4 部分成立，假设 H1a-4、H1c-4 成立，H1b-4 不成立。

2. 分类认知对城市居民垃圾分类行为影响的假设检验

根据实证分析结果可知，分类认知中的各个维度并非全部对城市居民垃圾分类行为存在显著的预测效应，其中分类知识的预测效应显著（P<0.05），而分类关注的预测效应不显著（P>0.05），假设 H2 部分成立，假设 H2a 成立，假设 H2b 不成立。

分类认知中的各个维度均对城市居民习惯型分类行为存在显著的预测效应（P<0.05），假设 H2-1、H2a-1、H2b-1 均成立。

分类认知中的各个维度并非全部对城市居民决策型分类行为存在显著的预测效应，其中分类知识的预测效应显著（P<0.05），而分类关注的预测效应不显著（P>0.05），假设 H2-2 部分成立，假设 H2a-2 成立，H2b-2 不成立。

分类认知中的各个维度并非全部对城市居民人际型分类行为存在显著的预测效应，其中分类知识的预测效应显著（P<0.05），而分类关注的预测效应不显著（P>0.05），假设 H2-3 部分成立，假设 H2a-3 成立，H2b-3 不成立。

分类认知中的各个维度均对城市居民公民型分类行为存在显著的预测效应（P<0.05），假设 H2-4、H2a-4、H2b-4 均成立。

3. 调节聚焦对城市居民垃圾分类行为影响的假设检验

根据实证分析结果可知，调节聚焦中的各个维度均对城市居民垃圾分类行为存在显著的预测效应，假设 H3、H3a、H3b 均成立。

调节聚焦中的各个维度均对城市居民习惯型分类行为存在显著的预测效应（P<0.05），假设 H3-1、H3a-1、H3b-1 均成立。

调节聚焦中的各个维度均对城市居民决策型分类行为存在显著的预测效应（P<0.05），假设 H3-2、H3a-2、H3b-2 均成立。

调节聚焦中的各个维度并非全部对城市居民人际型分类行为存在显著的预测效应，其中促进聚焦的预测效应显著（P<0.05），而

预防聚焦的预测效应不显著（P>0. 05），假设 H3-3 部分成立，假设 H3a-3 不成立，H3b-3 成立。

调节聚焦中的各个维度并非全部对城市居民公民型分类行为存在显著的预测效应，其中促进聚焦的预测效应显著（P<0. 05），而预防聚焦的预测效应不显著（P>0. 05），假设 H3-4 部分成立，假设 H3a-4 不成立，H3b-4 成立。

4. 舒适偏好对城市居民垃圾分类行为影响的假设检验

根据实证分析结果可知，舒适偏好中的各个维度并非全部对城市居民垃圾分类行为存在显著的预测效应，其中节奏偏好与品质偏好的预测效应显著（P<0. 05），而数量偏好的预测效应不显著（P>0. 05），假设 H4 部分成立，假设 H4b、H4c 成立，假设 H4a 不成立。

舒适偏好中的各个维度均对城市居民习惯型分类行为存在显著的预测效应（P<0. 05），假设 H4-1、H4a-1、H4b-1、H4c-1 均成立。

舒适偏好中的各个维度并非全部对城市居民决策型分类行为存在显著的预测效应，其中品质偏好的预测效应显著（P<0. 05），而数量偏好和节奏偏好的预测效应不显著（P>0. 05），假设 H4-2 部分成立，假设 H4c-2 成立，H4a-2、H4b-2 不成立。

舒适偏好中的各个维度并非全部对城市居民人际型分类行为存在显著的预测效应，其中数量偏好和节奏偏好的预测效应显著（P<0. 05），而品质偏好的预测效应不显著（P>0. 05），假设 H4-3 部分成立，假设 H4a-3、H4b-3 成立，H4c-3 不成立。

舒适偏好中的各个维度并非全部对城市居民公民型分类行为存在显著的预测效应，其中数量偏好和节奏偏好的预测效应显著（P<0. 05），而品质偏好的预测效应不显著（P>0. 05），假设 H4-4 部分成立，假设 H4a-4、H4b-4 成立，H4c-4 不成立。

个体心理因素对城市居民垃圾分类行为影响的假设检验结果如表 5-64 所示。

表 5-64　个体心理因素对城市居民垃圾分类行为影响的假设检验

序号	研究假设	检验结果
H1	价值观倾向对城市居民垃圾分类行为存在显著的影响作用	部分成立
H1-1	价值观倾向对城市居民习惯型分类行为存在显著的影响作用	不成立
H1-2	价值观倾向对城市居民决策型分类行为存在显著的影响作用	部分成立
H1-3	价值观倾向对城市居民人际型分类行为存在显著的影响作用	不成立
H1-4	价值观倾向对城市居民公民型分类行为存在显著的影响作用	部分成立
H1a	利己价值观对城市居民垃圾分类行为存在显著的影响作用	成立
H1a-1	利己价值观对城市居民习惯型分类行为存在显著的影响作用	不成立
H1a-2	利己价值观对城市居民决策型分类行为存在显著的影响作用	不成立
H1a-3	利己价值观对城市居民人际型分类行为存在显著的影响作用	不成立
H1a-4	利己价值观对城市居民公民型分类行为存在显著的影响作用	成立
H1b	利关系价值观对城市居民垃圾分类行为存在显著的影响作用	不成立
H1b-1	利关系价值观对城市居民习惯型分类行为存在显著的影响作用	不成立
H1b-2	利关系价值观对城市居民决策型分类行为存在显著的影响作用	不成立
H1b-3	利关系价值观对城市居民人际型分类行为存在显著的影响作用	不成立
H1b-4	利关系价值观对城市居民公民型分类行为存在显著的影响作用	不成立
H1c	利社会价值观对城市居民垃圾分类行为存在显著的影响作用	成立
H1c-1	利社会价值观对城市居民习惯型分类行为存在显著的影响作用	不成立
H1c-2	利社会价值观对城市居民决策型分类行为存在显著的影响作用	成立
H1c-3	利社会价值观对城市居民人际型分类行为存在显著的影响作用	不成立
H1c-4	利社会价值观对城市居民公民型分类行为存在显著的影响作用	成立
H2	分类认知对城市居民垃圾分类行为存在显著的影响作用	部分成立
H2-1	分类认知对城市居民习惯型分类行为存在显著的影响作用	成立
H2-2	分类认知对城市居民决策型分类行为存在显著的影响作用	部分成立
H2-3	分类认知对城市居民人际型分类行为存在显著的影响作用	部分成立
H2-4	分类认知对城市居民公民型分类行为存在显著的影响作用	成立
H2a	分类知识对城市居民垃圾分类行为存在显著的影响作用	成立
H2a-1	分类知识对城市居民习惯型分类行为存在显著的影响作用	成立
H2a-2	分类知识对城市居民决策型分类行为存在显著的影响作用	成立
H2a-3	分类知识对城市居民人际型分类行为存在显著的影响作用	成立
H2a-4	分类知识对城市居民公民型分类行为存在显著的影响作用	成立
H2b	分类关注对城市居民垃圾分类行为存在显著的影响作用	不成立

续表

序号	研究假设	检验结果
H2b-1	分类关注对城市居民习惯型分类行为存在显著的影响作用	成立
H2b-2	分类关注对城市居民决策型分类行为存在显著的影响作用	不成立
H2b-3	分类关注对城市居民人际型分类行为存在显著的影响作用	不成立
H2b-4	分类关注对城市居民公民型分类行为存在显著的影响作用	成立
H3	调节聚焦对城市居民垃圾分类行为存在显著的影响作用	成立
H3-1	调节聚焦对城市居民习惯型分类行为存在显著的影响作用	成立
H3-2	调节聚焦对城市居民决策型分类行为存在显著的影响作用	成立
H3-3	调节聚焦对城市居民人际型分类行为存在显著的影响作用	部分成立
H3-4	调节聚焦对城市居民公民型分类行为存在显著的影响作用	部分成立
H3a	预防聚焦对城市居民垃圾分类行为存在显著的影响作用	成立
H3a-1	预防聚焦对城市居民习惯型分类行为存在显著的影响作用	成立
H3a-2	预防聚焦对城市居民决策型分类行为存在显著的影响作用	成立
H3a-3	预防聚焦对城市居民人际型分类行为存在显著的影响作用	不成立
H3a-4	预防聚焦对城市居民公民型分类行为存在显著的影响作用	成立
H3b	促进聚焦对城市居民垃圾分类行为存在显著的影响作用	成立
H3b-1	促进聚焦对城市居民习惯型分类行为存在显著的影响作用	成立
H3b-2	促进聚焦对城市居民决策型分类行为存在显著的影响作用	成立
H3b-3	促进聚焦对城市居民人际型分类行为存在显著的影响作用	成立
H3b-4	促进聚焦对城市居民公民型分类行为存在显著的影响作用	成立
H4	舒适偏好对城市居民垃圾分类行为存在显著的影响作用	部分成立
H4-1	舒适偏好对城市居民习惯型分类行为存在显著的影响作用	成立
H4-2	舒适偏好对城市居民决策型分类行为存在显著的影响作用	部分成立
H4-3	舒适偏好对城市居民人际型分类行为存在显著的影响作用	部分成立
H4-4	舒适偏好对城市居民公民型分类行为存在显著的影响作用	部分成立
H4a	数量偏好对城市居民垃圾分类行为存在显著的影响作用	不成立
H4a-1	数量偏好对城市居民习惯型分类行为存在显著的影响作用	成立
H4a-2	数量偏好对城市居民决策型分类行为存在显著的影响作用	不成立
H4a-3	数量偏好对城市居民人际型分类行为存在显著的影响作用	成立
H1a-4	数量偏好对城市居民公民型分类行为存在显著的影响作用	成立
H4b	节奏偏好对城市居民垃圾分类行为存在显著的影响作用	成立
H4b-1	节奏偏好对城市居民习惯型分类行为存在显著的影响作用	成立
H4b-2	节奏偏好对城市居民决策型分类行为存在显著的影响作用	不成立
H4b-3	节奏偏好对城市居民人际型分类行为存在显著的影响作用	成立
H4b-4	节奏偏好对城市居民公民型分类行为存在显著的影响作用	成立

续表

序号	研究假设	检验结果
H4c	品质偏好对城市居民垃圾分类行为存在显著的影响作用	成立
H4c-1	品质偏好对城市居民习惯型分类行为存在显著的影响作用	成立
H4c-2	品质偏好对城市居民决策型分类行为存在显著的影响作用	成立
H4c-3	品质偏好对城市居民人际型分类行为存在显著的影响作用	不成立
H4c-4	品质偏好对城市居民公民型分类行为存在显著的影响作用	不成立

（二）分类授权感知对城市居民垃圾分类行为影响的假设检验

根据实证分析结果可知，分类授权感知及其各个维度均对城市居民垃圾分类行为存在显著的预测效应（P<0.05），假设 H5、H5a、H5b、H5c、H5d 成立。

分类授权感知中的各个维度并非全部对城市居民习惯型分类行为存在显著的预测效应，其中分类授权感知、分类意义感知和分类效能感知的预测效应显著（P<0.05），而分类抉择感知与分类影响感知的预测效应不显著（P>0.05），假设 H5-1、H5a-1、H5b-1 成立，假设 H5c-1、H5d-1 不成立。

分类授权感知中的各个维度并非全部对城市居民决策型分类行为存在显著的预测效应，其中分类授权感知、分类意义感知、分类效能感知和分类影响感知的预测效应显著（P<0.05），而分类抉择感知的预测效应不显著（P>0.05），假设 H5-2、H5a-2、H5c-2、H5d-2 成立，假设 H5b-2 不成立。

分类授权感知中的各个维度均对城市居民人际型分类行为存在显著的预测效应（P<0.05），假设 H5-3、H5a-3、H5b-3、H5c-3、H5d-3 成立。

分类授权感知中的各个维度并非全部对城市居民公民型分类行为存在显著的预测效应，其中分类授权感知、分类抉择感知、分类效能感知与分类影响感知的预测效应显著（P<0.05），而分类意义感知的预测效应不显著（P>0.05），假设 H5-4、H5b-4、H5c-4、

H5d-4 成立，假设 H5a-4 不成立。

分类授权感知对城市居民垃圾分类行为影响的假设检验结果如表 5-65 所示。

表 5-65　分类授权感知对城市居民垃圾分类行为影响的假设检验

序号	研究假设	检验结果
H5	分类授权感知对城市居民垃圾分类行为存在显著的影响作用	成立
H5-1	分类授权感知对城市居民习惯型分类行为存在显著的影响作用	成立
H5-2	分类授权感知对城市居民决策型分类行为存在显著的影响作用	成立
H5-3	分类授权感知对城市居民人际型分类行为存在显著的影响作用	成立
H5-4	分类授权感知对城市居民公民型分类行为存在显著的影响作用	成立
H5a	分类意义感知对城市居民垃圾分类行为存在显著的影响作用	成立
H5a-1	分类意义感知对城市居民习惯型分类行为存在显著的影响作用	成立
H5a-2	分类意义感知对城市居民决策型分类行为存在显著的影响作用	成立
H5a-3	分类意义感知对城市居民人际型分类行为存在显著的影响作用	成立
H5a-4	分类意义感知对城市居民公民型分类行为存在显著的影响作用	不成立
H5b	分类抉择感知对城市居民垃圾分类行为存在显著的影响作用	成立
H5b-1	分类抉择感知对城市居民习惯型分类行为存在显著的影响作用	成立
H5b-2	分类抉择感知对城市居民决策型分类行为存在显著的影响作用	不成立
H5b-3	分类抉择感知对城市居民人际型分类行为存在显著的影响作用	成立
H5b-4	分类抉择感知对城市居民公民型分类行为存在显著的影响作用	成立
H5c	分类效能感知对城市居民垃圾分类行为存在显著的影响作用	成立
H5c-1	分类效能感知对城市居民习惯型分类行为存在显著的影响作用	不成立
H5c-2	分类效能感知对城市居民决策型分类行为存在显著的影响作用	成立
H5c-3	分类效能感知对城市居民人际型分类行为存在显著的影响作用	成立
H5c-4	分类效能感知对城市居民公民型分类行为存在显著的影响作用	成立
H5d	分类影响感知对城市居民垃圾分类行为存在显著的影响作用	成立
H5d-1	分类影响感知对城市居民习惯型分类行为存在显著的影响作用	不成立
H5d-2	分类影响感知对城市居民决策型分类行为存在显著的影响作用	成立
H5d-3	分类影响感知对城市居民人际型分类行为存在显著的影响作用	成立
H5d-4	分类影响感知对城市居民公民型分类行为存在显著的影响作用	成立

（三）情境因素对城市居民垃圾分类行为影响的假设检验

1. 产品设施对城市居民垃圾分类行为影响的假设检验

根据实证分析结果可知，产品设施中的各个维度均对城市居民垃圾分类行为存在显著的预测效应（P<0.05），假设H10、H10a、H10b均成立。

产品设施中的各个维度并非全部对城市居民习惯型分类行为存在显著的预测效应，其中产品技术条件的预测效应显著（P<0.05），而设施条件的预测效应不显著（P>0.05），假设H10-1部分成立，假设H10a-1成立，假设H10b-1不成立。

产品设施中的各个维度均对城市居民决策型分类行为存在显著的预测效应（P<0.05），假设H10-2、H10a-2、H10b-2均成立。

产品设施中的各个维度均对城市居民人际型分类行为存在显著的预测效应（P<0.05），假设H10-3、H10a-3、H10b-3均成立。

产品设施中的各个维度并非全部对城市居民公民型分类行为存在显著的预测效应，其中设施条件的预测效应显著（P<0.05），而产品技术条件的预测效应不显著（P>0.05），假设H10-4部分成立，假设H10b-4成立，假设H10a-4不成立。

2. 政策标准对城市居民垃圾分类行为影响的假设检验

根据实证分析结果可知，政策标准中的各个维度并非全部对城市居民垃圾分类行为存在显著的预测效应，其中标准可识别度的预测效应显著（P<0.05），而政策普及度的预测效应不显著（P>0.05），假设H11部分成立，假设H11b成立，假设H11a不成立。

政策标准中的各个维度并非全部对城市居民习惯型分类行为存在显著的预测效应，其中标准可识别度的预测效应显著（P<0.05），而政策普及度的预测效应不显著（P>0.05），假设H11-1部分成立，假设H11b-1成立，假设H11a-1不成立。

政策标准中的各个维度并非全部对城市居民决策型分类行为存在显著的预测效应，其中标准可识别度的预测效应显著（P<0.05），而政策普及度的预测效应不显著（P>0.05），假设H11-2部分成立，假设H11b-2成立，假设H11a-2不成立。

政策标准中的各个维度并非全部对城市居民人际型分类行为存在显著的预测效应，其中标准可识别度的预测效应显著（P<0.05），

而政策普及度的预测效应不显著（$P>0.05$），假设 H11-3 部分成立，假设 H11b-3 成立，假设 H11a-3 不成立。

政策标准中的各个维度并非全部对城市居民公民型分类行为存在显著的预测效应，其中标准可识别度的预测效应显著（$P<0.05$），而政策普及度的预测效应不显著（$P>0.05$），假设 H11-4 部分成立，假设 H11b-4 成立，假设 H11a-4 不成立。

3. 环节信任对城市居民垃圾分类行为影响的假设检验

根据实证分析结果可知，环节信任中的各个维度并非全部对城市居民垃圾分类行为存在显著的预测效应，其中分类环节信任和收运环节信任的预测效应显著（$P<0.05$），而生产环节信任、处理环节信任和监管环节信任的预测效应不显著（$P>0.05$），假设 H12 部分成立，假设 H12b、H12c 成立，假设 H12a、H12d、H12e 不成立。

环节信任中的各个维度并非全部对城市居民习惯型分类行为存在显著的预测效应，其中分类环节信任、收运环节信任和处理环节信任的预测效应显著（$P<0.05$），而生产环节信任和监管环节信任的预测效应不显著（$P>0.05$），假设 H12-1 部分成立，假设 H12b-1、H12c-1、H12d-1 成立，假设 H12a-1、H12e-1 不成立。

环节信任中的各个维度并非全部对城市居民决策型分类行为存在显著的预测效应，其中分类环节信任、处理环节信任和监管环节信任的预测效应显著（$P<0.05$），而生产环节信任和收运环节信任的预测效应不显著（$P>0.05$），假设 H12-2 部分成立，假设 H12b-2、H12d-2、H12e-2 成立，假设 H12a-2、H12c-2 不成立。

环节信任中的各个维度并非全部对城市居民人际型分类行为存在显著的预测效应，其中分类环节信任和处理环节信任的预测效应显著（$P<0.05$），而生产环节信任、收运环节信任和监管环节信任的预测效应不显著（$P>0.05$），假设 H12-3 部分成立，假设 H12b-3、H12d-3 成立，假设 H12a-3、H12c-3、H12e-3 不成立。

环节信任中的各个维度并非全部对城市居民公民型分类行为存

在显著的预测效应，其中分类环节信任、收运环节信任和处理环节信任的预测效应显著（P<0.05），而生产环节信任和监管环节信任的预测效应不显著（P>0.05），假设 H12-4 部分成立，假设 H12b-4、H12c-4、H12d-4 成立，假设 H12a-4、H12e-4 不成立。

4. 群体规范对城市居民垃圾分类行为影响的假设检验

根据实证分析结果可知，群体规范中的各个维度均对城市居民垃圾分类行为存在显著的预测效应（P<0.05），假设 H13、H13a、H13b、H13c 成立。

群体规范中的各个维度并非全部对城市居民习惯型分类行为存在显著的预测效应，其中家庭氛围和组织氛围的预测效应显著（P<0.05），而社会氛围的预测效应不显著（P>0.05），假设 H13-1 部分成立，假设 H13a-1、H13b-1 成立，H13c-1 不成立。

群体规范中的各个维度均对城市居民决策型分类行为存在显著的预测效应（P<0.05），假设 H13-2、H13a-2、H13b-2、H13c-2 成立。

群体规范中的各个维度均对城市居民人际型分类行为存在显著的预测效应（P<0.05），假设 H13-3、H13a-3、H13b-3、H13c-3 成立。

群体规范中的各个维度并非全部对城市居民公民型分类行为存在显著的预测效应，其中家庭氛围和社会氛围的预测效应显著（P<0.05），而组织氛围的预测效应不显著（P>0.05），假设 H13-4 部分成立，假设 H13a-4、H13c-4 成立，H13b-4 不成立。

情境因素对城市居民垃圾分类行为影响的假设检验结果如表 5-66所示。

表 5-66　　情境因素对城市居民垃圾分类行为影响的假设检验

序号	研究假设	检验结果
H10	产品设施对城市居民垃圾分类行为存在显著的影响作用	成立
H10-1	产品设施对城市居民习惯型分类行为存在显著的影响作用	部分成立

续表

序号	研究假设	检验结果
H10-2	产品设施对城市居民决策型分类行为存在显著的影响作用	成立
H10-3	产品设施对城市居民人际型分类行为存在显著的影响作用	成立
H10-4	产品设施对城市居民公民型分类行为存在显著的影响作用	成立
H10a	产品技术条件对城市居民垃圾分类行为存在显著的影响作用	成立
H10a-1	产品技术条件对城市居民习惯型分类行为存在显著的影响作用	成立
H10a-2	产品技术条件对城市居民决策型分类行为存在显著的影响作用	成立
H10a-3	产品技术条件对城市居民人际型分类行为存在显著的影响作用	成立
H10a-4	产品技术条件对城市居民公民型分类行为存在显著的影响作用	不成立
H10b	设施条件对城市居民垃圾分类行为存在显著的影响作用	成立
H10b-1	设施条件对城市居民习惯型分类行为存在显著的影响作用	不成立
H10b-2	设施条件对城市居民决策型分类行为存在显著的影响作用	成立
H10b-3	设施条件对城市居民人际型分类行为存在显著的影响作用	成立
H10b-4	设施条件对城市居民公民型分类行为存在显著的影响作用	成立
H11	政策标准对城市居民垃圾分类行为存在显著的影响作用	部分成立
H11-1	政策标准对城市居民习惯型分类行为存在显著的影响作用	部分成立
H11-2	政策标准对城市居民决策型分类行为存在显著的影响作用	部分成立
H11-3	政策标准对城市居民人际型分类行为存在显著的影响作用	部分成立
H11-4	政策标准对城市居民公民型分类行为存在显著的影响作用	部分成立
H11a	政策普及度对城市居民垃圾分类行为存在显著的影响作用	不成立
H11a-1	政策普及度对城市居民习惯型分类行为存在显著的影响作用	不成立
H11a-2	政策普及度对城市居民决策型分类行为存在显著的影响作用	不成立
H11a-3	政策普及度对城市居民人际型分类行为存在显著的影响作用	不成立
H11a-4	政策普及度对城市居民公民型分类行为存在显著的影响作用	不成立
H11b	标准可识别度对城市居民垃圾分类行为存在显著的影响作用	成立
H11b-1	标准可识别度对城市居民习惯型分类行为存在显著的影响作用	成立
H11b-2	标准可识别度对城市居民决策型分类行为存在显著的影响作用	成立
H11b-3	标准可识别度对城市居民人际型分类行为存在显著的影响作用	成立
H11b-4	标准可识别度对城市居民公民型分类行为存在显著的影响作用	成立
H12	环节信任对城市居民垃圾分类行为存在显著的影响作用	部分成立

续表

序号	研究假设	检验结果
H12-1	环节信任对城市居民习惯型分类行为存在显著的影响作用	部分成立
H12-2	环节信任对城市居民决策型分类行为存在显著的影响作用	部分成立
H12-3	环节信任对城市居民人际型分类行为存在显著的影响作用	部分成立
H12-4	环节信任对城市居民公民型分类行为存在显著的影响作用	部分成立
H12a	生产环节信任对城市居民垃圾分类行为存在显著的影响作用	不成立
H12a-1	生产环节信任对城市居民习惯型分类行为存在显著的影响作用	不成立
H12a-2	生产环节信任对城市居民决策型分类行为存在显著的影响作用	不成立
H12a-3	生产环节信任对城市居民人际型分类行为存在显著的影响作用	不成立
H12a-4	生产环节信任对城市居民公民型分类行为存在显著的影响作用	不成立
H12b	分类环节信任对城市居民垃圾分类行为存在显著的影响作用	成立
H12b-1	分类环节信任对城市居民习惯型分类行为存在显著的影响作用	成立
H12b-2	分类环节信任对城市居民决策型分类行为存在显著的影响作用	成立
H12b-3	分类环节信任对城市居民人际型分类行为存在显著的影响作用	成立
H12b-4	分类环节信任对城市居民公民型分类行为存在显著的影响作用	成立
H12c	收运环节信任对城市居民垃圾分类行为存在显著的影响作用	成立
H12c-1	收运环节信任对城市居民习惯型分类行为存在显著的影响作用	成立
H12c-2	收运环节信任对城市居民决策型分类行为存在显著的影响作用	不成立
H12c-3	收运环节信任对城市居民人际型分类行为存在显著的影响作用	不成立
H12c-4	收运环节信任对城市居民公民型分类行为存在显著的影响作用	成立
H12d	处理环节信任对城市居民垃圾分类行为存在显著的影响作用	不成立
H12d-1	处理环节信任对城市居民习惯型分类行为存在显著的影响作用	成立
H12d-2	处理环节信任对城市居民决策型分类行为存在显著的影响作用	成立
H12d-3	处理环节信任对城市居民人际型分类行为存在显著的影响作用	成立
H12d-4	处理环节信任对城市居民公民型分类行为存在显著的影响作用	成立
H12e	监管环节信任对城市居民垃圾分类行为存在显著的影响作用	不成立
H12e-1	监管环节信任对城市居民习惯型分类行为存在显著的影响作用	不成立
H12e-2	监管环节信任对城市居民决策型分类行为存在显著的影响作用	成立
H12e-3	监管环节信任对城市居民人际型分类行为存在显著的影响作用	不成立
H12e-4	监管环节信任对城市居民公民型分类行为存在显著的影响作用	不成立

续表

序号	研究假设	检验结果
H13	群体规范对城市居民垃圾分类行为存在显著的影响作用	成立
H13-1	群体规范对城市居民习惯型分类行为存在显著的影响作用	部分成立
H13-2	群体规范对城市居民决策型分类行为存在显著的影响作用	成立
H13-3	群体规范对城市居民人际型分类行为存在显著的影响作用	成立
H13-4	群体规范对城市居民公民型分类行为存在显著的影响作用	部分成立
H13a	家庭氛围对城市居民垃圾分类行为存在显著的影响作用	成立
H13a-1	家庭氛围对城市居民习惯型分类行为存在显著的影响作用	成立
H13a-2	家庭氛围对城市居民决策型分类行为存在显著的影响作用	成立
H13a-3	家庭氛围对城市居民人际型分类行为存在显著的影响作用	成立
H13a-4	家庭氛围对城市居民公民型分类行为存在显著的影响作用	成立
H13b	组织氛围对城市居民垃圾分类行为存在显著的影响作用	成立
H13b-1	组织氛围对城市居民习惯型分类行为存在显著的影响作用	成立
H13b-2	组织氛围对城市居民决策型分类行为存在显著的影响作用	成立
H13b-3	组织氛围对城市居民人际型分类行为存在显著的影响作用	成立
H13b-4	组织氛围对城市居民公民型分类行为存在显著的影响作用	不成立
H13c	社会氛围对城市居民垃圾分类行为存在显著的影响作用	成立
H13c-1	社会氛围对城市居民习惯型分类行为存在显著的影响作用	不成立
H13c-2	社会氛围对城市居民决策型分类行为存在显著的影响作用	成立
H13c-3	社会氛围对城市居民人际型分类行为存在显著的影响作用	成立
H13c-4	社会氛围对城市居民公民型分类行为存在显著的影响作用	成立

第四节　城市居民分类授权感知的中介效应分析

本书使用 Mplus7.4 软件分析了城市居民分类授权感知的中介效应，通过构建包含自变量（个体心理因素）、中介变量（分类授权感知）和因变量（垃圾分类行为）的结构方程全模型，进行相应的路径检验，命令语言见附录3。城市居民垃圾分类行为包含习惯型分类行为、决策型分类行为、人际型分类行为和公民型分类行为四个维度，本书将分别探讨分类授权感知在个体心理因素和垃圾分类行为及其各维度间的中介效应。

一　分类授权感知在个体心理因素与垃圾分类行为间的中介效应分析

分类授权感知在个体心理因素和垃圾分类行为间的中介效应的检验结果，即 Mplus7.4 输出的模型拟合优度指数见表 5-67。由结构方程全模型拟合优度指数（CFI）分析结果可知，拟合优度指数达到可接受水平。

表 5-67　结构方程全模型的拟合优度指数

因变量	卡方检验			RMSEA			CFI	TLI	SRMR
	χ^2	自由度	P 值	估计值	90%置信区间	P（RMSEA≤0.05）			
WSB	5358.43	1540	0.00	0.05	0.048—0.050	0.96	0.92	0.92	0.06

通过全模型的中介效应结构方程检验（见表 5-68）可以看出，利关系价值观、数量偏好和分类关注完全通过分类授权感知作用于垃圾分类行为，而利己价值观、利社会价值观、预防聚焦、促进聚焦、节奏偏好、品质偏好和分类知识则不完全通过分类授权感知作用于垃圾分类行为，即部分通过分类授权感知作用于垃圾分类行为，部分直接作用于垃圾分类行为。

表 5-68　分类授权感知在个体心理因素和垃圾分类行为间的中介效应检验结果

作用路径	间接效应		直接效应		中介效应检验结果
	系数	P 值（双尾）	系数	P 值（双尾）	
SEV→WSB	-0.11	0.01	-0.08	0.03	部分中介效应

续表

作用路径	间接效应		直接效应		中介效应检验结果
	系数	P值（双尾）	系数	P值（双尾）	
REV→WSB	0.10	0.02	0.06	0.13	完全中介效应
SOV→WSB	0.09	0.02	0.07	0.02	部分中介效应
PREF→WSB	0.16	0.03	0.15	0.00	部分中介效应
PROF→WSB	0.11	0.00	0.08	0.00	部分中介效应
PQT→WSB	0.10	0.02	0.01	0.66	完全中介效应
PR→WSB	0.14	0.00	0.09	0.00	部分中介效应
PQL→WSB	0.14	0.00	0.13	0.00	部分中介效应
KS→WSB	0.28	0.01	0.29	0.00	部分中介效应
CNS→WSB	0.11	0.04	0.04	0.16	完全中介效应

二　分类授权感知在个体心理因素与习惯型分类行为间的中介效应分析

分类授权感知在个体心理因素和习惯型分类行为间的中介效应的检验结果，即输出的模型拟合优度指数见表5-69。由结构方程全模型拟合优度指数分析结果可知，拟合优度指数达到可接受水平。

表5-69　　　　结构方程全模型的拟合优度指数

因变量	卡方检验			RMSEA			CFI	TLI	SRMR
	χ^2	自由度	P值	估计值	90%置信区间	P（RMSEA≤0.05）			
HWSB	4601.10	1340	0.00	0.05	0.047—0.049	0.91	0.90	0.91	0.06

通过全模型的中介效应结构方程检验（见表5-70）可以看出，利己价值观和利关系价值观完全通过分类授权感知作用于习惯型分类行为，而预防聚焦、促进聚焦、数量偏好、节奏偏好和品质偏好则不完全通过分类授权感知作用于习惯型分类行为，即部分通过分

类授权感知作用于习惯型分类行为，部分直接作用于习惯型分类行为。利社会价值观、分类知识和分类关注在个体心理因素与习惯型分类行为间不存在中介效应。

表 5-70　　分类授权感知在个体心理因素和习惯型分类行为间的中介效应检验结果

作用路径	间接效应		直接效应		中介效应检验结果
	系数	P 值（双尾）	系数	P 值（双尾）	
SEV→HWSB	-0.13	0.01	-0.04	0.40	完全中介效应
REV→HWSB	0.09	0.01	0.05	0.27	完全中介效应
PREF→HWSB	0.26	0.02	0.26	0.00	部分中介效应
PROF→HWSB	-0.10	0.00	-0.08	0.02	部分中介效应
PQT→HWSB	-0.30	0.01	-0.27	0.00	部分中介效应
PR→HWSB	-0.14	0.00	-0.13	0.00	部分中介效应
PQL→HWSB	0.16	0.00	0.14	0.00	部分中介效应

三　分类授权感知在个体心理因素与决策型分类行为间的中介效应分析

分类授权感知在个体心理因素和决策型分类行为间的中介效应的检验结果，即输出的模型拟合优度指数见表 5-71。由结构方程全模型拟合优度指数分析结果可知，拟合优度指数达到可接受水平。

表 5-71　　结构方程全模型的拟合优度指数

因变量	卡方检验			RMSEA			CFI	TLI	SRMR
	χ^2	自由度	P 值	估计值	90%置信区间	P（RMSEA ≤0.05）			
DWSB	4760.16	1484	0.00	0.05	0.047—0.049	1.00	0.90	0.93	0.06

通过全模型的中介效应结构方程检验（见表 5-72）可以看出，利己价值观、利关系价值观和分类关注完全通过分类授权感知作用

于决策型分类行为，而利社会价值观、预防聚焦、促进聚焦和分类知识则不完全通过分类授权感知作用于决策型分类行为，即部分通过分类授权感知作用于决策型分类行为，部分直接作用于决策型分类行为。数量偏好、节奏偏好和品质偏好在心理因素与决策型分类行为间不存在中介效应。

表 5-72　　分类授权感知在个体心理因素和决策型分类行为间的中介效应检验结果

作用路径	间接效应		直接效应		中介效应检验结果
	系数	P 值（双尾）	系数	P 值（双尾）	
SEV→DWSB	−0.14	0.00	−0.03	0.41	完全中介效应
REV→DWSB	0.09	0.01	0.05	0.28	完全中介效应
SOV→DWSB	0.10	0.01	0.08	0.02	部分中介效应
PREF→DWSB	0.19	0.01	0.17	0.00	部分中介效应
PROF→DWSB	0.12	0.00	0.07	0.02	部分中介效应
KS→DWSB	−0.28	0.01	0.22	0.00	部分中介效应
CNS→DWSB	0.10	0.04	0.05	0.05	完全中介效应

四　分类授权感知在心理因素与人际型分类行为间的中介效应分析

分类授权感知在个体心理因素和人际型分类行为间的中介效应的检验结果，即输出的模型拟合优度指数见表 5-73。由结构方程全模型拟合优度指数分析结果可知，拟合优度优度指数达到可接受水平。

表 5-73　　结构方程全模型的拟合优度指数

因变量	卡方检验			RMSEA			CFI	TLI	SRMR
	χ^2 值	自由度	P 值	估计值	90% 置信区间	P（RMSEA ≤0.05）			
RWSB	5032.43	156	0.00	0.05	0.048—0.050	0.86	0.91	0.91	0.06

通过全模型的中介效应结构方程检验（见表 5-74）可以看出，

利己价值观、利关系价值观、利社会价值观、预防聚焦、品质偏好和分类关注完全通过分类授权感知作用于人际型分类行为，而促进聚焦、数量偏好、节奏偏好和分类知识则不完全通过分类授权感知作用于人际型分类行为，即部分通过分类授权感知作用于人际型分类行为，部分直接作用于人际型分类行为。

表 5-74　分类授权感知在个体心理因素和人际型分类行为间的中介效应检验结果

作用路径	间接效应		直接效应		中介效应检验结果
	系数	P 值（双尾）	系数	P 值（双尾）	
SEV→RWSB	-0.09	0.00	-0.02	0.66	完全中介效应
REV→RWSB	0.09	0.00	0.06	0.19	完全中介效应
SOV→RWSB	0.09	0.01	0.06	0.08	完全中介效应
PREF→RWSB	0.10	0.03	0.06	0.08	完全中介效应
PROF→RWSB	0.13	0.00	0.09	0.01	部分中介效应
PQT→RWSB	0.10	0.00	0.07	0.01	部分中介效应
PR→RWSB	0.19	0.00	0.17	0.00	部分中介效应
PQL→RWSB	0.10	0.00	0.05	0.09	完全中介效应
KS→RWSB	0.20	0.00	0.18	0.00	部分中介效应
CNS→RWSB	0.09	0.01	0.00	0.89	完全中介效应

五　分类授权感知在心理因素与公民型分类行为间的中介效应分析

分类授权感知在个体心理因素和公民型分类行为间的中介效应的检验结果，即输出的模型拟合优度指数见表 5-75。由结构方程全模型拟合优度指数分析结果可知，拟合优度指数达到可接受水平。

表 5-75　结构方程全模型的拟合优度指数

因变量	卡方检验			RMSEA			CFI	TLI	SRMR
	χ^2 值	自由度	P 值	估计值	90% 置信区间	P（RMSEA ≤0.05）			
CWSB	5248.13	1307	0.00	0.05	0.048—0.051	0.86	0.92	0.90	0.06

通过全模型的中介效应结构方程检验（见表5-76）可以看出，预防聚焦和品质偏好完全通过分类授权感知作用于公民型分类行为，而利社会价值观、促进聚焦、数量偏好、节奏偏好、分类知识和分类关注则不完全通过分类授权感知作用于公民型分类行为，即部分通过分类授权感知作用于公民型分类行为，部分直接作用于公民型分类行为。利己价值观和利关系价值观在心理因素与公民型分类行为间不存在中介效应。

表5-76　分类授权感知在个体心理因素和公民型分类行为间的中介效应检验结果

作用路径	间接效应		直接效应		中介效应检验结果
	系数	P值（双尾）	系数	P值（双尾）	
SOV→CWSB	0.33	0.01	0.31	0.01	部分中介效应
PREF→CWSB	0.23	0.00	0.21	0.18	完全中介效应
PROF→CWSB	0.11	0.00	0.08	0.00	部分中介效应
PQT→CWSB	-0.10	0.01	-0.03	0.00	部分中介效应
PR→CWSB	0.14	0.00	0.12	0.00	部分中介效应
PQL→CWSB	0.10	0.00	0.05	0.18	完全中介效应
KS→CWSB	-0.91	0.00	-0.08	0.00	部分中介效应
CNS→CWSB	0.19	0.01	0.12	0.00	部分中介效应

六　城市居民分类授权感知中介效应的假设检验

根据上述分析，本书对前文提出的分类授权感知在个体心理因素和垃圾分类行为及其各维度间的中介效应相关假设进行检验，结果汇总见表5-77。

（一）分类授权感知在价值观倾向和垃圾分类行为及其各维度间中介效应的假设检验

根据实证分析结果可知，分类授权感知在价值观倾向各维度和垃圾分类行为间的中介效应检验结果均为显著（$P<0.05$），其中对利关系价值观为完全中介效应，而对利己价值观、利社会价值观为

部分中介效应，假设 H6 成立。

分类授权感知在价值观倾向各维度和习惯型分类行为间的中介效应检验结果并非全部显著，其中对利己价值观和利关系价值观的中介效应显著（$P<0.05$），且表现为完全中介效应，而对利社会价值观的中介效应不显著（$P>0.05$），假设 H6-1 部分成立。

分类授权感知在价值观倾向各维度和决策型分类行为间的中介效应检验结果均为显著（$P<0.05$），其中对利己价值观和利关系价值观为完全中介效应，而对利社会价值观为部分中介效应，假设 H6-2 成立。

分类授权感知在价值观倾向各维度和人际型分类行为间的中介效应检验结果均为显著（$P<0.05$），且均表现为完全中介效应，假设 H6-3 成立。

分类授权感知在价值观倾向各维度和公民型分类行为间的中介效应检验结果并非全部显著，其中对利社会价值观的中介效应显著（$P<0.05$），且表现为部分中介效应，而对利己价值观和利关系价值观的中介效应不显著（$P>0.05$），假设 H6-4 部分成立。

（二）分类授权感知在分类认知和垃圾分类行为及其各维度间中介效应的假设检验

根据实证分析结果可知，分类授权感知在分类认知各维度和垃圾分类行为间的中介效应检验结果均为显著（$P<0.05$），其中对分类关注为完全中介效应，而对分类知识为部分中介效应，假设 H7 成立。

分类授权感知在分类认知各维度和习惯型分类行为间的中介效应检验结果均不显著（$P>0.05$），假设 H7-1 不成立。

分类授权感知在分类认知各维度和决策型分类行为间的中介效应检验结果均为显著（$P<0.05$），其中对分类关注为完全中介效应，而对分类知识为部分中介效应，假设 H7-2 成立。

分类授权感知在分类认知各维度和人际型分类行为间的中介效应检验结果均为显著（$P<0.05$），其中对分类关注为完全中介效应，

而对分类知识为部分中介效应，假设 H7-3 成立。

分类授权感知在分类认知各维度和人际型分类行为间的中介效应检验结果均为显著（P<0.05），且均为部分中介效应，假设 H7-4 成立。

（三）分类授权感知在调节聚焦和垃圾分类行为及其各维度间中介效应的假设检验

根据实证分析结果可知，分类授权感知在调节聚焦各维度和垃圾分类行为间的中介效应检验结果均为显著（P<0.05），且均为部分中介效应，假设 H8 成立。

分类授权感知在调节聚焦各维度和习惯型分类行为间的中介效应检验结果均为显著（P<0.05），且均为部分中介效应，假设 H8-1 成立。

分类授权感知在调节聚焦各维度和决策型分类行为间的中介效应检验结果均为显著（P<0.05），且均为部分中介效应，假设 H8-2 成立。

分类授权感知在调节聚焦各维度和人际型分类行为间的中介效应检验结果均为显著（P<0.05），其中对预防聚焦为完全中介效应，而对促进聚焦为部分中介效应，假设 H8-3 成立。

分类授权感知在调节聚焦各维度和公民型分类行为间的中介效应检验结果均为显著（P<0.05），其中对预防聚焦为完全中介效应，而对促进聚焦为部分中介效应，假设 H8-4 成立。

（四）分类授权感知在舒适偏好和垃圾分类行为及其各维度间中介效应的假设检验

根据实证分析结果可知，分类授权感知在舒适偏好各维度和垃圾分类行为间的中介效应检验结果均为显著（P<0.05），其中对数量偏好为完全中介效应，而对节奏偏好和品质偏好为部分中介效应，假设 H9 成立。

分类授权感知在舒适偏好各维度和习惯型分类行为间的中介效应检验结果均为显著（P<0.05），且均为部分中介效应，假设 H9-1

成立。

分类授权感知在舒适偏好各维度和决策型分类行为间的中介效应检验结果均不显著（P>0.05），假设 H9-2 不成立。

分类授权感知在舒适偏好各维度和人际型分类行为间的中介效应检验结果均为显著（P<0.05），其中对品质偏好为完全中介效应，而对数量偏好和节奏偏好为部分中介效应，假设 H9-3 成立。

分类授权感知在舒适偏好各维度和公民型分类行为间的中介效应检验结果均为显著（P<0.05），其中对品质偏好为完全中介效应，而对数量偏好和节奏偏好为部分中介效应，假设 H9-4 成立。

表 5-77　分类授权感知在个体心理因素和垃圾分类行为及其各维度间的中介效应的假设检验

序号	研究假设	检验结果
H6	价值观倾向各维度通过分类授权感知间接作用于城市居民垃圾分类行为	成立
H6-1	价值观倾向各维度通过分类授权感知间接作用于城市居民习惯型分类行为	部分成立
H6-2	价值观倾向各维度通过分类授权感知间接作用于城市居民决策型分类行为	成立
H6-3	价值观倾向各维度通过分类授权感知间接作用于城市居民人际型分类行为	成立
H6-4	价值观倾向各维度通过分类授权感知间接作用于城市居民公民型分类行为	部分成立
H7	分类认知各维度通过分类授权感知间接作用于城市居民垃圾分类行为	成立
H7-1	分类认知各维度通过分类授权感知间接作用于城市居民习惯型分类行为	不成立
H7-2	分类认知各维度通过分类授权感知间接作用于城市居民决策型分类行为	成立
H7-3	分类认知各维度通过分类授权感知间接作用于城市居民人际型分类行为	成立
H7-4	分类认知各维度通过分类授权感知间接作用于城市居民公民型分类行为	成立
H8	调节聚焦各维度通过分类授权感知间接作用于城市居民垃圾分类行为	成立
H8-1	调节聚焦各维度通过分类授权感知间接作用于城市居民习惯型分类行为	成立
H8-2	调节聚焦各维度通过分类授权感知间接作用于城市居民决策型分类行为	成立
H8-3	调节聚焦各维度通过分类授权感知间接作用于城市居民人际型分类行为	成立
H8-4	调节聚焦各维度通过分类授权感知间接作用于城市居民公民型分类行为	成立
H9	舒适偏好各维度通过分类授权感知间接作用于城市居民垃圾分类行为	成立
H9-1	舒适偏好各维度通过分类授权感知间接作用于城市居民习惯型分类行为	成立
H9-2	舒适偏好各维度通过分类授权感知间接作用于城市居民决策型分类行为	不成立
H9-3	舒适偏好各维度通过分类授权感知间接作用于城市居民人际型分类行为	成立
H9-4	舒适偏好各维度通过分类授权感知间接作用于城市居民公民型分类行为	成立

第五节　情境因素对垃圾分类行为的调节效应分析

通过前文的文献分析，在分类授权感知影响个体垃圾分类行为的过程中，情境因素可能会影响它们之间的关系。因此，本书将进一步检验情境因素的调节作用。首先，为避免多重共线性的问题，本书对自变量（分类授权感知）和调节变量中的连续变量（全部情境变量）进行了中心化处理，并采用分层回归的方法检验其调节效应。检验其调节效应的分层共包含三个层级：第一层是自变量层，即分类授权感知；第二层是情境因素层，即产品设施、政策标准、环节信任和群体规范变量；第三层则是分类授权感知与情境因素的交互项。因此，构建出了三个回归模型，其中，第一个模型为分类授权感知对垃圾分类行为的回归模型，第二个模型在第一个模型的基础上增加了情境因素变量（产品设施、政策标准、环节信任和群体规范变量），第三个模型进一步增加了分类授权感知与情境变量的交互项。模型的拟合优度指数（R^2）变化量将决定调节效应是否显著，若变化量（ΔR^2）为正，则表示新模型优于旧模型。因此，若模型三的 R^2 最高，且模型和路径系数达到显著性水平，说明该分层回归存在显著的调节效应，也就是说情境因素对分类授权感知作用于垃圾分类行为的路径具有调节作用。接下来，本书将分析不同情境因素对分类授权感知与垃圾分类行为之间的调节效应。

一　政策标准的调节效应检验

（一）政策普及度的调节效应检验

不考虑其他变量的情况下，本书对政策普及度的调节效应进行检验，其中自变量为分类授权感知，因变量为垃圾分类行为，分层回归结果见表 5-78。由表中相关的回归结果可以看出：

（1）政策普及度对分类授权感知作用于垃圾分类行为路径影响的结果显示，分层回归分析中模型三的交互项未表现出显著的特征，

表 5-78 政策普及度的调节效应检验

		模型一			模型二			模型三		
		β	标准误差	t 值	β	标准误差	t 值	β	标准误差	t 值
WSB	（常数项）	3.48	0.01	322.43***	3.48	0.011	323.82***	3.48	0.012	296.15***
	PSE	0.56	0.01	38.83***	0.52	0.017	31.33***	0.52	0.017	31.00***
	PP	—	—	—	0.05	0.012	3.74***	0.05	0.012	3.77***
	PSE×PP	—	—	—	—	—	—	-0.01	0.01	-0.54
	R^2	0.50			0.51			0.51		
	F	1507.91			767.44			511.48		
HWSB	（常数项）	3.72	0.02	180.55***	3.72	0.02	188.62***	3.75	0.02	174.73***
	PSE	0.07	0.03	2.72**	0.26	0.03	8.56***	0.25	0.03	8.05***
	PP	—	—	—	-0.26	0.02	-11.76***	-0.24	0.02	-10.77***
	PSE×PP	—	—	—	—	—	—	0.08	0.02	-3.81***
	R^2	0.01			0.09			0.10		
	F	7.42			73.19			54.07		
DWSB	（常数项）	3.65	0.02	221.93***	3.65	0.02	222.23***	3.65	0.02	203.07***
	PSE	0.65	0.02	29.99***	0.62	0.03	24.46***	0.62	0.03	24.25***
	PP	—	—	—	0.04	0.02	2.23*	0.04	0.02	2.18*
	PSE×PP	—	—	—	—	—	—	0.00	0.02	-0.00
	R^2	0.37			0.38			0.38		
	F	889.22			453.27			301.98		

续表

		模型一			模型二			模型三		
		β	标准误差	t 值	β	标准误差	t 值	β	标准误差	t 值
RWSB	（常数项）	3.52	0.02	200.43***	3.52	0.02	202.98***	3.52	0.02	185.45***
	PSE	0.59	0.02	25.51***	0.51	0.03	18.77***	0.51	0.03	18.62***
	PP	—	—	—	0.12	0.02	6.28***	0.12	0.02	6.13***
	PSE×PP	—	—	—	—	—	—	0.00	0.02	0.08
	R^2	0.30			0.32			0.32		
	F	650.87			353.48			235.50		
CWSB	（常数项）	3.04	0.02	143.41***	3.04	0.02	150.29***	3.02	0.02	136.61***
	PSE	0.90	0.03	32.06***	0.70	0.03	22.30***	0.71	0.03	22.48***
	PP	—	—	—	0.28	0.02	12.20***	0.27	0.02	11.44***
	PSE×PP	—	—	—	—	—	—	0.05	0.02	2.49*
	R^2	0.41			0.46			0.46		
	F	1027.62			638.66			429.32		

注：表格内的主体数据为标准化系数（β值）；*** 表示在 $P<0.001$ 水平下显著，** 表示在 $P<0.01$ 水平下显著，* 表示在 $P<0.05$ 水平下显著；WSB 为垃圾分类行为，HWSB 为习惯型分类行为，DWSB 为决策型分类行为，RWSB 为人际型分类行为，CWSB 为公民型分类行为，PSE 为分类授权感知，PP 为政策普及度。

说明政策普及度对分类授权感知作用于垃圾分类行为路径不具有显著的调节效应。

（2）政策普及度对分类授权感知作用于习惯型分类行为路径影响的结果显示，分层回归分析中模型三的 F 值为 54.07，$P<0.001$，ΔR^2大于 0，且交互项表现出显著的特征，说明政策普及度对分类授权感知作用于习惯型分类行为路径具有显著的调节效应。其中，政策普及度与分类授权感知的交互项系数大于 0（0.08），表明政策普及度对分类授权感知作用于习惯型分类行为路径具有正向的调节效应。调节效果见图 5-13（a）。

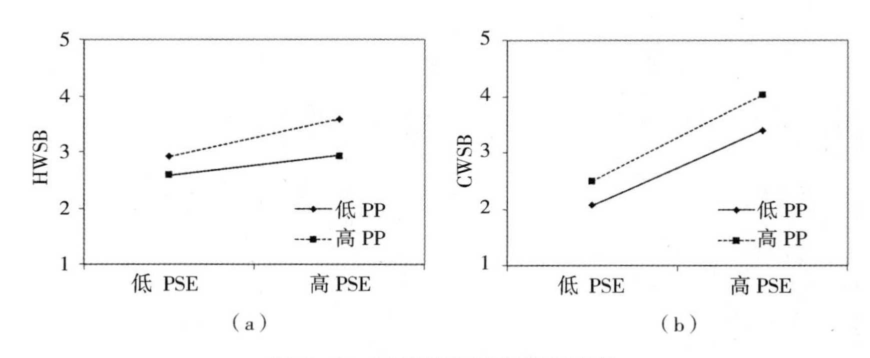

图 5-13　政策普及度的调节效应

（3）政策普及度对分类授权感知作用于决策型分类行为路径影响的结果显示，分层回归分析中模型三的交互项未表现出显著的特征，说明政策普及度对分类授权感知作用于决策型分类行为路径不具有显著的调节效应。

（4）政策普及度对分类授权感知作用于人际型分类行为路径影响的结果显示，分层回归分析中模型三的交互项未表现出显著的特征，说明政策普及度对分类授权感知作用于人际型分类行为路径不具有显著的调节效应。

（5）政策普及度对分类授权感知作用于公民型分类行为路径影响的结果显示，分层回归分析中模型三的 F 值为 429.32，$P<0.001$，

ΔR^2大于 0（因四舍五入表 5-78 等表中部分 R^2 差异未显示），且交互项表现出显著的特征，说明政策普及度对分类授权感知作用于公民型分类行为路径具有显著的调节效应。其中，政策普及度与分类授权感知的交互项系数大于 0（0.05），表明政策普及度对分类授权感知作用于公民型分类行为路径具有正向的调节效应。调节效果见图 5-13（b）。

（二）标准可识别度的调节效应检验

不考虑其他变量的情况下，本书对标准可识别度的调节效应进行检验，其中自变量为分类授权感知，因变量为垃圾分类行为，分层回归结果见表 5-79。由表中相关的回归结果可以看出：

（1）标准可识别度对分类授权感知作用于垃圾分类行为路径影响的结果显示，分层回归分析中模型三的 F 值为 505.45，$P<0.001$，ΔR^2大于 0，且交互项表现出显著的特征，说明标准可识别度对分类授权感知作用于垃圾分类行为路径具有显著的调节效应。其中，标准可识别度与分类授权感知的交互项系数大于 0（0.01），表明标准可识别度对分类授权感知作用于垃圾分类行为路径具有正向的调节效应。调节效果见图 5-14（a）。

（2）标准可识别度对分类授权感知作用于习惯型分类行为路径影响的结果显示，分层回归分析中模型三的 F 值为 11.10，$P<0.001$，ΔR^2大于 0，且交互项表现出显著的特征，说明标准可识别度对分类授权感知作用于习惯型分类行为路径具有显著的调节效应。其中，标准可识别度与分类授权感知的交互项系数大于 0（0.08），表明标准可识别度对分类授权感知作用于习惯型分类行为路径具有正向的调节效应。调节效果见图 5-14（b）。

（3）标准可识别度对分类授权感知作用于决策型分类行为路径影响的结果显示，分层回归分析中模型三的交互项未表现出显著的特征，说明标准可识别度对分类授权感知作用于决策型分类行为路径不具有显著的调节效应。

表 5-79 **标准可识别度的调节效应检验**

		模型一			模型二			模型三		
		β	标准误差	t 值	β	标准误差	t 值	β	标准误差	t 值
WSB	(常数项)	3.48	0.01	322.43***	3.48	0.01	322.87***	3.48	0.01	312.99***
	PSE	0.56	0.01	38.83***	0.54	0.02	35.31***	0.54	0.02	35.20***
	RS	—	—	—	0.03	0.01	2.25*	0.03	0.01	2.18*
	PSE×RS	—	—	—	—	—	—	0.01	0.01	2.38*
	R^2	0.50			0.50			0.50		
	F	1507.91			758.54			505.45		
HWSB	(常数项)	3.72	0.02	180.55***	3.72	0.02	181.07***	3.74	0.02	177.39***
	PSE	0.07	0.03	2.72**	0.11	0.03	3.69***	0.10	0.03	3.44***
	RS	—	—	—	0.08	0.03	3.11**	0.09	0.03	3.64***
	PSE×RS	—	—	—	—	—	—	0.08	0.02	4.00***
	R^2	0.01			0.01			0.02		
	F	7.42			8.59			11.10		
DWSB	(常数项)	3.65	0.02	221.93***	3.65	0.02	223.42***	3.66	0.02	216.99***
	PSE	0.65	0.02	29.99***	0.61	0.02	26.36***	0.61	0.02	26.22***
	RS	—	—	—	0.09	0.02	4.60***	0.09	0.02	4.37***
	PSE×RS	—	—	—	—	—	—	0.02	0.02	1.40
	R^2	0.37			0.38			0.38		
	F	899.22			466.23			311.68		

续表

		模型一			模型二			模型三		
		β	标准误差	t 值	β	标准误差	t 值	β	标准误差	t 值
RWSB	(常数项)	3.52	0.02	200.43***	3.52	0.02	200.93***	3.52	0.02	194.93***
	PSE	0.59	0.02	25.51***	0.57	0.03	22.70***	0.57	0.03	22.60***
	RS	—	—	—	0.06	0.02	2.91**	0.06	0.02	2.78**
	PSE×RS	—	—	—	—	—	—	0.01	0.02	0.74
	R^2	0.30			0.31			0.31		
	F	650.87			331.27			220.97		
CWSB	(常数项)	3.04	0.02	143.41***	3.04	0.02	143.49***	3.02	0.02	138.94***
	PSE	0.90	0.03	32.06***	0.88	0.03	29.20***	0.89	0.03	29.66***
	RS	—	—	—	0.04	0.03	1.64	0.06	0.03	2.29*
	PSE×RS	—	—	—	—	—	—	0.10	0.02	4.81***
	R^2	0.41			0.41			0.42		
	F	1027.62			515.74			356.61		

注：表格内的主体数据为标准化系数（β 值）；*** 表示在 $P<0.001$ 水平下显著，** 表示在 $P<0.01$ 水平下显著，* 表示在 $P<0.05$ 水平下显著；WSB 为垃圾分类行为，HWSB 为习惯型分类行为，DWSB 为决策型分类行为，RWSB 为人际型分类行为，CWSB 为公民型分类行为，PSE 为分类授权感知，RS 为标准可识别度。

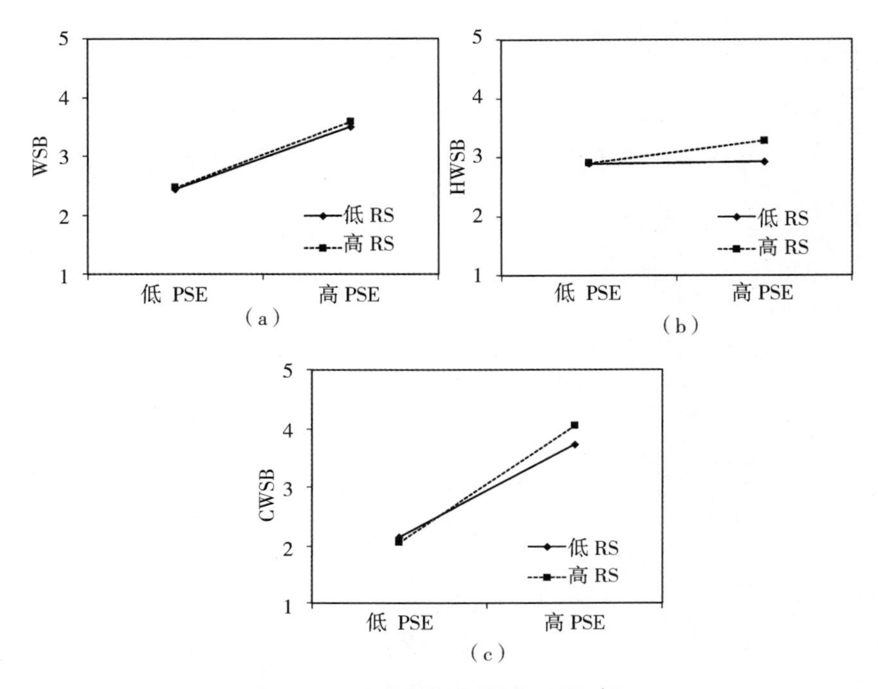

图 5-14 标准可识别度的调节效应

（4）标准可识别度对分类授权感知作用于人际型分类行为路径影响的结果显示，分层回归分析中模型三的交互项未表现出显著的特征，说明标准可识别度对分类授权感知作用于人际型分类行为路径不具有显著的调节效应。

（5）标准可识别度对分类授权感知作用于公民型分类行为路径影响的结果显示，分层回归分析中模型三的 F 值为 356.61，$P<0.001$，ΔR^2大于 0，且交互项表现出显著的特征，说明标准可识别度对分类授权感知作用于公民型分类行为路径具有显著的调节效应。其中，标准可识别度与分类授权感知的交互项系数大于 0（0.10），表明标准可识别度对分类授权感知作用于公民型分类行为路径具有正向的调节效应。调节效果见图 5-14（c）。

二　产品设施的调节效应检验

（一）产品技术条件的调节效应检验

不考虑其他变量的情况下，本书对产品技术条件的调节效应进行检验，其中自变量为分类授权感知，因变量为垃圾分类行为，分层回归结果见表 5-80。

由表中相关的回归结果可以看出：

（1）产品技术条件对分类授权感知作用于垃圾分类行为路径影响的结果显示，分层回归分析中模型三的交互项未表现出显著的特征，说明产品技术条件对分类授权感知作用于垃圾分类行为路径不具有显著的调节效应。

（2）产品技术条件对分类授权感知作用于习惯型分类行为路径影响的结果显示，分层回归分析中模型三的 F 值为 9.34，$P<0.001$，ΔR^2大于 0，且交互项表现出显著的特征，说明产品技术条件对分类授权感知作用于习惯型分类行为路径具有显著的调节效应。其中，产品技术条件与分类授权感知的交互项系数大于 0（0.09），表明产品技术条件对分类授权感知作用于习惯型分类行为路径具有正向的调节效应。调节效果见图 5-15（a）。

（3）产品技术条件对分类授权感知作用于决策型分类行为路径影响的结果显示，分层回归分析中模型三的交互项未表现出显著的特征，说明产品技术条件对分类授权感知作用于决策型分类行为路径不具有显著的调节效应。

（4）产品技术条件对分类授权感知作用于人际型分类行为路径影响的结果显示，分层回归分析中模型三的交互项未表现出显著的特征，说明产品技术条件对分类授权感知作用于人际型分类行为路径不具有显著的调节效应。

（5）产品技术条件对分类授权感知作用于公民型分类行为路径影响的结果显示，分层回归分析中模型三的 F 值为 353.95，

表 5-80 产品技术条件的调节效应检验

		模型一			模型二			模型三		
		β	标准误差	t 值	β	标准误差	t 值	β	标准误差	t 值
WSB	(常数项)	3. 48	0. 01	322. 43 ***	3. 48	0. 01	325. 63 ***	3. 48	0. 01	313. 53 ***
	PSE	0. 56	0. 01	38. 83 ***	0. 52	0. 02	33. 44 ***	0. 52	0. 02	33. 43 ***
	PTC	—	—	—	0. 09	0. 02	5. 57 ***	0. 09	0. 02	5. 57 ***
	PSE×PTC	—	—	—	—	—	—	-0. 00	0. 01	-0. 24
	R^2		0. 50			0. 51			0. 51	
	F		1507. 91			784. 54			522. 71	
HWSB	(常数项)	3. 72	0. 02	180. 55 ***	3. 72	0. 02	181. 00 ***	3. 73	0. 02	175. 93 ***
	PSE	0. 07	0. 03	2. 72 ***	0. 11	0. 03	3. 69 ***	0. 11	0. 03	3. 69 ***
	PTC	—	—	—	0. 09	0. 03	2. 91 **	0. 10	0. 03	3. 23 ***
	PSE×PTC	—	—	—	—	—	—	0. 09	0. 03	3. 46 ***
	R^2		0. 01			0. 01			0. 02	
	F		7. 42			7. 94			9. 34	
DWSB	(常数项)	3. 65	0. 02	221. 93 ***	3. 65	0. 02	226. 43 ***	3. 65	0. 02	218. 22 ***
	PSE	0. 65	0. 02	29. 99 ***	0. 58	0. 02	24. 62 ***	0. 58	0. 02	24. 62 ***
	PTC	—	—	—	0. 20	0. 03	7. 91 ***	0. 20	0. 03	7. 82 ***
	PSE×PTC	—	—	—	—	—	—	0. 01	0. 02	0. 53
	R^2		0. 37			0. 40			0. 40	
	F		899. 22			499. 25			332. 77	

续表

		模型一			模型二			模型三		
		β	标准误差	t 值	β	标准误差	t 值	β	标准误差	t 值
RWSB	（常数项）	3.52	0.02	200.43 ***	3.52	0.02	203.90 ***	3.52	0.02	196.31 ***
	PSE	0.59	0.02	25.51 ***	0.52	0.03	20.64 ***	0.52	0.03	20.63 ***
	PTC	—	—	—	0.19	0.03	7.31 ***	0.20	0.03	7.29 ***
	PSE×PTC	—	—	—	—	—	—	-0.00	0.02	-0.19
	R^2	0.30			0.32			0.33		
	F	650.87			363.49			242.18		
CWSB	（常数项）	3.04	0.02	143.41 ***	3.04	0.02	143.57 ***	3.02	0.02	137.93 ***
	PSE	0.90	0.03	32.06 ***	0.87	0.03	28.38 ***	0.87	0.03	28.54 ***
	PTC	—	—	—	0.07	0.03	2.10 *	0.08	0.03	2.48 *
	PSE×PTC	—	—	—	—	—	—	0.11	0.03	4.09 ***
	R^2	0.41			0.41			0.41		
	F	1027.62			517.16			353.95		

注：表格内的主体数据为标准化系数（β 值）；*** 表示在 $P<0.001$ 水平下显著，** 表示在 $P<0.01$ 水平下显著，* 表示在 $P<0.05$ 水平下显著；WSB 为垃圾分类行为，HWSB 为习惯型分类行为，DWSB 为决策型分类行为，RWSB 为人际型分类行为，CWSB 为公民型分类行为，PSE 为分类授权感知，PTC 为产品技术条件。

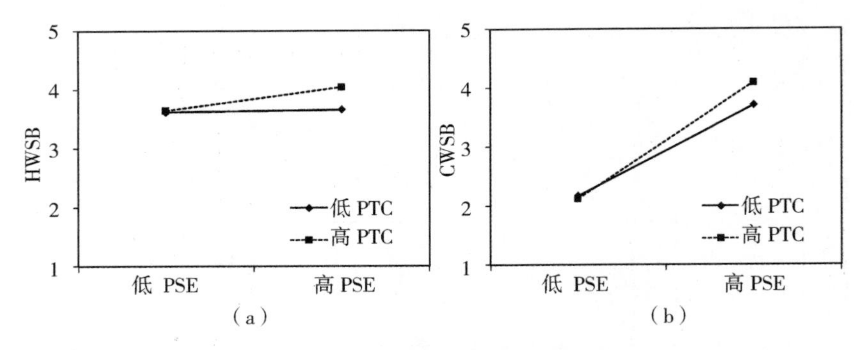

图 5-15　产品技术条件的调节效应

$P<0.001$，ΔR^2大于 0，且交互项表现出显著的特征，说明产品技术条件对分类授权感知作用于公民型分类行为路径具有显著的调节效应。其中，产品技术条件与分类授权感知的交互项系数大于 0（0.11），表明产品技术条件对分类授权感知作用于公民型分类行为路径具有正向的调节效应。调节效果见图 5-15（b）。

（二）设施条件的调节效应检验

不考虑其他变量的情况下，本书对设施条件的调节效应进行检验，其中自变量为分类授权感知，因变量为垃圾分类行为，分层回归结果见表 5-81。

由表中相关的回归结果可以看出：

（1）设施条件对分类授权感知作用于垃圾分类行为路径影响的结果显示，分层回归分析中模型三的 F 值为 520.09，$P<0.001$，ΔR^2大于 0，且交互项表现出显著的特征，说明设施条件对分类授权感知作用于垃圾分类行为路径具有显著的调节效应。其中，设施条件与分类授权感知的交互项系数大于 0（0.03），表明设施条件对分类授权感知作用于垃圾分类行为路径具有正向的调节效应。调节效果见图 5-16（a）。

表 5-81　　设施条件的调节效应检验

		模型一			模型二			模型三		
		β	标准误差	t 值	β	标准误差	t 值	β	标准误差	t 值
WSB	（常数项）	3.48	0.01	322.43***	3.48	0.01	324.66***	3.49	0.01	309.21***
	PSE	0.56	0.01	38.83***	0.52	0.02	32.86***	0.52	0.02	32.71***
	FC	—	—	—	0.06	0.01	4.68***	0.06	0.01	4.69***
	PSE×FC	—	—	—	—	—	—	0.03	0.01	2.28*
	R^2	0.50			0.51			0.51		
	F	1507.91			775.36			520.09		
HWSB	（常数项）	3.72	0.02	180.55***	3.72	0.02	183.09***	3.76	0.02	178.24***
	PSE	0.07	0.03	2.72***	0.16	0.03	5.43***	0.15	0.03	5.10***
	FC	—	—	—	0.17	0.03	6.60***	0.17	0.03	6.66***
	PSE×FC	—	—	—	—	—	—	0.15	0.02	6.58***
	R^2	0.01			0.03			0.06		
	F	7.42			25.60			31.96		
DWSB	（常数项）	3.65	0.02	221.93***	3.65	0.02	223.37***	3.66	0.02	212.95***
	PSE	0.65	0.02	29.99***	0.60	0.02	24.95***	0.60	0.02	24.80***
	FC	—	—	—	0.09	0.02	4.53***	0.09	0.02	4.55***
	PSE×FC	—	—	—	—	—	—	0.04	0.02	2.25*
	R^2	0.37			0.38			0.39		
	F	899.22			465.71			313.00		

续表

		模型一			模型二			模型三		
		β	标准误差	t 值	β	标准误差	t 值	β	标准误差	t 值
RWSB	(常数项)	3.52	0.02	200.43***	3.52	0.02	203.69***	3.52	0.02	193.28***
	PSE	0.59	0.02	25.51***	0.51	0.03	20.00***	0.51	0.03	19.95***
	FC	—	—	—	0.15	0.02	7.09***	0.15	0.02	7.09***
	PSE×FC	—	—	—	—	—	—	-0.00	0.02	-0.19
	R^2	0.30			0.33			0.33		
	F	650.87			361.21			240.67		
CWSB	(常数项)	3.04	0.02	143.41***	3.04	0.02	145.42***	3.02	0.02	137.40***
	PSE	0.90	0.03	32.06***	0.81	0.03	26.10***	0.82	0.03	26.37***
	FC	—	—	—	0.17	0.03	6.60***	0.17	0.03	6.61***
	PSE×FC	—	—	—	—	—	—	0.08	0.02	3.55***
	R^2	0.41			0.42			0.43		
	F	1027.62			550.12			373.76		

注：表格内的主体数据为标准化系数（β 值）；*** 表示在 $P<0.001$ 水平下显著，* 表示在 $P<0.05$ 水平下显著；WSB 为垃圾分类行为，HWSB 为习惯型分类行为，DWSB 为决策型分类行为，RWSB 为人际型分类行为，CWSB 为公民型分类行为，PSE 为分类授权感知，FC 为设施条件。

（2）设施条件对分类授权感知作用于习惯型分类行为路径影响的结果显示，分层回归分析中模型三的 F 值为 31.96，$P<0.001$，ΔR^2大于 0，且交互项表现出显著的特征，说明设施条件对分类授权感知作用于习惯型分类行为路径具有显著的调节效应。其中，设施条件与分类授权感知的交互项系数大于 0（0.15），表明设施条件对分类授权感知作用于习惯型分类行为路径具有正向的调节效应。调节效果见图 5-16（b）。

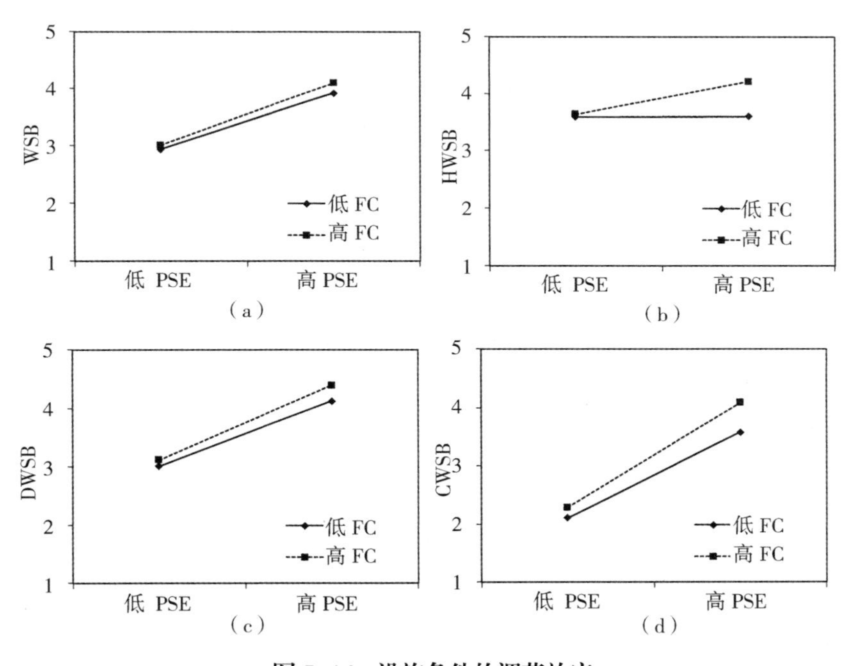

图 5-16　设施条件的调节效应

（3）设施条件对分类授权感知作用于决策型分类行为路径影响的结果显示，分层回归分析中模型三的 F 值为 313.00，$P<0.001$，ΔR^2大于 0，且交互项表现出显著的特征，说明设施条件对分类授权感知作用于决策型分类行为路径具有显著的调节效应。其中，设施条件与分类授权感知的交互项系数大于 0（0.04），表明设施条件对分类授权感知作用于决策型分类行为路径具有正向的调节效应。调

节效果见图5-16（c）。

（4）设施条件对分类授权感知作用于人际型分类行为路径影响的结果显示，分层回归分析中模型三的交互项未表现出显著的特征，说明设施条件对分类授权感知作用于人际型分类行为路径不具有显著的调节效应。

（5）设施条件对分类授权感知作用于公民型分类行为路径影响的结果显示，分层回归分析中模型三的F值为373.76，$P<0.001$，ΔR^2大于0，且交互项表现出显著的特征，说明设施条件对分类授权感知作用于公民型分类行为路径具有显著的调节效应。其中，设施条件与分类授权感知的交互项系数大于0（0.08），表明设施条件对分类授权感知作用于公民型分类行为路径具有正向的调节效应。调节效果见图5-16（d）。

三　环节信任的调节效应检验

（一）生产环节信任的调节效应检验

不考虑其他变量的情况下，本书对生产环节信任的调节效应进行检验，其中自变量为分类授权感知，因变量为垃圾分类行为，分层回归结果见表5-82。由表中相关的回归结果可以看出：

（1）生产环节信任对分类授权感知作用于垃圾分类行为路径影响的结果显示，分层回归分析中模型三的F值为523.22，$P<0.001$，ΔR^2大于0，且交互项表现出显著的特征，说明生产环节信任对分类授权感知作用于垃圾分类行为路径具有显著的调节效应。其中，生产环节信任与分类授权感知的交互项系数大于0（0.04），表明生产环节信任对分类授权感知作用于垃圾分类行为路径具有正向的调节效应。调节效果见图5-17（a）。

（2）生产环节信任对分类授权感知作用于习惯型分类行为路径影响的结果显示，分层回归分析中模型三的F值为63.90，$P<0.001$，ΔR^2大于0，且交互项表现出显著的特征，说明生产环节信任对分类授权感知作用于习惯型分类行为路径具有显著的调节效应。

表 5-82 生产环节信任的调节效应检验

		模型一			模型二			模型三		
		β	标准误差	t 值	β	标准误差	t 值	β	标准误差	t 值
WSB	（常数项）	3.48	0.01	322.43***	3.48	0.01	324.30***	3.49	0.01	318.69***
	PSE	0.56	0.01	38.83***	0.54	0.02	35.75***	0.53	0.02	35.72***
	TPL	—	—	—	0.06	0.01	4.30***	0.06	0.01	4.53***
	PSE×TPL	—	—	—	—	—	—	0.04	0.01	3.63***
	R^2	0.50			0.51			0.51		
	F	1507.91			771.97			523.22		
HWSB	（常数项）	3.72	0.02	180.55***	3.71	0.02	187.67***	3.75	0.02	188.25***
	PSE	0.07	0.03	2.72**	0.17	0.03	6.15***	0.16	0.03	5.95***
	TPL	—	—	—	0.27	0.03	11.04***	0.26	0.02	10.76***
	PSE×TPL	—	—	—	—	—	—	0.16	0.02	7.55***
	R^2	0.01			0.08			0.11		
	F	7.42			64.89			63.90		
DWSB	（常数项）	3.65	0.02	221.93***	3.65	0.02	225.79***	3.67	0.02	222.53***
	PSE	0.65	0.02	29.99***	0.60	0.02	26.68***	0.60	0.02	26.63***
	TPL	—	—	—	0.15	0.02	7.33***	0.15	0.02	7.61***
	PSE×TPL	—	—	—	—	—	—	0.07	0.02	4.14***
	R^2	0.37			0.40			0.40		
	F	899.22			492.21			337.41		

续表

		模型一			模型二			模型三		
		β	标准误差	t 值	β	标准误差	t 值	β	标准误差	t 值
RWSB	（常数项）	3.52	0.02	200.43 ***	3.52	0.02	206.43 ***	3.53	0.02	202.10 ***
	PSE	0.59	0.02	25.51 ***	0.52	0.02	21.95 ***	0.52	0.02	21.87 ***
	TPL	—	—	—	0.20	0.02	9.61 ***	0.21	0.02	9.71 ***
	PSE×TPL	—	—	—	—	—	—	0.04	0.02	2.84 ***
	R^2	0.30			0.34			0.34		
	F	650.87			391.36			262.45		
CWSB	（常数项）	3.04	0.02	143.41 ***	3.04	0.02	144.93	3.02	0.02	141.39 ***
	PSE	0.90	0.03	32.06 ***	0.85	0.03	28.97	0.85	0.03	29.28 ***
	TPL	—	—	—	0.15	0.03	5.75	0.14	0.03	5.52 ***
	PSE×TPL	—	—	—	—	—	—	0.10	0.02	4.28 ***
	R^2	0.41			0.42			0.43		
	F	1027.62			541.34			371.17		

注：表格内的主体数据为标准化系数（β 值）；*** 表示在 P<0.001 水平下显著，** 表示在 P<0.01 水平下显著；WSB 为垃圾分类行为，HWSB 为习惯型分类行为，DWSB 为决策型分类行为，RWSB 为人际型分类行为，CWSB 为公民型分类行为，PSE 为分类授权感知，TPL 为生产环节信任。

其中，生产环节信任与分类授权感知的交互项系数大于0（0.16），表明生产环节信任对分类授权感知作用于习惯型分类行为路径具有正向的调节效应。调节效果见图5-17（b）。

（3）生产环节信任对分类授权感知作用于决策型分类行为路径影响的结果显示，分层回归分析中模型三的F值为337.41，$P<0.001$，ΔR^2大于0，且交互项表现出显著的特征，说明生产环节信任对分类授权感知作用于决策型分类行为路径具有显著的调节效应。其中，生产环节信任与分类授权感知的交互项系数大于0（0.07），表明生产环节信任对分类授权感知作用于决策型分类行为路径具有正向的调节效应。调节效果见图5-17（c）。

（4）生产环节信任对分类授权感知作用于人际型分类行为路径影响的结果显示，分层回归分析中模型三的F值为262.45，$P<0.001$，ΔR^2大于0，且交互项表现出显著的特征，说明生产环节信任对分类授权感知作用于人际型分类行为路径具有显著的调节效应。其中，生产环节信任与分类授权感知的交互项系数大于0（0.04），表明生产环节信任对分类授权感知作用于人际型分类行为路径具有正向的调节效应。调节效果见图5-17（d）。

（5）生产环节信任对分类授权感知作用于公民型分类行为路径影响的结果显示，分层回归分析中模型三的F值为371.17，$P<0.001$，ΔR^2大于0，且交互项表现出显著的特征，说明生产环节信任对分类授权感知作用于公民型分类行为路径具有显著的调节效应。其中，生产环节信任与分类授权感知的交互项系数大于0（0.10），表明生产环节信任对分类授权感知作用于公民型分类行为路径具有正向的调节效应。调节效果见图5-17（e）。

（二）分类环节信任的调节效应检验

不考虑其他变量的情况下，本书对分类环节信任的调节效应进行检验，其中自变量为分类授权感知，因变量为垃圾分类行为，分层回归结果见表5-83。由表中相关的回归结果可以看出：

（1）分类环节信任对分类授权感知作用于垃圾分类行为路径影

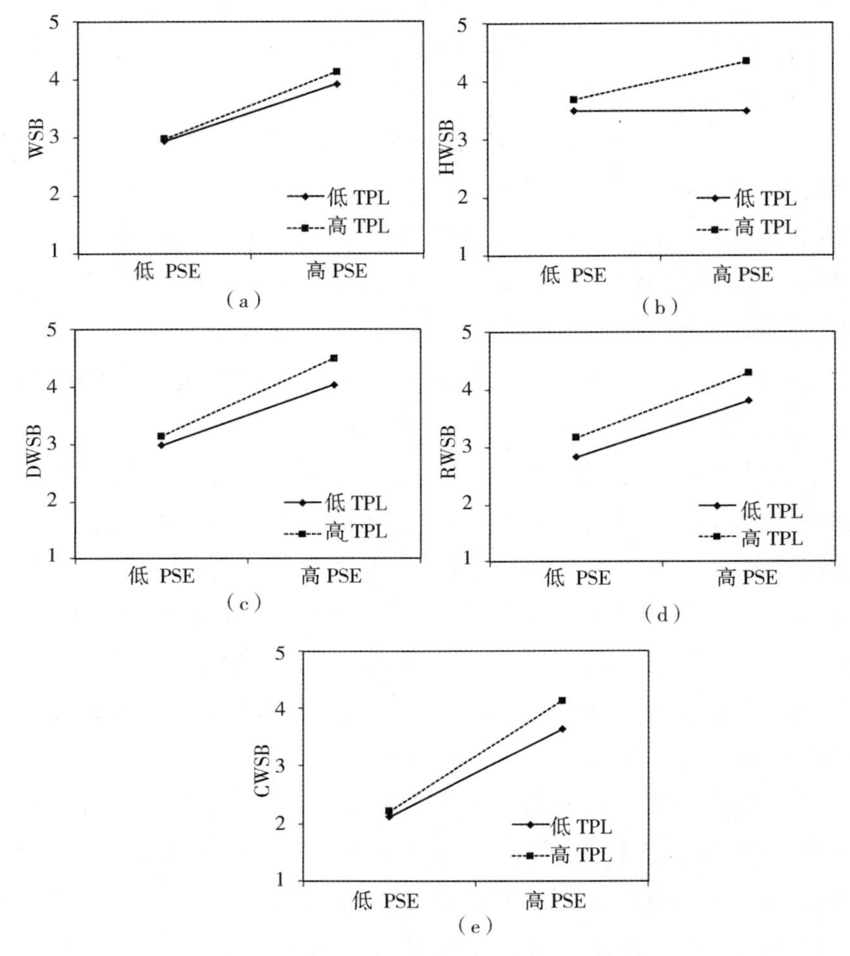

图 5-17　生产环节信任的调节效应

响的结果显示，分层回归分析中模型三的 F 值为 513.46，P<0.001，ΔR^2大于 0，且交互项表现出显著的特征，说明分类环节信任对分类授权感知作用于垃圾分类行为路径具有显著的调节效应。其中，分类环节信任与分类授权感知的交互项系数大于 0（0.13），表明分类环节信任对分类授权感知作用于垃圾分类行为路径具有正向的调节效应。调节效果见图 5-18（a）。

（2）分类环节信任对分类授权感知作用于习惯型分类行为路径

表 5-83　**分类环节信任的调节效应检验**

		模型一			模型二			模型三		
		β	标准误差	t 值	β	标准误差	t 值	β	标准误差	t 值
WSB	（常数项）	3.48	0.01	322.43***	3.48	0.01	323.30***	3.49	0.01	318.15***
	PSE	0.56	0.01	38.83***	0.54	0.02	36.52***	0.54	0.02	36.60***
	TSL	—	—	—	0.04	0.01	3.02**	0.04	0.01	2.84**
	PSE×TSL	—	—	—	—	—	—	0.13	0.01	2.84**
	R^2	0.50			0.50			0.51		
	F	1507.91			762.60			513.46		
HWSB	（常数项）	3.72	0.02	180.55***	3.72	0.02	186.76***	3.75	0.02	188.17***
	PSE	0.07	0.03	2.72**	0.15	0.03	5.60***	0.15	0.03	5.70***
	TSL	—	—	—	0.25	0.02	10.30***	0.26	0.02	10.97***
	PSE×TSL	—	—	—	—	—	—	0.17	0.02	7.78***
	R^2	0.01			0.07			0.11		
	F	7.42			57.02			59.69		
DWSB	（常数项）	3.65	0.02	221.93***	3.65	0.02	224.15***	3.66	0.02	220.19***
	PSE	0.65	0.02	29.99***	0.62	0.02	27.50***	0.62	0.02	27.52***
	TSL	—	—	—	0.11	0.02	5.58***	0.11	0.02	5.46***
	PSE×TSL	—	—	—	—	—	—	0.03	0.02	1.80
	R^2	0.37			0.39			0.39		
	F	899.22			474.17			317.67		

续表

		模型一			模型二			模型三		
		β	标准误差	t 值	β	标准误差	t 值	β	标准误差	t 值
RWSB	(常数项)	3.52	0.02	200.43***	3.52	0.02	203.64***	3.52	0.02	200.06***
	PSE	0.59	0.02	25.51***	0.55	0.02	22.90***	0.55	0.02	22.91***
	TSL	—	—	—	0.15	0.02	7.03***	0.15	0.02	6.92***
	PSE×TSL	—	—	—	—	—	—	0.03	0.02	1.75
	R^2	0.30			0.32			0.33		
	F	650.87			360.68			241.79		
CWSB	(常数项)	3.04	0.02	143.41***	3.04	0.02	144.98***	3.02	0.02	142.05***
	PSE	0.90	0.03	32.06***	0.85	0.03	29.46***	0.85	0.03	29.64***
	TSL	—	—	—	0.15	0.03	5.84***	0.16	0.03	6.14***
	PSE×TSL	—	—	—	—	—	—	-0.10	0.02	-4.29***
	R^2	0.41			0.42			0.43		
	F	1027.62			542.22			371.77		

注：表格内的主体数据为标准化系数（β 值）；*** 表示在 $P<0.001$ 水平下显著，** 表示在 $P<0.01$ 水平下显著；WSB 为垃圾分类行为，HWSB 为习惯型分类行为，DWSB 为决策型分类行为，RWSB 为人际型分类行为，CWSB 为公民型分类行为，PSE 为分类授权感知，TSL 为分类环节信任。

影响的结果显示，分层回归分析中模型三的F值为59.69，P<0.001，ΔR^2大于0，且交互项表现出显著的特征，说明分类环节信任对分类授权感知作用于习惯型分类行为路径具有显著的调节效应。其中，分类环节信任与分类授权感知的交互项系数大于0（0.17），表明分类环节信任对分类授权感知作用于习惯型分类行为路径具有正向的调节效应。调节效果见图5-18（b）。

（3）分类环节信任对分类授权感知作用于决策型分类行为路径影响的结果显示，分层回归分析中模型三的交互项未表现出显著的特征，说明分类环节信任对分类授权感知作用于决策型分类行为路径不具有显著的调节效应。

（4）分类环节信任对分类授权感知作用于人际型分类行为路径影响的结果显示，分层回归分析中模型三的交互项未表现出显著的特征，说明分类环节信任对分类授权感知作用于人际型分类行为路径不具有显著的调节效应。

（5）分类环节信任对分类授权感知作用于公民型分类行为路径影响的结果显示，分层回归分析中模型三的F值为371.77，P<0.001，ΔR^2大于0，且交互项表现出显著的特征，说明分类环节信任对分类授权感知作用于公民型分类行为路径具有显著的调节效应。其中，分类环节信任与分类授权感知的交互项系数小于0（-0.10），表明分类环节信任对分类授权感知作用于公民型分类行为路径具有负向的调节效应。可能的原因是，居民认为其他个体会对垃圾进行分类，且垃圾分类具有正的外部效应，因此他们更愿意坐享其成，从而产生“搭便车”的不作为行为。调节效果见图5-18（c）。

（三）收运环节信任的调节效应检验

不考虑其他变量的情况下，本书对收运环节信任的调节效应进行检验，其中自变量为分类授权感知，因变量为垃圾分类行为，分层回归结果见表5-84。由表中相关的回归结果可以看出：

（1）收运环节信任对分类授权感知作用于垃圾分类行为路径影响的结果显示，分层回归分析中模型三的F值为510.80，P<0.001，

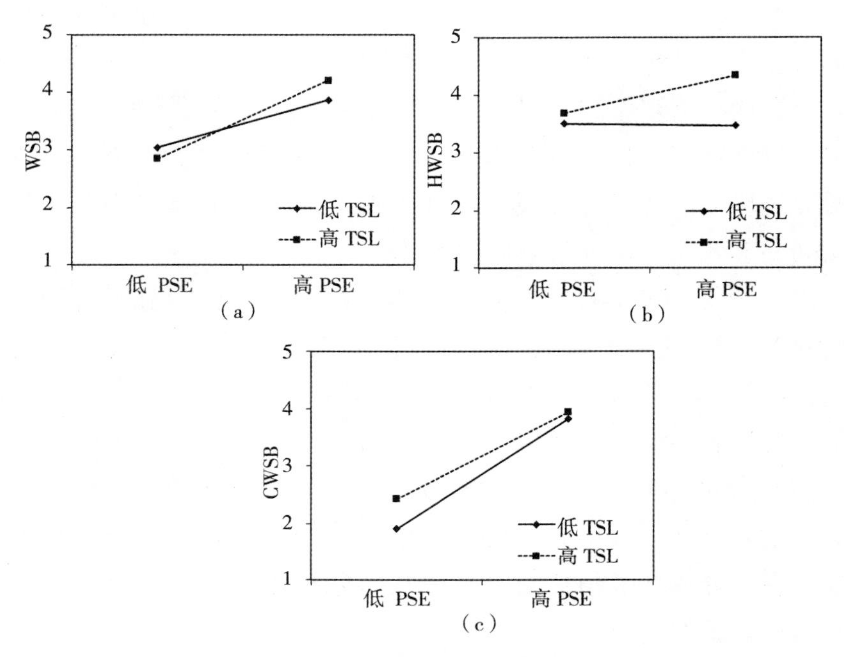

图 5-18 分类环节信任的调节效应

ΔR^2大于 0，且交互项表现出显著的特征，说明收运环节信任对分类授权感知作用于垃圾分类行为路径具有显著的调节效应。其中，收运环节信任与分类授权感知的交互项系数大于 0（0.05），表明收运环节信任对分类授权感知作用于垃圾分类行为路径具有正向的调节效应。调节效果见图 5-19（a）。

（2）收运环节信任对分类授权感知作用于习惯型分类行为路径影响的结果显示，分层回归分析中模型三的 F 值为 19.61，$P<0.001$，ΔR^2大于 0，且交互项表现出显著的特征，说明收运环节信任对分类授权感知作用于习惯型分类行为路径具有显著的调节效应。其中，收运环节信任与分类授权感知的交互项系数大于 0（0.09），表明收运环节信任对分类授权感知作用于习惯型分类行为路径具有正向的调节效应。调节效果见图 5-19（b）。

表 5-84　　收运环节信任的调节效应检验

		模型一			模型二			模型三		
		β	标准误差	t 值	β	标准误差	t 值	β	标准误差	t 值
WSB	（常数项）	3.48	0.01	322.43***	3.48	0.01	323.45***	3.48	0.01	318.97***
	PSE	0.56	0.01	38.83***	0.54	0.02	36.70***	0.52	0.02	36.62***
	TCTL	—	—	—	0.05	0.01	3.24**	0.03	0.01	3.04***
	PSE×TCTL	—	—	—	—	—	—	0.05	0.01	2.37*
	R^2	0.50			0.50			0.51		
	F	1507.91			763.97			510.80		
HWSB	（常数项）	3.72	0.02	180.55***	3.72	0.02	182.50***	3.73	0.02	181.40***
	PSE	0.07	0.03	2.72**	0.12	0.03	4.19***	0.11	0.03	4.07***
	TCTL	—	—	—	0.15	0.03	5.79***	0.16	0.03	6.08***
	PSE×TCTL	—	—	—	—	—	—	0.09	0.02	4.15***
	R^2	0.01			0.03			0.04		
	F	7.42			20.57			19.61		
DWSB	（常数项）	3.65	0.02	221.93***	3.65	0.02	224.67***	3.66	0.02	221.62***
	PSE	0.65	0.02	29.99***	0.62	0.02	27.63***	0.62	0.02	27.58***
	TCTL	—	—	—	0.13	0.02	6.19***	0.13	0.02	6.08***
	PSE×TCTL	—	—	—	—	—	—	0.03	0.02	1.56
	R^2	0.37			0.39			0.39		
	F	899.22			479.95			321.08		

续表

		模型一			模型二			模型三		
		β	标准误差	t 值	β	标准误差	t 值	β	标准误差	t 值
RWSB	(常数项)	3.52	0.02	200.43***	3.52	0.02	203.90***	3.52	0.02	201.03***
	PSE	0.59	0.02	25.51***	0.55	0.02	23.09***	0.55	0.02	23.04***
	TCTL	—	—	—	0.16	0.02	7.31***	0.16	0.02	7.22***
	PSE×TCTL	—	—	—	—	—	—	0.02	0.02	2.24*
	R^2	0.30			0.33			0.33		
	F	650.87			363.50			242.94		
CWSB	(常数项)	3.04	0.02	143.41***	3.04	0.02	143.46***	3.03	0.02	141.10***
	PSE	0.90	0.03	32.06***	0.89	0.03	30.54***	0.89	0.03	30.69***
	TCTL	—	—	—	0.04	0.03	2.45**	0.05	0.03	2.63**
	PSE×TCTL	—	—	—	—	—	—	0.07	0.02	2.83**
	R^2	0.41			0.41			0.41		
	F	1027.62			515.23			347.76		

注：表格内的主体数据为标准化系数（β 值）；*** 表示在 $P<0.001$ 水平下显著，** 表示在 $P<0.01$ 水平下显著，* 表示在 $P<0.05$ 水平下显著；WSB 为垃圾分类行为，HWSB 为习惯型分类行为，DWSB 为决策型分类行为，RWSB 为人际型分类行为，CWSB 为公民型分类行为，PSE 为分类授权感知，TCTL 为收运环节信任。

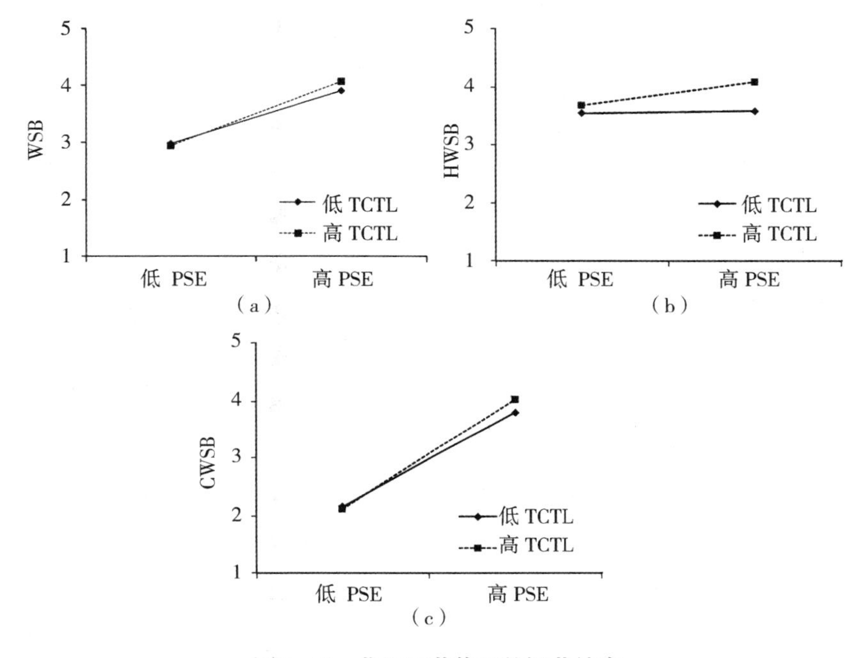

图 5-19　收运环节信任的调节效应

（3）收运环节信任对分类授权感知作用于决策型分类行为路径影响的结果显示，分层回归分析中模型三的交互项未表现出显著的特征，说明收运环节信任对分类授权感知作用于决策型分类行为路径不具有显著的调节效应。

（4）收运环节信任对分类授权感知作用于人际型分类行为路径影响的结果显示，分层回归分析中模型三的交互项表现出显著的特征，说明收运环节信任对分类授权感知作用于人际型分类行为路径具有显著的调节效应。

（5）收运环节信任对分类授权感知作用于公民型分类行为路径影响的结果显示，分层回归分析中模型三的 F 值为 347.76，$P<0.001$，ΔR^2大于 0，且交互项表现出显著的特征，说明收运环节信任对分类授权感知作用于公民型分类行为路径具有显著的调节效应。其中，收运环节信任与分类授权感知的交互项系数大于 0（0.07），

表明收运环节信任对分类授权感知作用于公民型分类行为路径具有正向的调节效应。调节效果见图 5-19（c）。

（四）处理环节信任的调节效应检验

不考虑其他变量的情况下，本书对处理环节信任的调节效应进行检验，其中自变量为分类授权感知，因变量为垃圾分类行为，分层回归结果见表 5-85。

由表中相关的回归结果可以看出：

（1）处理环节信任对分类授权感知作用于垃圾分类行为路径影响的结果显示，分层回归分析中模型三的 F 值为 510.14，$P<0.001$，ΔR^2大于 0，且交互项表现出显著的特征，说明处理环节信任对分类授权感知作用于垃圾分类行为路径具有显著的调节效应。其中，处理环节信任与分类授权感知的交互项系数大于 0（0.03），表明处理环节信任对分类授权感知作用于垃圾分类行为路径具有正向的调节效应。调节效果见图 5-20（a）。

（2）处理环节信任对分类授权感知作用于习惯型分类行为路径影响的结果显示，分层回归分析中模型三的 F 值为 114.43，$P<0.001$，ΔR^2大于 0，且交互项表现出显著的特征，说明处理环节信任对分类授权感知作用于习惯型分类行为路径具有显著的调节效应。其中，处理环节信任与分类授权感知的交互项系数大于 0（0.14），表明处理环节信任对分类授权感知作用于习惯型分类行为路径具有正向的调节效应。调节效果见图 5-20（b）。

（3）处理环节信任对分类授权感知作用于决策型分类行为路径影响的结果显示，分层回归分析中模型三的交互项未表现出显著的特征，说明处理环节信任对分类授权感知作用于决策型分类行为路径不具有显著的调节效应。

（4）处理环节信任对分类授权感知作用于人际型分类行为路径影响的结果显示，分层回归分析中模型三的交互项未表现出显著的特征，说明处理环节信任对分类授权感知作用于人际型分类行为路径不具有显著的调节效应。

表 5-85　　处理环节信任的调节效应检验

		模型一			模型二			模型三		
		β	标准误差	t 值	β	标准误差	t 值	β	标准误差	t 值
WSB	(常数项)	3. 48	0. 01	322. 43***	3. 48	0. 01	323. 11***	3. 49	0. 01	318. 54***
	PSE	0. 56	0. 01	38. 83***	0. 55	0. 02	36. 91***	0. 54	0. 02	36. 93***
	TDL	—	—	—	0. 04	0. 01	2. 72**	0. 04	0. 01	2. 91**
	PSE×TDL	—	—	—	—	—	—	0. 03	0. 01	2. 20*
	R^2	0. 50			0. 50			0. 51		
	F	1507. 91			760. 87			510. 14		
HWSB	(常数项)	3. 72	0. 02	180. 55***	3. 72	0. 02	196. 70***	3. 74	0. 02	197. 40***
	PSE	0. 07	0. 03	2. 72**	0. 19	0. 03	7. 18***	0. 18	0. 03	7. 19***
	TDL	—	—	—	0. 40	0. 02	16. 79***	0. 38	0. 02	16. 37***
	PSE×TDL	—	—	—	—	—	—	0. 14	0. 02	6. 65***
	R^2	0. 01			0. 16			0. 19		
	F	7. 42			145. 35			114. 43		
DWSB	(常数项)	3. 65	0. 02	221. 93***	3. 65	0. 02	222. 95***	3. 65	0. 02	219. 42***
	PSE	0. 65	0. 02	29. 99***	0. 63	0. 02	28. 13***	0. 63	0. 02	28. 11***
	TDL	—	—	—	0. 08	0. 02	3. 85***	0. 08	0. 02	3. 92***
	PSE×TDL	—	—	—	—	—	—	0. 02	0. 02	0. 97
	R^2	0. 37			0. 38			0. 38		
	F	899. 22			461. 15			307. 73		

续表

		模型一			模型二			模型三		
		β	标准误差	t 值	β	标准误差	t 值	β	标准误差	t 值
RWSB	（常数项）	3. 52	0. 02	200. 43***	3. 52	0. 02	209. 86***	3. 52	0. 02	206. 29***
	PSE	0. 59	0. 02	25. 51***	0. 52	0. 02	22. 72***	0. 52	0. 02	22. 71***
	TDL	—	—	—	0. 25	0. 02	12. 07***	0. 25	0. 02	12. 02***
	PSE×TDL	—	—	—	—	—	—	0. 001	0. 02	0. 04
	R^2	0. 30			0. 36			0. 36		
	F	650. 87			429. 61			286. 22		
CWSB	（常数项）	3. 04	0. 02	143. 41***	3. 04	0. 02	146. 48***	3. 03	0. 02	143. 83***
	PSE	0. 90	0. 03	32. 06***	0. 84	0. 03	29. 56***	0. 84	0. 03	29. 62***
	TDL	—	—	—	0. 21	0. 03	8. 13***	0. 21	0. 03	7. 92***
	PSE×TDL	—	—	—	—	—	—	0. 05	0. 02	2. 15*
	R^2	0. 41			0. 43			0. 43		
	F	1027. 62			569. 17			381. 91		

注：表格内的主体数据为标准化系数（β 值）；*** 表示在 P<0. 001 水平下显著，** 表示在 P<0. 01 水平下显著，* 表示在 P<0. 05 水平下显著；WSB 为垃圾分类行为，HWSB 为习惯型分类行为，DWSB 为决策型分类行为，RWSB 为人际型分类行为，CWSB 为公民型分类行为，PSE 为分类授权感知，TDL 为处理环节信任。

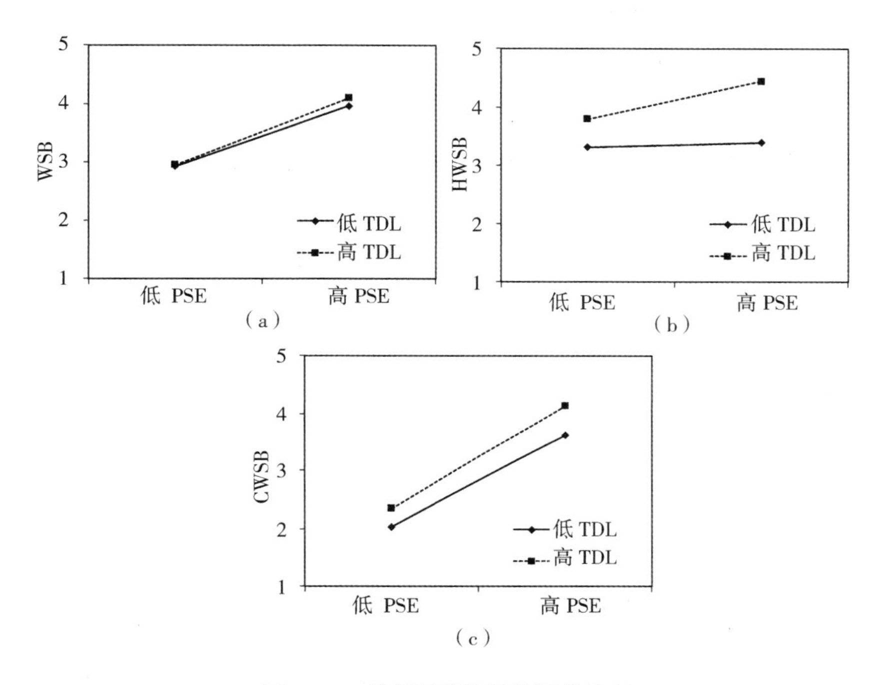

图 5-20　处理环节信任的调节效应

(5) 处理环节信任对分类授权感知作用于公民型分类行为路径影响的结果显示，分层回归分析中模型三的 F 值为 381.91，$P<0.001$，ΔR^2大于 0，且交互项表现出显著的特征，说明处理环节信任对分类授权感知作用于公民型分类行为路径具有显著的调节效应。其中，处理环节信任与分类授权感知的交互项系数大于 0（0.05），表明处理环节信任对分类授权感知作用于公民型分类行为路径具有正向的调节效应。调节效果见图 5-20（c）。

(五) 监管环节信任的调节效应检验

不考虑其他变量的情况下，本书对监管环节信任的调节效应进行检验，其中自变量为分类授权感知，因变量为垃圾分类行为，分层回归结果见表 5-86。由表中相关的回归结果可以看出：

(1) 监管环节信任对分类授权感知作用于垃圾分类行为路径影

响的结果显示，分层回归分析中模型三的交互项未表现出显著的特征，说明监管环节信任对分类授权感知作用于垃圾分类行为路径不具有显著的调节效应。

（2）监管环节信任对分类授权感知作用于习惯型分类行为路径影响的结果显示，分层回归分析中模型三的 F 值为 23.81，$P<0.001$，ΔR^2大于 0，且交互项表现出显著的特征，说明监管环节信任对分类授权感知作用于习惯型分类行为路径具有显著的调节效应。其中，监管环节信任与分类授权感知的交互项系数大于 0（0.13），表明监管环节信任对分类授权感知作用于习惯型分类行为路径具有正向的调节效应。调节效果见图 5-21（a）。

（3）监管环节信任对分类授权感知作用于决策型分类行为路径影响的结果显示，分层回归分析中模型三的交互项未表现出显著的特征，说明监管环节信任对分类授权感知作用于决策型分类行为路径不具有显著的调节效应。

（4）监管环节信任对分类授权感知作用于人际型分类行为路径影响的结果显示，分层回归分析中模型三的交互项未表现出显著的特征，说明监管环节信任对分类授权感知作用于人际型分类行为路径不具有显著的调节效应。

（5）监管环节信任对分类授权感知作用于公民型分类行为路径影响的结果显示，分层回归分析中模型三的 F 值为 350.69，$P<0.001$，ΔR^2大于 0，且交互项表现出显著的特征，说明监管环节信任对分类授权感知作用于公民型分类行为路径具有显著的调节效应。其中，监管环节信任与分类授权感知的交互项系数大于 0（0.09），表明监管环节信任对分类授权感知作用于公民型分类行为路径具有正向的调节效应。调节效果见图 5-21（b）。

表 5-86 监管环节信任的调节效应检验

		模型一			模型二			模型三		
		β	标准误差	t 值	β	标准误差	t 值	β	标准误差	t 值
WSB	（常数项）	3.48	0.01	322.43***	3.48	0.01	323.52***	3.48	0.01	321.22***
	PSE	0.56	0.01	38.83***	0.55	0.01	37.75***	0.55	0.01	37.68***
	TRL	—	—	—	0.04	0.01	3.34**	0.04	0.01	3.17**
	PSE×TRL	—	—	—	—	—	—	0.02	0.01	1.39
	R^2	0.50			0.50			0.51		
	F	1507.91			764.62			510.70		
HWSB	（常数项）	3.72	0.02	180.55***	3.72	0.02	182.19***	3.73	0.02	183.50***
	PSE	0.07	0.03	2.72**	0.10	0.03	3.65***	0.09	0.03	3.46***
	TRL	—	—	—	0.13	0.02	5.32***	0.14	0.02	5.99***
	PSE×TRL	—	—	—	—	—	—	0.13	0.02	5.89***
	R^2	0.01			0.02			0.05		
	F	7.42			17.95			23.81		
DWSB	（常数项）	3.65	0.02	221.93***	3.65	0.02	226.12***	3.65	0.02	224.50***
	PSE	0.65	0.02	29.99***	0.62	0.02	28.71***	0.62	0.02	28.64***
	TRL	—	—	—	0.15	0.02	7.63***	0.14	0.02	7.46***
	PSE×TRL	—	—	—	—	—	—	0.02	0.02	1.17
	R^2	0.37			0.40			0.40		
	F	366.06			194.44			331.07		

续表

		模型一			模型二			模型三		
		β	标准误差	t 值	β	标准误差	t 值	β	标准误差	t 值
RWSB	（常数项）	3.52	0.02	200.43***	3.52	0.02	203.07***	3.52	0.02	201.41***
	PSE	0.59	0.02	25.51***	0.57	0.02	24.30***	0.57	0.02	24.27***
	TRL	—	—	—	0.13	0.02	6.39***	0.13	0.02	6.33***
	PSE×TRL	—	—	—	—	—	—	0.00	0.02	0.14
	R^2	0.30			0.32			0.32		
	F	650.87			354.43			236.15		
CWSB	（常数项）	3.04	0.02	143.41***	3.04	0.02	143.40***	3.03	0.02	142.42***
	PSE	0.90	0.03	32.06***	0.90	0.03	31.39***	0.90	0.03	31.66***
	TRL	—	—	—	-0.02	0.03	2.87**	0.03	0.03	2.28*
	PSE×TRL	—	—	—	—	—	—	0.09	0.02	3.82***
	R^2	0.41			0.41			0.41		
	F	1027.62			514.11			350.69		

注：表格内的主体数据为标准化系数（β 值）；*** 表示在 P<0.001 水平下显著，** 表示在 P<0.01 水平下显著，* 表示在 P<0.05 水平下显著；WSB 为垃圾分类行为，HWSB 为习惯型分类行为，DWSB 为决策型分类行为，RWSB 为人际型分类行为，CWSB 为公民型分类行为，PSE 为分类授权感知，TRL 为监管环节信任。

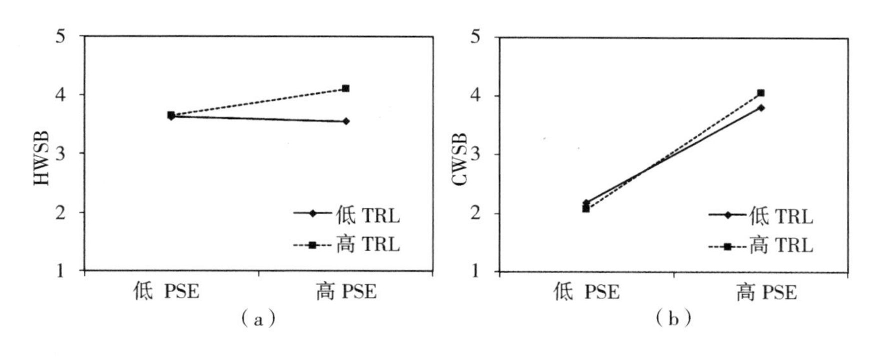

图 5-21　监管环节信任的调节效应

四　群体规范的调节效应检验

(一) 家庭氛围的调节效应检验

不考虑其他变量的情况下，本书对家庭氛围的调节效应进行检验，其中自变量为分类授权感知，因变量为垃圾分类行为，分层回归结果见表 5-88。由表中相关的回归结果可以看出：

(1) 家庭氛围对分类授权感知作用于垃圾分类行为路径影响的结果显示，分层回归分析中模型三的交互项未表现出显著的特征，说明家庭氛围对分类授权感知作用于垃圾分类行为路径不具有显著的调节效应。

(2) 家庭氛围对分类授权感知作用于习惯型分类行为路径影响的结果显示，分层回归分析中模型三的交互项未表现出显著的特征，说明家庭氛围对分类授权感知作用于习惯型分类行为路径不具有显著的调节效应。

(3) 家庭氛围对分类授权感知作用于决策型分类行为路径影响的结果显示，分层回归分析中模型三的交互项未表现出显著的特征，说明家庭氛围对分类授权感知作用于决策型分类行为路径不具有显著的调节效应。

(4) 家庭氛围对分类授权感知作用于人际型分类行为路径影响

表 5-87 家庭氛围的调节效应检验

		模型一			模型二			模型三		
		β	标准误差	t 值	β	标准误差	t 值	β	标准误差	t 值
WSB	(常数项)	3. 48	0. 01	322. 43***	3. 48	0. 01	341. 54***	3. 48	0. 01	310. 78***
	PSE	0. 56	0. 01	38. 83***	0. 40	0. 02	23. 12***	0. 41	0. 02	23. 14***
	FN	—	—	—	0. 21	0. 02	13. 58***	0. 22	0. 02	13. 54***
	PSE×FN	—	—	—	—	—	—	0. 01	0. 01	0. 93
	R^2	0. 50			0. 56			0. 56		
	F	1507. 91			938. 21			625. 70		
HWSB	(常数项)	3. 72	0. 02	180. 55***	3. 72	0. 02	183. 17***	3. 73	0. 02	167. 75***
	PSE	0. 07	0. 03	2. 72**	0. 07	0. 04	2. 13*	-0. 08	0. 04	-2. 20*
	FN	—	—	—	0. 21	0. 03	6. 70***	0. 20	0. 03	6. 31***
	PSE×FN	—	—	—	—	—	—	-0. 04	0. 02	-1. 80
	R^2	0. 01			0. 03			0. 04		
	F	7. 42			26. 27			18. 61		
DWSB	(常数项)	3. 65	0. 02	221. 93***	3. 65	0. 02	231. 87***	3. 65	0. 017	211. 10***
	PSE	0. 65	0. 02	29. 99***	0. 45	0. 03	16. 70***	0. 45	0. 027	16. 69***
	FN	—	—	—	0. 29	0. 02	11. 77***	0. 29	0. 025	11. 64***
	PSE×FN	—	—	—	—	—	—	0. 00	0. 018	0. 23
	R^2	0. 37			0. 43			0. 43		
	F	899. 22			560. 10			373. 18		

续表

		模型一			模型二			模型三		
		β	标准误差	t 值	β	标准误差	t 值	β	标准误差	t 值
RWSB	（常数项）	3.52	0.02	200.43***	3.52	0.02	204.93***	3.52	0.02	186.58***
	PSE	0.59	0.02	25.51***	0.44	0.03	14.85***	0.44	0.03	14.84***
	FN	—	—	—	0.22	0.03	8.32***	0.22	0.03	8.22***
	PSE×FN	—	—	—	—	—	—	0.00	0.02	0.17
	R^2	0.30			0.33			0.33		
	F	650.87			374.76			249.69		
CWSB	（常数项）	3.04	0.02	143.41***	3.04	0.02	144.22***	3.01	0.02	130.48***
	PSE	0.90	0.03	32.06***	0.80	0.04	22.18***	0.81	0.04	22.37***
	FN	—	—	—	0.14	0.03	4.26***	0.16	0.03	4.75***
	PSE×FN	—	—	—	—	—	—	0.08	0.02	3.21***
	R^2	0.41			0.41			0.42		
	F	1027.62			528.71			358.10		

注：表格内的主体数据为标准化系数（β值）；*** 表示在 P<0.001 水平下显著，** 表示在 P<0.01 水平下显著，* 表示在 P<0.05 水平下显著；WSB 为垃圾分类行为，HWSB 为习惯型分类行为，DWSB 为决策型分类行为，RWSB 为人际型分类行为，CWSB 为公民型分类行为，PSE 为分类授权感知，FN 为家庭氛围。

的结果显示，分层回归分析中模型三的交互项未表现出显著的特征，说明家庭氛围对分类授权感知作用于人际型分类行为路径不具有显著的调节效应。

（5）家庭氛围对分类授权感知作用于公民型分类行为路径影响的结果显示，分层回归分析中模型三的 F 值为 358.10，$P<0.001$，ΔR^2大于 0，且交互项表现出显著的特征，说明家庭氛围对分类授权感知作用于公民型分类行为路径具有显著的调节效应。其中，家庭氛围与分类授权感知的交互项系数大于 0（0.08），表明家庭氛围对分类授权感知作用于公民型分类行为路径具有正向的调节效应。调节效果见图 5-22。

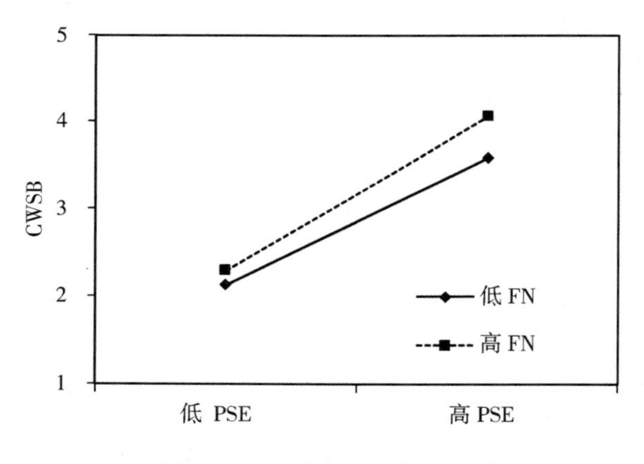

图 5-22　家庭氛围的调节效应

（二）组织氛围的调节效应检验

不考虑其他变量的情况下，本书对组织氛围的调节效应进行检验，其中自变量为分类授权感知，因变量为垃圾分类行为，分层回归结果见表 5-88。由表中相关的回归结果可以看出：

（1）组织氛围对分类授权感知作用于垃圾分类行为路径影响的结果显示，分层回归分析中模型三的交互项未表现出显著的特征，说明组织氛围对分类授权感知作用于垃圾分类行为路径不具有显著的调节效应。

表 5-88　　组织氛围的调节效应检验

		模型一			模型二			模型三		
		β	标准误差	t 值	β	标准误差	t 值	β	标准误差	t 值
WSB	（常数项）	3.48	0.01	322.43***	3.48	0.01	338.52***	3.48	0.01	310.28***
	PSE	0.56	0.01	38.83***	0.42	0.02	24.36***	0.42	0.02	24.36***
	ON	—	—	—	0.20	0.02	12.44***	0.20	0.02	12.30***
	PSE×ON	—	—	—	—	—	—	0.01	0.01	0.57
	R^2	0.50			0.55			0.55		
	F	1507.91			908.47			605.49		
HWSB	（常数项）	3.72	0.02	180.55***	3.72	0.02	182.36***	3.74	0.02	168.46***
	PSE	0.07	0.03	2.72**	0.04	0.03	2.29*	0.05	0.03	2.32*
	ON	—	—	—	0.17	0.03	5.58***	0.16	0.03	5.01***
	PSE×ON	—	—	—	—	—	—	0.05	0.02	2.31*
	R^2	0.01			0.03			0.03		
	F	7.42			19.36			14.72		
DWSB	（常数项）	3.65	0.02	221.93***	3.65	0.02	228.70***	3.65	0.02	209.70***
	PSE	0.65	0.02	29.99***	0.49	0.03	18.30***	0.49	0.03	18.30***
	ON	—	—	—	0.24	0.02	9.70***	0.24	0.03	9.52***
	PSE×ON	—	—	—	—	—	—	0.00	0.02	0.13
	R^2	—			—			—		
	F	—			—					

续表

		模型一			模型二			模型三		
		β	标准误差	t 值	β	标准误差	t 值	β	标准误差	t 值
RWSB	（常数项）	3.52	0.02	200.43***	3.52	0.02	206.46***	3.52	0.020	189.54***
	PSE	0.59	0.02	25.51***	0.42	0.03	14.71***	0.42	0.03	14.70***
	ON	—	—	—	0.25	0.03	9.63***	0.25	0.03	9.34***
	PSE×ON	—	—	—	—	—	—	0.01	0.02	0.44
	R^2	0.30			0.34			0.34		
	F	650.87			391.61			261.00		
CWSB	（常数项）	3.04	0.02	143.41***	3.04	0.02	144.03***	3.01	0.02	131.23***
	PSE	0.90	0.03	32.06***	0.82	0.04	22.99***	0.82	0.04	23.13***
	ON	—	—	—	0.12	0.03	3.75***	0.15	0.03	4.42***
	PSE×ON	—	—	—	—	—	—	0.09	0.02	3.62***
	R^2	0.41			0.41			0.42		
	F	1027.62			525.33			357.40		

注：表格内的主体数据为标准化系数（β 值）；*** 表示在 $P<0.001$ 水平下显著，** 表示在 $P<0.01$ 水平下显著，* 表示在 $P<0.05$ 水平下显著；WSB 为垃圾分类行为，HWSB 为习惯型分类行为，DWSB 为决策型分类行为，RWSB 为人际型分类行为，CWSB 为公民型分类行为，PSE 为分类授权感知，ON 为组织氛围。

（2）组织氛围对分类授权感知作用于习惯型分类行为路径影响的结果显示，分层回归分析中模型三的 F 值为 14.72，$P<0.001$，ΔR^2大于 0，且交互项表现出显著的特征，说明组织氛围对分类授权感知作用于习惯型分类行为路径具有显著的调节效应。其中，组织氛围与分类授权感知的交互项系数大于 0（0.05），表明组织氛围对分类授权感知作用于习惯型分类行为路径具有正向的调节效应。调节效果见图 5-23（a）。

（3）组织氛围对分类授权感知作用于决策型分类行为路径影响的结果显示，分层回归分析中模型三的交互项未表现出显著的特征，说明组织氛围对分类授权感知作用于决策型分类行为路径不具有显著的调节效应。

（4）组织氛围对分类授权感知作用于人际型分类行为路径影响的结果显示，分层回归分析中模型三的交互项未表现出显著的特征，说明组织氛围对分类授权感知作用于人际型分类行为路径不具有显著的调节效应。

（5）组织氛围对分类授权感知作用于公民型分类行为路径影响的结果显示，分层回归分析中模型三的 F 值为 357.40，$P<0.001$，ΔR^2大于 0，且交互项表现出显著的特征，说明组织氛围对分类授权感知作用于公民型分类行为路径具有显著的调节效应。其中，组织氛围与分类授权感知的交互项系数大于 0（0.09），表明组织氛围对

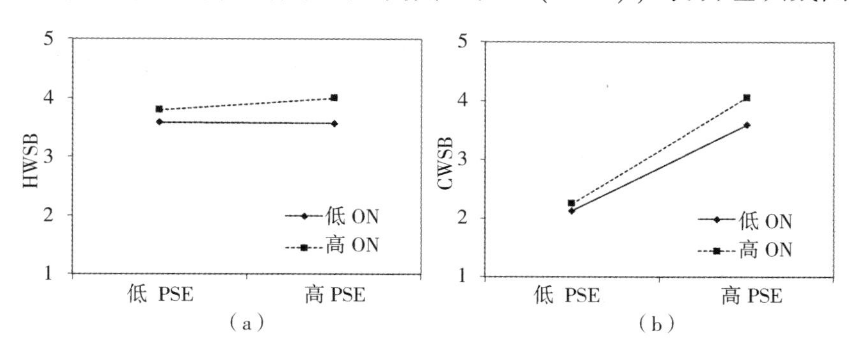

图 5-23　组织氛围的调节效应

分类授权感知作用于公民型分类行为路径具有正向的调节效应。调节效果见图 5-23（b）。

（三）社会氛围的调节效应检验

不考虑其他变量的情况下，本书对社会氛围的调节效应进行检验，其中自变量为分类授权感知，因变量为垃圾分类行为，分层回归结果见表 5-89。由表中相关的回归结果可以看出：

（1）社会氛围对分类授权感知作用于垃圾分类行为路径影响的结果显示，分层回归分析中模型三的交互项未表现出显著的特征，说明社会氛围对分类授权感知作用于垃圾分类行为路径不具有显著的调节效应。

（2）社会氛围对分类授权感知作用于习惯型分类行为路径影响的结果显示，分层回归分析中模型三的 F 值为 9.09，$P<0.001$，ΔR^2 大于 0，且交互项表现出显著的特征，说明社会氛围对分类授权感知作用于习惯型分类行为路径具有显著的调节效应。其中，社会氛围与分类授权感知的交互项系数大于 0（0.10），表明社会氛围对分类授权感知作用于习惯型分类行为路径具有正向的调节效应。调节效果见图 5-24（a）。

（3）社会氛围对分类授权感知作用于决策型分类行为路径影响的结果显示，分层回归分析中模型三的交互项未表现出显著的特征，说明社会氛围对分类授权感知作用于决策型分类行为路径不具有显著的调节效应。

（4）社会氛围对分类授权感知作用于人际型分类行为路径影响的结果显示，分层回归分析中模型三的交互项未表现出显著的特征，说明社会氛围对分类授权感知作用于人际型分类行为路径不具有显著的调节效应。

（5）社会氛围对分类授权感知作用于公民型分类行为路径影响的结果显示，分层回归分析中模型三的 F 值为 396.92，$P<0.001$，ΔR^2 大于 0，且交互项表现出显著的特征，说明社会氛围对分类授权感知作用于公民型分类行为路径具有显著的调节效应。其中，社会

表 5-89　社会氛围的调节效应检验

		模型一			模型二			模型三		
		β	标准误差	t 值	β	标准误差	t 值	β	标准误差	t 值
WSB	（常数项）	3.48	0.01	322.43***	3.48	0.01	335.62***	3.49	0.01	306.63***
	PSE	0.56	0.01	38.83***	0.43	0.02	23.89***	0.43	0.02	23.81***
	CN	—	—	—	0.18	0.02	11.25***	0.18	0.02	11.12***
	PSE×CN	—	—	—	—	—	—	0.01	0.01	0.86
	R^2	0.50			0.54			0.54		
	F	1507.91			880.14			586.90		
HWSB	（常数项）	3.72	0.02	180.55***	3.72	0.02	180.49***	3.76	0.02	167.58***
	PSE	0.07	0.03	2.72**	0.07	0.04	2.07*	0.07	0.04	1.84
	CN	—	—	—	0.00	0.03	0.04	0.01	0.03	0.38
	PSE×CN	—	—	—	—	—	—	0.10	0.02	4.44***
	R^2	0.01			0.01			0.02		
	F	7.42			3.71			9.09		
DWSB	（常数项）	3.65	0.02	221.93***	3.65	0.02	227.98***	3.66	0.02	208.51***
	PSE	0.65	0.02	29.99***	0.49	0.03	17.83***	0.49	0.03	17.75***
	CN	—	—	—	0.23	0.03	9.17***	0.22	0.03	9.03***
	PSE×CN	—	—	—	—	—	—	0.02	0.02	1.04
	R^2	0.37			0.41			0.41		
	F	899.22			516.47			344.69		

续表

		模型一			模型二			模型三		
		β	标准误差	t 值	β	标准误差	t 值	β	标准误差	t 值
RWSB	（常数项）	3.52	0.02	200.43***	3.52	0.02	204.57***	3.53	0.02	187.17***
	PSE	0.59	0.02	25.51***	0.44	0.03	14.92***	0.44	0.03	14.84***
	CN	—	—	—	0.21	0.03	7.98***	0.21	0.03	7.84***
	PSE×CN	—	—	—	—	—	—	-0.02	0.02	-1.10
	R^2	0.30			0.33			0.33		
	F	650.87			370.85			247.68		
CWSB	（常数项）	3.04	0.02	143.41***	3.04	0.02	147.00***	3.00	0.02	133.18***
	PSE	0.90	0.03	32.06***	0.70	0.04	19.65***	0.71	0.04	19.98***
	CN	—	—	—	0.28	0.03	8.79***	0.29	0.03	9.22***
	PSE×CN	—	—	—	—	—	—	0.10	0.02	4.43***
	R^2	0.41			0.44			0.44		
	F	1027.62			578.44			396.92		

注：表格内的主体数据为标准化系数（β 值）；*** 表示在 $P<0.001$ 水平下显著，** 表示在 $P<0.01$ 水平下显著，* 表示在 $P<0.05$ 水平下显著；WSB 为垃圾分类行为，HWSB 为习惯型分类行为，DWSB 为决策型分类行为，RWSB 为人际型分类行为，CWSB 为公民型分类行为，PSE 为分类授权感知，CN 为社会氛围。

氛围与分类授权感知的交互项系数大于0（0.10），表明社会氛围对分类授权感知作用于公民型分类行为路径具有正向的调节效应。调节效果见图5-24（b）。

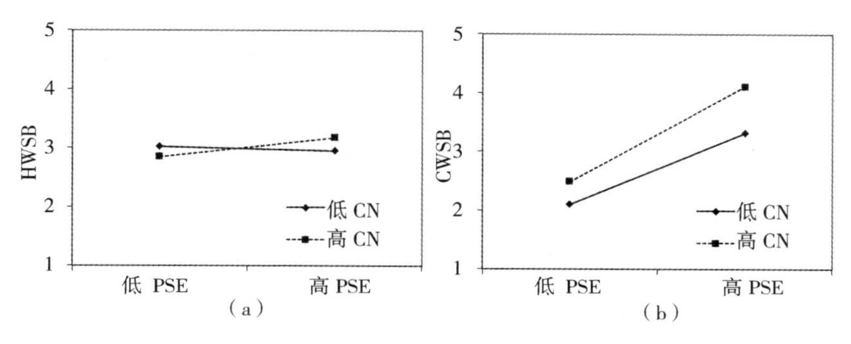

图5-24　社会氛围的调节效应

五　情境因素调节效应的假设检验

根据上述实证分析，接下来本书对前文提出的情境因素在分类授权感知和垃圾分类行为间的调节效应相关假设进行检验，检验结果汇总见表5-90。

表5-90　情境因素在分类授权感知和垃圾分类行为间调节效应的假设检验

序号	研究假设	检验结果
H14	政策标准对分类授权感知作用于城市居民垃圾分类行为的路径关系存在显著调节作用	部分成立
H14a	政策普及度对分类授权感知作用于城市居民垃圾分类行为的路径关系存在显著调节作用	不成立
H14b	标准可识别度对分类授权感知作用于城市居民垃圾分类行为的路径关系存在显著调节作用	成立
H15	产品设施对分类授权感知作用于城市居民垃圾分类行为的路径关系存在显著调节作用	部分成立
H15a	产品技术条件对分类授权感知作用于城市居民垃圾分类行为的路径关系存在显著调节作用	不成立
H15b	设施条件对分类授权感知作用于城市居民垃圾分类行为的路径关系存在显著调节作用	成立

续表

序号	研究假设	检验结果
H16	环节信任对分类授权感知作用于城市居民垃圾分类行为的路径关系存在显著调节作用	部分成立
H16a	生产环节信任对分类授权感知作用于城市居民垃圾分类行为的路径关系存在显著调节作用	成立
H16b	分类环节信任对分类授权感知作用于城市居民垃圾分类行为的路径关系存在显著调节作用	成立
H16c	收运环节信任对分类授权感知作用于城市居民垃圾分类行为的路径关系存在显著调节作用	成立
H16d	处理环节信任对分类授权感知作用于城市居民垃圾分类行为的路径关系存在显著调节作用	成立
H16e	监管环节信任对分类授权感知作用于城市居民垃圾分类行为的路径关系存在显著调节作用	不成立
H17	群体规范对分类授权感知作用于城市居民垃圾分类行为的路径关系存在显著调节作用	不成立
H17a	家庭氛围对分类授权感知作用于城市居民垃圾分类行为的路径关系存在显著调节作用	不成立
H17b	组织氛围对分类授权感知作用于城市居民垃圾分类行为的路径关系存在显著调节作用	不成立
H17c	社会氛围对分类授权感知作用于城市居民垃圾分类行为的路径关系存在显著调节作用	不成立

（一）政策标准因素调节效应的假设检验

根据实证分析结果可知，政策标准因素在分类授权感知和垃圾分类行为间的调节效应检验结果并非全部显著。政策普及度对分类授权感知作用于垃圾分类行为路径不具有显著的调节效应（$P>0.05$）。标准可识别度对分类授权感知作用于垃圾分类行为路径具有显著的调节效应（$P<0.05$）。其中，标准可识别度与分类授权感知的交互项系数大于0，标准可识别度具有正向的调节效应。假设H14部分成立，H14a不成立，H14b成立

（二）产品设施因素调节效应的假设检验

根据实证分析结果可知，产品设施因素在分类授权感知和垃圾分类行为间的调节效应检验结果并非全部显著。产品技术条件对分

类授权感知作用于垃圾分类行为路径不具有显著的调节效应（P>0.05）。设施条件对分类授权感知作用于垃圾分类行为路径具有显著的调节效应（P<0.05）。其中，设施条件与分类授权感知的交互项系数大于 0，设施条件具有正向的调节效应。假设 H15 部分成立，H15a 不成立，H15b 成立。

（三）环节信任因素调节效应的假设检验

根据实证分析结果可知，环节信任因素在分类授权感知和垃圾分类行为间的调节效应检验结果并非全部显著。生产环节信任、分类环节信任、收运环节信任和处理环节信任均对分类授权感知作用于垃圾分类行为路径具有显著的调节效应（P<0.05）。其中，生产环节信任、分类环节信任、收运环节信任和处理环节信任与分类授权感知的交互项系数全部大于 0，表明生产环节信任、分类环节信任、收运环节信任和处理环节信任均具有正向的调节效应。监管环节信任对分类授权感知作用于垃圾分类行为路径不具有显著的调节效应（P>0.05）。假设 H16 部分成立，H16a、H16b、H16c、H16d 成立，H16e 不成立。

（四）群体规范因素调节效应的假设检验

根据实证分析结果可知，家庭氛围、组织氛围和社会氛围对分类授权感知作用于垃圾分类行为路径均不具有显著的调节效应（P>0.05），假设 H17、H17a、H17b、H17c 均不成立。

第六节　垃圾分类行为作用于个体分类授权感知的效应分析

一　垃圾分类行为对分类授权感知的影响

将垃圾分类行为及其各维度作为自变量，分类授权感知作为因变量，利用回归模型分析垃圾分类行为及其各维度对分类授权感知的影响作用，结果（见表 5-91）显示，垃圾分类行为及其各维度对分类授权感知的回归模型拟合优度指数达到了较高水平。

表 5-91　　垃圾分类行为及其各维度对分类授权感知的回归模型结果

模型	平方和	自由度	均方	F 值	P 值	R^2
回归	451.35	4	112.84	415.33	0.00	0.53
残差	407.52	1500	0.27			
总计	858.87	1504	—			

通过路径系数显著性水平（见表 5-92）可以看出，垃圾分类行为、习惯型分类行为、人际型分类行为和公民型分类行为对分类授权感知具有显著的预测效应（P<0.05），且均为正向的预测效应，而决策型分类行为不具有显著的预测效应（P>0.05）。

表 5-92　　垃圾分类行为各维度对分类授权感知的回归系数

模型	非标准化系数		标准化系数	t 值	P 值
	β	标准误差			
（常量）	1.30	0.09	—	14.36	0.00
习惯型分类行为	0.06	0.03	0.08	2.23	0.03
决策型分类行为	0.04	0.03	0.06	1.52	0.13
人际型分类行为	0.05	0.02	0.07	2.34	0.02
公民型分类行为	0.13	0.03	0.15	5.03	0.00

二　垃圾分类行为作用于分类意义感知的效应分析

将垃圾分类行为及其各维度作为自变量，分类意义感知作为因变量，利用回归模型分析垃圾分类行为及其各维度对分类意义感知的影响作用，结果（见表 5-93）显示，垃圾分类行为及其各维度对分类意义感知的回归模型拟合优度指数达到了较高水平。

通过系数显著性水平（见表 5-94）可以看出，垃圾分类行为、习惯型分类行为、决策型分类行为和公民型分类行为对分类意义感知具有显著的预测效应（P<0.05），且均为正向的预测效应，而人际型分类行为不具有显著的预测效应（P>0.05）。

表 5-93　垃圾分类行为及其各维度对分类意义感知的回归模型结果

模型	平方和	自由度	均方	F 值	P 值	R^2
回归	396.69	4	99.17	234.06	0.00	0.38
残差	635.55	1500	0.42			
总计	1032.24	1504	—			

表 5-94　垃圾分类行为及其各维度对分类意义感知的回归系数

模型	非标准化系数		标准化系数	t 值	P 值
	β	标准误差			
（常量）	0.95	0.12	—	8.21	0.00
习惯型分类行为	0.19	0.02	0.18	8.59	0.00
决策型分类行为	0.39	0.03	0.38	13.02	0.00
人际型分类行为	0.03	0.03	0.03	1.13	0.26
公民型分类行为	0.22	0.02	0.28	10.23	0.00

三　垃圾分类行为作用于分类抉择感知的效应分析

将垃圾分类行为及其各维度作为自变量，分类抉择感知作为因变量，利用回归模型分析垃圾分类行为及其各维度对分类抉择感知的影响作用，结果（见表 5-95）显示，垃圾分类行为及其各维度对分类抉择感知的回归模型拟合优度指数达到了较高水平。

表 5-95　垃圾分类行为及其各维度对分类抉择感知的回归模型结果

模型	平方和	自由度	均方	F 值	P 值	R^2
回归	490.37	4	122.59	276.49	0.00	0.42
残差	665.09	1500	0.44			
总计	1155.46	1504	—			

通过系数显著性水平（见表 5-96）可以看出，垃圾分类行为、习惯型分类行为、决策型分类行为、人际型分类行为和公民型分类行为对分类抉择感知均具有显著的预测效应（$P<0.05$），且均为正向的预测效应。

表 5-96　垃圾分类行为及其各维度对分类抉择感知的回归系数

模型	非标准化系数		标准化系数	t 值	P 值
	β	标准误差			
（常量）	0.82	0.12	—	6.91	0.00
习惯型分类行为	0.11	0.02	0.10	4.76	0.00
决策型分类行为	0.20	0.03	0.18	6.47	0.00
人际型分类行为	0.11	0.03	0.10	3.64	0.00
公民型分类行为	0.38	0.02	0.46	17.61	0.00

四　垃圾分类行为作用于分类效能感知的效应分析

将垃圾分类行为及其各维度作为自变量，分类效能感知作为因变量，利用回归模型分析垃圾分类行为及其各维度对分类效能感知的影响作用，结果（见表 5-97）显示，垃圾分类行为及其各维度对分类效能感知的回归模型拟合优度指数达到了较高水平。

表 5-97　垃圾分类行为及其各维度对分类效能感知的回归模型结果

模型	平方和	自由度	均方	F 值	P 值	R^2
回归	514.15	4	128.54	272.59	0.00	0.42
残差	707.31	1500	0.47			
总计	1221.46	1504	—			

通过系数显著性水平（见表 5-98）可以看出，垃圾分类行为、习惯型分类行为、决策型分类行为、人际型分类行为和公民型分类行为对分类效能感知均具有显著的预测效应（$P<0.05$），且均为正向的预测效应。

表 5-98　垃圾分类行为及其各维度对分类效能感知的回归系数

模型	非标准化系数		标准化系数	t 值	P 值
	β	标准误差			
（常量）	0.68	0.12	—	5.56	0.00

续表

模型	非标准化系数		标准化系数	t 值	P 值
	β	标准误差			
习惯型分类行为	0.11	0.02	0.10	4.64	0.00
决策型分类行为	0.19	0.03	0.17	6.20	0.00
人际型分类行为	0.12	0.03	0.11	3.78	0.00
公民型分类行为	0.39	0.02	0.46	17.54	0.00

五　垃圾分类行为作用于分类影响感知的效应分析

将垃圾分类行为及其各维度作为自变量，分类影响感知作为因变量，利用回归模型分析垃圾分类行为及其各维度对分类影响感知的影响作用，结果（见表 5-99）显示，垃圾分类行为及其各维度对分类影响感知的回归模型拟合优度指数达到了较高水平。

表 5-99　　垃圾分类行为及其各维度对分类影响感知的回归模型结果

模型	平方和	自由度	均方	F 值	P 值	R^2
回归	448.61	4	112.15	250.56	0.00	0.40
残差	671.42	1500	0.45			
总计	1120.03	1504	—			

通过系数显著性水平（见表 5-100）可以看出，垃圾分类行为、习惯型分类行为、决策型分类行为、人际型分类行为和公民型分类行为对分类影响感知均具有显著的预测效应（$P<0.05$），且均为正向的预测效应。

表 5-100　　垃圾分类行为及其各维度对分类影响感知的回归系数

模型	非标准化系数		标准化系数	t 值	P 值
	β	标准误差			
（常量）	0.78	0.12	—	6.54	0.00
习惯型分类行为	0.16	0.02	0.15	7.13	0.00
决策型分类行为	0.30	0.03	0.28	9.69	0.00

续表

模型	非标准化系数		标准化系数	t 值	P 值
	β	标准误差			
人际型分类行为	0.11	0.03	0.10	3.59	0.00
公民型分类行为	0.28	0.02	0.35	12.97	0.00

六 垃圾分类行为作用于个体分类授权感知效应的假设检验

根据上述实证分析，本书分别对前文提出的城市居民垃圾分类行为作用于个体分类授权感知效应的相关假设进行检验，检验结果汇总见表 5-101。

表 5-101 垃圾分类行为作用于分类授权感知的假设验证

序号	研究假设	检验结果
H18	城市居民垃圾分类行为对分类授权感知存在显著的影响作用	成立
H18-1	城市居民垃圾分类行为对分类意义感知存在显著的影响作用	成立
H18-2	城市居民垃圾分类行为对分类抉择感知存在显著的影响作用	成立
H18-3	城市居民垃圾分类行为对分类效能感知存在显著的影响作用	成立
H18-4	城市居民垃圾分类行为对分类影响感知存在显著的影响作用	成立
H18a	城市居民习惯型分类行为对分类授权感知存在显著的影响作用	成立
H18a-1	城市居民习惯型分类行为对分类意义感知存在显著的影响作用	成立
H18a-2	城市居民习惯型分类行为对分类抉择感知存在显著的影响作用	成立
H18a-3	城市居民习惯型分类行为对分类效能感知存在显著的影响作用	成立
H18a-4	城市居民习惯型分类行为对分类影响感知存在显著的影响作用	成立
H18b	城市居民决策型分类行为对分类授权感知存在显著的影响作用	不成立
H18b-1	城市居民决策型分类行为对分类意义感知存在显著的影响作用	成立
H18b-2	城市居民决策型分类行为对分类抉择感知存在显著的影响作用	成立
H18b-3	城市居民决策型分类行为对分类效能感知存在显著的影响作用	成立
H18b-4	城市居民决策型分类行为对分类影响感知存在显著的影响作用	成立
H18c	城市居民人际型分类行为对分类授权感知存在显著的影响作用	成立
H18c-1	城市居民人际型分类行为对分类意义感知存在显著的影响作用	不成立
H18c-2	城市居民人际型分类行为对分类抉择感知存在显著的影响作用	成立
H18c-3	城市居民人际型分类行为对分类效能感知存在显著的影响作用	成立
H18c-4	城市居民人际型分类行为对分类影响感知存在显著的影响作用	成立

续表

序号	研究假设	检验结果
H18d	城市居民公民型分类行为对分类授权感知存在显著的影响作用	成立
H18d-1	城市居民公民型分类行为对分类意义感知存在显著的影响作用	成立
H18d-2	城市居民公民型分类行为对分类抉择感知存在显著的影响作用	成立
H18d-3	城市居民公民型分类行为对分类效能感知存在显著的影响作用	成立
H18d-4	城市居民公民型分类行为对分类影响感知存在显著的影响作用	成立

城市居民垃圾分类行为对分类授权感知及其各维度变量均存在显著的正向影响作用（P<0.05），假设 H18、H18-1、H18-2、H18-3、H18-4 均成立。城市居民习惯型分类行为对分类授权感知及其各维度变量均存在显著的正向预测效应（P<0.05），假设 H18a、H18a-1、H18a-2、H18a-3、H18a-4 均成立。城市居民决策型分类行为对分类授权感知及其各维度变量并非全部存在显著的预测效应，其中对分类意义感知、分类抉择感知、分类效能感知和分类影响感知的预测效应显著（P<0.05），而对分类授权感知的预测效应不显著（P>0.05），假设 H18b-1、H18b-2、H18b-3、H18b-4 成立，假设 H18b 不成立。城市居民人际型分类行为对分类授权感知及其各维度变量并非全部存在显著的预测效应，其中对分类授权感知、分类抉择感知、分类效能感知和分类影响感知的预测效应显著（P<0.05），而对分类意义感知的预测效应不显著（P>0.05），假设 H18c、H18c-2、H18c-3、H18c-4 成立，假设 H18c-1 不成立。城市居民公民型分类行为对分类授权感知及其各维度变量均存在显著的正向预测效应（P<0.05），假设 H18d、H18d-1、H18d-2、H18d-3、H18d-4 均成立。

第七节　城市居民垃圾分类行为驱动机理理论模型修正

基于数据分析结果可知，利关系价值观、数量偏好、分类关注、政策普及度、生产环节信任、处理环节信任和监管环节信任作用于垃圾分类行为的路径不显著；政策普及度、产品技术条件、监管环节信任、家庭氛围、组织氛围和社会氛围对分类授权感知影响垃圾分类行为路径关系的调节效应不显著，故在修正模型过程中删除上述路径。个体心理因素中的利己价值观、利社会价值观、预防聚焦、促进聚焦、节奏偏好、品质偏好和分类知识，情境因素中的产品技术条件、设施条件、标准可识别度、分类环节信任、收运环节信任、家庭氛围、组织氛围和社会氛围，分类授权感知及其各维度，均能够显著地直接预测城市居民垃圾分类行为。分类授权感知在个体心理因素各个变量和垃圾分类行为间的中介效应路径均显著，情境因素中的设施条件、标准可识别度、生产环节信任、分类环节信任、收运环节信任和处理环节信任对分类授权感知与垃圾分类行为间关系的调节效应路径显著。同时，垃圾分类行为反作用于分类授权感知及其各维度的路径也呈现显著结果。此外，垃圾分类行为在社会人口学变量中的年龄、婚姻状况、学历、政治面貌、月收入、月生活支出、家庭住宅面积、家庭成员数、家庭排行、家庭月收入和家务承担倾向变量上存在显著的差异性。最后，得到修正后的模型如图 5-25 所示。

在垃圾分类行为具体的四个维度方面，根据数据分析结果，修正后的驱动因素模型如图 5-26、图 5-27、图 5-28、图 5-29 所示。就习惯型分类行为而言，个体心理因素中的分类知识、分类关注、预防聚焦、促进聚焦、数量偏好、节奏偏好和品质偏好，情境因素中的标准可识别度、产品技术条件、分类环节信任、收运环节信任、处理环节信任、家庭氛围和组织氛围，分类授权感知，均能够显著地直接预测城市居民习惯型分类行为。分类授权感知在利己价值观、利关系价值观、预防聚焦、促进聚焦、数量偏好、节奏偏好、品质偏好和习惯型分类行为间的中介效应路径均显著，情境因素中的政策普及度、标准可识别度、产品技术条件、设施条件、生产环节信任、分类环节信任、收运环节信任、处理环节信任、监管环节信任、组织氛围和社会氛围对分类授权感知与习惯型分类行为间关系的调

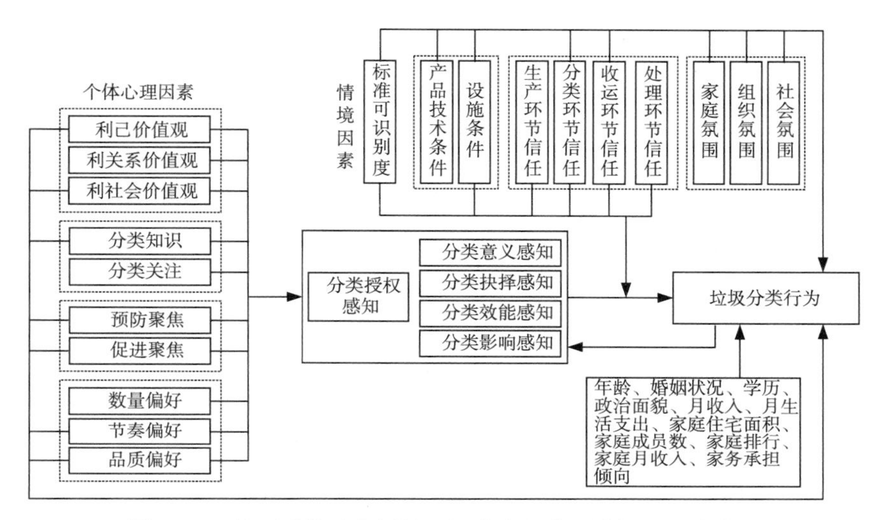

图 5-25　修正后的城市居民垃圾分类行为驱动机理理论模型

节效应路径显著。同时，习惯型分类行为反作用于分类授权感知的路径也呈现显著结果。

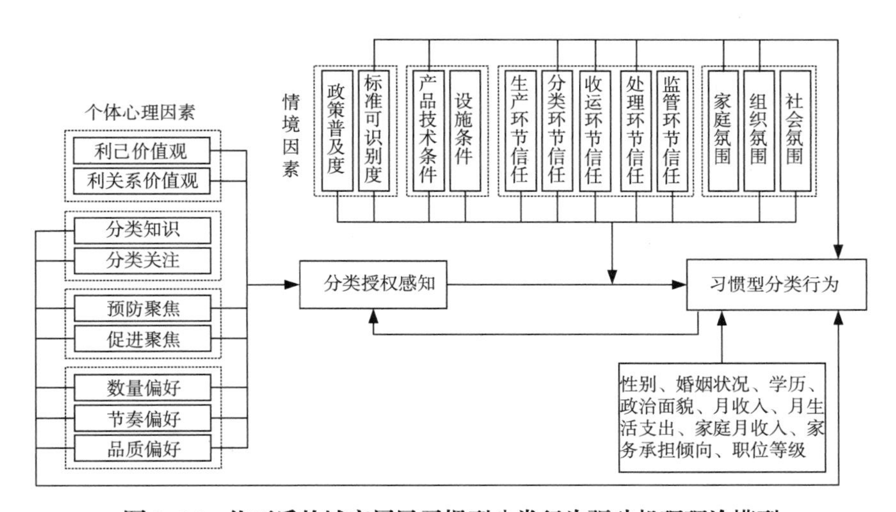

图 5-26　修正后的城市居民习惯型分类行为驱动机理理论模型

就决策型分类行为而言，个体心理因素中的利社会价值观、分类知识、预防聚焦、促进聚焦和品质偏好，情境因素中的标准可识别度、产品技术条件、设施条件、分类环节信任、处理环节信任、

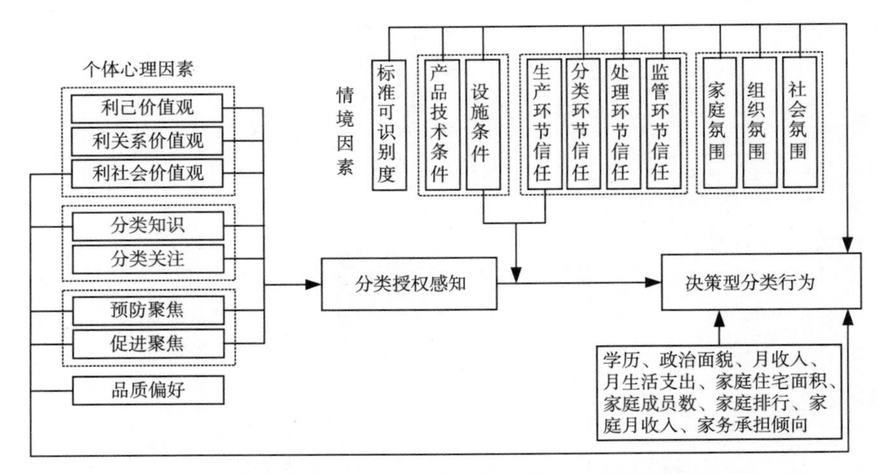

图 5-27　修正后的城市居民决策型分类行为驱动机理理论模型

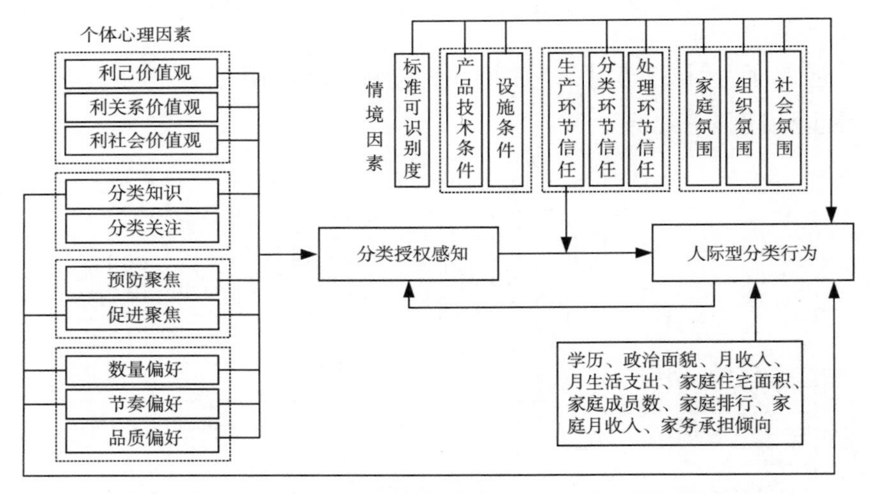

图 5-28　修正后的城市居民人际型分类行为驱动机理理论模型

监管环节信任、家庭氛围、组织氛围和社会氛围，以及分类授权感知，均能够显著地直接预测城市居民决策型分类行为。分类授权感知在利己价值观、利关系价值观、利社会价值观、分类知识、分类关注、预防聚焦、促进聚焦和决策型分类行为间的中介效应路径均显著，情境因素中的设施条件和生产环节信任对分类授权感知与决策型分类行为间关系的调节效应路径显著。同时，决策型分类行为

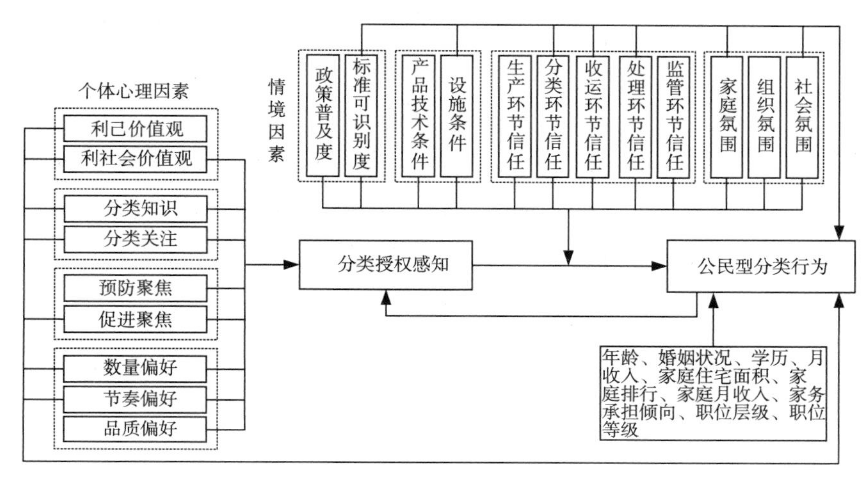

图 5-29　修正后的城市居民公民型分类行为驱动机理理论模型

反作用于分类授权感知的路径也呈现显著结果。

就人际型分类行为而言，个体心理因素中的分类知识、促进聚焦、数量偏好和节奏偏好，情境因素中的标准可识别度、产品技术条件、设施条件、分类环节信任、处理环节信任、家庭氛围、组织氛围和社会氛围，以及分类授权感知，均能够显著地直接预测城市居民人际型分类行为。分类授权感知在利己价值观、利关系价值观、利社会价值观、预防聚焦、促进聚焦、数量偏好、节奏偏好、品质偏好、分类知识和人际型分类行为间的中介效应路径均显著，情境因素中生产环节信任对分类授权感知与人际型分类行为间关系的调节效应路径显著。同时，人际型分类行为反作用于分类授权感知的路径也呈现显著结果。

就公民型分类行为而言，个体心理因素中的利己价值观、利社会价值观、分类知识、分类关注、促进聚焦、数量偏好和节奏偏好，情境因素中的标准可识别度、设施条件、分类环节信任、收运环节信任、处理环节信任、家庭氛围和社会氛围，以及分类授权感知，均能够显著地直接预测城市居民公民型分类行为。分类授权感知在利社会价值观、分类知识、分类关注、预防聚焦、促进聚焦、数量偏好、节奏偏好、品质偏好和公民型分类行为间的中介效应路径均显著，情境因素中的政策普及度、标准可识别度、产品技术条件、设施条件、生产环节信任、分类环节信任、收运环节信任、处理环节信任、监管环节信任、家庭氛围、组织氛围和社会氛围对分类授权感知与公民型分类行为间关系的调节效应路径显著。同时，公民型分类行为反作用于分类授权感知的路径也呈现显著结果。

第六章

城市居民垃圾分类行为引导政策的响应机理

城市居民垃圾分类行为引导政策的制定与实施是管理城市生活垃圾的关键途径。为保证政策设计与实施的效力性，避免分类行为的回弹效应，本书将基于“执行侧”的视角，通过实证分析，探讨公众对政策的了解度、支持意愿、执行意愿、带动意愿等方面的态度与反应。此外，利用统计学中的综合实验技术来解决复杂系统问题时，常用输出表示变量输入后的响应结果，本书将这种理念和方法引入个体认知和情感对行为意向的影响关系研究中，探讨公众对政策的了解度、支持意愿对执行意愿及带动意愿的响应情况。

第一节　二次响应面回归分析法

响应面方法（Response Surface Methodology）是利用统计学中的综合实验技术来解决复杂系统的输入（变量）与输出（响应）之间关系的一种方法。

二次响应面回归分析法是指二次多项式回归与响应面方法的结合。这种方法主要应用于个体—组织匹配理论的研究中（Edwards，2008；张珊珊等，2012）。了解度与支持意愿之间也存在匹配的关系，指的是公众对政策的了解与支持的“一致性”程度，与个人—组织匹配理论中的“匹配”内涵较为相近。因此，本书拟采用二次响应面回归分析法，深入探讨公众对垃圾分类行为引导政策的了解度、支持意愿对执行意愿及带动意愿的响应关系，并将一致性定义为了解度得分等于支持意愿得分，得分按照量表等级分为五级，分值越高说明一致性程度越高。同时，本书将不一致性定义为了解度得分减去支持意愿得分。其中，了解度高于支持意愿则为“顺序”不一致，了解度低于支持意愿则为“逆序”不一致。

第二节　政策响应量表与样本

本书对中国近年出台的重要的垃圾管制政策进行了全面收集和梳理，据此形成量表的题干项。在题项中，根据前文提到的公众态度与反应的四维度结构，即了解度、支持意愿、执行意愿和带动意愿，要求被调查者对每一条政策的认知与行动意愿进行评价。此外，邀请了 13 位专业人士（教授 2 位、副教授 2 位、讲师 4 位及 5 位管理学专业博士研究生）围绕量表题项的准确性、量表可行性、表述可读性进行讨论和确定。量表采用李克特五分等级测度，1—5 代表“非常不符合—非常符合”，被调查者根据题项描述内容，依据自己的真实认知与行为进行评估。为了确保问卷的信度和效度，在进行正式调研之前，进行了预调研。

江苏省是中国经济发展最快的省份之一，作为“中国破解资源环境约束的示范性地区”，早已于 2010 年提出打造低碳、绿色和可持续的战略框架。加之，江苏处于华东地区，交通发达，城市居民包含了各种不同的民族，具有多元化的特征。基于此，本研究选取江苏省城市居民进行调研，以此来获取“执行侧”对政策的态度和反应。预调研于 2016 年 2 月 21—29 日在江苏省苏州市和徐州市展开，主要通过现场面对面的方式进行调研。在调研过程中，我们会向被调查者说明此次调研结果仅用于科学研究，个人信息将会保密，并向他们强调问卷认真、真实填写的重要性。在研究的最后，我们会发放小礼物感谢被调查者的参与。共发放问卷 207 份，回收 195 份，回收率为 94.2%，剔除无效问卷 9 份，共计有效问卷 186 份，有效率为 89.9%。对预试问卷进行信度、效度分析，修正题项后形成正式调研问卷。

正式调研问卷包含两部分，第一部分为基本信息调查，第二部分为政策了解度、支持意愿、执行意愿和带动意愿调查。被调查政策有技术标准类、费用征收类、命令控制类和参与监督类四个类别，其中包含 44 条政府正实施的政策。每条政策了解度、支持意愿、执行意愿、带动意愿测量示例见表 6-1，涵盖了政策名称、颁布部门和时间、政策主要内容，以及对政策了解度、支持意愿、执行意愿、带动意愿的描述和等级测度等内容。

表 6-1　　政策了解度、支持意愿、执行意愿和带动意愿测量示例

《城市生活垃圾分类及其评价标准》（2004 年，建设部）
主要内容：城市生活垃圾的分类、投放、收运和分类的规范及评价标准

	非常不符合	比较不符合	一般	比较符合	非常符合
我了解这个政策标准的具体内容	1	2	3	4	5
我支持这个政策标准	1	2	3	4	5
我会服从或者遵守这个制度标准	1	2	3	4	5
我会把这个政策标准向其他人宣传并且带动更多的人遵循	1	2	3	4	5

正式调研在于 2016 年 3 月 1 日至 4 月 15 日展开，调研范围覆盖整个江苏省区域。问卷主要采用走访居民小区、写字楼、市区图书馆、快餐店等现场调查的方式。在调研过程中，我们会向被调查者说明此次调研结果仅用于科学研究，个人信息将会保密，并向他们强调问卷认真、真实填写的重要性。调查结束后，我们会赠送小礼品，感谢居民参与调查。最后，共发放问卷 1177 份，回收有效问卷 951 份，有效回收率为 80.80%，符合样本收集可靠性的要求。样本结构见表 6-2，其中样本在性别、年龄、学历、月收入等变量上分布较为合理，可认为具有代表性。

表 6-2　　样本结构

社会人口学变量		频次	百分比(%)	社会人口学变量		频次	百分比(%)
性别	男	484	50.9	月收入	2000 元及以下	121	12.7
	女	467	49.1		2001—4000 元	233	24.6
独生子女	是	385	40.5		4001—6000 元	294	30.9
	否	566	59.5		6001—8000 元	117	12.3
学历	初中及以下	56	5.9		8001—10000 元	82	8.6
	高中或中专	151	15.9		10001—30000 元	60	6.4
	大专	233	24.6		30001 元及以上	42	4.4
	本科	411	43.1	家庭月收入	2000 元及以下	26	2.7
	硕士及以上	99	10.5		2001—4000 元	82	8.6
婚姻状况	未婚	249	26.2		4001—6000 元	130	13.6
	已婚	670	70.5		6001—8000 元	130	13.6
	离异	13	1.4		8001—10000 元	237	24.9
	再婚	11	1.2		10001—30000 元	290	30.5
	其他	9	0.9		30001 元及以上	56	5.9
年龄	20 岁及以下	104	10.9	家庭成员数	1—2 人	108	11.4
	21—30 岁	203	21.4		3 人	393	41.4
	31—40 岁	316	33.2		4 人	268	28.2
	41—50 岁	186	19.6		5 人及以上	182	19.1
	51 岁及以上	142	15.0	—	—	—	—

第三节　城市居民垃圾分类行为引导政策响应机理的实证分析

一　垃圾分类行为引导政策结构的验证

本书采用 AMOS 17.0 对问卷结构效度进行了验证性因子分析。对模型进行了两次调整后，最终的拟合优度指标分别为：$\chi^2 = 1088.39$，$df = 34$，$\chi^2/df = 3.19$，RMSEA = 0.05，GFI = 0.91，IFI = 0.90，CFI = 0.90，TLI = 0.89，各项指标均达到了较好的范围。基于

SPSS 21.0 软件对样本的可靠性进行分析，结果显示各维度的 Cronbach α 系数均大于 0.7，技术标准类为 0.73，费用征收类为 0.73，命令控制类为 0.72，参与监督类为 0.80，说明量表获得的数据具有较好的内部一致性。综上，垃圾分类行为引导政策具有四维结构：技术标准类、费用征收类、命令控制类和参与监督类。

二　城市居民对垃圾分类行为引导政策的态度分析

对城市居民政策了解度、支持意愿、执行意愿和带动意愿情况进行频率统计（见表 6-3），“非常不符合”与“比较不符合”属于低值，代表不了解或不大了解政策，不愿意或不大愿意支持、执行、宣传或带动其他人遵从这项政策，即“劣性”特征。可以看到，有 42.51%的个体对垃圾分类行为引导政策几乎不了解，此外，政策带动意愿的劣性值也达到了较高的水平（12.52%）。

表 6-3　城市居民政策了解度、支持意愿、执行意愿和带动意愿情况频率统计

单位：%

	非常不符合	比较不符合	一般	比较符合	非常符合	劣性值（非常/比较不符合）
了解政策	25.33	17.18	33.32	17.04	7.13	42.51
愿意支持政策	1.98	4.99	31.41	34.46	27.15	6.97
愿意执行政策	2.07	4.74	29.78	37.50	25.93	6.81
愿意带动政策	4.84	7.68	36.32	30.15	21.01	12.52

根据问卷得到的数据，对“非常不符合”“比较不符合”“一般”“较符合”“非常符合”赋值 1、2、3、4 和 5，然后带入公式（6-1）计算居民对不同类型政策的了解度、支持意愿、执行意愿和带动意愿的分值。

$$X_i = \sum_{j=1}^{k} S_j t_{ij} \tag{6-1}$$

式中：X_i 为城市居民对第 i 类政策的了解度、支持意愿、执行意愿和带动意愿分值；i 为政策的序列数；S_j 为了解度、支持意愿、执行意愿和带动意愿等级为 j 时对应的分值；j 为城市居民了解度、支持意愿、执行意愿和带动意愿的分类等级数；t_{ij} 为第 i 项政策了解度、支持意愿、执行意愿和带动意愿为 j 级的居民占总人数的比例。通过以上步骤的处理，计算出城市居民对不同类型政策的了解度、支持意愿、执行意愿和带动意愿，具体结果如表 6-4 所示。

对城市居民的政策了解度、支持意愿、执行意愿和带动意愿分别求均值，可得其对垃圾分类行为引导政策的了解、支持、执行及宣传带动情况，如图 6-1 所示。政策了解度最低（均值为 2.61），但是支持意愿和执行意愿较高，均值分别达到了 3.77 和 3.78，个体对政策的宣传带动行为也较为一般（均值为 3.52）。

表 6-4　城市居民对不同类型政策的了解度、支持意愿、执行意愿和带动意愿

	了解度	支持意愿	执行意愿	带动意愿
技术标准类	2.48	3.67	3.69	3.38
费用征收类	2.49	3.65	3.69	3.41
命令控制类	2.82	3.91	3.91	3.64
参与监督类	2.64	3.85	3.85	3.63

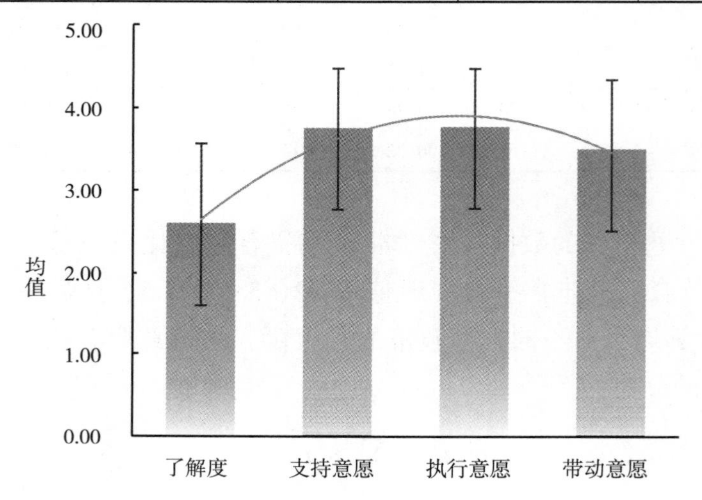

图 6-1　城市居民对政策的了解度、支持意愿、执行意愿和带动意愿的情况

三　城市居民垃圾分类行为引导政策的响应分析

结合上述分析，将二次响应面回归法应用到本书建立的概念模型中，分别从执行意愿和带动意愿视角出发构建如下两个模型，执行意愿模型1和带动意愿模型1［式（6-2）、式（6-4）］不包括二次项、执行意愿模型2和带动意愿模型2［式（6-3）、式（6-5）］包括二次项。为了避免多重共线性，把公众对政策的了解度（x）、支持意愿（y）、执行意愿（Z_1）与带动意愿（Z_2）中心化处理，然后计算 x 、y 的平方项 x^2 和 y^2 以及乘积项 xy 。以上运算均通过 SPSS 22.0 进行处理。

执行意愿模型1：$Z_1 = a_0 + a_1x + a_2y + e$　（6-2）

执行意愿模型2：$Z_1 = a_0 + a_1x + a_2y + a_3x^2 + a_4y^2 + a_5xy + e$　（6-3）

带动意愿模型1：$Z_2 = b_0 + b_1x + b_2y + e$　（6-4）

带动意愿模型2：$Z_2 = b_0 + b_1x + b_2y + b_3x^2 + b_4y^2 + b_5xy + e$　（6-5）

（一）政策整体了解度、支持意愿对执行意愿及带动意愿的响应分析

通过相关性分析（见表6-5）可以看到，城市居民对生活垃圾分类行为引导政策的了解度、支持意愿、执行意愿和带动意愿之间均存在显著的正相关关系，且技术标准类、费用征收类、命令控制类、参与监督类的政策也都存在这种关系。

表6-5　政策了解度、支持意愿、执行意愿和带动意愿的相关性分析

	垃圾分类政策				技术标准类政策			
	了解度	支持意愿	执行意愿	带动意愿	了解度	支持意愿	执行意愿	带动意愿
了解度	1				1			
支持意愿	0.138*	1			0.201**	1		
执行意愿	0.177**	0.916**	1		0.194**	0.893**	1	

续表

	垃圾分类政策				技术标准类政策			
	了解度	支持意愿	执行意愿	带动意愿	了解度	支持意愿	执行意愿	带动意愿
带动意愿	0.356**	0.640**	0.756**	1	0.354**	0.678**	0.754**	1
	命令控制类政策				费用征收类政策			
	了解度	支持意愿	执行意愿	带动意愿	了解度	支持意愿	执行意愿	带动意愿
了解度	1				1			
支持意愿	0.240**	1			0.181**	1		
执行意愿	0.271**	0.928**	1		0.232**	0.849**	1	
带动意愿	0.394**	0.709**	0.793**	1	0.379**	0.583**	0.729**	1
	参与监督类政策				—			
	了解度	支持意愿	执行意愿	带动意愿				
了解度	1							
支持意愿	0.112	1						
执行意愿	0.153*	0.913**	1					
带动意愿	0.306**	0.659**	0.779**	1				

注：* 表示 $p < 0.05$，** 表示 $p < 0.01$。

回归分析结果（见表 6-6）显示，执行意愿模型 1 和执行意愿模型 2 中均只有支持意愿与执行意愿具有显著的线性相关关系，且执行意愿模型 2 比执行意愿模型 1 的调整 R^2 略高，说明执行意愿模型 2 显示出较高的解释力度，更能解释自变量与因变量的关系。

表 6-6　政策整体了解度、支持意愿对执行意愿和带动意愿的响应回归分析

变量	执行意愿模型 1	执行意愿模型 2	带动意愿模型 1	带动意愿模型 2
常数项	0.335**	0.137	0.256	-0.168
了解度	0.037	-0.054	0.236***	-0.039
支持意愿	0.889***	1.063***	0.701***	1.129**
了解度×了解度	—	0.028	—	0.027
支持意愿×支持意愿	—	-0.020	—	-0.067
了解度×支持意愿	—	-0.015	—	0.031
调整 R^2	0.840	0.842	0.478	0.475

注：** 表示 $p < 0.01$，*** 表示 $p < 0.001$。

Edwards（1996）指出，当含有多个二次项的多项式回归模型出现显著性后，需要画三维图来表达自变量与因变量之间的关系。因此，本书对回归模型进一步地通过三维图进行响应面分析。具体地，运用 Matlab 软件进行编程，画出政策了解度、支持意愿、执行意愿之间关系的三维图，图中 X 轴表示了解度，Y 轴表示支持意愿，Z 轴表示执行意愿或带动意愿。

Y=X 横截线就是所谓的一致性线，是指在 X—Y 平面上，两个测量指标值相等且方向相同；Y=-X 横截线是不一致性线，是指在 X—Y 平面上，两个测量指标值相等但方向相反。综上，可得城市居民对政策的了解度、支持意愿在执行意愿上的响应组图（沿 Y=X、Y=-X 横截线）。

图 6-2（b）显示了解度与支持意愿二者一致且一致性程度较高时，城市居民对政策的执行意愿数值更高。当了解度与支持意愿“逆序”不一致时，执行意愿下降，“顺序”不一致时，执行意愿持续下降［见图 6-2（c）］。了解度与支持意愿的不一致计算公式说明不一致线Y=-X 显示的是执行意愿与支持意愿负值的相关关系，即进一步验证了城市居民对整体政策的支持意愿与执行意愿是正相关关系。

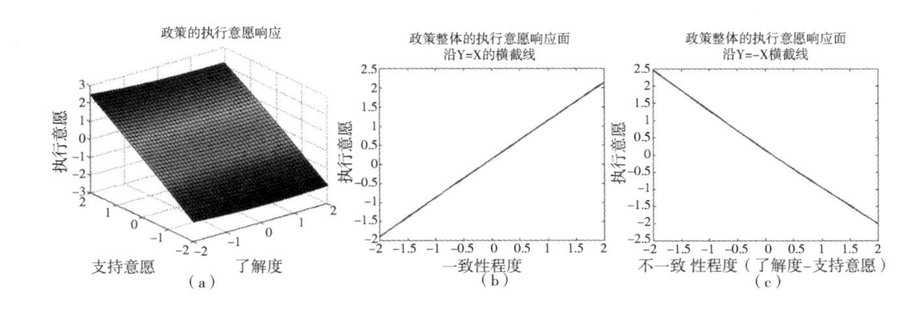

图 6-2　政策整体了解度、支持意愿在执行意愿上的响应

同样的方法对城市居民对政策的了解度、支持意愿在带动意愿上的响应进行分析。回归分析结果显示，带动意愿模型 1 中城市居民对整体政策的了解度与支持意愿均能够显著地预测带动意愿，带动意愿模型 2 中仅城市居民对整体政策的支持意愿能显著地预测带动意愿，且带动意愿模型 2 比带动意愿模型 1 的调整 R^2 略低，说明带动意愿模型 2 并未显示出较高的解释力度，带动意愿模型 1 更能显示自变量与因变量的关系。虽然如此，为直观展示城市居民对政策的了解度、支持意愿在带动意愿上的响应，以及了解度和支持意愿一致性对带动意愿的响应情况，本书仍对回归模型进一步地通过三维图进行响应面分析。图 6-3（b）也显示了解度与支持意愿二者一致且一致性程度较高时，城市居民对政策的带动意愿数值更高。了解度与支持意愿的不一致计算公式说明不一致线 Y=-X 显示的是带动意愿与支持意愿负值的相关关系，即图 6-3（c）进一步验证了城市居民对整体政策的支持意愿与带动意愿是正相关关系。

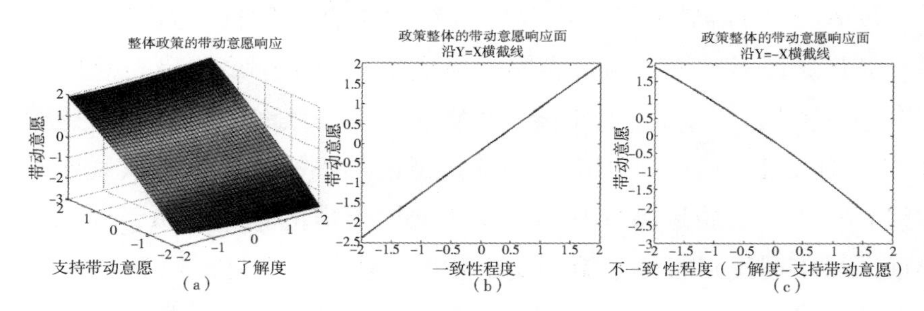

图 6-3　政策整体了解度、支持意愿在带动意愿上的响应

（二）不同类型政策了解度、支持意愿对执行意愿、带动意愿的响应分析

本书进一步采用响应面分析方法来探讨城市居民对技术标准类、费用征收类、命令控制类和参与监督类政策的了解度、支持意愿对执行意愿、带动意愿的响应情况。

表 6-7　各类政策了解度、支持意愿对执行意愿和带动意愿的响应回归分析

变量	执行意愿模型 1	执行意愿模型 2	带动意愿模型 1	带动意愿模型 2	执行意愿模型 1	执行意愿模型 2	带动意愿模型 1	带动意愿模型 2
	技术标准类				费用征收类			
常数项	0.458***	0.170	0.263	0.020	0.575***	0.554	0.641**	0.448

续表

变量	执行意愿模型 1	执行意愿模型 2	带动意愿模型 1	带动意愿模型 2	执行意愿模型 1	执行意愿模型 2	带动意愿模型 1	带动意愿模型 2
	技术标准类				费用征收类			
了解度	0.012	-0.181	0.207***	0.006	0.062*	0.226	0.246***	0.411
支持意愿	0.872***	1.173***	0.708***	0.988**	0.811***	0.704***	0.591***	0.589
了解度×了解度	—	0.044	—	0.027	—	0.046	—	0.009
支持意愿×支持意愿	—	-0.041	—	-0.043	—	0.041	—	0.015
了解度×支持意愿	—	-0.008	—	0.014	—	-0.098	—	-0.053
调整 R^2	0.796	0.797	0.505	0.500	0.724	0.729	0.412	0.406
	命令控制类				参与监督类			
常数项	0.282**	0.277	0.098	-0.324	0.325**	0.651	0.312	0.532
了解度	0.037	-0.013	0.206***	0.073	0.036	0.105	0.196***	0.236
支持意愿	0.901***	0.939***	0.757***	1.202**	0.890***	0.657**	0.727***	0.574
了解度×了解度	—	0.024	—	0.050	—	0.012	—	-0.009
支持意愿×支持意愿	—	0.000	—	-0.061	—	0.039	—	0.020
了解度×支持意愿	—	-0.020	—	0.000	—	-0.030	—	0.002
调整 R^2	0.863	0.862	0.552	0.550	0.834	0.835	0.484	0.477

注：* 表示 $p < 0.05$，** 表示 $p < 0.01$，*** 表示 $p < 0.001$。

城市居民对技术标准类政策的了解度、支持意愿对执行意愿的响应回归分析结果（见表 6-7）显示，执行意愿模型 1 和执行意愿模型 2 中均只有支持意愿与执行意愿具有显著的线性相关关系，执行意愿模型 2 比执行意愿模型 1 的调整 R^2 呈略高，显示出较高的解释力度，执行意愿模型 2 更能显示自变量与因变量的关系。图 6-4（b）显示了解度与支持意愿二者一致且一致性程度较高时，城市居民对技术标准类政策的执行意愿数值更高。图 6-4（c）虽然显示出当了解度与支持意愿“逆序”不一致时，执行意愿下降，“顺序”不一致时，执行意愿持续下降，但由于了解度与支持意愿的不一致计算公式说明不一致线 Y=-X 显示的是执行意愿与支持意愿负值的相关关系，即进一步验证了城市居民对技术标准类政策的支持意愿与执行意愿是正相关关系。

带动意愿模型 1 中城市居民对技术标准类政策的了解度与支持意愿均能够显著地预测带动意愿，带动意愿模型 2 中仅城市居民对技术标准类政策的支持意愿能显著地预测带动意愿，且带动意愿模型 2 对比带动意愿模型 1 的调整 R^2 略低，说明执行意愿模型 1 更能显示自变量与因变量的关系。城市居民对技术标准类政策的了解度与支持意愿二者一致且一致性程度较高时，带动意愿数值更高［见图 6-5（b）］。图 6-5（c）显示出当了解度与支持意愿“逆序”不一致时，带动意愿下降，“顺序”不一致时，带动意愿持续下降。

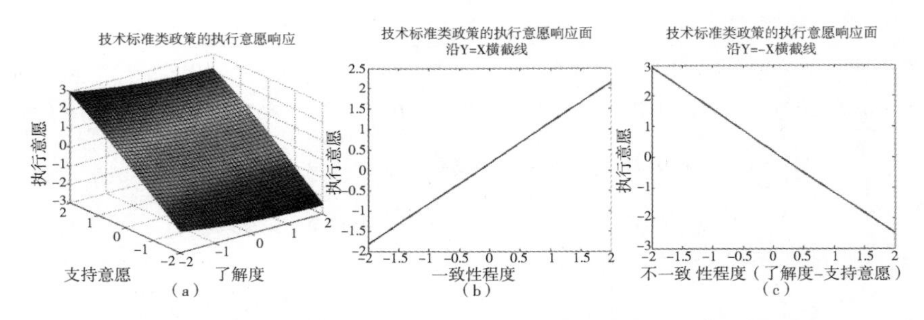

图 6-4　技术标准类政策了解度、支持意愿在执行意愿上的响应

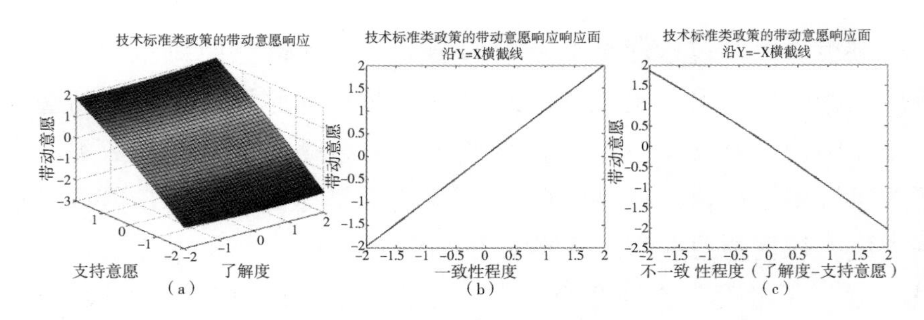

图 6-5　技术标准类政策了解度、支持意愿在带动意愿上的响应

城市居民对费用征收类政策的了解度、支持意愿对执行意愿的响应回归分析结果（见表 6-7）显示，执行意愿模型 1 和执行意愿模型 2 中均只有支持意愿与执行意愿具有显著（0.05 显著性水平）的线性相关关系，且执行意愿模型 2 对比执行意愿模型 1 的调整 R^2 低，说明执行意愿模型 1 更能显示自变量与因变量的关系。在 Y=X 横截线上，斜率大于 0，说明城市居民对费用征收类政策的了解度与支持意愿的一致性与不一致性相比，二者关系呈现一致时执行意愿数值更高。图 6-6（b）也显示随着城市居民对费用征收类政策的了解度与支持意愿一致性增加，执行意愿数值也会增加。图 6-6（c）显示响应面沿不一致性线 Y=-X 是凹形，根据计算可得，拐点坐标为（1.32，0.28）。虽然城市居民对费用征收类政策的了解度与支持意愿“逆序”不一致时，执行意愿下降，但了解度超出支持意愿后，执行意愿会先略微下降一定程度后上升。

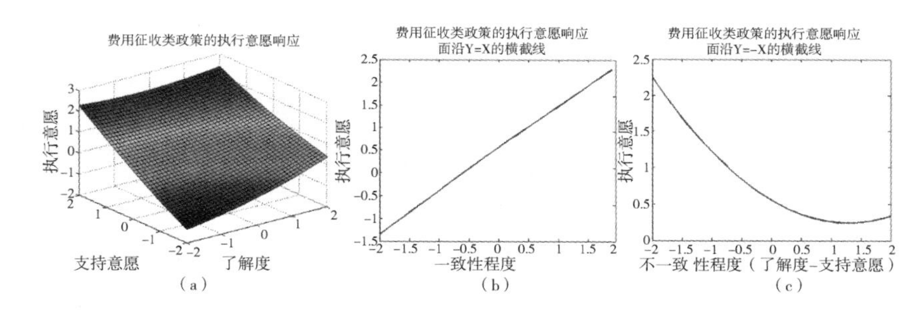

图 6-6　城市居民对费用征收类政策了解度、支持意愿在执行意愿上的响应

带动意愿模型 1 中城市居民对费用征收类政策的了解度与支持意愿均能够显著地预测带动意愿，带动意愿模型 2 中城市居民对命令控制类政策的了解度和支持意愿均不能预测带动意愿，带动意愿模型 2 比带动意愿模型 1 的调整 R^2 呈低，说明带动意愿模型 1 更能显示自变量与因变量的关系。在 Y=X 横截线上，斜率大于 0，说明城市居民对费用征收类政策的了解度与支持意愿的一致性与不一致性相比，二者关系呈现一致时带动意愿数值更高。图 6-7（b）也显示随着城市居民对费用征收类政策的了解度与支持意愿一致性增加，带动意愿数值也会增加。图 6-7（c）显示响应面沿不一致性线 Y=-X是凹形，根据计算可得，拐点坐标为（1.21，0.22）。虽然城市居民对费用征收类政策的了解度与支持意愿“逆序”不一致时，带动意愿下降，但了解度超出支持意愿后，带动意愿会先略微下降一定程度后上升。

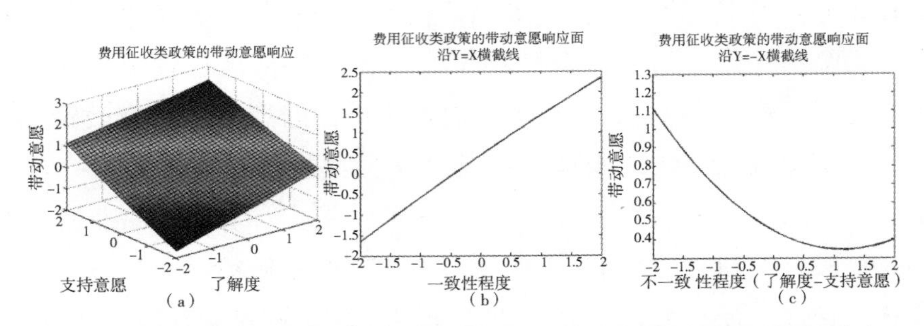

图 6-7　城市居民对费用征收类政策了解度、支持意愿在带动意愿上的响应

对命令控制类政策的城市居民了解度、支持意愿对执行意愿的响应回归分析结果（见表 6-7）显示，执行意愿模型 1 和执行意愿模型 2 中均只有支持意愿与执行意愿具有显著的线性相关关系，且执行意愿模型 2 对比执行意愿模型 1 的调整 R^2 略低，说明执行意愿模型 1 更能显示自变量与因变量的关系。图 6-8（b）显示城市居民对命令控制类政策的了解度与支持意愿二者一致且一致性程度较高时，城市居民对命令控制类政策的执行意愿数值更高；图 6-8（c）虽然显示当了解度与支持意愿“逆序”不一致时，执行意愿下降，“顺序”不一致时，执行意愿持续下降，但由于了解度与支持意愿的不一致计算公式说明不一致线 Y=-X 显示的是执行意愿与支持意愿负值的相关关系，进一步验证了城市居民对命令控制类政策的支持意愿与执行意愿是正相关关系。

带动意愿模型 1 中城市居民对命令控制类政策的了解度与支持意愿均能够显著地预测带动意愿，带动意愿模型 2 中仅城市居民对命令控制类政策的支持意愿能显著地预测带动意愿，且带动意愿模型 2 比带动意愿模型 1 的调整 R^2 略低，说明带动意愿模型 1 更能显示自变量与因变量的关系。从图 6-9（b）中可以看出，城市居民对命令控制类政策的了解度与支持意愿二者一致且一致性程度较高时，城市居民对政策的带动意愿数值更高。图 6-9（c）进一步验证了城市居民对命令控制类政策的支持意愿与带动意愿是正相关关系。

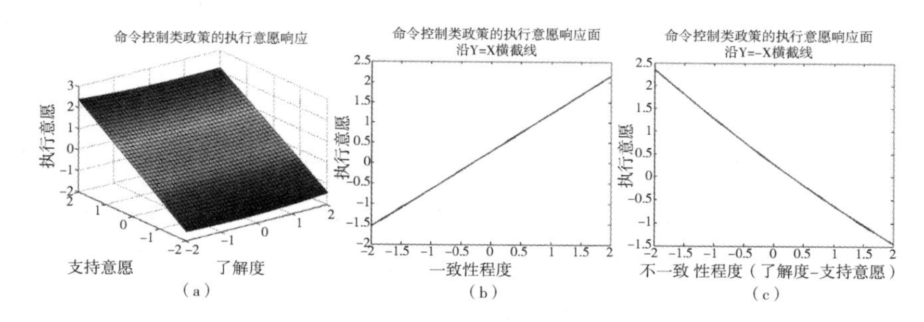

（a）　（b）　（c）

图 6-8　命令控制类政策了解度、支持意愿在执行意愿上的响应

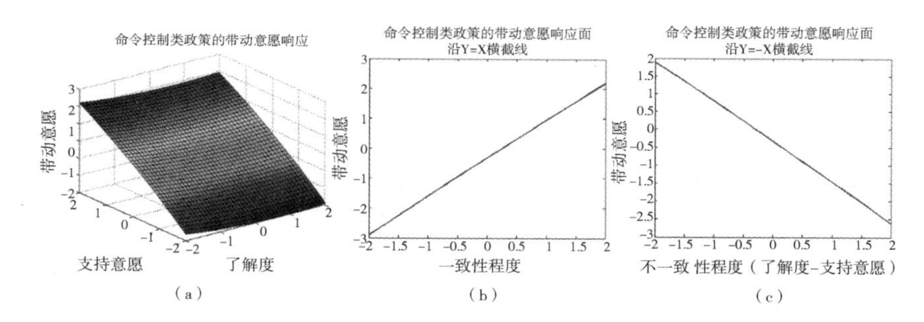

（a）　（b）　（c）

图 6-9　命令控制类政策了解度、支持意愿在带动意愿上的响应

城市居民对参与监督类政策的了解度、支持意愿对执行意愿的响应回归分析结果（见表 6-7）显示，执行意愿模型 1 和执行意愿模型 2 中均只有支持意愿与执行意愿具有显著的线性相关关系，执行意愿模型 2 比执行意愿模型 1 的调整 R^2 略高，执行意愿模型 2 更能显示自变量与因变量的关系。图 6-10（b）显示城市居民对参与监督类政策的了解度与支持意愿二者一致且一致性程度较高时，城市居民对参与监督类政策的执行意愿数值更高。图 6-10（c）虽然显示当了解度与支持意愿“逆序”不一致时，执行意愿下降，“顺序”不一致时，执行意愿持续下降，但由于了解度与支持意愿的不一致计算公式说明不一致线 Y=-X 显示的是执行意愿与支持意愿负值的相关关系，进一步验证了城市居民对参与监督类政策的支持意愿与执行意愿是正相关关系。

带动意愿模型 1 中城市居民对参与监督类政策的了解度与支持意愿均能够显著地预测带动意愿，带动意愿模型 2 中城市居民对参与监督类政策的了解度和支持意愿都不能预测带动意愿，带动意愿模型 2 比带动意愿模型 1 的调整 R^2 呈低，说明带动意愿模型 1 更能显示自变量与因变量的关系。从图 6-11（b）中可以看出，城市居民对参与监督类政策的了解度与支持意愿二者一致且一致性程度较高时，城市居民对政策的带动意愿数值更高。图 6-11（c）进一步验证了城市居民对参与监督类政策的支持意愿与带动意愿是正相关关系。

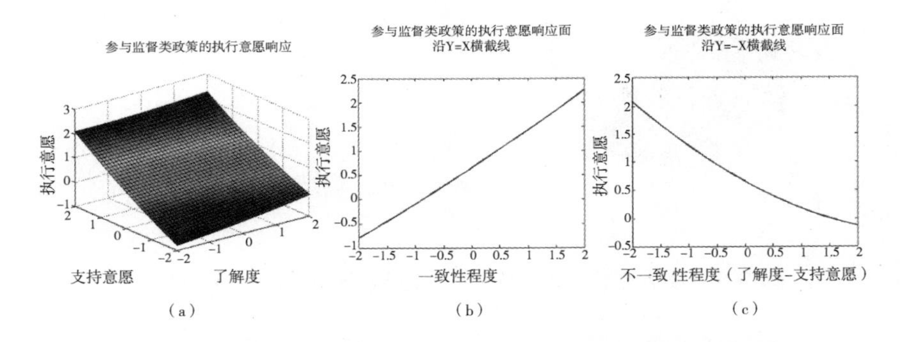

图 6-10　参与监督类政策了解度、支持意愿在执行意愿上的响应

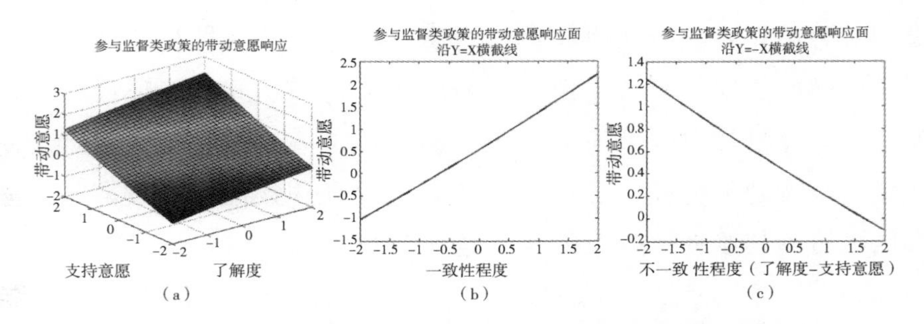

图 6-11　参与监督类政策了解度、支持意愿在带动意愿上的响应

四　城市居民垃圾分类行为引导政策的响应结果总结与剖析

（一）城市居民垃圾分类行为引导政策的响应结果总结

城市居民垃圾分类行为引导政策响应的假设检验结果见表6-8。总体来看，在其关系机制上，支持意愿能显著影响城市居民对政策的执行意愿，但了解度不具有显著的影响作用，而了解度和支持意愿均能够显著地正向预测带动意愿。了解度、支持意愿的一致性对执行意愿、带动意愿呈“递增”响应，了解度与支持意愿二者一致且一致性程度较高时执行意愿和带动意愿数值更高。特别地，费用征收类政策了解度、支持意愿的不一致性对执行意愿、带动意愿的响应呈现“凹形”变化，城市居民对费用征收类政策的了解度与支持意愿“逆序”不一致时，执行意愿下降，但了解度超出支持意愿（“顺序”不一致）一定数值后，执行意愿会出现上升。

表6-8　　城市居民垃圾分类行为引导政策响应相关假设检验

序号	假设	检验结果
H22-1	城市居民垃圾分类行为引导政策了解度对执行意愿具有正向影响作用	不成立
H22-2	城市居民垃圾分类行为引导政策支持意愿对执行意愿具有正向影响作用	成立
H22-3	城市居民垃圾分类行为引导政策了解度对带动意愿具有正向影响作用	成立
H22-4	城市居民垃圾分类行为引导政策支持意愿对带动意愿具有正向影响作用	成立
H23-1	城市居民垃圾分类行为引导政策了解度与支持意愿的一致性对执行意愿具有非线性影响作用	成立
H23-2	城市居民垃圾分类行为引导政策了解度与支持意愿的一致性对带动意愿具有非线性的影响作用	成立
H23-3	城市居民垃圾分类行为引导政策了解度与支持意愿的不一致性对执行意愿具有非线性影响作用	成立
H23-4	城市居民垃圾分类行为引导政策了解度与支持意愿的不一致性对带动意愿具有非线性影响作用	成立

（二）城市居民垃圾分类行为引导政策的响应结果剖析

对样本的描述统计分析发现，有42.51%的个体几乎不了解与自身切实相关的垃圾分类行为引导政策，这反映了政府对政策缺乏宣传，导致公众缺乏对政策的认识和了解。此外，政策带动意愿与执行意愿相比，其劣性值也达到了较高的水平（12.52%）。城市居民表现出低了解度、低带动意愿、高支持意愿、高执行意愿的特点。把政策标准向其他人宣传并且带动更多的人遵循需要个体具有较高的环保意识和公民意识，而据研究，中国居民的环保意识和公民意识都有待提高（李艳霞，2010）。另外，需要个体督促身边的人遵循垃圾管制制度很有可能会被看作“多管闲事”，进而产生人际隔阂。Deniz等（2013）在研究中指出的，个体担心会产生人际隔阂或显得与群体格格不入而选择无作为或沉默。这些因素使得很多居民不会带动他人去了解和遵循政策标准。

二次响应面分析结果显示，城市居民对政策的支持意愿能够正向影响执行意愿，但了解度并不能显著地预测城市居民对垃圾分类行为引导政策的执行意愿。知信行模型（Dutt et al.，2002）指出，行为和知识、信念相关，知识转变成行为意向需要外界条件，而信念的确立是行为意向的关键因素。城市居民对政策的支持是一种积极的情感和信念，能够预测其行为意向。但城市居民对政策的了解并不能直接转变成执行，Negash等（2015）认为教育是知识转变成行为意向的重要外界促成条件。

在带动意愿的响应方面，城市居民对不同类型政策的了解度和支持意愿均能够显著地预测带动意愿。鉴于政策标准中包含一定的环保知识，对政策的了解会增加个体对环境知识的学习。Jennifer等（1999）、Ágnes等（2013）在研究中指出，环境知识和环保意愿能够增强个体的环境责任感，进而使个体发生亲环境行为，包括管理行为、消费行为、劝说行为、公民行为等，并宣传和带动更多的人遵循政策规范就是一种环保劝说行为。此外，Valkila和Saari（2013）研究发现个体环保行为存在言行不一的现象。劝说其他个体环保等有利于社会的事情会给自身树立一种正面的形象，但并不意味着他们一定会做到环保、节能。这也就能够理解了解度并不能预测执行意愿却能预测带动意愿这一结论了。

对于不同类型垃圾分类行为引导政策来说，了解度、支持意愿的一致性对执行意愿和带动意愿呈“递增”响应，即了解度与支持意愿二者一致且一致性程度较高时执行意愿和带动意愿数值更高。若了解度和支持意愿“顺序”不一致，则个体可能由于在充分了解政策的内容后，不认同它而不愿被动地遵循或宣传。Kaiser 等（1999）、Boland 等（2001）也指出，当个体对事物的认知附带个人的积极情感时，认知更容易转化为行为意向。也就意味着个体认识政策后，伴随着支持的情感，会有更高的执行意愿和带动意愿。

值得注意的是，城市居民对费用征收类政策的了解度、支持意愿的不一致性对执行意愿和带动意愿的响应呈现“凹形”变化。虽然城市居民对费用征收类政策的了解度与支持意愿“逆序”不一致时，执行意愿下降，但了解度超出支持意愿（“顺序”不一致）一定数值后，执行意愿会出现上升的现象。费用征收类政策带动意愿的响应也呈现出相同的特征，说明了居民对垃圾处理收费制度不甚了解时，会有排斥的行为，这和经济人假设的观点（Hollis，1975）一致，城市居民不愿意为对自己无用的垃圾而支付额外的成本。但是，居民对垃圾收费的内容、标准、缘由有了深刻的认识之后，会意识到垃圾处理需要大量的人力和物力，所收费用是为了让自己生活在一个更好的环境之中。加之，江苏省现行按户、按人的垃圾处理平均收费制度，使得居民在单独支付公共性服务时产生心理不公平感，因此他们更愿意带动身边的人也遵循这种缴费制度。

第七章

“执行—带动”视角下垃圾分类行为的演化仿真

通过前文关于垃圾分类行为现状的分析可知，垃圾分类行为各维度中，习惯型分类行为、决策型分类行为、人际型分类行为和公民型分类行为的得分均值分别为3.01、3.65、3.52和2.93。其中，习惯型分类行为与公民型分类行为均值较低。同样地，在劣性值方面，习惯型分类行为与公民型分类行为也都表现出较高的检出率。这说明，我国城市居民尚未形成垃圾分类的习惯，且在面对垃圾分类问题时，较少情况下是出于公民意识的行为。因此，提升城市居民习惯型分类行为与公民型分类行为的发生频率，是引导居民进行垃圾分类，促进垃圾资源化和减量化的当务之急。

在国民垃圾分类与回收习惯养成方面，瑞典和日本等国通过政府、学校、家庭等多主体闭环参与的形式，促进个体从幼儿到成年的一贯性环境素养培育和技能提升，差不多用了40年即相当于“一代人的时间”完成这一教育过程。从个体层面上说，个体行为是通过学习形成的，行为复现和稳定发生则标志着整个学习过程的完成。习惯型分类行为是个体基于自身习惯、无意识的自发型行为，是进行垃圾分类的基础性行为，它具有复现、持久、难以改变的特征。相对应地，若个体不习惯于对垃圾进行分类，那么分类行为则难以持续发生。因此，引导城市居民对垃圾进行习惯性的分类也是最终目标。学习理论中的“刺激—反应理论”指出，无意识的习惯性行为，是个体受到外界环境的刺激后，经过特定的强化过程，最后导致个体的行为复现。

实证分析结果表明，习惯型分类行为受政策普及度、标准可识别度、产品技术条件、设施条件、生产环节信任、分类环节信任、收运环节信任、处理环节信任、监管环节信任、组织氛围和社会氛围等外界情境因素的影响。这为习惯型分类行为的引导政策设计提供了建构基础，同时也为个体习惯型分类行为的学习提供了强化条件。然而，学习的强化过程并非简单地给予刺激就能够实现，个体的需求是具有差异性的。通过外界环境的刺激，不一定能够形成个体“想要”的奖励或惩罚。换言之，个体由于自身的心理认知特征的差异，其刺激需求也具有差异性。如预防聚焦、促进聚焦、数量偏好、节奏偏好、品质偏好、分类知识和分类关注等，都会对个体习惯型分类行为的学习过程产生影响。基于此，本书将通过联结学习理论，在外界环境因素干预的基础上，构建基于个体心理偏好需求与政策情境交互干预下的强化学习模式，即信息交互干预机制下的学习模式，探讨城市居民习惯型分类行为的学习路径及演化规律。

加之，Chen 等（2017）在关于环境行为的研究中指出，具有消极属性的环境行为不仅体现为直接损害环境的行为，还有对“破坏环境行为的漠视”，虽然漠视的个体并非行为发生者，但却是造成环境破坏的相关者，因为个体在心理趋势、态度与行为上放任了负面的环境行为，表现出了低的环境责任感，不利于生态文明建设。相反，在垃圾的资源化和减量化过程中，个体分类行为不应仅体现在自身的分类行为上，还应包括带动他人共同参与垃圾分类、监督他人参与垃圾分类、及时向有关部门反映垃圾分类问题等公民型行为。协作学习理论也指出，这种多主体相互促进和影响的学习模式，能够促进个体对知识的理解与掌握。基于此，在个体自身形成垃圾分类习惯的同时（愿意执行分类），本书还将构建一种“协作分类”机制，提升自身垃圾分类的“影响”和“带动”意识，使城市居民相互督促，共同监管（带动分类），进而能够更为高效地改善垃圾分类行为。进一步地，从进化博弈和学习的视角，探究并仿真在垃圾分类的过程中个体间协作机制形成及稳定的规律。

第一节 信息交互干预机制下垃圾分类行为的形成与稳定

一 联结学习理论

（一）联结学习的理论基础

受 Waston、桑代克（Thorndike）、Pavlov 以及 Skinner 等行为主义学习理论的影响，20 世纪 60 年代以前，多数研究者关注的是某个有机体发生行为的外部原因，如分析奖励与惩罚、成功与失败、合作与竞争、结果的期望等因素对个体动机行为的影响，把个体看成受外部环境控制以及没有主观能动性的机械个体。桑代克提出的“刺激—反应理论”认为，如果动物做出反应后得到的是某种报偿或生理满足，那么这种反应出现的概率就会增加，但如果反应后得到的是一种相反的不愉快后果，那么这种反应出现的概率就会下降。

心理学家 Skinner（1938）提出了操作条件反射的概念，并通过实验发现，有机体通过刺激，会产生反应，通过强化之后，有机体的反应会形成一种模式，这便形成了学习。所以，他认为人产生学习的原因是得到了外部条件的刺激。Skinner 还把强化分为正强化和负强化两种，正强化是给予积极的外部刺激，形成行为的动机；负强化是给予消极的外部刺激，也是为了激励正确行为的重复出现，试图消除不良行为。Skinner 的操作条件反射理论把外界环境和心理通过刺激建立了连接，为之后个体学习行为策略的发生提供了重要的理论基础。

Kaufman 等（2009）认为，强化学习是学习的一种基本形式，它是个体的记忆系统对外界刺激与刺激相互之间建立一种特有连接的能力，联结式强化学习是其他更高级形式学习的基础。Dilley 和 Paivio（1968）发现了在个体还是儿童时期，就有明显强化学习的发展趋势，所以强化学习是个体的一种基本的学习途径或能力。Kee 等（1979）的研究也指出，儿童学习的联想能力，会随着他们年龄的增长而有所提高，9 岁的儿童就能够在图像与语义之间建立连接完成学习。强化学习理论认为，两个刺激重复的同时呈现是建立两者间联想关系最关键的学习过程。这通过所谓的“信号性学习”方式得以实现，即反复的配对呈现能使个体将其中一种刺激作为另一种刺激呈现的信号，重复的次数越多，个体认定该信号的自信心越强（周象贤，2010）。范琐哲（2008）以桑代克的“试误说”为基点，提出对假冒伪劣行为的对策：一是构建良性的社会情境，形成刺激；二是确立个体良性准备状态，给个体不愉快的体验；三是通过削弱不法行为所得到的好处（好的刺激），来减少不法行为与好处的联结，弱化不法行为的强度，从而改变其恶劣的行为。

Molfese 等（2002）认为，配对联想学习是将两个事物或表征激活并强化，长时间的强化会在大脑的记忆系统中形成新的联结。Seidenberg 和 Mcclelland（1989）认为，仅仅靠单词的积累不能够使阅读能力得到提升，只有把语音与字形两者相互匹配联结，才能有规律地学习，从而提升阅读技能。Kuharakojimá 和 Hatano（1991）在一个对日本大学生的研究中，发现个体在某个领域内的原有知识能够提高他们在同一领域中学习的成绩，但这些知识对个体在其他领域中的学习并无提高，并且在对他们的测试中发现，配对联想学习能力能够预测个体在两种领域中的学习成绩。朱燕（1996）通过实验发现，配对词组的联想性决定了英语单词的学习难度，联想较强的一组学生的成绩高于另一组。

曾凯（2009）认为，联结主义的强化学习观假设人类认知的各个部分之间是高度互动的；事件、概念和语言的知识广泛表征在人类认知系统中。他将联结主义理论从认知科学的角度应用到了英语学习中，配对的单词搭配学习，可以让学生通过联想，以某一个单词为基础（词根），发展学习更多的英语单词，更好地记忆英语单词。曾凯考虑到了联结式强化学习时人认知方面的因素，但是其侧重点还是在刺激与反应的联结上。

可见，联结式强化学习的方式就是通过外部的某种刺激引发另一种学习反应的过程。强化学习研究大多数都是在言语教学等方面，研究者一致认为，配对的联想刺激对学习有良性的影响。从强化学习的理论基础也可以看到，强化学习解释了一些行为产生的原因，并通过这种机制建立外部环境与行为之间的联结，使我们可以很有效地学会很多东西。

（二）联结学习下的个体行为动机

桑代克的“试误学习”认为，人类通过不断地试错，使错误的活动因为外部刺激而被淘汰，正确的活动会和大脑皮层形成联结，之后出现相应的刺激，人便会将其连接到某种相应的反应。巴普洛夫的经典条件反射理论认为，通过人原有的先天条件反射，附加上某种刺激，从而将刺激与反应建立了一种连接。Skinner 的操作条件反射理论补充了巴普洛夫的经典理论，认为即使没有先天的条件反射，通过不断地强化刺激，也能建立行为和外部条件的连接，从而形成人为操作性的条件反射。

部分研究者认为，行为动机的产生是由于个体在面对新鲜事物时具有好奇心，进而导致中枢神经系统被高度激活。Keller（2008）也认为，好奇心作为外界环境对个体的刺激，来激发个体探索未知事物的兴趣。Locke（2000）提出了目标设定理论，认为目标本身具有激励的作用，目标能把人的需要转化为动机，人的行为便会朝着一定的方向努力。个体的目标设定得越高，他工作的努力程度也就越高，他的行为表现也会越好。当然，这个结论是有假定条件的，即只有当个体接受设定的目标并且决心献身于设定的目标时，结论才成立。心理学研究中也表明，当个体认定某个目标，并全力以赴完成它时，个体会表现出先天的学习动机；当个体不需要担心成败，并且意识到自己所学东西对自己是有价值的，或者当教师在个体学习过程中支持并尊重他们，个体就会对学习有很高的投入与热情。Ames（1992）研究表明，当老师使学生可以自己决定如何学习以及把握学习进程的时候，学生会增加对学习的兴趣与动机，因此满足学生的自主需要对增加其学习动机是非常重要的。Chan（1996）强调，在学生的学习中教师应该给学生提供一些信息，让学生自己对未来的成败做出判断，且强化的教学要阶段性地按照步骤来，首先是给予具体性的奖赏，然后发展成个体对成就满足感的奖赏，以此强化学生的学习动机。Burguillo（2010）和 Dickey（2011）研究发现，设计游戏形式的教学，会提高学生的学习兴趣和学习动机，并取得较好的学习效果。Kochenderfer-Ladd 和 Skinner（2002）通过研究发现，女生的天性多趋向内部化，所以在适合她们内在驱动的环境中，即内部动机占优势情况下，她们对自己课下学习能力的评价要比同样内部动机占优势的男生高。

综上，在外部诱因的学习动机下，人们只有在对外在的刺激物、诱因等感兴趣，或是具有个人需要的内驱力的情况下，才会调动其内在的力量，努力去实现它。它是以行为主义的学习动机派为理论依托的，以外部刺激和外部强化为核心，认为通过各种外部环境的作用，人才会有做出反应的动机，以及做出相应的行为反应。

二 信息交互干预下城市居民习惯型分类行为学习模型构建

（一）城市居民习惯型分类行为传统学习模型

联结式强化学习是指从环境刺激到行为策略的学习，以使主体行为从环境中获得的累积奖赏值最大，通过不断地试错发现最优的行为策略（高阳等，2004）。在计算机相关研究领域中，强化学习是一种无导师机器学习方法，其基本原理是如果代理人（Agent）的某个行为策略导致环境正的奖赏（强化信号），那么代理人以后产生这个行为策略的趋势便会加强（林芬等，2008）。这与本书中习惯型分类行为的形成路径相似，其基本学习过程如图 7-1 所示，城市居民分类授权感知为奖惩信息源，刺激个体发生习惯型分类行为，这一行为策略又会进一步给予个体心理上的奖赏（赋予意义、自主性、自我效能感和影响力的心理权利），产生强化信号，加快习惯型分类行为收敛。因此，可以通过马尔可夫型决策过程（Markov Decision Process，MDP）表示这一学习流程。

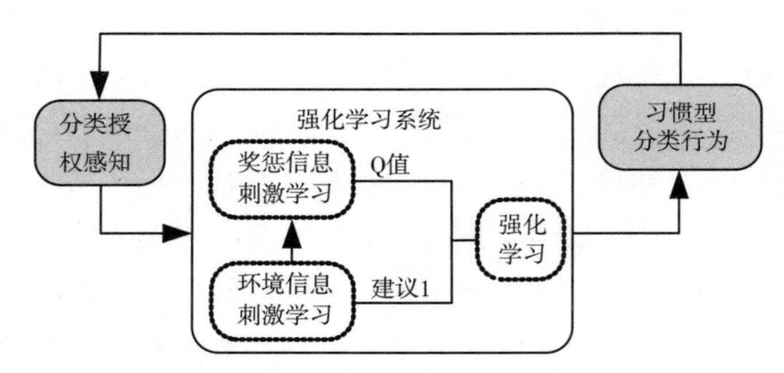

图 7-1　习惯型分类行为基本学习过程

马尔可夫决策过程是由四元组 $< S, A, R, P >$ 定义，其中包含一个环境状态集（S）、系统行为集合（A）、奖励函数（R：$S \times A \rightarrow$）和状态转移函数［P：$S \times A \rightarrow PD(S)$］。马尔可夫决策过程的本质是，当前状态向下一个状态转移的概率和奖励值只取决于当前状态和选择的动作，而与历史状态和动作无关。代理人的目标是在每个离散状态下发现最优策略以使期望折扣奖赏和最大。为求解最优策略，学者引入了“价值函数”的概念。目前常用的价值函数是基于无限时域累积折扣回报的 Q 价值函数，Q 学习算法是一种常用的与模型无关的强化学习方法。Q 学习迭代时采用状态—动作奖赏和 Q^* 作为衡量标准，在本书中，居民若不发生习惯型分类行为（V_{notDo}），其分类授权感知到的价值则为 0，即：

$$V_{notDo} = 0 \tag{7-1}$$

相反，若城市居民发生习惯型分类行为（V_{do}），其分类授权感知到的价值则为其心理感知到的增益价值（V_{be}），如下：

$$V_{do} = V_{be} \tag{7-2}$$

代理人在状态 s 下选择的行动取决于该行动选择策略 V 值的大

小。Arnold 指出，在这一过程中，代理人的动作选择服从以下概率分布：

$$P(s,\ a)=\frac{e^{V(s_i,\ a_i)/t}}{\sum_k e^{V(s_k,\ a_R)/t}} \tag{7-3}$$

式中，S 表示状态，a 表示行动，t 表示时间。

因此，在某一时刻居民发生习惯型分类行为的概率 μ 则为：

$$\mu=\frac{e^{V_{do}}}{e^{V_{do}}+e^{V_{notDo}}} \tag{7-4}$$

Dayan 和 Abott（2001）从神经科学的视角描述了生物个体的学习过程，并提出了脑神经元接受信号较为精确的激活模型，用以表示生物个体在接受新的信息时，神经元被激活的情况。这一过程与个体的行为强化学习过程相似，再结合上述学习函数具有的性质，本书引入并改进神经元激活模型，用以表达个体的行为学习函数。原激活模型为：

$$f(s,\ a)=\ln t \tag{7-5}$$

进而可以得出个体自学习感知收益迭代模型如下：

$$V_{ori(t+1)}=V_{ori(t)}+\varphi(\ln t)' \tag{7-6}$$

式中，φ 表示个体的自学习率，V_{ori} 表示自学习感知收益。

但在现实生活中，个体的学习过程往往具有刺激源多样性和方向多样性的特征，仅仅从特定的结果和环境刺激获得的奖赏或惩罚考虑主体在学习过程中的行为策略改变过程，与现实生活并不贴切。基于此，在分析个体垃圾分类行为的强化学习过程中，其他的刺激和阻碍因素带来的加快学习或干扰学习同样需要重视和关注。特别地，有效地利用其他信息刺激、消除信息障碍帮助个体加快垃圾分类行为的学习速度，提高其学习效率，尤为关键。

综上，在传统的强化学习模型中，可将城市居民发生垃圾分类行为后，其分类授权感知到的总价值表示为增益价值和损失价值（V_{obs}）之差，如下：

$$V_{do} = V_{be} - V_{obs} \tag{7-7}$$

（二）基于偏向信息干预的城市居民习惯型分类行为交互学习过程

然而个体是具有差异性的，不同的个体其需求偏好也会不同，在学习的过程中亦是如此。换言之，由于每个人对外界信息感知的差异性，即使是同样的外界信息刺激，其最终获取的分类授权感知也会不同。本书认为，这种差异化感知机制也是一种特殊的学习“刺激”。林芬等（2008）、Lin 和 Li（2003）、Fernando 和 Veloso（2006）等将强化学习过程中除环境因素外其他的刺激界定为偏向信息，并指出结合先验知识、后验知识预置某些偏向可以加快机器的学习速度，但是当偏向信息不正确时又可能导致机器学习过程不收敛。在强化个体垃圾分类行为学习的过程中，本书同样认为，在偏向信息的指导下，预置特定的情境偏向可以加快垃圾分类行为收敛速度。但是，若偏向信息“有误”，偏向信息存在负向的刺激作用，垃圾分类行为的学习结果也可能为不收敛。基于此，本书采用交互强化学习模型（林芬等，2008），将强化学习过程和偏向信息学习过程结合分析，探讨在个体学习的过程中，强化学习是如何根据偏向信息和最大化自身利益，调整行为策略方向，加快或减慢城市居民垃圾分类行为学习的收敛规律的。

交互强化学习主要目的是在强化学习中增加一个学习偏向信息的“学习器”，将强化学习过程和偏向信息学习过程结合起来。基于偏向信息干预下的城市居民习惯型分类行为交互学习过程（见图 7-2），主要包括三个学习器和一个策略控制器。第一个学习器为分类授权感知（奖励信息）不断刺激强化习惯型分类行为的自学习，此过程中，由于习惯型分类行为对分类授权感知具有反向的影响作用，可使自学习过程能够持续地进行。第二个学习器为环境信息干预下个体的强化学习，由前文分析可知，城市居民习惯型分类行为交互学习过程中，产品设施（产品技术条件、设施条件）、环节信任（生产环节信任、分类环节信任、收运环节信任、处理环节信任、监管环节信任)、政策标准（政策普及度、标准可识别度）和群体规范（家庭氛围、组织氛围、社会氛围）等情境因素为环境信息，根据前文的调节效应分析可知，政策普及度、标准可识别度、产品技术条件、设施条件、生产环节信任、分类环节信任、收运环节信任、处理环节信任、监管环节信任、组织氛围和社会氛围是有效的环境干预信息。第三个学习器为偏向信息干预下个体的强化学习，代理人在学习的过程中，并非仅受到环境信息的干扰，往往还具有偏向性（李学勇等，2004)，这种偏向性可能来源于先验知识（林芬等，2008)、个体偏好类的隐性偏向信息（Lin and Li，2003)、过去的经验认知（Fernando and Veloso，2006)。本书中，个体的心理特征信息具有这样的偏向特征，能够使代理人的学习过程偏向于某种机制，其中，根据前文的预测效应分析可知，有效的偏向信息包括调节聚焦（预防聚焦、促进聚焦)、舒适偏好（数量偏好、节奏偏好、品质偏好）和分类认知（分类知识、分类关注)。

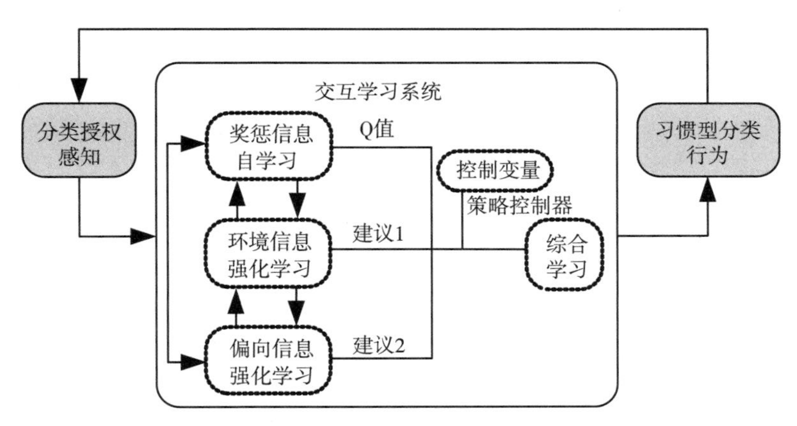

图 7-2 城市居民习惯型分类行为交互学习过程

在偏向信息干预下的城市居民习惯型分类行为交互学习模型中，环境信息学习器根据学习到的信息得到一个决策建议（建议 1)，偏向信息学习器根据学习到的偏向机制得到一个决策建议（建议 2)，同时交互学习系统根据自学习的策略得到一个自学习决策策略（Q

值），策略控制器综合三者的重要性和刺激程度确定最终的动作对学习器进行训练，进行综合学习。

由此可知，城市居民在学习过程中，接收的干预主要来源于三个方面，即原始的奖惩信息感知、环境信息干预和偏向信息干预。其中原始的奖惩信息感知即为分类授权感知，环境信息干预即为情境因素的干预，偏向信息干预则为个体心理因素的干预。因此，本书将依据前文实证分析得到的结果（路径系数），设置干预强度的初始值。

此外，在交互学习过程中，为了更贴合现实情境，本书在基于偏向信息干预的城市居民习惯型分类行为交互学习模型中加入了控制变量。一般来说，在统计分析的相关研究中，控制变量通常为社会人口学变量，即性别、年龄、学历、收入等（Côté et al.，2015；魏佳等，2017）。通过对垃圾分类行为引导政策的公众响应分析可知，政策的效力性会受到公众对政策的了解度和支持意愿的影响。

个体的认知和情感并非一成不变，随着时间的流逝，个体的认知和情感会逐渐被“同化”，基于此，本书采用时效性表达公众由于对政策的了解度和支持意愿带来的政策效力性。换言之，公众对政策的响应决定了政策的生效时间和速率，因此本书将政策的生效时间和速率作为控制变量，进而用以调整交互学习过程中的综合学习率。

综上，根据个体收益遵从边际递减的规律，结合神经网络学习中常用的 Sigmoid 函数：

$$\sigma(x,\ k)=\frac{1}{1+e^{-kx}} \tag{7-8}$$

其中，x 为学习步数，k 为学习速率。

进一步地，可将分类授权感知到的增益价值函数构建为：

$$V_{be}=\sigma(t-\tau,\ \gamma)\times\sigma(t-\tau,\ 1)\times\frac{\log(1+t)}{\log(1+1/\lambda)} \tag{7-9}$$

其中，t 为时间，τ 表示干预的延迟时间，λ 表示干预强度，γ 则为干预措施的生效速率。个体感知到的损失价值虽然也遵从边际递减的规律，但其具有“边界性”（文森特、王永霞，2014），会达到一个上限，故可将分类授权感知到的损失价值函数构建为：

$$V_{obs} = \sigma(t - \tau, \gamma) \times \sigma(t - \tau, 1) \times \left(\alpha - \frac{1}{\lambda t + 1/\alpha}\right) \tag{7-10}$$

其中，α 为个体感知到的价值损失上限。

三 信息交互干预机制下城市居民习惯型分类行为仿真

本书使用 Matlab（R2016b）软件，对所构建的偏向信息干预下的城市居民习惯型分类行为交互学习模型进行系统仿真。考虑到干预措施的强度（干预强度）和响应效度对城市居民习惯型分类学习的交互影响是同步产生的，加之，响应效度是整个强化学习过程的控制器，为了使垃圾分类行为的形成及复现机制与规律更易于观察和阐述，本书分两步将上述两类因素的影响进行分析，即首先探讨基于干预强度影响下个体习惯型分类行为的形成与复现，在此基础上再进一步讨论不同响应效度影响下个体习惯型分类行为的形成与复现。

（一）基于干预强度影响的仿真分析

在相同响应效度的情境中，本书探讨了不同偏向信息（调节聚焦、舒适偏好和分类认知）交互干预机制下，政策普及度、标准可识别度、产品技术条件、设施条件、生产环节信任、分类环节信任、收运环节信任、处理环节信任、监管环节信任、组织氛围和社会氛围等政策情境因素的干预效果。为了更清晰地展示习惯型分类在不同响应效度与干预强度下的演化情况，本书首先对城市居民习惯型分类行为的自学习过程进行了描绘，以作为参考。

1. 调节聚焦交互干预下的仿真分析

调节聚焦作为偏向信息的交互学习过程中个体的心理感知收益与行为发生概率仿真结果如图 7-3 所示。可以看出，在仿真过程中，行为发生概率随着感知收益同步发生变化，且随着仿真步数逐渐增加，个体的学习速率在不断下降，最终趋近于0，且个体的行为发生概率均会收敛至1。

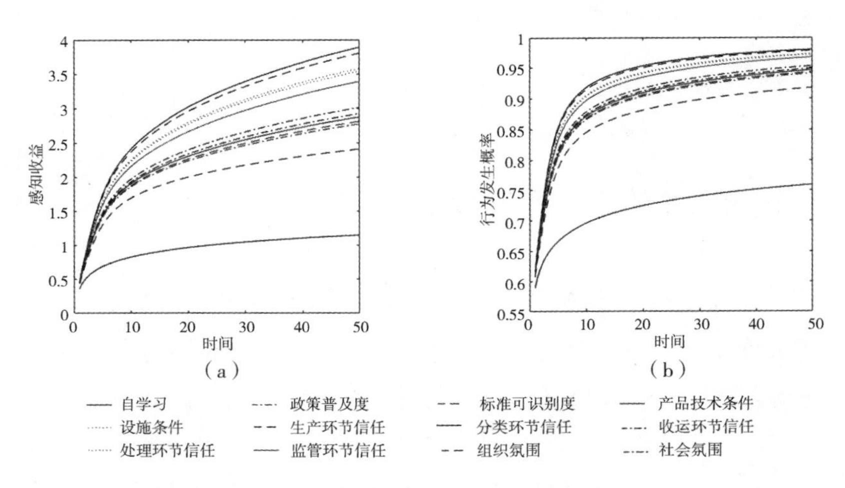

图 7-3 调节聚焦交互干预下习惯型分类行为学习过程

在仿真初期受到政策情境因素与调节聚焦交互干预的作用，个体习惯型分类行为的学习速率远高于其自学习的速率。而由于初期学习速率的优势，在整个仿真过程中加入政策情境因素与调节聚焦交互干预的个体心理感知收益与行为发生概率均高于自学习过程中的感知收益与行为发生概率，表明加入政策情境因素与调节聚焦交互干预的个体行为会更快收敛，即习惯型分类行为将更快形成并复现。特别地，加入分类环节信任因素与调节聚焦交互干预的习惯型分类行为发生概率最快收敛至1，其次由快到慢依次为生产环节信任、设施条件、处理环节信任、社会氛围、收运环节信任、产品技术条件、标准可识别度、政策普及度和组织氛围。分类环节信任、生产环节信任和设施条件为最关键的三类政策干预因素，干预效果最有效。

2. 舒适偏好交互干预下的仿真分析

舒适偏好作为偏向信息的交互学习过程中个体的心理感知收益与行为发生概率仿真结果如图 7-4 所示。可以看出，在仿真初期受到政策情境因素与舒适偏好交互干预的作用，个体习惯型分类行为的学习速率高于其自学习的速率。而由于初期学习速率的优势，在整个仿真过程中加入政策情境因素与舒适偏好交互干预的个体心理感知收益与行为发生概率均高于自学习过程中的感知收益与行为发生概率，表明加入政策情境因素与舒适偏好交互干预的个体习惯型分类行为更快形成并复现。同时，加入分类环节信任因素与舒适偏好交互干预的习惯型分类行为发生概率最快收敛至1，其次由快到慢依次为生产环节信任、设施条件、处理环节信任、社会氛围、收运环节信任、产品技术条件、标准可识别度、政策普及度和组织氛围。同样，分类环节信任、生产环节信任和设施条件为最关键的三类政策干预因素，干预效果最有效。

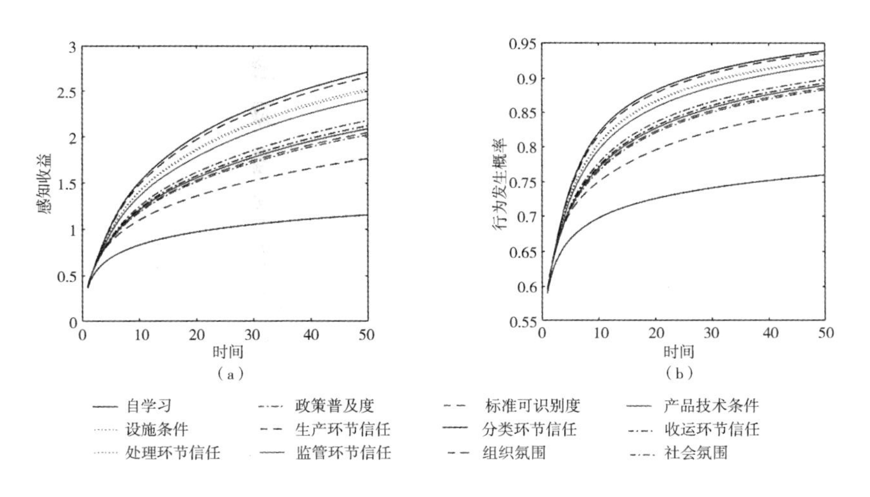

图 7-4 舒适偏好交互干预下习惯型分类行为学习过程

3. 分类认知交互干预下的仿真分析

分类认知作为偏向信息的交互学习过程中个体的心理感知收益与行为发生概率仿真结果如图 7-5 所示。同样可以看出，在仿真初期受到政策情境因素与分类认知交互干预的作用，个体习惯型分类行为的学习速率高于其自学习的速率。而由于初期学习速率的优势，在整个仿真过程中加入政策情境因素与分类认知交互干预的个体心理感知收益与行为发生概率均高于自学习过程中的感知收益与行为发生概率，表明加入政策情境因素与分类认知交互干预的个体习惯型分类行为更快形成并复现。此外，加入分类环节信任因素与分类认知交互干预的习惯型分类行为发生概率最快收敛至1，其次由快到慢依次为生产环节信任、设施条件、处理环节信任、社会氛围、收运环节信任、产品技术条件、标准可识别度、政策普及度和组织氛围。仿真结果表明，分类环节信任、生产环节信任和设施条件为最关键的三类政策干预因素，干预效果最有效。

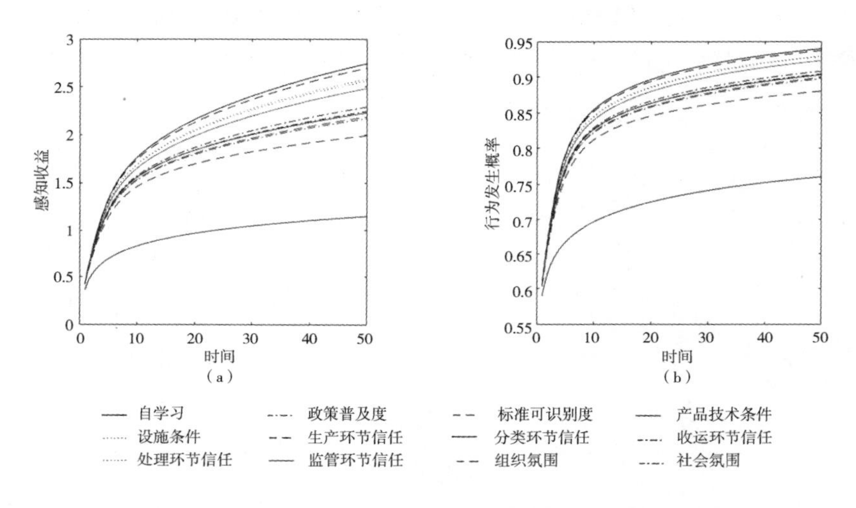

图7-5　分类认知交互干预下习惯型分类行为学习过程

综上，在固定响应效度情况下，由于政策情境因素与偏向信息的交互干预，个体习惯型分类行为的学习速率高于其自学习的速率，且由于初期学习速率的优势，在整个仿真过程中加入政策情境因素与偏向交互干预的个体心理感知收益与行为发生概率均高于自学习过程中的感知收益与行为发生概率，即加入政策情境因素与偏向信息交互干预的个体习惯型分类行为更快习得。此外，无论是基于调节聚焦、舒适偏好还是分类认知偏向信息的交互干预，最关键的三类政策情境干预因素依次为分类环节信任、生产环节信任和设施条件。

（二）基于响应效度的仿真分析

接下来，本书将探讨在不同响应效度的情境中，不同偏向信息

(调节聚焦、舒适偏好和分类认知)交互干预机制下，政策普及度、标准可识别度、产品技术条件、设施条件、生产环节信任、分类环节信任、收运环节信任、处理环节信任、监管环节信任、组织氛围和社会氛围等政策情境因素的干预效果。

1. 政策普及度交互干预下的仿真分析

鉴于偏向信息包括调节聚焦、舒适偏好和分类认知三个方面，本书分别将这三类偏向信息与政策情境因素进行交互干预和仿真分析。政策普及度与调节聚焦交互干预过程中个体的心理感知收益与行为发生概率仿真结果如图 7-6 所示。同样可以看出，在仿真过程中，行为发生概率随着感知收益同步发生变化，且随着仿真步数逐渐增加，个体的学习速率在不断下降，最终趋近于0，且个体的行为发生概率均会收敛至1。由于仿真初期政策普及度与调节聚焦交互干预的作用，个体习惯型分类行为的学习速率高于其自学习的速率，并促使整个仿真过程中受到信息交互干预的个体心理感知收益与行为发生概率均高于自学习过程中的感知收益与行为发生概率。

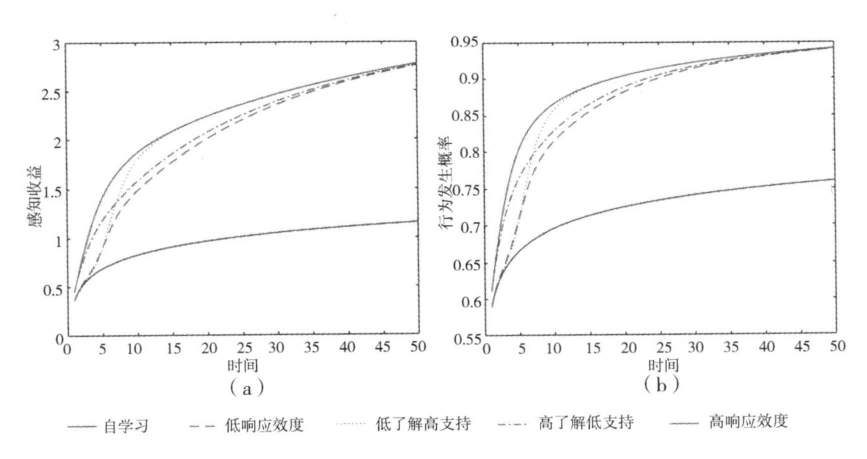

图 7-6 政策普及度与调节聚焦交互干预下习惯型分类行为学习过程

然而，不同的政策响应效度导致同一信息交互干预的个体心理感知收益与行为发生概率也不相同。具体表现为，高响应效度（高了解度高支持度）和高了解度低支持度在仿真初期促使个体具有较高的学习速率，且尤为明显；低响应效度（低了解度低支持度）与低了解度高支持度的情景下，在仿真初期个体的学习速率较低，且几乎与自学习情景下的学习速率相同。随着仿真步数的增加，低了解度高支持度响应效度情景下的学习速率下降速度较快，而高了解度低支持度响应效度情景下的学习速率先是略微下降，随后呈现上升再下降的趋势，并在一段时间后超过低了解度高支持度响应效度情景下的学习速率。但最终不同政策响应效度情景下，政策普及度与调节聚焦交互干预下个体的感知收益与行为发生概率呈现出趋同特征。在整个仿真过程中，高响应效度促使政策普及度与调节聚焦交互干预机制下的城市居民习惯型分类行为最快形成与复现，收敛速度最快；低响应效度导致政策普及度与调节聚焦交互干预机制下的城市居民习惯型分类行为形成与复现延迟，不考虑自学习的情况下，收敛速度最慢。

政策普及度与舒适偏好交互干预过程中个体的心理感知收益与行为发生概率仿真结果如图7-7所示。不同的政策响应效度导致政策普及度与舒适偏好交互干预下的个体心理感知收益与行为发生概率也不相同。同样表现为，高响应效度（高了解度高支持度）和高了解度低支持度在仿真初期促使个体具有较高的学习速率，低响应效

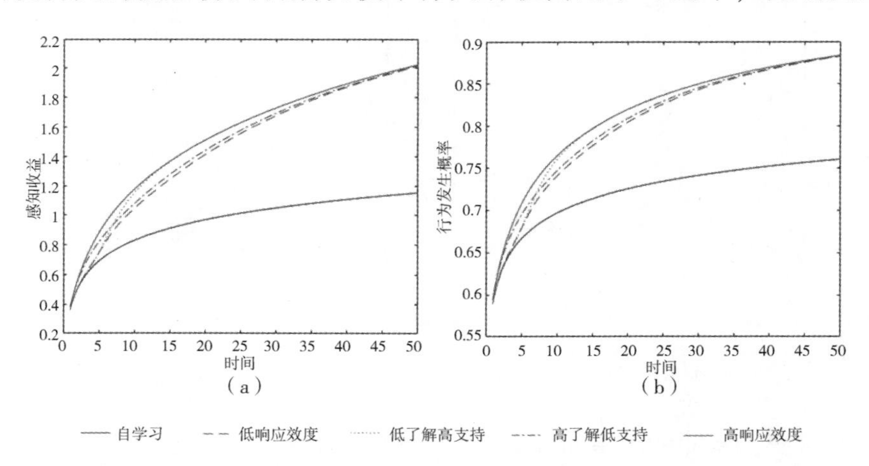

图7-7　政策普及度与舒适偏好交互干预下习惯型分类行为学习过程

度（低了解度低支持度）与低了解度高支持度的情景下，在仿真初期个体的学习速率较低，且几乎与自学习情景下的学习速率相同。随着仿真步数的增加，低了解度高支持度响应效度情景下的学习速率下降速度较快，而高了解度低支持度响应效度情景下的学习速率先是略微下降，随后呈现上升再下降的趋势，并在一段时间后超过低了解度高支持度响应效度情景下的学习速率。但最终不同政策响应效度情景下，政策普及度与舒适偏好交互干预下个体的感知收益与行为发生概率呈现出趋同特征。在整个仿真过程中，高响应效度促使政策普及度与舒适偏好交互干预机制下的城市居民习惯型分类行为最快形成与复现，收敛速度最快；低响应效度导致政策普及度与舒适偏好交互干预机制下的城市居民习惯型分类行为形成与复现延迟，不考虑自学习的情况下，收敛速度最慢。

政策普及度与分类认知交互干预过程中个体的心理感知收益与行为发生概率仿真结果如图 7-8 所示。不同的政策响应效度导致政策普及度与分类认知交互干预下个体的心理感知收益与行为发生概率也不相同。同样表现为，高响应效度（高了解度高支持度）和高了解度低支持度在仿真初期促使个体具有较高的学习速率，且尤为明显；低响应效度（低了解度低支持度）与低了解度高支持度的情

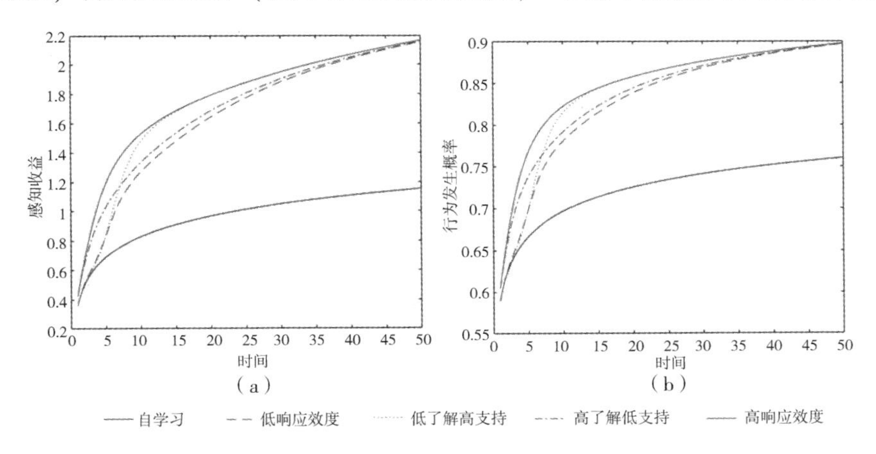

图 7-8 政策普及度与分类认知交互干预下习惯型分类行为学习过程

景下，在仿真初期个体的学习速率较低，且几乎与自学习情景下的学习速率相同。随着仿真步数的增加，低了解度高支持度响应效度情景下的学习速率下降速度较快，而高了解度低支持度响应效度情景下的学习速率先是略微下降，随后呈现上升再下降的趋势，并在一段时间后超过低了解度高支持度响应效度情景下的学习速率。但最终不同政策响应效度情景下，政策普及度与分类认知交互干预下个体的感知收益与行为发生概率呈现出趋同特征。在整个仿真过程中，高响应效度促使政策普及度与分类认知交互干预机制下的城市居民习惯型分类行为最快形成与复现，收敛速度最快；低响应效度导致政策普及度与分类认知交互干预机制下的城市居民习惯型分类行为形成与复现延迟，不考虑自学习的情况下，收敛速度最慢。

2. 标准可识别度交互干预下的仿真分析

标准可识别度与调节聚焦交互干预过程中个体的心理感知收益与行为发生概率仿真结果如图 7-9 所示。不同的政策响应效度导致标准可识别度与调节聚焦交互干预下的个体心理感知收益与行为发生概率也不相同。同样表现为，高响应效度（高了解度高支持度）和高了解度低支持度在仿真初期促使个体具有较高的学习速率，且尤为明显；低响应效度（低了解度低支持度）与低了解度高支持度

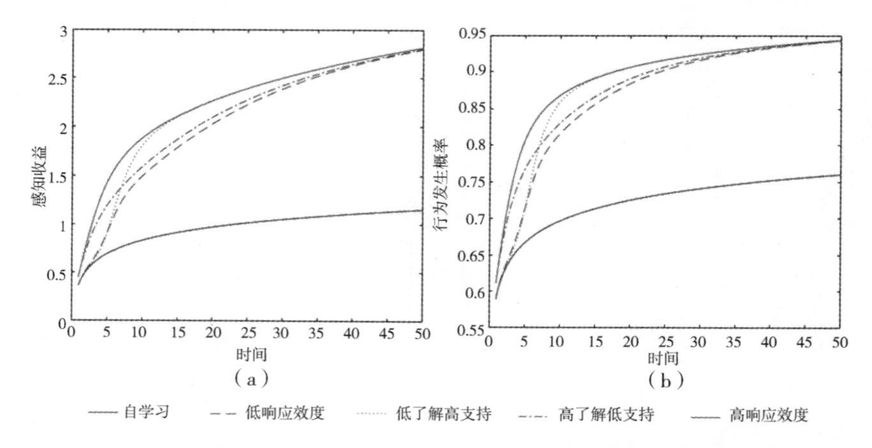

图 7-9　标准可识别度与调节聚焦交互干预下习惯型分类行为学习过程

的情景下，在仿真初期个体的学习速率较低，且几乎与自学习情景下的学习速率相同。

随着仿真步数的增加，低了解度高支持度响应效度情景下的学习速率下降速度较快，而高了解度低支持度响应效度情景下的学习速率先是略微下降，随后呈现上升再下降的趋势，并在一段时间后超过低了解度高支持度响应效度情景下的学习速率。但最终不同政策响应效度情景下，标准可识别度与调节聚焦交互干预下个体的感知收益与行为发生概率呈现出趋同特征。在整个仿真过程中，高响应效度促使标准可识别度与调节聚焦交互干预机制下的城市居民习惯型分类行为最快形成与复现，收敛速度最快；低响应效度导致标准可识别度与调节聚焦交互干预机制下的城市居民习惯型分类行为形成与复现延迟，不考虑自学习的情况下，收敛速度最慢。

标准可识别度与舒适偏好交互干预过程中个体的心理感知收益与行为发生概率仿真结果如图 7-10 所示。不同的政策响应效度导致标准可识别度与舒适偏好交互干预下的个体心理感知收益与行为发生概率也不相同。同样表现为，高响应效度（高了解度高支持度）和高了解度低支持度在仿真初期促使个体具有较高的学习速率；低响应效度（低了解度低支持度）与低了解度高支持度的情景下，在

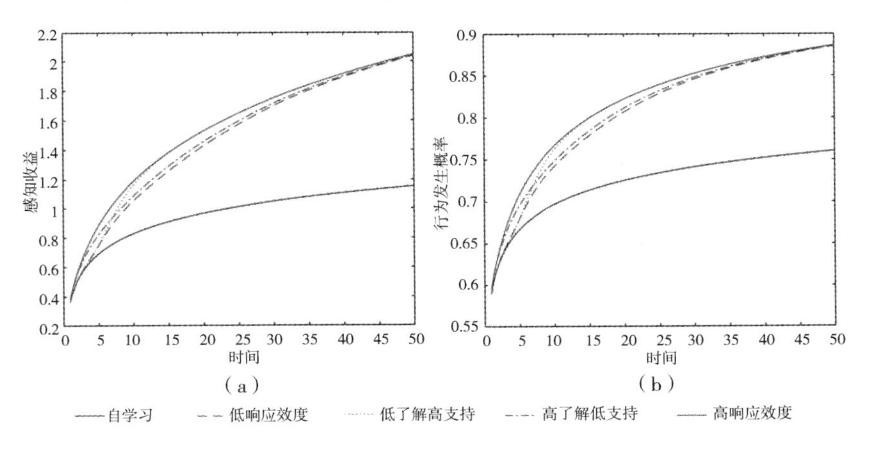

图 7-10 标准可识别度与舒适偏好交互干预下习惯型分类行为学习过程

仿真初期个体的学习速率较低，且几乎与自学习情景下的学习速率相同。随着仿真步数的增加，低了解度高支持度响应效度情景下的学习速率下降速度较快，而高了解度低支持度响应效度情景下的学习速率先是略微下降，随后呈现上升再下降的趋势，并在一段时间后超过低了解度高支持度响应效度情景下的学习速率。但最终不同政策响应效度情景下，标准可识别度与舒适偏好交互干预下个体的感知收益与行为发生概率呈现出趋同特征。在整个仿真过程中，高响应效度促使标准可识别度与舒适偏好交互干预机制下的城市居民习惯型分类行为最快形成与复现，收敛速度最快；低响应效度导致标准可识别度与舒适偏好交互干预机制下的城市居民习惯型分类行为形成与复现延迟，不考虑自学习的情况下，收敛速度最慢。

标准可识别度与分类认知交互干预过程中个体的心理感知收益与行为发生概率仿真结果如图 7-11 所示。不同的政策响应效度导致标准可识别度与分类认知交互干预下的个体心理感知收益与行为发生概率也不相同。同样表现为，高响应效度（高了解度高支持度）和高了解度低支持度在仿真初期促使个体具有较高的学习速率，且尤为明显；低响应效度（低了解度低支持度）与低了解度高支持度的情景下，在仿真初期个体的学习速率较低，且几乎与自学习情景

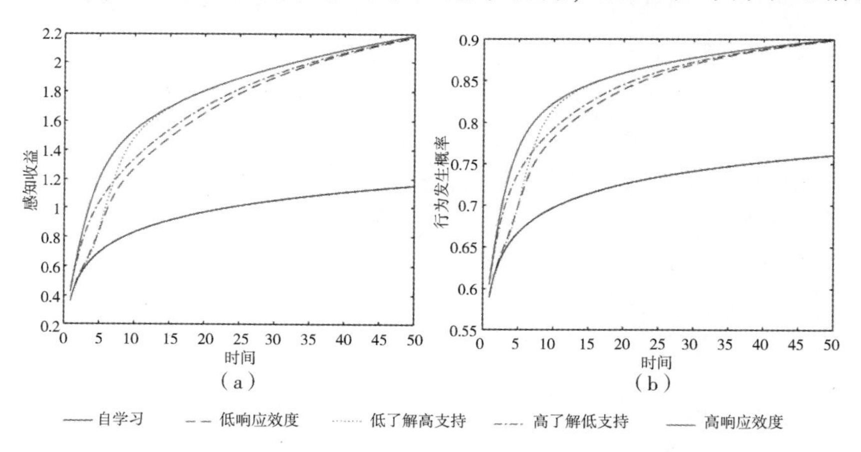

图 7-11　标准可识别度与分类认知交互干预下习惯型分类行为学习过程

下的学习速率相同。随着仿真步数的增加，低了解度高支持度响应效度情景下的学习速率下降速度较快，而高了解度低支持度响应效度情景下的学习速率先是略微下降，随后呈现上升再下降的趋势，并在一段时间后超过低了解度高支持度响应效度情景下的学习速率。但最终不同政策响应效度情景下，标准可识别度与分类认知交互干预下个体的感知收益与行为发生概率呈现出趋同特征。在整个仿真过程中，高响应效度促使标准可识别度与分类认知交互干预机制下的城市居民习惯型分类行为最快形成与复现，收敛速度最快；低响应效度导致标准可识别度与分类认知交互干预机制下的城市居民习惯型分类行为形成与复现延迟，不考虑自学习的情况下，收敛速度最慢。

3. 产品技术条件交互干预下的仿真分析

产品技术条件与调节聚焦交互干预过程中个体的心理感知收益与行为发生概率仿真结果如图 7-12 所示。不同的政策响应效度导致产品技术条件与调节聚焦交互干预下的个体心理感知收益与行为发生概率也不相同。同样表现为，高响应效度（高了解度高支持度）和高了解度低支持度在仿真初期促使个体具有较高的学习速率，且尤为明显；低响应效度（低了解度低支持度）与低了解度高支持度的情景

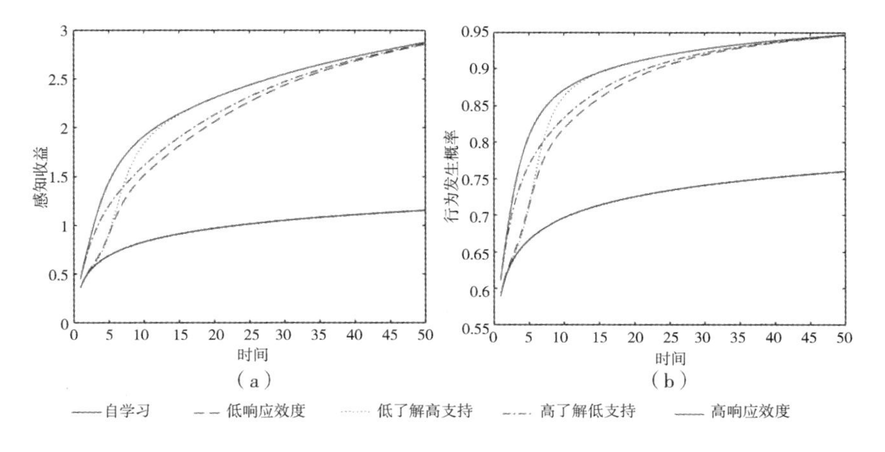

图 7-12 产品技术条件与调节聚焦交互干预下习惯型分类行为学习过程

下，在仿真初期个体的学习速率较低，且几乎与自学习情景下的学习速率相同。随着仿真步数的增加，低了解度高支持度响应效度情景下的学习速率下降速度较快，而高了解度低支持度响应效度情景下的学习速率先是略微下降，随后呈现上升再下降的趋势，并在一段时间后超过低了解度高支持度响应效度情景下的学习速率。但最终不同政策响应效度情景下，产品技术条件与调节聚焦交互干预下个体的感知收益与行为发生概率呈现出趋同特征。在整个仿真过程中，高响应效度促使产品技术条件与调节聚焦交互干预机制下的城市居民习惯型分类行为最快形成与复现，收敛速度最快；低响应效度导致产品技术条件与调节聚焦交互干预机制下的城市居民习惯型分类行为形成与复现延迟，不考虑自学习的情况下，收敛速度最慢。

产品技术条件与舒适偏好交互干预过程中个体的心理感知收益与行为发生概率仿真结果如图7-13所示。不同的政策响应效度导致产品技术条件与舒适偏好交互干预下的个体心理感知收益与行为发生概率也不相同。同样表现为，高响应效度（高了解度高支持度）和高了解度低支持度在仿真初期促使个体具有较高的学习速率；低响应效度（低了解度低支持度）与低了解度高支持度的情景下，在

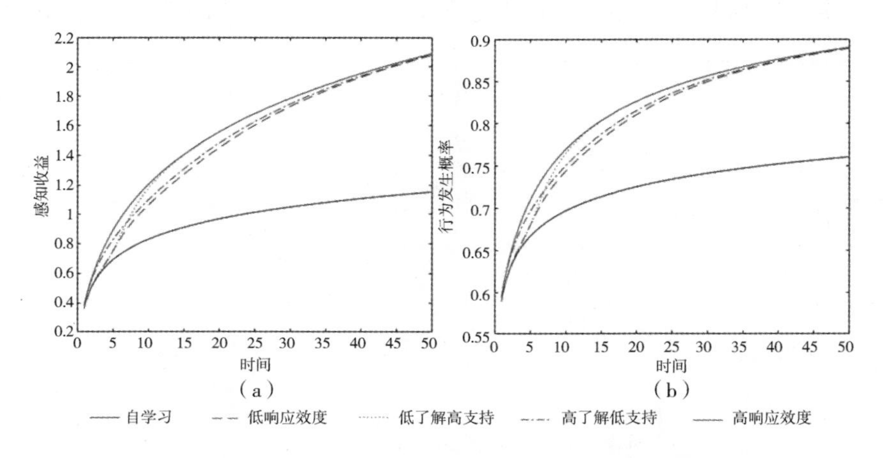

图7-13　产品技术条件与舒适偏好交互干预下习惯型分类行为学习过程

仿真初期个体的学习速率较低，且几乎与自学习情景下的学习速率相同。随着仿真步数的增加，低了解度高支持度响应效度情景下的学习速率下降速度较快，而高了解度低支持度响应效度情景下的学习速率先是略微下降，随后呈现上升再下降的趋势，并在一段时间后超过低了解度高支持度响应效度情景下的学习速率。但最终不同政策响应效度情景下，产品技术条件与舒适偏好交互干预下个体的感知收益与行为发生概率呈现出趋同特征。在整个仿真过程中，高响应效度促使产品技术条件与舒适偏好交互干预机制下的城市居民习惯型分类行为最快形成与复现，收敛速度最快；低响应效度导致产品技术条件与舒适偏好交互干预机制下的城市居民习惯型分类行为形成与复现延迟，不考虑自学习的情况下，收敛速度最慢。

产品技术条件与分类认知交互干预过程中个体的心理感知收益与行为发生概率仿真结果如图 7-14 所示。不同的政策响应效度导致产品技术条件与分类认知交互干预下的个体心理感知收益与行为发生概率也不相同。同样表现为，高响应效度（高了解度高支持度）和高了解度低支持度在仿真初期促使个体具有较高的学习速率，且尤为明显；低响应效度（低了解度低支持度）与低了解度高支持度的情景下，在仿真初期个体的学习速率较低，且几乎与自学习情景

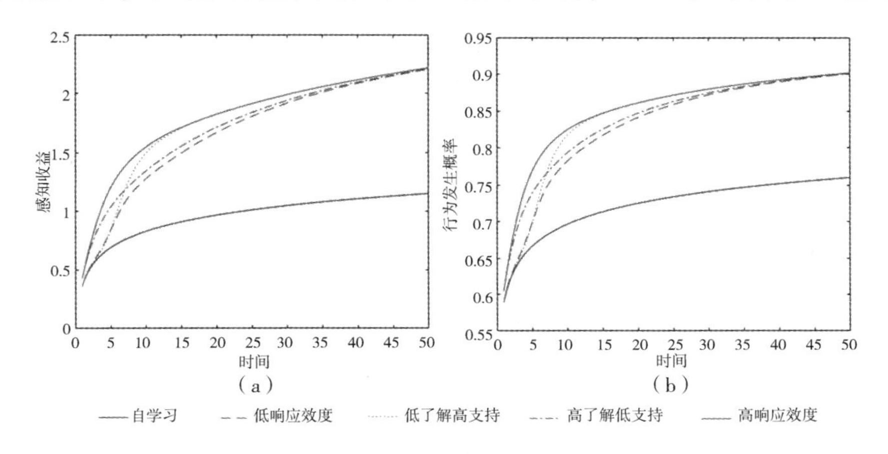

图 7-14 产品技术条件与分类认知交互干预下习惯型分类行为学习过程

下的学习速率相同。随着仿真步数的增加，低了解度高支持度响应效度情景下的学习速率下降速度较快，而高了解度低支持度响应效度情景下的学习速率先是略微下降，随后呈现上升再下降的趋势，并在一段时间后超过低了解度高支持度响应效度情景下的学习速率。但最终不同政策响应效度情景下，产品技术条件与分类认知交互干预下个体的感知收益与行为发生概率呈现出趋同特征。在整个仿真过程中，高响应效度促使产品技术条件与分类认知交互干预机制下的城市居民习惯型分类行为最快形成与复现，收敛速度最快；低响应效度导致产品技术条件与分类认知交互干预机制下的城市居民习惯型分类行为形成与复现延迟，不考虑自学习的情况下，收敛速度最慢。

4. 设施条件交互干预下的仿真分析

设施条件与调节聚焦交互干预过程中个体的心理感知收益与行为发生概率仿真结果如图 7-15 所示。不同的政策响应效度导致设施条件与调节聚焦交互干预下个体的心理感知收益与行为发生概率也不相同。同样表现为，高响应效度（高了解度高支持度）和高了解度低支持度在仿真初期促使个体具有较高的学习速率，且尤为明显；低响应效度（低了解度低支持度）与低了解度高支持度的情景下，

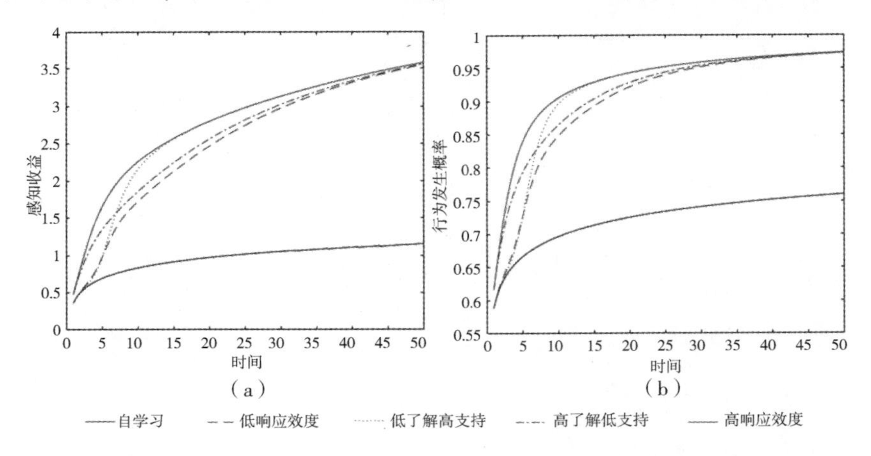

图 7-15　设施条件与调节聚焦交互干预下习惯型分类行为学习过程

在仿真初期个体的学习速率较低，且几乎与自学习情景下的学习速率相同。随着仿真步数的增加，低了解度高支持度响应效度情景下的学习速率下降速度较快，而高了解度低支持度响应效度情景下的学习速率先是略微下降，随后呈现上升再下降的趋势，并在一段时间后超过低了解度高支持度响应效度情景下的学习速率。但最终不同政策响应效度情景下，设施条件与调节聚焦交互干预下个体的感知收益与行为发生概率呈现出趋同特征。在整个仿真过程中，高响应效度促使设施条件与调节聚焦交互干预机制下的城市居民习惯型分类行为最快形成与复现，收敛速度最快；低响应效度导致设施条件与调节聚焦交互干预机制下的城市居民习惯型分类行为形成与复现延迟，不考虑自学习的情况下，收敛速度最慢。

设施条件与舒适偏好交互干预过程中个体的心理感知收益与行为发生概率仿真结果如图 7-16 所示。不同的政策响应效度导致设施条件与舒适偏好交互干预下的个体心理感知收益与行为发生概率也不相同。同样表现为，高响应效度（高了解度高支持度）和高了解度低支持度在仿真初期促使个体具有较高的学习速率；低响应效度（低了解度低支持度）与低了解度高支持度的情景下，在仿真初期个体的学习速率较低，且几乎与自学习情景下的学习速率相同。随着

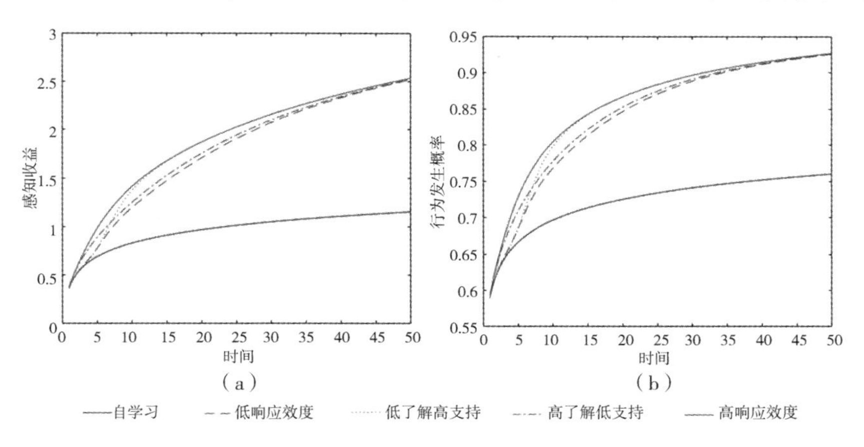

图 7-16 设施条件与舒适偏好交互干预下习惯型分类行为学习过程

仿真步数的增加，低了解度高支持度响应效度情景下的学习速率下降速度较快，而高了解度低支持度响应效度情景下的学习速率先是略微下降，随后呈现上升再下降的趋势，并在一段时间后超过低了解度高支持度响应效度情景下的学习速率。但最终不同政策响应效度情景下，设施条件与舒适偏好交互干预下个体的感知收益与行为发生概率呈现出趋同特征。在整个仿真过程中，高响应效度促使设施条件与舒适偏好交互干预机制下的城市居民习惯型分类行为最快形成与复现，收敛速度最快；低响应效度导致设施条件与舒适偏好交互干预机制下的城市居民习惯型分类行为形成与复现延迟，不考虑自学习的情况下，收敛速度最慢。

设施条件与分类认知交互干预过程中个体的心理感知收益与行为发生概率仿真结果如图7-17所示。不同的政策响应效度导致设施条件与分类认知交互干预下的个体心理感知收益与行为发生概率也不相同。同样表现为，高响应效度（高了解度高支持度）和高了解度低支持度在仿真初期促使个体具有较高的学习速率，且尤为明显；低响应效度（低了解度低支持度）与低了解度高支持度的情景下，在仿真初期个体的学习速率较低，且几乎与自学习情景下的学习速率相同。随着仿真步数的增加，低了解度高支持度响应效度情景下

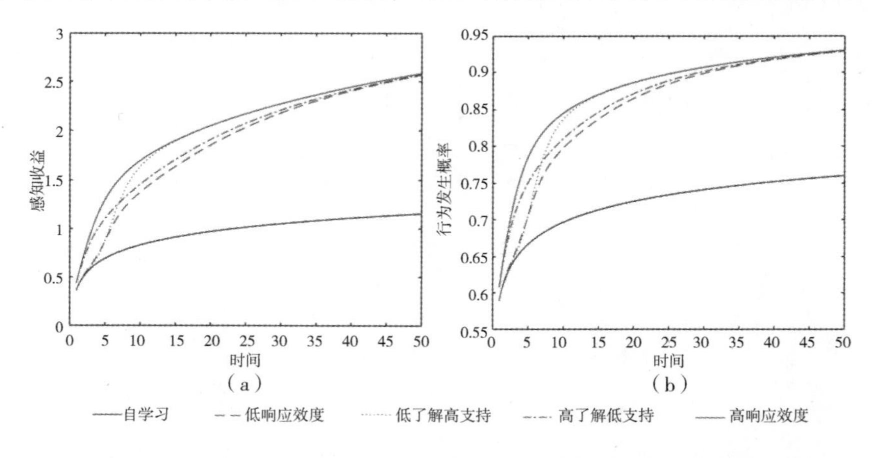

图7-17　设施条件与分类认知交互干预下习惯型分类行为学习过程

的学习速率下降速度较快，而高了解度低支持度响应效度情景下的学习速率先是略微下降，随后呈现上升再下降的趋势，并在一段时间后超过低了解度高支持度响应效度情景下的学习速率。但最终不同政策响应效度情景下，设施条件与分类认知交互干预下个体的感知收益与行为发生概率呈现出趋同特征。在整个仿真过程中，高响应效度促使设施条件与分类认知交互干预机制下的城市居民习惯型分类行为最快形成与复现，收敛速度最快；低响应效度导致设施条件与分类认知交互干预机制下的城市居民习惯型分类行为形成与复现延迟，不考虑自学习的情况下，收敛速度最慢。

5. 生产环节信任交互干预下的仿真分析

生产环节信任与调节聚焦交互干预过程中个体的心理感知收益与行为发生概率仿真结果如图 7-18 所示。不同的政策响应效度导致生产环节信任与调节聚焦交互干预下的个体心理感知收益与行为发生概率也不相同。同样表现为，高响应效度（高了解度高支持度）和高了解度低支持度在仿真初期促使个体具有较高的学习速率，且尤为明显；低响应效度（低了解度低支持度）与低了解度高支持度的情景下，在仿真初期个体的学习速率较低，且几乎与自学习情景

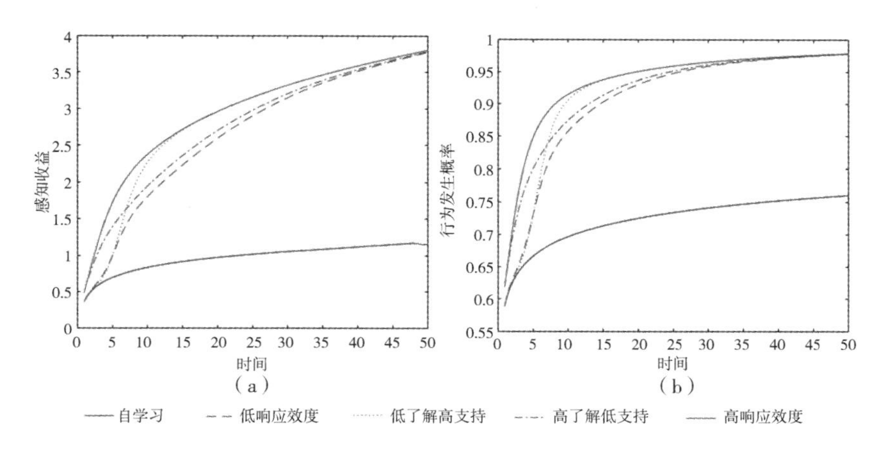

图 7-18 生产环节信任与调节聚焦交互干预下习惯型分类行为学习过程

下的学习速率相同。随着仿真步数的增加，低了解度高支持度响应效度情景下的学习速率下降速度较快，而高了解度低支持度响应效度情景下的学习速率先是略微下降，随后呈现上升再下降的趋势，并在一段时间后超过低了解度高支持度响应效度情景下的学习速率。但最终不同政策响应效度情景下，生产环节信任与调节聚焦交互干预下个体的感知收益与行为发生概率呈现出趋同特征。在整个仿真过程中，高响应效度促使生产环节信任与调节聚焦交互干预机制下的城市居民习惯型分类行为最快形成与复现，收敛速度最快；低响应效度导致生产环节信任与调节聚焦交互干预机制下的城市居民习惯型分类行为形成与复现延迟，不考虑自学习的情况下，收敛速度最慢。

生产环节信任与舒适偏好交互干预过程中个体的心理感知收益与行为发生概率仿真结果如图 7-19 所示。不同的政策响应效度导致生产环节信任与舒适偏好交互干预下的个体心理感知收益与行为发生概率也不相同。同样表现为，高响应效度（高了解度高支持度）和高了解度低支持度在仿真初期促使个体具有较高的学习速率；低响应效度（低了解度低支持度）与低了解度高支持度的情景下，在仿真初期个体的学习速率较低，且几乎与自学习情景下的学习速率

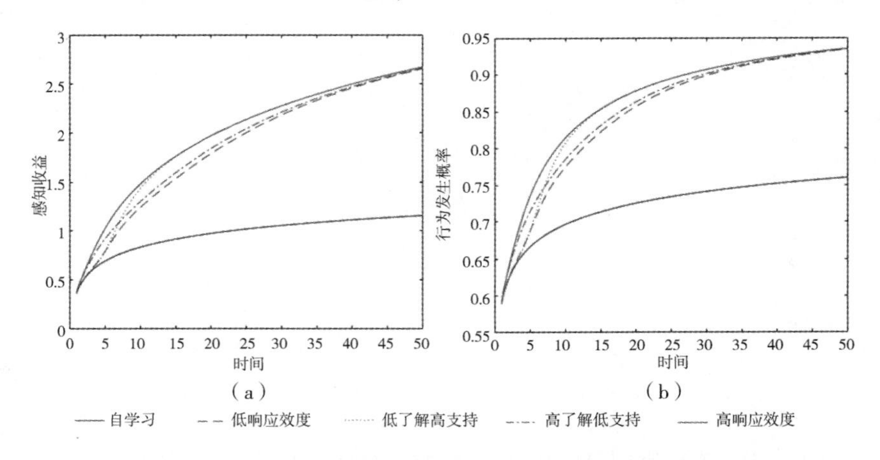

图 7-19　生产环节信任与舒适偏好交互干预下习惯型分类行为学习过程

相同。随着仿真步数的增加，低了解度高支持度响应效度情景下的学习速率下降速度较快，而高了解度低支持度响应效度情景下的学习速率先是略微下降，随后呈现上升再下降的趋势，并在一段时间后超过低了解度高支持度响应效度情景下的学习速率。但最终不同政策响应效度情景下，生产环节信任与舒适偏好交互干预下个体的感知收益与行为发生概率呈现出趋同特征。在整个仿真过程中，高响应效度促使生产环节信任与舒适偏好交互干预机制下的城市居民习惯型分类行为最快形成与复现，收敛速度最快；低响应效度导致生产环节信任与舒适偏好交互干预机制下的城市居民习惯型分类行为形成与复现延迟，不考虑自学习的情况下，收敛速度最慢。

生产环节信任与分类认知交互干预过程中个体的心理感知收益与行为发生概率仿真结果如图 7-20 所示。不同的政策响应效度导致生产环节信任与分类认知交互干预下的个体心理感知收益与行为发生概率也不相同。同样表现为，高响应效度（高了解度高支持度）和高了解度低支持度在仿真初期促使个体具有较高的学习速率，且尤为明显；低响应效度（低了解度低支持度）与低了解度高支持度的情景下，在仿真初期个体的学习速率较低，且几乎与自学习情景

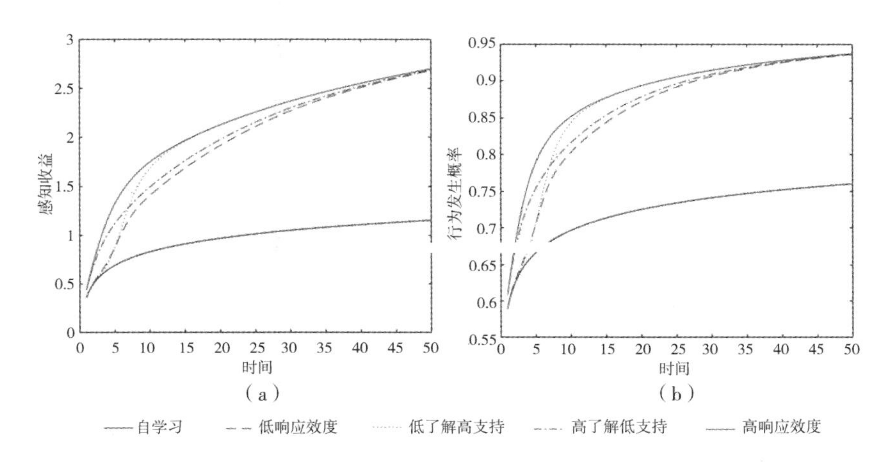

图 7-20　生产环节信任与分类认知交互干预下习惯型分类行为学习过程

下的学习速率相同。随着仿真步数的增加，低了解度高支持度响应效度情景下的学习速率下降速度较快，而高了解度低支持度响应效度情景下的学习速率先是略微下降，随后呈现上升再下降的趋势，并在一段时间后超过低了解度高支持度响应效度情景下的学习速率。但最终不同政策响应效度情景下，生产环节信任与分类认知交互干预下个体的感知收益与行为发生概率呈现出趋同特征。在整个仿真过程中，高响应效度促使生产环节信任与分类认知交互干预机制下的城市居民习惯型分类行为最快形成与复现，收敛速度最快；低响应效度导致生产环节信任与分类认知交互干预机制下的城市居民习惯型分类行为形成与复现延迟，不考虑自学习的情况下，收敛速度最慢。

6. 分类环节信任交互干预下的仿真分析

分类环节信任与调节聚焦交互干预过程中个体的心理感知收益与行为发生概率仿真结果如图 7-21 所示。不同的政策响应效度导致分类环节信任与调节聚焦交互干预下的个体心理感知收益与行为发生概率也不相同。同样表现为，高响应效度（高了解度高支持度）和高了解度低支持度在仿真初期促使个体具有较高的学习速率，且

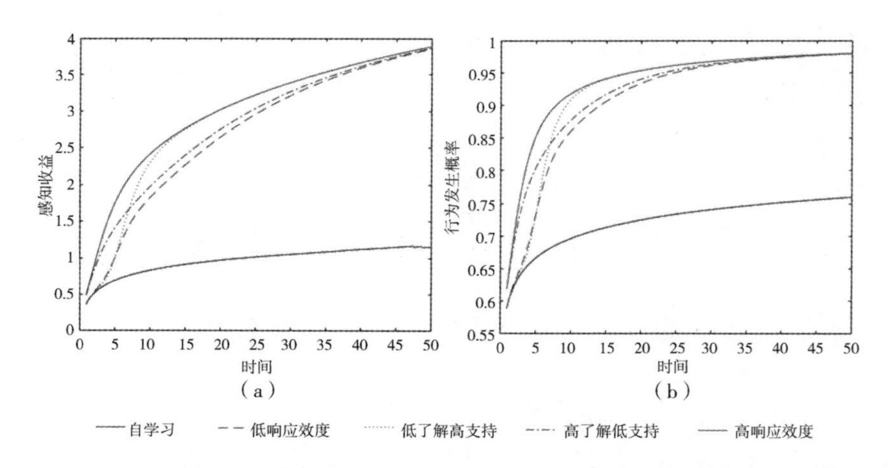

图 7-21　分类环节信任与调节聚焦交互干预下习惯型分类行为学习过程

尤为明显；低响应效度（低了解度低支持度）与低了解度高支持度的情景下，在仿真初期个体的学习速率较低，且几乎与自学习情景下的学习速率相同。随着仿真步数的增加，低了解度高支持度响应效度情景下的学习速率下降速度较快，而高了解度低支持度响应效度情景下的学习速率先是略微下降，随后呈现上升再下降的趋势，并在一段时间后超过低了解度高支持度响应效度情景下的学习速率。但最终不同政策响应效度情景下，分类环节信任与调节聚焦交互干预下个体的感知收益与行为发生概率呈现出趋同特征。在整个仿真过程中，高响应效度促使分类环节信任与调节聚焦交互干预机制下的城市居民习惯型分类行为最快形成与复现，收敛速度最快；低响应效度导致分类环节信任与调节聚焦交互干预机制下的城市居民习惯型分类行为形成与复现延迟，不考虑自学习的情况下，收敛速度最慢。

分类环节信任与舒适偏好交互干预过程中个体的心理感知收益与行为发生概率仿真结果如图 7-22 所示。不同的政策响应效度导致分类环节信任与舒适偏好交互干预下的个体心理感知收益与行为发生概率也不相同。同样表现为，高响应效度（高了解度高支持度）和高了解度低支持度在仿真初期促使个体具有较高的学习速率；低

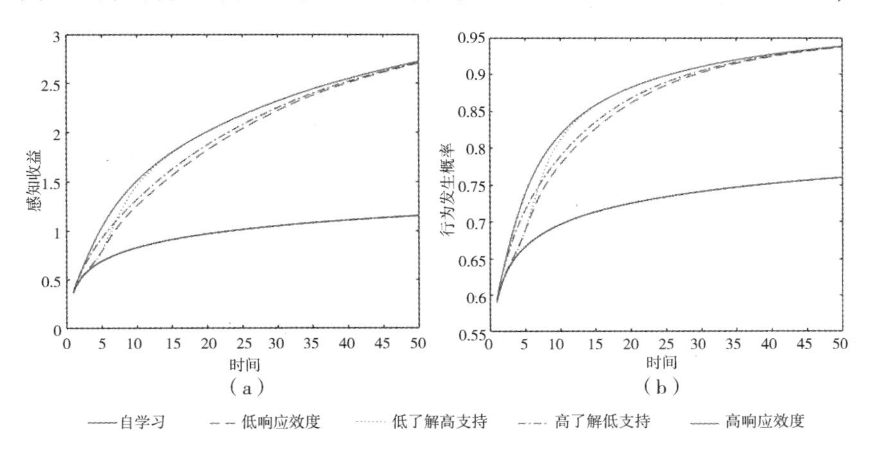

图 7-22 分类环节信任与舒适偏好交互干预下习惯型分类行为学习过程

响应效度（低了解度低支持度）与低了解度高支持度的情景下，在仿真初期个体的学习速率较低，且几乎与自学习情景下的学习速率相同。随着仿真步数的增加，低了解度高支持度响应效度情景下的学习速率下降速度较快，而高了解度低支持度响应效度情景下的学习速率先是略微下降，随后呈现上升再下降的趋势，并在一段时间后超过低了解度高支持度响应效度情景下的学习速率。但最终不同政策响应效度情景下，分类环节信任与舒适偏好交互干预下个体的感知收益与行为发生概率呈现出趋同特征。在整个仿真过程中，高响应效度促使分类环节信任与舒适偏好交互干预机制下的城市居民习惯型分类行为最快形成与复现，收敛速度最快；低响应效度导致分类环节信任与舒适偏好交互干预机制下的城市居民习惯型分类行为形成与复现延迟，不考虑自学习的情况下，收敛速度最慢。

分类环节信任与分类认知交互干预过程中个体的心理感知收益与行为发生概率仿真结果如图 7-23 所示。不同的政策响应效度导致分类环节信任与分类认知交互干预的个体心理感知收益与行为发生概率也不相同。同样表现为，高响应效度（高了解度高支持度）和高了解度低支持度在仿真初期促使个体具有较高的学习速率，且尤

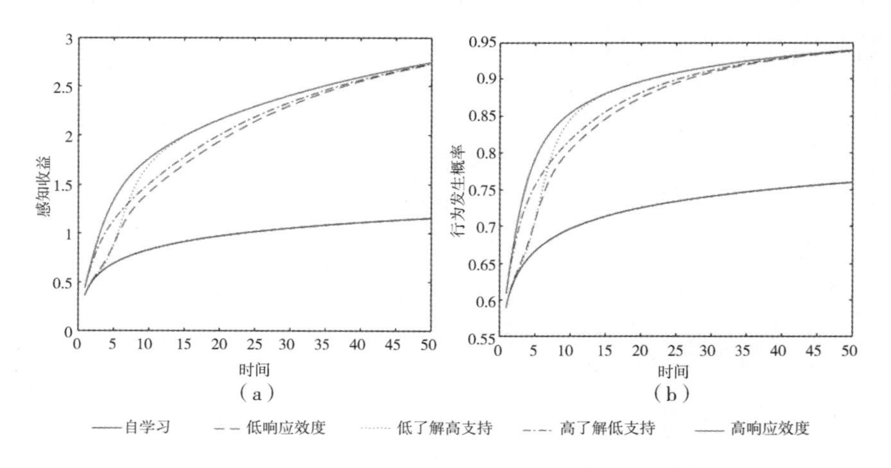

图 7-23　分类环节信任与分类认知交互干预下习惯型分类行为学习过程

为明显；低响应效度（低了解度低支持度）与低了解度高支持度的情景下，在仿真初期个体的学习速率较低，且几乎与自学习情景下的学习速率相同。随着仿真步数的增加，低了解度高支持度响应效度情景下的学习速率下降速度较快，而高了解度低支持度响应效度情景下的学习速率先是略微下降，随后呈现上升再下降的趋势，并在一段时间后超过低了解度高支持度响应效度情景下的学习速率。但最终不同政策响应效度情景下，分类环节信任与分类认知交互干预下个体的感知收益与行为发生概率呈现出趋同特征。在整个仿真过程中，高响应效度促使分类环节信任与分类认知交互干预机制下的城市居民习惯型分类行为最快形成与复现，收敛速度最快；低响应效度导致分类环节信任与分类认知交互干预机制下的城市居民习惯型分类行为形成与复现延迟，不考虑自学习的情况下，收敛速度最慢。

7. 收运环节信任交互干预下的仿真分析

收运环节信任与调节聚焦交互干预过程中个体的心理感知收益与行为发生概率仿真结果如图 7-24 所示。不同的政策响应效度导致收运环节信任与调节聚焦交互干预下的个体心理感知收益与行为发

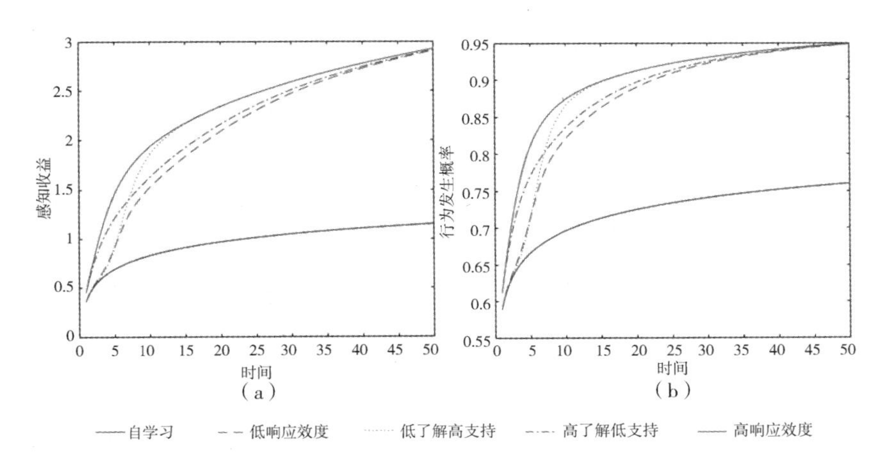

图 7-24 收运环节信任与调节聚焦交互干预下习惯型分类行为学习过程

生概率也不相同。同样表现为，高响应效度（高了解度高支持度）和高了解度低支持度在仿真初期促使个体具有较高的学习速率，且尤为明显；低响应效度（低了解度低支持度）与低了解度高支持度的情景下，在仿真初期个体的学习速率较低，且几乎与自学习情景下的学习速率相同。随着仿真步数的增加，低了解度高支持度响应效度情景下的学习速率下降速度较快，而高了解度低支持度响应效度情景下的学习速率先是略微下降，随后呈现上升再下降的趋势，并在一段时间后超过低了解度高支持度响应效度情景下的学习速率。但最终不同政策响应效度情景下，收运环节信任与调节聚焦交互干预下个体的感知收益与行为发生概率呈现出趋同特征。在整个仿真过程中，高响应效度促使收运环节信任与调节聚焦交互干预机制下的城市居民习惯型分类行为最快形成与复现，收敛速度最快；低响应效度导致收运环节信任与调节聚焦交互干预机制下的城市居民习惯型分类行为形成与复现延迟，不考虑自学习的情况下，收敛速度最慢。

收运环节信任与舒适偏好交互干预过程中个体的心理感知收益与行为发生概率仿真结果如图 7-25 所示。不同的政策响应效度导致收运环节信任与舒适偏好交互干预下的个体心理感知收益与行为发生概率也不相同。同样表现为，高响应效度（高了解度高支持度）和高了解度低支持度在仿真初期促使个体具有较高的学习速率；低响应效度（低了解度低支持度）与低了解度高支持度的情景下，在仿真初期个体的学习速率较低，且几乎与自学习情景下的学习速率相同。随着仿真步数的增加，低了解度高支持度响应效度情景下的学习速率下降速度较快，而高了解度低支持度响应效度情景下的学习速率先是略微下降，随后呈现上升再下降的趋势，并在一段时间后超过低了解度高支持度响应效度情景下的学习速率。但最终不同政策响应效度情景下，收运环节信任与舒适偏好交互干预下个体的感知收益与行为发生概率呈现出趋同特征。在整个仿真过程中，高响应效度促使收运环节信任与舒适偏好交互干预机制下的城市居民习惯型分类行为最快形成与复现，收敛速度最快；低响应效度导致收运环节信任与舒适偏好交互干预机制下的城市居民习惯型分类行为形成与复现延迟，不考虑自学习的情况下，收敛速度最慢。

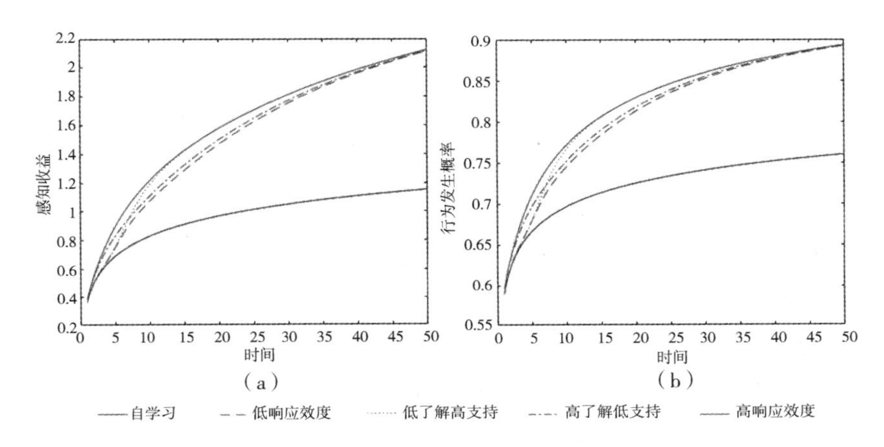

图 7-25 收运环节信任与舒适偏好交互干预下习惯型分类行为学习过程

收运环节信任与分类认知交互干预过程中个体的心理感知收益与行为发生概率仿真结果如图 7-26 所示。不同的政策响应效度导致收运环节信任与分类认知交互干预下的个体心理感知收益与行为发

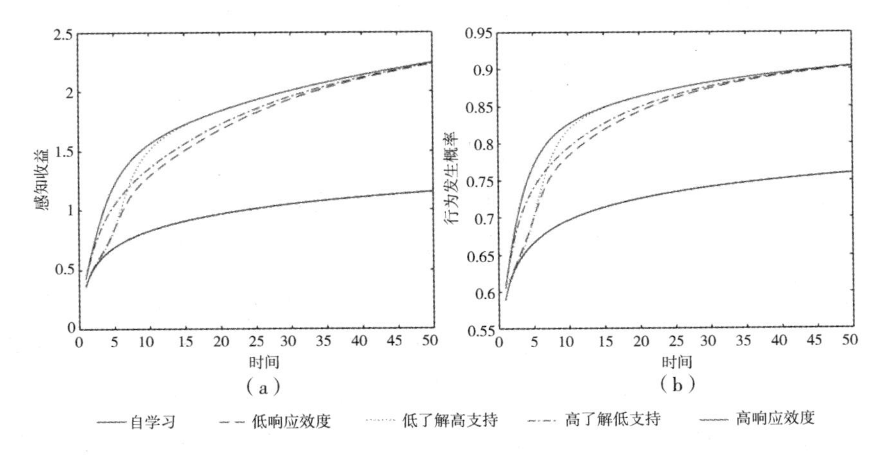

图 7-26 收运环节信任与分类认知交互干预下习惯型分类行为学习过程

生概率也不相同。同样表现为，高响应效度（高了解度高支持度）和高了解度低支持度在仿真初期促使个体具有较高的学习速率，且尤为明显；低响应效度（低了解度低支持度）与低了解度高支持度的情景下，在仿真初期个体的学习速率较低，且几乎与自学习情景下的学习速率相同。随着仿真步数的增加，低了解度高支持度响应效度情景下的学习速率下降速度较快，而高了解度低支持度响应效度情景下的学习速率先是略微下降，随后呈现上升再下降的趋势，并在一段时间后超过低了解度高支持度响应效度情景下的学习速率。但最终不同政策响应效度情景下，收运环节信任与分类认知交互干预下个体的感知收益与行为发生概率呈现出趋同特征。在整个仿真过程中，高响应效度促使收运环节信任与分类认知交互干预机制下的城市居民习惯型分类行为最快形成与复现，收敛速度最快；低响应效度导致收运环节信任与分类认知交互干预机制下的城市居民习惯型分类行为形成与复现延迟，不考虑自学习的情况下，收敛速度最慢。

8. 处理环节信任交互干预下的仿真分析

处理环节信任与调节聚焦交互干预过程中个体的心理感知收益与行为发生概率仿真结果如图 7-27 所示。不同的政策响应效度导致处理环节信任与调节聚焦交互干预下的个体心理感知收益与行为发生概率也不相同。同样表现为，高响应效度（高了解度高支持度）和高了解度低支持度在仿真初期促使个体具有较高的学习速率，且尤为明显；低响应效度（低了解度低支持度）与低了解度高支持度的情景下，在仿真初期个体的学习速率较低，且几乎与自学习情景下的学习速率相同。随着仿真步数的增加，低了解度高支持度响应效度情景下的学习速率下降速度较快，而高了解度低支持度响应效度情景下的学习速率先是略微下降，随后呈现上升再下降的趋势，并在一段时间后超过低了解度高支持度响应效度情景下的学习速率。但最终不同政策响应效度情景下，处理环节信任与调节聚焦交互干预下个体的感知收益与行为发生概率呈现出趋同特征。在整个仿真

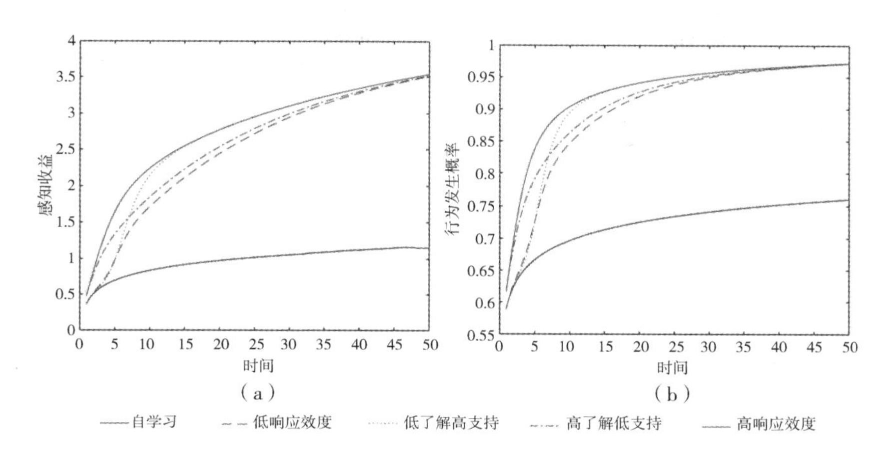

图 7-27 处理环节信任与调节聚焦交互干预下习惯型分类行为学习过程

过程中，高响应效度促使处理环节信任与调节聚焦交互干预机制下的城市居民习惯型分类行为最快形成与复现，收敛速度最快；低响应效度导致处理环节信任与调节聚焦交互干预机制下的城市居民习惯型分类行为形成与复现延迟，不考虑自学习的情况下，收敛速度最慢。

处理环节信任与舒适偏好交互干预过程中个体的心理感知收益与行为发生概率仿真结果如图 7-28 所示。不同的政策响应效度导致处理环节信任与舒适偏好交互干预下的个体心理感知收益与行为发生概率也不相同。同样表现为，高响应效度（高了解度高支持度）和高了解度低支持度在仿真初期促使个体具有较高的学习速率；低响应效度（低了解度低支持度）与低了解度高支持度的情景下，在仿真初期个体的学习速率较低，且几乎与自学习情景下的学习速率相同。随着仿真步数的增加，低了解度高支持度响应效度情景下的学习速率下降速度较快，而高了解度低支持度响应效度情景下的学习速率先是略微下降，随后呈现上升再下降的趋势，并在一段时间后超过低了解度高支持度响应效度情景下的学习速率。但最终不同政策响应效度情景下，处理环节信任与舒适偏好交互干预下个体的感知收益与行为发生概率呈现出趋同特征。在整个仿真过程中，高响应效度促使处理环节信任与舒适偏好交互干预机制下的城市居民习惯型分类行为最快形成与复现，收敛速度最快；低响应效度导致处理环节信任与舒适偏好交互干预机制下的城市居民习惯型分类行为形成与复现延迟，不考虑自学习的情况下，收敛速度最慢。

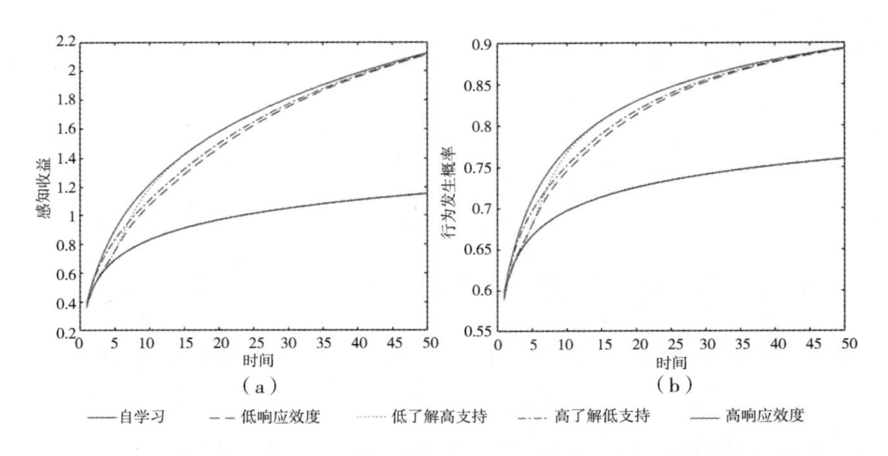

图 7-28　处理环节信任与舒适偏好交互干预下习惯型分类行为学习过程

处理环节信任与分类认知交互干预过程中个体的心理感知收益与行为发生概率仿真结果如图 7-29 所示。不同的政策响应效度导致处理环节信任与分类认知交互干预下的个体心理感知收益与行为发生概率也不相同。同样表现为，高响应效度（高了解度高支持度）和高了解度低支持度在仿真初期促使个体具有较高的学习速率，且尤为明显；低响应效度（低了解度低支持度）与低了解度高支持度的情景下，在仿真初期个体的学习速率较低，且几乎与自学习情景下的学习速率相同。随着仿真步数的增加，低了解度高支持度响应效度情景下的学习速率下降速度较快，而高了解度低支持度响应效度情景下的学习速率先是略微下降，随后呈现上升再下降的趋势，并在一段时间后超过低了解度高支持度响应效度情景下的学习速率。但最终不同政策响应效度情景下，处理环节信任与分类认知交互干预下个体的感知收益与行为发生概率呈现出趋同特征。在整个仿真过程中，高响应效度促使处理环节信任与分类认知交互干预机制下的城市居民习惯型分类行为最快形成与复现，收敛速度最快；低响应效度导致处理环节信任与分类认知交互干预机制下的城市居民习惯型分类行为形成与复现延迟，不考虑自学习的情况下，收敛速度最慢。

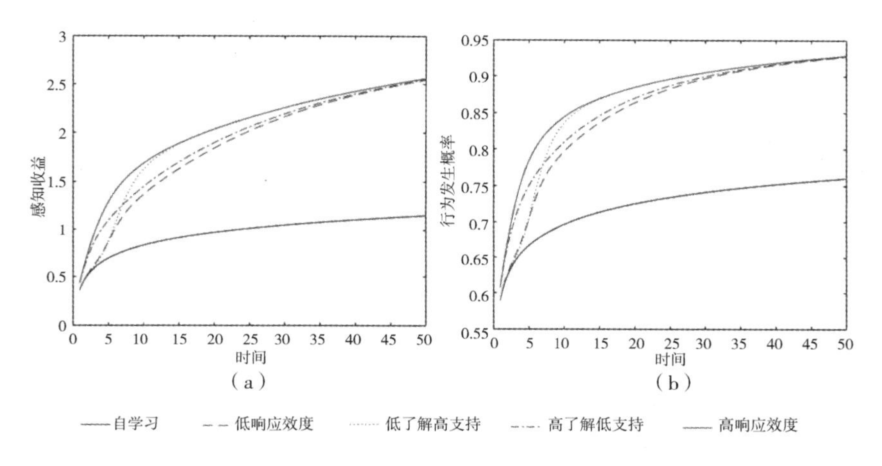

图 7-29 处理环节信任与分类认知交互干预下习惯型分类行为学习过程

9. 监管环节信任交互干预下的仿真分析

监管环节信任与调节聚焦交互干预过程中个体的心理感知收益与行为发生概率仿真结果如图 7-30 所示。不同的政策响应效度导致监管环节信任与调节聚焦交互干预下的个体心理感知收益与行为发生概率也不相同。同样表现为，高响应效度（高了解度高支持度）和高了解度低支持度在仿真初期促使个体具有较高的学习速率，且尤为明显；低响应效度（低了解度低支持度）与低了解度高支持度的情景下，在仿真初期个体的学习速率较低，且几乎与自学习情景下的学习速率相同。随着仿真步数的增加，低了解度高支持度响应效度情景下的学习速率下降速度较快，而高了解度低支持度响应效度情景下的学习速率先是略微下降，随后呈现上升再下降的趋势，并在一段时间后超过低了解度高支持度响应效度情景下的学习速率。但最终不同政策响应效度情景下，监管环节信任与调节聚焦交互干预下个体的感知收益与行为发生概率呈现出趋同特征。在整个仿真过程中，高响应效度促使监管环节信任与调节聚焦交互干预机制下的城市居民习惯型分类行为最快形成与复现，收敛速度最快；低响应效度导致监管环节信任与调节聚焦交互干预机制下的城市居民习惯型分类行为形成与复现延迟，不考虑自学习的情况下，收敛速度最慢。

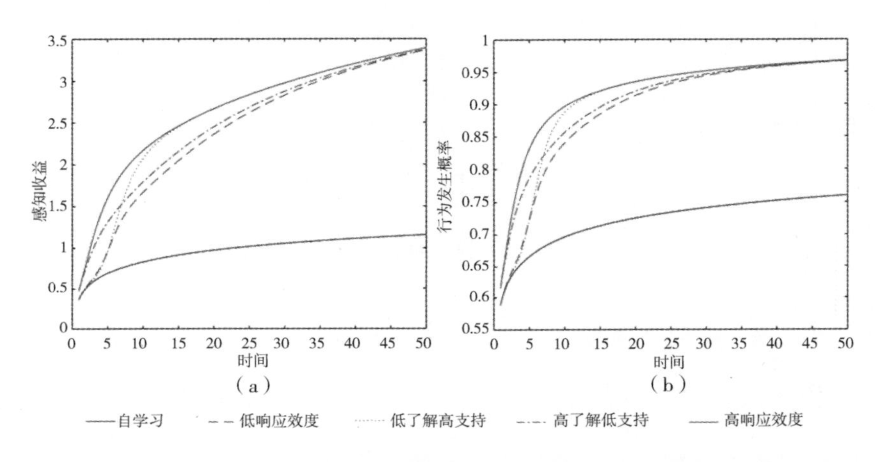

图 7-30 监管环节信任与调节聚焦交互干预下习惯型分类行为学习过程

监管环节信任与舒适偏好交互干预过程中个体的心理感知收益与行为发生概率仿真结果如图 7-31 所示。不同的政策响应效度导致监管环节信任与舒适偏好交互干预下的个体心理感知收益与行为发生概率也不相同。同样表现为，高响应效度（高了解度高支持度）和高了解度低支持度在仿真初期促使个体具有较高的学习速率；低响应效度（低了解度低支持度）与低了解度高支持度的情景下，在仿真初期个体的学习速率较低，且几乎与自学习情景下的学习速率相同。随着仿真步数的增加，低了解度高支持度响应效度情景下的学习速率下降速度较快，而高了解度低支持度响应效度情景下的学习速率先是略微下降，随后呈现上升再下降的趋势，并在一段时间后超过低了解度高支持度响应效度情景下的学习速率。但最终不同政策响应效度情景下，监管环节信任与舒适偏好交互干预下个体的

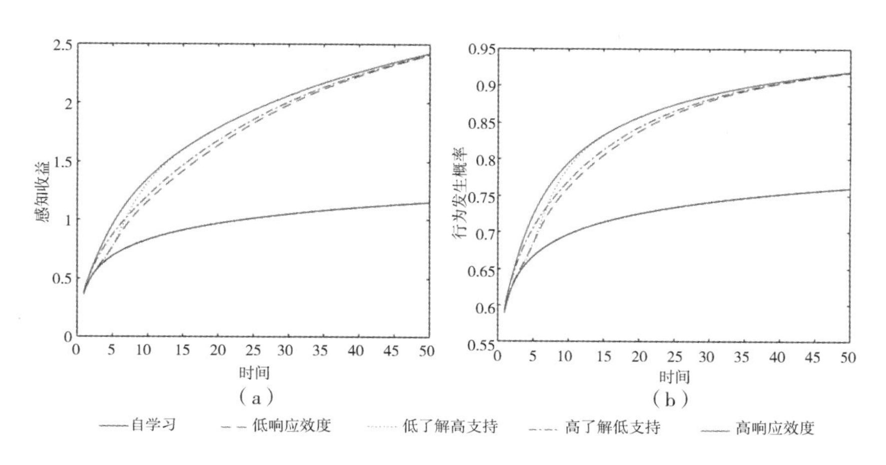

图 7-31 监管环节信任与舒适偏好交互干预下习惯型分类行为学习过程

感知收益与行为发生概率呈现出趋同特征。在整个仿真过程中，高响应效度促使监管环节信任与舒适偏好交互干预机制下的城市居民习惯型分类行为最快形成与复现，收敛速度最快；低响应效度导致监管环节信任与舒适偏好交互干预机制下的城市居民习惯型分类行为形成与复现延迟，不考虑自学习的情况下，收敛速度最慢。

监管环节信任与分类认知交互干预过程中个体的心理感知收益与行为发生概率仿真结果如图 7-32 所示。不同的政策响应效度导致监管环节信任与分类认知交互干预下的个体心理感知收益与行为发生概率也不相同。同样表现为，高响应效度（高了解度高支持度）和高了解度低支持度在仿真初期促使个体具有较高的学习速率，且尤为明显；低响应效度（低了解度低支持度）与低了解度高支持度的情景下，在仿真初期个体的学习速率较低，且几乎与自学习情景下的学习速率相同。随着仿真步数的增加，低了解度高支持度响应效度情景下的学习速率下降速度较快，而高了解度低支持度响应效度情景下的学习速率先是略微下降，随后呈现上升再下降的趋势，并在一段时间后超过低了解度高支持度响应效度情景下的学习速率。但最终不同政策响应效度情景下，监管环节信任与分类认知交互干预下个体的感知收益与行为发生概率呈现出趋同特征。在整个仿真过程中，高响应效度促使监管环节信任与分类认知交互干预机制下的城市居民习惯型分类行为最快形成与复现，收敛速度最快；低响应效度导致监管环节信任与分类认知交互干预机制下的城市居民习惯型分类行为形成与复现延迟，不考虑自学习的情况下，收敛速度最慢。

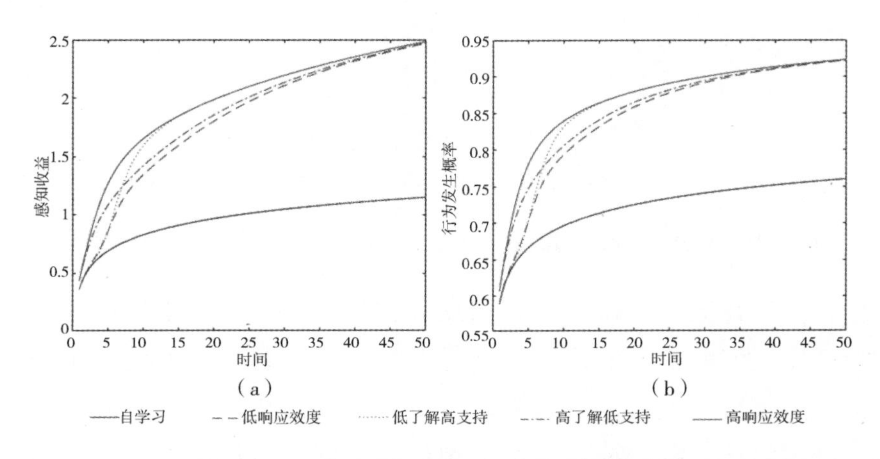

图 7-32　监管环节信任与分类认知交互干预下习惯型分类行为学习过程

10. 组织氛围交互干预下的仿真分析

组织氛围与调节聚焦交互干预过程中个体的心理感知收益与行为发生概率仿真结果如图 7-33 所示。不同的政策响应效度导致组织氛围与调节聚焦交互干预下的个体心理感知收益与行为发生概率也不相同。同样表现为，高响应效度（高了解度高支持度）和高了解度低支持度在仿真初期促使个体具有较高的学习速率，且尤为明显；低响应效度（低了解度低支持度）与低了解度高支持度的情景下，在仿真初期个体的学习速率较低，且几乎与自学习情景下的学习速率相同。随着仿真步数的增加，低了解度高支持度响应效度情景下的学习速率下降速度较快，而高了解度低支持度响应效度情景下的学习速率先是略微下降，随后呈现上升再下降的趋势，并在一段时间后超过低了解度高支持度响应效度情景下的学习速率。但最终不同政策响应效度情景下，组织氛围与调节聚焦交互干预下个体的感知收益与行为发生概率呈现出趋同特征。在整个仿真过程中，高响应效度促使组织氛围与调节聚焦交互干预机制下的城市居民习惯型分类行为最快形成与复现，收敛速度最快；低响应效度导致组织氛围与调节聚焦交互干预机制下的城市居民习惯型分类行为形成与复现延迟，不考虑自学习的情况下，收敛速度最慢。

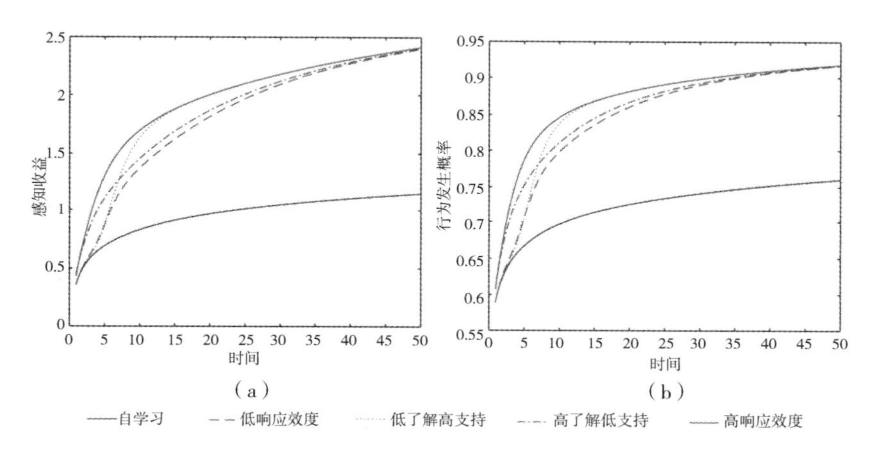

图 7-33 组织氛围与调节聚焦交互干预下习惯型分类行为学习过程

组织氛围与舒适偏好交互干预过程中个体的心理感知收益与行为发生概率仿真结果如图 7-34 所示。不同的政策响应效度导致组织氛围与舒适偏好交互干预下的个体心理感知收益与行为发生概率也不相同。同样表现为，高响应效度（高了解度高支持度）和高了解度低支持度在仿真初期促使个体具有较高的学习速率；低响应效度（低了解度低支持度）与低了解度高支持度的情景下，在仿真初期个体的学习速率较低，且几乎与自学习情景下的学习速率相同。随着仿真步数的增加，低了解度高支持度响应效度情景下的学习速率下降速度较快，而高了解度低支持度响应效度情景下的学习速率先是略微下降，随后呈现上升再下降的趋势，并在一段时间后超过低了解度高支持度响应效度情景下的学习速率。但最终不同政策响应效度情景下，组织氛围与舒适偏好交互干预下个体的感知收益与行为发生概率呈现出趋同特征。在整个仿真过程中，高响应效度促使组织氛围与舒适偏好交互干预机制下的城市居民习惯型分类行为最快形成与复现，收敛速度最快；低响应效度导致组织氛围与舒适偏好交互干预机制下的城市居民习惯型分类行为形成与复现延迟，不考虑自学习的情况下，收敛速度最慢。

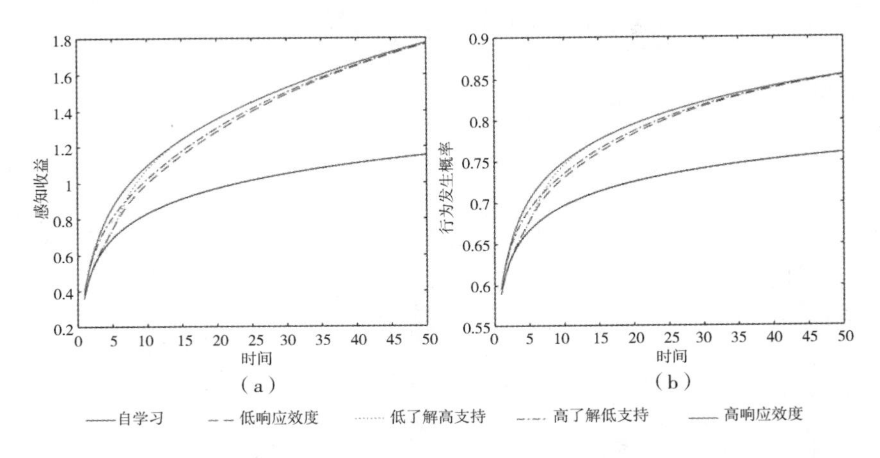

图 7-34 组织氛围与舒适偏好交互干预下习惯型分类行为学习过程

组织氛围与分类认知交互干预过程中个体的心理感知收益与行为发生概率仿真结果如图 7-35 所示。不同的政策响应效度导致组织氛围与分类认知交互干预下的个体心理感知收益与行为发生概率也不相同。同样表现为，高响应效度（高了解度高支持度）和高了解度低支持度在仿真初期促使个体具有较高的学习速率，且尤为明显；低响应效度（低了解度低支持度）与低了解度高支持度的情景下，在仿真初期个体的学习速率较低，且几乎与自学习情景下的学习速率相同。随着仿真步数的增加，低了解度高支持度响应效度情景下的学习速率下降速度较快，而高了解度低支持度响应效度情景下的学习速率先是略微下降，随后呈现上升再下降的趋势，并在一段时间后超过低了解度高支持度响应效度情景下的学习速率。但最终不同政策响应效度情景下，组织氛围与分类认知交互干预下个体的感知收益与行为发生概率呈现出趋同特征。在整个仿真过程中，高响应效度促使组织氛围与分类认知交互干预机制下的城市居民习惯型

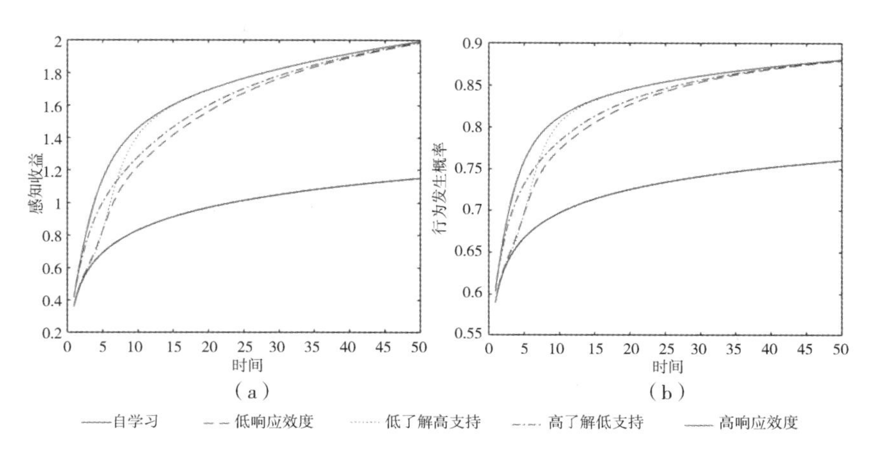

图 7-35 组织氛围与分类认知交互干预下习惯型分类行为学习过程

分类行为最快形成与复现，收敛速度最快；低响应效度导致组织氛围与分类认知交互干预机制下的城市居民习惯型分类行为形成与复现延迟，不考虑自学习的情况下，收敛速度最慢。

11. 社会氛围交互干预下的仿真分析

社会氛围与调节聚焦交互干预过程中个体的心理感知收益与行为发生概率仿真结果如图 7-36 所示。不同的政策响应效度导致社会

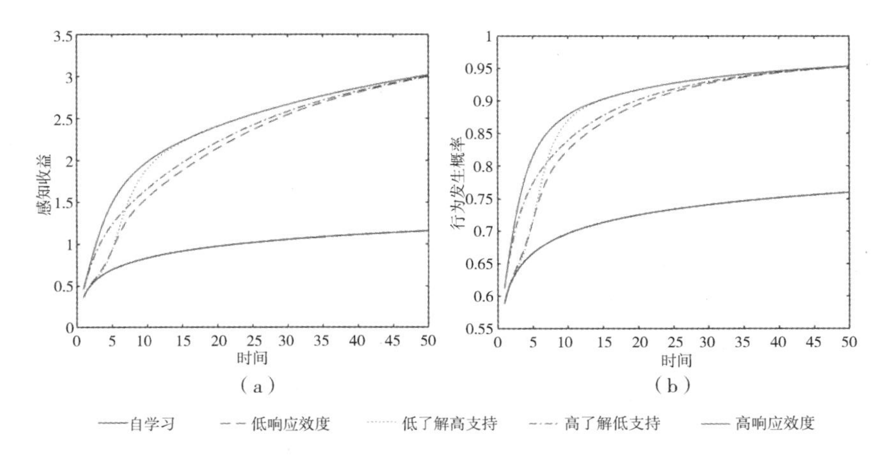

图 7-36 社会氛围与调节聚焦交互干预下习惯型分类行为学习过程

氛围与调节聚焦交互干预下的个体心理感知收益与行为发生概率也不相同。同样表现为，高响应效度（高了解度高支持度）和高了解度低支持度在仿真初期促使个体具有较高的学习速率，且尤为明显；低响应效度（低了解度低支持度）与低了解度高支持度的情景下，在仿真初期个体的学习速率较低，且几乎与自学习情景下的学习速率相同。随着仿真步数的增加，低了解度高支持度响应效度情景下的学习速率下降速度较快，而高了解度低支持度响应效度情景下的学习速率先是略微下降，随后呈现上升再下降的趋势，并在一段时间后超过低了解度高支持度响应效度情景下的学习速率。但最终不同政策响应效度情景下，社会氛围与调节聚焦交互干预下个体的感知收益与行为发生概率呈现出趋同特征。在整个仿真过程中，高响应效度促使社会氛围与调节聚焦交互干预机制下的城市居民习惯型分类行为最快形成与复现，收敛速度最快；低响应效度导致社会氛围与调节聚焦交互干预机制下的城市居民习惯型分类行为形成与复现延迟，不考虑自学习的情况下，收敛速度最慢。

社会氛围与舒适偏好交互干预过程中个体的心理感知收益与行为发生概率仿真结果如图 7-37 所示。不同的政策响应效度导致社会氛围与舒适偏好交互干预下的个体心理感知收益与行为发生概率也不相同。同样表现为，高响应效度（高了解度高支持度）和高了解度低支持度在仿真初期促使个体具有较高的学习速率；低响应效度（低了解度低支持度）与低了解度高支持度的情景下，在仿真初期个体的学习速率较低，且几乎与自学习情景下的学习速率相同。随着仿真步数的增加，低了解度高支持度响应效度情景下的学习速率下降速度较快，而高了解度低支持度响应效度情景下的学习速率先是略微下降，随后呈现上升再下降的趋势，并在一段时间后超过低了解度高支持度响应效度情景下的学习速率。但最终不同政策响应效度情景下，社会氛围与舒适偏好交互干预下个体的感知收益与行为发生概率呈现出趋同特征。在整个仿真过程中，高响应效度促使社会氛围与舒适偏好交互干预机制下的城市居民习惯型分类行为最快形成与复现，收敛速度最快；低响应效度导致社会氛围与舒适偏好交互干预机制下的城市居民习惯型分类行为形成与复现延迟，不考虑自学习的情况下，收敛速度最慢。

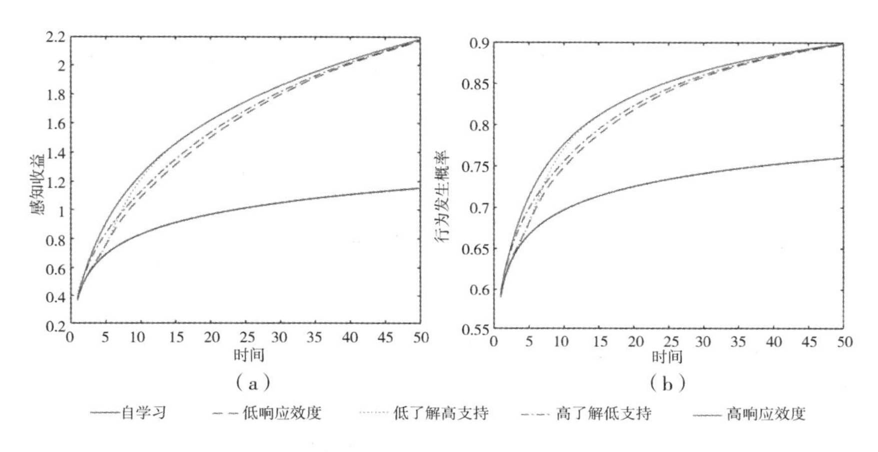

图 7-37 社会氛围与舒适偏好交互干预下习惯型分类行为学习过程

社会氛围与分类认知交互干预过程中个体的心理感知收益与行为发生概率仿真结果如图 7-38 所示。不同的政策响应效度导致社会氛围与分类认知交互干预下的个体心理感知收益与行为发生概率也不相同。同样表现为，高响应效度（高了解度高支持度）和高了解

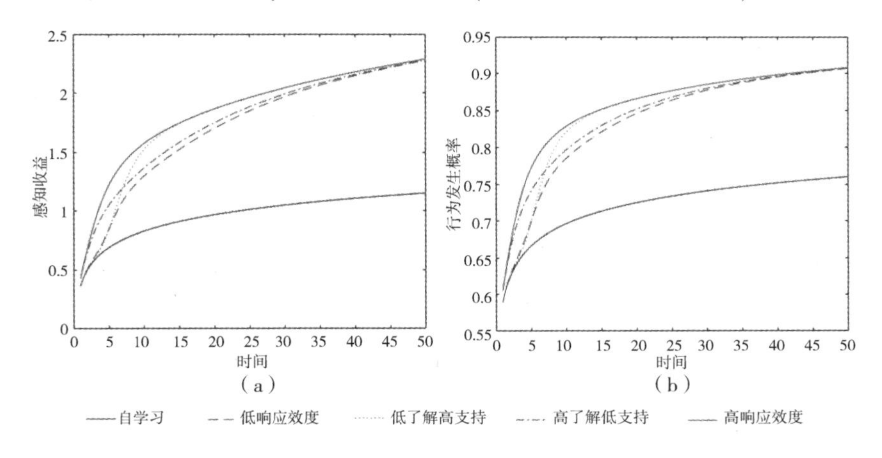

图 7-38 社会氛围与分类认知交互干预下习惯型分类行为学习过程

度低支持度在仿真初期促使个体具有较高的学习速率，且尤为明显；低响应效度（低了解度低支持度）与低了解度高支持度的情景下，在仿真初期个体的学习速率较低，且几乎与自学习情景下的学习速率相同。随着仿真步数的增加，低了解度高支持度响应效度情景下的学习速率下降速度较快，而高了解度低支持度响应效度情景下的学习速率先是略微下降，随后呈现上升再下降的趋势，并在一段时间后超过低了解度高支持度响应效度情景下的学习速率。但最终不同政策响应效度情景下，社会氛围与分类认知交互干预下个体的感知收益与行为发生概率呈现出趋同特征。在整个仿真过程中，高响应效度促使社会氛围与分类认知交互干预机制下的城市居民习惯型分类行为最快形成与复现，收敛速度最快；低响应效度导致社会氛围与分类认知交互干预机制下的城市居民习惯型分类行为形成与复现延迟，不考虑自学习的情况下，收敛速度最慢。

第二节　协作分类机制下垃圾分类行为的形成与稳定

一　协作学习理论

协作学习理论是建构学习理论中的一种特殊学习理论。20 世纪 60 年代之后，Chomsky（1957）对新行为主义的代表人物 Skinner 的《言语学习》提出了怀疑和批评，强调了研究人的认知过程对学习具有重要意义。从此，关注个体认知因素的内在学习动机成为研究的主流。海德（Heider）在 1958 年从心理学的角度提出了归因理论，认为人一般有两种强烈的动机：一种是形成对周围环境一贯性理解的需要；另一种是控制环境的需要。海德还将人的归因倾向分为两种：内倾（个体的），如情绪、态度、人格、能力等；外倾（情境的），如外界压力、天气、情境等。人们在解释自己的行为时，一般倾向于情景归因；解释别人的行为时，一般倾向于性格归因。Jones 和 Davis（1966）对此理论作了延伸，他们认为当个体行为不符合社会角色的要求或背离社会期望的规则时，个体更偏向于做内倾归因。Rotter（1966）的控制点理论认为，个体归因的决定因素在于自己能否控制，内控者认为可控，倾向于将发生的事物归为内因，外控者认为不可控，倾向于将发生的事物归为外因。Sullivan 和 Weiner（1975）提出并完善了动机的自我归因理论。他们认为，每个人都力求解释自己的行为，分析其行为形成的原因。他们的“成就—动机”归因模型明确指出，人们最常使用的因果归因包括内倾或外倾维度、稳定或不稳定维度，通称 2×2 模型。Weiner（1990）对奖惩的复杂动机作用也有独到的观点，他认为，一项任务的难度高低，会对个体接收到完成任务的奖励时有不同的反馈与影响，低难度的任务会使个体接收到其能力低的反馈，高难度的任务会使个体接收到其能力高的反馈，这些反馈会影响到个体之后的表现与动机。他的这种观点也直接指出，人并不是直接通过刺激就产生反应以及反应动机的，而是某些外部刺激（如奖励）反馈给人以信念和认知，人通过这种认知和信念来影响之后的行为。

Ryan（1970）提出一个简单的事实，即人类行为受到有意识的目的、计划、意图、任务及喜好的影响。这些影响因素被称为一级水平的解释性概念，是绝大多数人类行为的直接的动机性原因。Deci 和 Ryan（2003）在自我决定论中提出，个体的内在动机会受到社会事件的影响，具体的影响表现在两个方面：社会事件会影响个体的成就感从而影响行为的内在动机（个体的能力知觉），个体的成就感是建立在自我决定的行为之上的，会促进其内在动机（个体的自主感）。Engin（2009）认为，学生学习第二语言过程中，当其意识到获得第二语言的重要性时，就会有学习第二语言或更多语言的渴望，也就会有更多综合性和工具性的动机来促进其学习第二语言，所以老师了解学生的学习动机和方式是很有帮助的。动机的认知理论十分强调目标在行为动机中的作用，认为目标是赋予个人动力并使个人能够克服各种暂时影响的那些被个人所盼望的未来事件。

人的行为动机有两个决定因素：期望和效价。期望和效价是成反比的，一个成就动机水平高的人，往往选取难度适中的目标动机。Cheak 和 Wessel（2005）认为，内在动机是在没有外在激励条件下而完全基于个体内在兴趣产生的，人们出于内在的意愿去完成一项任务时会体验到忘我的快乐和成就感。对于学习来说，最好的动机就是学习者对学习材料本身感兴趣，而不是获得外在的奖励或者竞争等刺激。Hamjah 等（2011）研究发现，影响学习动机的因素包括学生的个人特点（情绪、思想等）、教师的职业意识、同龄人的选择、学生的精神信仰、家人的支持、学生的资金是否充足和学校的学习设施等。

总之，不管是海德、Weiner 等的归因理论中理性的好奇心的观点，还是 Deci 的自我决定论以及 Vroom 的期望理论等，都是从个体内在的认知角度来分析行为的出发点，正如认知主义学习理论中的观点：人的行为是由我们的认知和思维决定的，动机建立在选择、决策、计划、兴趣、目标以及对成败的可能分析等基础上，行为是在个体认知决定动机之后才发生的，内部的作用对动机有着很重要的影响。但是，内在起因的动机作用也无法解释某些现象：如相同的个体面对不同的环境，可能会发生不同的行为。

按照建构主义观点，学习不是教师把知识简单地传递给学生，而是学习者在一定的学习情境中借助于他人的帮助，利用必要的学习资料，积极主动地通过意义建构的方式获得的，因此，建构主义学习理论认为，“情境”“会话”“协作”和“意义建构”是构成协作学习环境的基本要素。协作学习是个体以小组形式参与，为达到共同的学习目标，在一定的激励机制下最大化个人和他人学习成果而合作互助的一切相关行为。

Johnson 等（1991）指出，在团队的协同学习中需要有五个条件：第一，小组成员需要相互沟通与自我评价；第二，组员之间要经常相互鼓励，以提高积极性；第三，组员之间要互帮互助，形成依赖性；第四，组员要有较强责任心；第五，组员要有相互学习与沟通的技能。邱燕和宋艳（2010）通过分析，认为电子商务的实验教学中，教师让学生进行协作学习，不仅改进了教学方法和教学内容，还培养了学生自主学习和创造学习的能力。

协作学习强调了在学习过程中其他个体对自身认知和学习的影响，而不仅是个体认知的过程。所以协作学习是个体受到其他个体的影响，通过自身之前的认知，形成新的认知和思维模式的过程。

二　协作分类机制构建

现有的干预垃圾分类行为的方式多为政府主导，相关部门宣传并协助干预，鼓励公众积极参与并监督的模式。流程基本为公众向政府或有关部门反映垃圾分类情况，提出建议、意见或者投诉和请求，政府收到这些讯息后，实施相应的措施，干预社会公众的垃圾分类行为，并通过出台相应的政策法规，如《环境信访办法》，来保障公众获取环境信息、参与和监督环境保护的权利［见图 7-39（a）］。在这一过程中，发生直接关系的主体为政府和公众，政府通过“一对多”的方式进行统一干预，公众和公众之间并无直接联

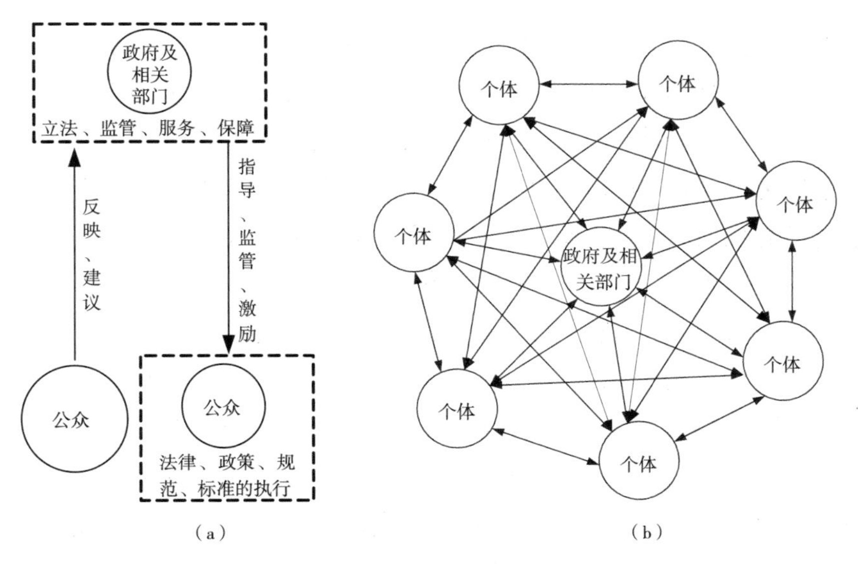

图 7-39　垃圾分类主体及关系示意

系。可以看出，这种干预方式不仅缺乏针对性，由于过程烦琐，还延长了有关问题的处理时间。而且现在许多国家，如中国、美国、巴西等国的垃圾分类与资源回收成效并不明显（Wen et al.，2014；Mancini et al.，2007），新型有效的分类模式亟待开发。

随着学者对个体行为发生动机及相关规律的不断探索，外在的人的因素已被认为是影响个体行为的重要方面。社会影响理论认为，作为“社会人”，个体的行为会受到周围人的行为和态度的影响，进而发生改变（Abrahamse and Steg，2013）。Hung 和 Plott（2001）在个体的行为决策研究中也指出，为保证自身利益的最大化，个体往往会在信息缺失的情况下选择和别人相同的行为策略。除此之外，Dyne 等（2003）、Deniz 等（2013）认为，个体在保护自己或由于担心会产生人际隔阂时，会选择服从某种行为和意见，保持与群体的一致性。社会规范的概念也指出，人们为了社会共同生活的需要，在社会互动过程中，会衍生出相习成风、约定俗成的活动准则（Fehr and Fischbacher，2004）。根据这些观点，个体的垃圾分类行为也会受到其他个体的影响。相对应地，通过一类群体的行为和态度干预另一类群体的垃圾分类行为和态度在理论上可以实现。

在现实情境中，通过一类群体的行为和态度干预另一群体的垃圾分类行为也有类似的成功案例。具体地，瑞典和日本等通过学校、家庭教育，影响和带动孩子，促进个体从幼儿到成年的一贯性垃圾分类素养培育和技能提升，实现了整体国民垃圾分类与回收习惯的养成。可以看出，通过“关系群体”间相互影响的方式干预垃圾分类行为是可行并有效的。然而，由于案例中父母、教师与子女具有“关系属性”，相比于“非关系群体”双方间的沟通和影响较为容易，人际隔阂成本较低。经济人假设指出，人的行为是理性的，通过物质补偿，可改变其行为策略（Henrich et al.，2001）。那么，可以认为通过经济激励的方式填充人际隔阂等成本，实现“非关系群体”间相互带动、影响垃圾分类，也是行之有效地。

基于以上分析，结合协作学习理论本书认为，垃圾分类意愿高的个体在一定的激励条件下，能够带动、影响及监督其他个体的垃圾分类行为，进而形成一种良性的“网状化”循环机制，称为“协作分类”［见图7-39（b）］。在这一机制中，相互独立的个体由于经济的激励作用，会互相带动、监督他们之间的垃圾分类行为，政府在其中起到约束（包括激励、监管和考核）的作用，使得每个相关的居民个体间都有可能产生联结，从而形成垃圾源头分类的驱动网。此外，在个体间垃圾协作分类机制中，每个个体都是一个“监管者”，因此在遇到个体不分类问题时，会更加有针对地及时指正这一现象，进而能够更为高效地改善垃圾源头分类行为。进一步地，本书拟从演化博弈论的视角，探究在垃圾分类的过程中个体间协作机制形成及稳定的条件。博弈论为环境污染问题的分析和解决提供了一种良好的理论方法。“公地悲剧”（Tragedy of the Commons）理论指出，如果公共资源不加以限制地被自由使用，公共资源终将完全耗尽（Hardin，1968）。自此，越来越多的学者使用博弈论的方法分析公共资源及环境污染问题。如：卢方元（2007）利用演化博弈对产污企业之间、环保部门和产污企业之间相互作用时的策略选择行为进行了深入研究；陈志松等（2008）利用演化博弈分析了流域水资源配置中监管部门、生产商等主体的稳定策略；Yanase（2009）使用博弈的方法对强制型规制与税收两种污染治理工具进行比较，并分析了两种工具的作用效果；潘峰等（2014）通过演化博弈讨论了在有无政府间外部效应影响情境下地方政府环境规制决策的演化过程；郑君君等（2015）运用演化博弈理论分析了环境污染引发群体性事件的博弈过程及相关的利益冲突。

本书研究的城市居民垃圾分类行为相关问题是典型的环境污染治理问题。垃圾带来的污染和浪费具有公共产品属性，这就导致垃圾分类过程中容易造成“公地悲剧”现象（Ott and Aoki，2002；Nowak and Sigmund，1993）。加之，个体行为博弈具有随机配对性和动态性，因此，采用演化博弈的方法，分析个体在垃圾分类中的行为演化路径与稳定策略具有合理性和科学性。分析结果对更好地实现垃圾有效分类工作，完善垃圾的减量化和资源化具有一定的参考意义。

综上，本书基于对中国城市居民垃圾分类现实问题的剖析，在行为学习理论、社会影响理论、经济人假设理论等的研究基础上，旨在构建一个个体间垃圾协作分类的机制，并进一步通过演化博弈分析探讨形成这一机制的情境条件，以期为建立一个新型、有效的垃圾源头分类干预政策体系，实现垃圾的高效资源化利用提供理论依据。

三　协作分类机制下的模型基础与参数设定

个体具有有限理性特征，因此 Levinea 和 Pesendorferb（2007）指出，个体往往并非根据经济损益做出最佳决策，而是通过试错与模仿等方式，选择一种均衡策略。这一观点与演化博弈论的思想相似，即不同策略群体之间通过收益、损失等试错或模仿结果，不断进行群体策略侵入并变换策略，直至演化至稳定状态，最终所选择的策略即演化稳定策略（Ania，2008；George，1998；Chen et al.，2018）。

本书将城市居民分为“我”（个体本身）和“其他人”（其他个体）两类群体，他们的策略选择包括对垃圾进行分类和不进行分类两种，策略集为｛分类，不分类｝。当个体本身和其他个体都选择不分类时，他们都将受到垃圾污染和资源浪费带来的生活环境、健康、资源可持续利用性等方面的损失。当一方进行分类而另一方不分类时，分类一方会获得一定的经济收益和公共收益，如政府奖励、生存环境改善等，但同时也相应需支付一定的费用，包括生活便利性等方面的短期内生活舒适损失，以及受不分类个体造成的环境污染、资源浪费的负外部性影响等；而不分类个体则会受到垃圾污染、资源浪费所带来的损失。当所有个体都进行垃圾分类时，根据前文构建的垃圾分类协作机制可知，双方群体可以选择独立分类或协作分类两种方式。其中，当选择独立分类时，他们相应承担了各自分类的成本，也获得各自分类的收益；当个体间选择协作分类时，他们除了获得各自的分类收益外，还将获得共同经济收益和公共收益；在成本方面，个体间除了需要付出进行独立分类的成本，还需付出为达成协作的社交成本。然而，政府对双方群体的分类方式进行约束时，其损益值和策略均衡点还会发生改变。基于此，本书分别讨论在无政府管制下的个体垃圾分类策略选择和有政府管制下的策略选择。同时，做出以下假设：

（1）个体垃圾分类对垃圾污染的治理和资源节约是有效的，即垃圾分类的净收益值为正；

（2）个体进行垃圾分类彼此的外部效应影响程度相同；

（3）个体和其他个体协作分类垃圾所带来的公共收益大于单独分类的公共收益之和。

根据以上对个体间垃圾分类演化博弈问题的描述，设定有关变量，如表 7-1 所示。

表 7-1　损益变量设定

变量名称	变量内涵
$Co1$	个体为垃圾分类处理愿意接受的短期内生活舒适度（便利性等）的损失
$Co2$	其他个体为垃圾分类处理愿意接受的短期内生活舒适度（便利性等）的损失
$Ex1$	个体进行垃圾分类的成本（时间成本、经济成本等）
$Ex2$	其他个体进行垃圾分类的成本
$D1$	垃圾污染对自己健康、心情等方面带来的负面伤害
$D2$	垃圾污染对其他个体健康、心情等方面带来的负面伤害
∂	个体进行垃圾分类的外部效应系数，假设垃圾污染的负外部效应和垃圾分类处理的正外部效应均为常数（$0<\partial<1$）
Cs	个体本身和其他个体为达成协作分类所需要的社交成本
$Ms1$	个体进行垃圾分类所带来的经济收益
$Ms2$	其他个体进行垃圾分类所带来的经济收益
Bc	个体和其他个体进行协作垃圾分类所带来的经济收益
$Bp1$	个体单独分类垃圾所带来的公共收益
$Bp2$	其他个体单独分类垃圾所带来的公共收益
Bp	个体和其他个体协作分类垃圾所带来的公共收益
R	政府给予协作分类个体的奖励

续表

变量名称	变量内涵
P	政府给予不进行协作分类个体的惩罚
F	政府给予因其他个体不分类而只能进行独立分类的个体的补偿

四　协作分类机制下演化博弈模型分析

个体本身和其他个体是否采取垃圾分类的策略主要取决于分类成本和收益。若不存在政府管制，即无管制条件下，当个体本身和其他个体均采取分类策略时，是否进行协作分类取决于达成协作所需要的社交成本以及协作所带来的共同经济收益和公共收益。若存在政府管制，即有管制条件下，政府要求个体之间进行垃圾协作分类，若都采取不分类策略，政府将分别对其进行惩罚；若一方分类而另一方不分类，政府将对不分类的个体进行惩罚，对分类的个体进行补偿；若双方都选择治理，政府将对选择协作分类策略的个体进行奖励。因此，以下将分别讨论在不存在政府管制和存在政府管制下，个体自身和其他个体进行独立分类和协作分类的策略演化情况。综上，在2×2非对称重复博弈中，个体自身与其他个体阶段博弈的支付矩阵如表7-2所示。

表7-2　　各分类情境下个体间阶段博弈支付矩阵

分类情境	其他个体 / 个体自身	分类	不分类
无管制；独立分类	分类	$Ms1+Bp1-Ex1-Co1$，$Ms2+Bp2-Ex2-Co2$	$Ms1+Bp1-Ex1-Co1-\partial D2$，$-(1-\partial)D2$
	不分类	$-(1-\partial)D1$，$Ms2+Bp2-Ex2-Co2-\partial D1$	$-D1-\partial D2$，$-D2-\partial D1$
无管制；协作分类	分类	$Ms1+Bp+Bc-Ex1-Co1-Cs$，$Ms2+Bp+Bc-Ex2-Co2-Cs$	$Ms1+Bp1-Ex1-Co1-\partial D2$，$-(1-\partial)D2$
	不分类	$-(1-\partial)D1$，$Ms2+Bp2-Ex2-Co2-\partial D1$	$-D1-\partial D2$，$-D2-\partial D1$

续表

分类情境	其他个体 / 个体自身	分类	不分类
有管制；独立分类	分类	$Ms1 + Bp1 - Ex1 - Co1$，$Ms2 + Bp2 - Ex2 - Co2$	$Ms1 + Bp1 - Ex1 - Co1 - \partial D2 + F$，$-(1-\partial)D2 - P$
	不分类	$-(1-\partial)D1 - P$，$Ms2 + Bp2 - Ex2 - Co2 - \partial D1 + F$	$-D1 - \partial D2 - P$，$-D2 - \partial D1 - P$
有管制；协作分类	分类	$Ms1 + Bp + Bc - Ex1 - Co1 - Cs + R$，$Ms2 + Bp + Bc - Ex2 - Co2 - Cs + R$	$Ms1 + Bp1 - Ex1 - Co1 - \partial D2 + F$，$-(1-\partial)D2 - P$
	不分类	$-(1-\partial)D1 - P$，$Ms2 + Bp2 - Ex2 - Co2 - \partial D1 + F$	$-D1 - \partial D2 - P$，$-D2 - \partial D1 - P$

（一）无管制下独立分类的演化博弈分析

令个体自身选择分类策略的概率为 x，则选择不分类策略的概率为 $1 - x$；其他个体选择分类策略的概率为 y，则选择不分类策略的概率为 $1 - y$。

个体自身采取分类策略时的期望收益为：

$$U11 = y(Ms1 + Bp1 - Ex1 - Co1) + (1 - y)(Ms1 + Bp1 - Ex1 - Co1 - \partial D2)$$

个体自身采取不分类策略时的期望收益为：

$$U12 = y[-(1 - \partial)D1] + (1 - y)(-D1 - \partial D2)$$

个体自身的平衡收益为：

$$\overline{U}_1 = xU11 + (1 - x)U12$$

个体自身的复制动态方程为：

$$F(x) = dx/dt = x(U11 - \overline{U}_1) = x(1 - x)(U11 - U12) = x(1 - x)(Ms1 + Bp1 + D1 - Ex1 - Co1 - y\partial D1)$$

其他个体采取分类策略时的期望收益为：

$$U21 = x(Ms2 + Bp2 - Ex2 - Co2) + (1 - x)(Ms2 + Bp2 - Ex2 - Co2 - \partial D1)$$

其他个体采取不分类策略时的期望收益为：

$$U22 = x[-(1-\partial)D2] + (1-x)(-D2-\partial D1)$$

其他个体的平衡收益为：

$$\overline{U_2} = yU21 + (1-y)U22$$

其他个体的复制动态方程为：

$$F(y) = dy/dt = y(U21 - \overline{U_2}) = y(1-y)(U21 - U22)$$
$$= y(1-y)(Ms2 + Bp2 + D2 - Ex2 - Co2 - x\partial D2)$$

令 $F(x)=0$，得 $x=0$，$x=1$，$y^* = (Ms1 + Bp1 + D1 - Ex1 - Co1)/\partial D1$

令 $F(y)=0$，得 $y=0$，$y=1$，$x^* = (Ms2 + Bp2 + D2 - Ex2 - Co2)/\partial D2$。

由此可知，O（0，0）、A（1，0）、B（1，1）、C（0，1）、D（x^*，y^*）是个体本身和其他个体博弈的五个局部均衡点。根据Friedman（1998）提出的方法，五个局部均衡点中，A（1，0）、C（0，1）是演化稳定策略，分别对应于个体自身和其他个体中一方分类一方不分类的策略。图7-40是无管制下个体独立分类博弈的动态演化过程。可以看出，在无管制下，由于其他个体垃圾分类的正外部效应，个体独立分类最终会向一方分类一方不分类的方向演进，

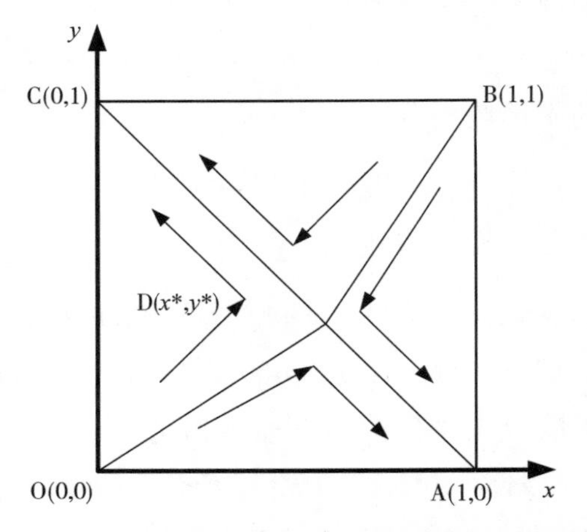

图7-40　无管制下个体独立分类演化博弈相位图

个体在演化博弈的学习过程中逐渐倾向于“搭便车”行为。

(二) 无管制下协作分类的演化博弈分析

同理可得个体本身和其他个体博弈的五个局部均衡点，分别是O (0, 0)、A (1, 0)、B (1, 1)、C (0, 1)、D (x^*, y^*)。其中，O (0, 0)、B (1, 1) 是演化稳定策略，分别对应于个体自身和其他个体都不分类或二者协作分类的策略，图 7-41 是无管制协作分类博弈的动态演化过程。

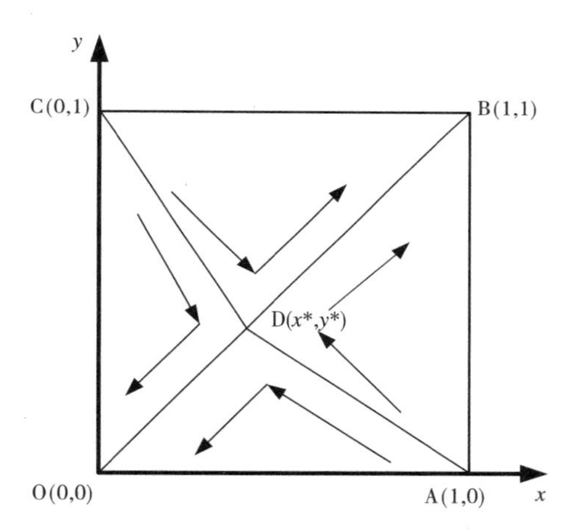

图 7-41 无管制下个体间协作分类演化博弈相位图

当初始状态在区域 ADCO 时，演化博弈策略向 O (0, 0) 收敛，个体都不分类是演化稳定策略；当初始状态在区域 ABCD 时，演化博弈策略向 B (1, 1) 收敛，个体间进行协作分类是演化稳定策略。为了使行为策略以更大的概率向 {分类，分类} 策略方向演化，区域 ABCD 的面积 (S_{ABCD}) 需要不断增加。表 7-3 反映了损益矩阵中各个参数变化对策略演化的影响情况，可以看出所有的参数与 S_{ABCD} 均是单调关系。具体来说，个体垃圾分类的自身收益、公共收益、垃圾污染带来的损失和协作分类所带来的共同收益、公共收益越高，区域 ABCD 面积越大，个体间越倾向于协作分类；个体进行垃圾分类的成本、生活舒适损失和达成协作的社交成本越低，区域 ABCD 面积越大，个体间也就越趋向于协作分类。

表 7-3　　无管制下协作分类参数变化对演化策略的影响

参数变化	鞍点变化	相位面积变化与演化方向
$Ms1\uparrow(Ms2\uparrow)$	$y^*\downarrow(x^*\downarrow)$	$S_{ABCD}\uparrow$，（分类，分类）
$Bp1\uparrow(Bp2\uparrow)$	$y^*\downarrow(x^*\downarrow)$	$S_{ABCD}\uparrow$，（分类，分类）
$D1\uparrow(D2\uparrow)$	$y^*\downarrow(x^*\downarrow)$	$S_{ABCD}\uparrow$，（分类，分类）
$Ex1\downarrow(Ex2\downarrow)$	$y^*\downarrow(x^*\downarrow)$	$S_{ABCD}\uparrow$，（分类，分类）
$Co1\downarrow(Co2\downarrow)$	$y^*\downarrow(x^*\downarrow)$	$S_{ABCD}\uparrow$，（分类，分类）
$Bp\uparrow$	$x^*\downarrow(y^*\downarrow)$	$S_{ABCD}\uparrow$，（分类，分类）
$Bc\uparrow$	$x^*\downarrow(y^*\downarrow)$	$S_{ABCD}\uparrow$，（分类，分类）
$Cs\downarrow$	$x^*\downarrow(y^*\downarrow)$	$S_{ABCD}\uparrow$，（分类，分类）

（三）有管制下独立分类的演化博弈分析

个体自身和其他个体的复制动态方程分别为：

$$F(x) = dx/dt = x(U11 - \overline{U}_1) = x(1-x)(U11 - U12)$$
$$= x(1-x)[Ms1 + Bp1 + D1 + P + F - Ex1 - Co1 - y(F + \partial\ D1)]$$

$$F(y) = dy/dt = y(U21 - \overline{U}_2) = y(1-y)(U21 - U22)$$
$$= y(1-y)[Ms2 + Bp2 + D2 + P + F - Ex2 - Co2 - x(F + \partial\ D2)]$$

令 $F(x)=0$，得 $x=0$，$x=1$，$y^* = (Ms1 + Bp1 + D1 + P + F - Ex1 - Co1)/(F + \partial\ D1)$

令 $F(y)=0$，得 $y=0$，$y=1$，$x^* = (Ms2 + Bp2 + D2 + P + F - Ex2 - Co2)/(F + \partial\ D2)$

由此可知，O（0，0）、A（1，0）、B（1，1）、C（0，1）、D（x^*，y^*）是五个局部均衡点，其中 A（1，0）、C（0，1）是演化稳定策略，即个体自身和其他个体中一方分类而另一方不分类的策略。图 7-42 是有管制下个体独立分类博弈的动态演化过程。可以看出，即使政府对个体的分类策略采取管制措施，在独立分类背景下个体稳定策略依然会向一方分类而另一方不分类的方向演进，政府的政策无法发挥效用，个体在垃圾分类活动中依旧倾向于发生“搭便车”行为。

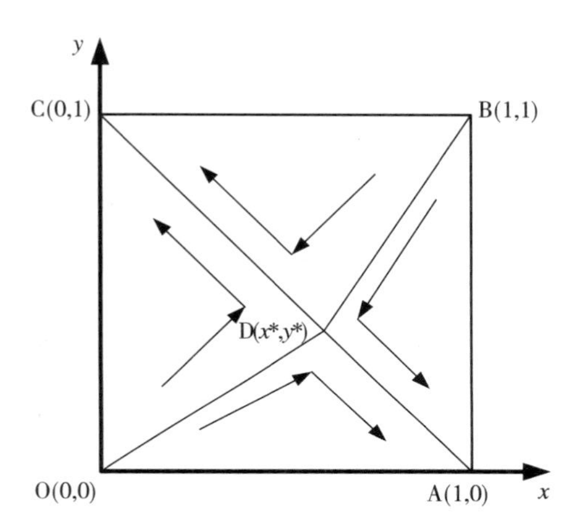

图 7-42 有管制下个体独立分类演化博弈相位图

（四）有管制下协作分类的演化博弈分析

同理，五个局部均衡点 O（0，0）、A（1，0）、B（1，1）、C（0，1）、D（x^*，y^*）中，O（0，0）、B（1，1）是演化稳定策略，分别对应于个体自身和其他个体都不分类或二者协作分类的策略（见图 7-43）。初始状态在区域 ABCD 时演化博弈策略向 B（1，1）收敛，个体间进行协作分类是演化稳定策略；初始状态在区域 ADCO 时，演化博弈策略向 O（0，0）收敛，个体都不分类是稳定演化策略。为了使行为以更大的概率沿着 BD 路径向{分类，分类}策略方向演化，区域 ABCD 的面积（S_{ABCD}）需要不断增加。

表 7-4 总结了有管制下协作分类中各个参数变化对 S_{ABCD} 的影响情况，同样为单调关系。特别地，有管制情况下，政府对不分类个体的惩罚、对独立分类一方的补偿和对协作分类的奖励均与 S_{ABCD} 呈正相关关系，说明政府对垃圾分类的干预力度越大，惩罚、奖励与补偿的程度越高，个体间越倾向于协作分类。在协作收益和政府管制共同刺激下，个体间可达成协作分类的演化稳定策略。

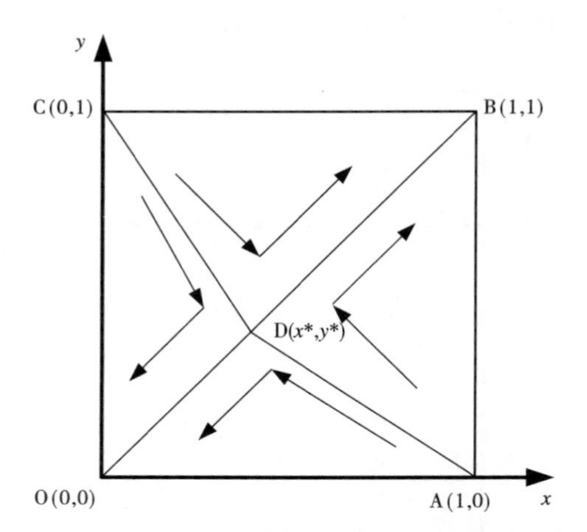

图 7-43 有管制下个体间协作分类演化博弈相位图

表 7-4 有管制下协作分类参数变化对演化策略的影响

参数变化	鞍点变化	相位面积变化与演化方向
*Ms*1 ↑（*MS*2 ↑）	*y* * ↓（*x* * ↓）	S_{ABCD} ↑，（分类，分类）
*Bp*1 ↑（*Bp*2 ↑）	*y* * ↓（*x* * ↓）	S_{ABCD} ↑，（分类，分类）
*D*1 ↑（*D*2 ↑）	*y* * ↓（*x* * ↓）	S_{ABCD} ↑，（分类，分类）
*Ex*1 ↓（*Ex*2 ↓）	*y* * ↓（*x* * ↓）	S_{ABCD} ↑，（分类，分类）
*Co*1 ↓（*Co*2 ↓）	*y* * ↓（*x* * ↓）	S_{ABCD} ↑，（分类，分类）
P ↑	*x* * ↓（*y* * ↓）	S_{ABCD} ↑，（分类，分类）
R ↑	*x* * ↓（*y* * ↓）	S_{ABCD} ↑，（分类，分类）
F ↓	*x* * ↓（*y* * ↓）	S_{ABCD} ↑，（分类，分类）
Bp ↑	*x* * ↓（*y* * ↓）	S_{ABCD} ↑，（分类，分类）
Bc ↑	*x* * ↓（*y* * ↓）	S_{ABCD} ↑，（分类，分类）
Cs ↓	*x* * ↓（*y* * ↓）	S_{ABCD} ↑，（分类，分类）

五 协作分类机制下居民垃圾分类行为演化的数值分析

为了更为直观地验证不同约束条件下公众行为策略的演化稳定性，采用 Matlab（R2016b）软件，对复制动态模型中的基本参数进行赋值后，模拟不同个体间行为策略的动态演化过程。

在没有政府管制且个体独立分类的情境中，（0，1）或（1，0）

为演化稳定点［见图7-44（a）］，表示无论处于何种初始状态，其最终会收敛于｛不分类，分类｝或｛分类，不分类｝的行为策略。图7-44（b）刻画了个体行为策略随时间的演化路径，可以发现，部分个体由于存在分类收益，向分类行为策略收敛。但随着时间变化，许多个体开始往不分类的策略演进。这验证了确实存在个体会发生“搭便车”行为。

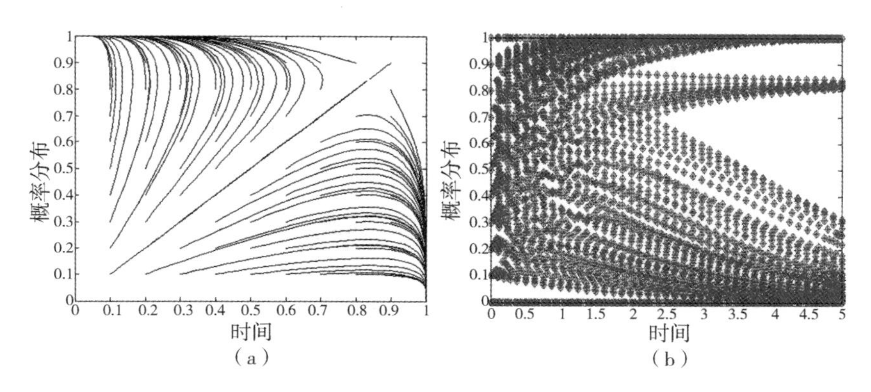

图7-44 无管制独立分类情境中个体分类行为策略的复制动态演化路径

在没有政府管制但个体协作分类的情境中，由于设置的个体协作收益的初始值偏高，所以此时的演化稳定点为（1，1）［见图7-45（a）］，个体最终会收敛于｛分类，分类｝的行为策略。图7-45（b）刻画了个体行为策略随时间的演化路径，表明了随着时间的变化，由于协作收益的存在，个体的行为策略均往分类演进。

在有政府管制但个体独立分类的情境中，（0，1）或（1，0）为演化稳定点［见图7-46（a）］，表示无论处于何种初始状态，其最终会收敛于｛不分类，分类｝或｛分类，不分类｝的行为策略。图7-46（b）刻画了个体行为策略随时间的演化路径，可以看出，部分个体由于分类收益的存在，向分类行为策略收敛。但随着时间变化，许多个体开始往不分类的策略演进。再次验证了政府对个体的约束在垃圾分类中面临失灵的窘况。

在有政府管制且个体协作分类的情境中，由于设置的政府约束

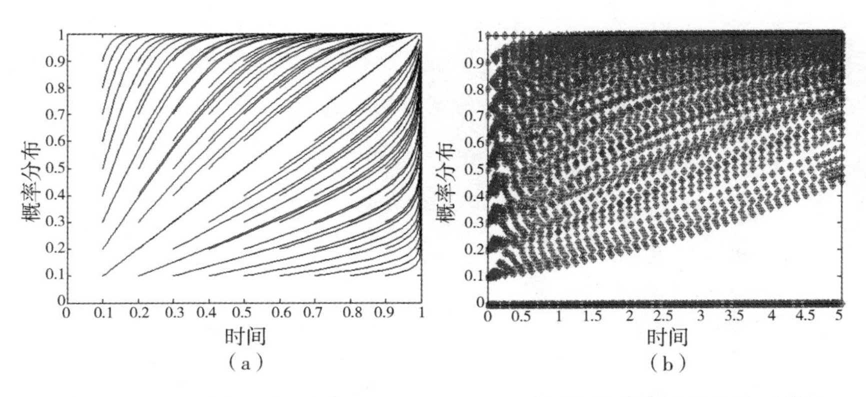

图 7-45　无管制协作分类情境中个体分类行为策略的复制动态演化路径

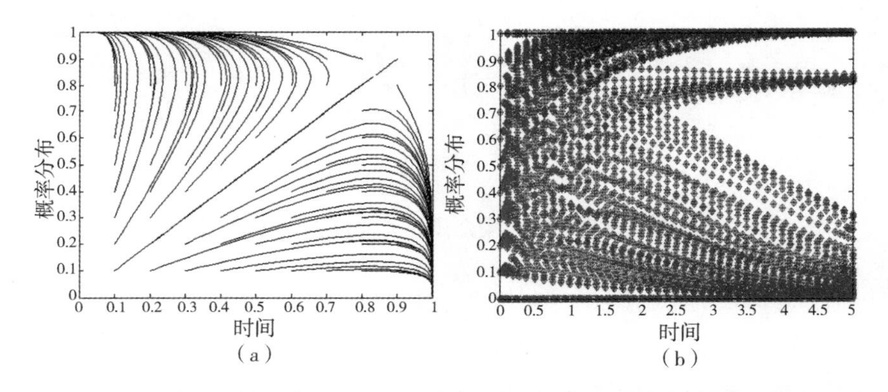

图 7-46　有管制独立分类情境中个体分类行为策略的复制动态演化路径

力度较强，个体协作收益的初始值偏高，所以此时的演化稳定点为（1，1）［见图 7-47（a）］，个体最终会收敛于｛分类，分类｝的行为策略。图 7-47（b）刻画了个体行为策略随时间的演化路径，表明了随着时间的变化，由于政府高强度的约束力度和协作分类的高收益，个体的行为策略均往分类演进。

六　协作分类机制形成与稳定条件剖析

通过分析发现，在独立分类时，无论政府是否对公众进行约束，演化博弈的策略选择朝着一方分类而另一方不分类的方向演进。但

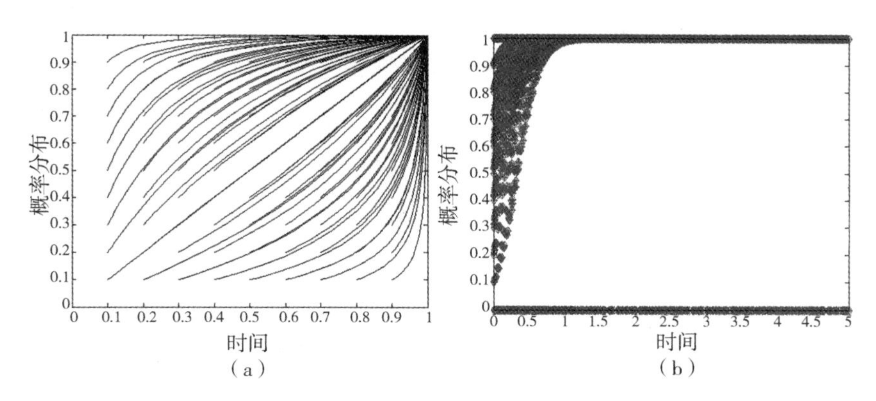

图 7-47 有管制协作分类情境中个体分类行为策略的复制动态演化路径

考虑到垃圾分类的正外部效应，个体在垃圾分类上均倾向于“搭便车”行为。“搭便车”行为发生的原因在于个体既规避了自身参与的成本，又获取了收益。高明等（2016）研究发现，在大气污染合作治理的过程中，由于大气污染治理的正外部性，地方政府也会倾向于发生“搭便车”行为。个体的趋利特征（Abbey and Doukas，2012；Garcia et al.，2005），使得其不愿意投入私人成本，通过源头垃圾的分类节约资源和保护生态环境，更愿意坐享其成，进而导致“公地悲剧”的发生。

分析结果还发现，单靠政府的约束并不能有效地改变在独立垃圾分类过程中个体“搭便车”的现象。福利经济学派认为，解决“公地悲剧”问题的途径是找到一个可以充当社会和经济活动的调节者，对造成外部性的活动者征税或给予补贴，使外部成本内在化（Pigou，1999）。可以看出，现有政府对个体垃圾分类行为的约束并非有效，无法将分类行为内化为个体的成本。新制度学派则认为，“公地悲剧”的发生源于公共产权的归属不清或缺乏制度性的产权安排，由此引发外部效应（Farrell，1987；Kahneman et al.，1990）。科斯（Coase）认为，解决这一问题的有效途径便是明确界定产权关系，但并不意味着一定要将公共资源的公共产权演变为私有产权，将公共产权演变为共有产权，也是公共资源外部性内在化的可能途径（Coase，1981；Hoffman and Spitzer，1982）。垃圾协作分类机制，将本来是分离的个体活动整合为共同活动，把集体、公有的环境效益、社会资源界定为共有权益，是一种变相共有化的机制。我们的研究结果同样表明，在协作分类且存在收益的情境下，公众的稳定策略均向形成协作分类状态的方向演进，这也进一步验证了协作机制是一种有效的共有化机制。此外，通过政府的奖惩约束策略，以征税或者补贴来矫正公众的成本和收益（Kroll et al.，2010），将进一步地保障这种共有化机制，稳定公众间的协作关系。

总体来看，垃圾协作分类要求在垃圾分类过程中个体间相互带动、影响和监督，强调了个体间建立协作关系的重要性。人不是独立的个体，而是在复杂的社会中生活，因此必然少不了受到社会各方面和周围环境的影响（Bandura，1999；Westaby et al.，2016）。同样地，人还可以主动地去影响和监督他人。但现实情况往往是，主动影响其他人会付出一定的代价，如人际关系的隔阂、无法适应群体规范遭受排斥（Kandori，1992；Ostrom，2000）等。因此，在垃圾协作分类机制的实施过程中，干预这些社交成本是非常有必要的。

第八章

引导我国城市居民垃圾分类行为的政策建议

鉴于垃圾分类的重要性与必要性，加之中国城市居民垃圾分类现状的劣性特征，有必要以系统的观点建立起一套系统策略模型，注重管理策略和激励方法之间的有机结合和协同作用，形成一个综合的城市居民垃圾分类行为引导体系。该体系主要是从垃圾分类行为驱动、政策践行保障、现实干预机制下垃圾分类行为提升三个方面出发，构建了城市居民垃圾分类行为综合引导体系。

第一节　垃圾分类行为驱动建议

基于垃圾分类行为驱动机理理论模型及其实证研究结果，本书从五个方面提出了城市居民垃圾分类行为的引导策略（见图 8-1），分别为基于个体心理建设的引导策略、基于情境供给的引导策略、以授权感知为导向的分类行为引导策略、基于人口统计特征的定制化信息靶向引导策略和分类行为自身促进策略。

一　基于个体心理建设的引导策略

（一）利己价值促进策略

研究分析结果发现，利己价值观对垃圾分类行为具有负向的影

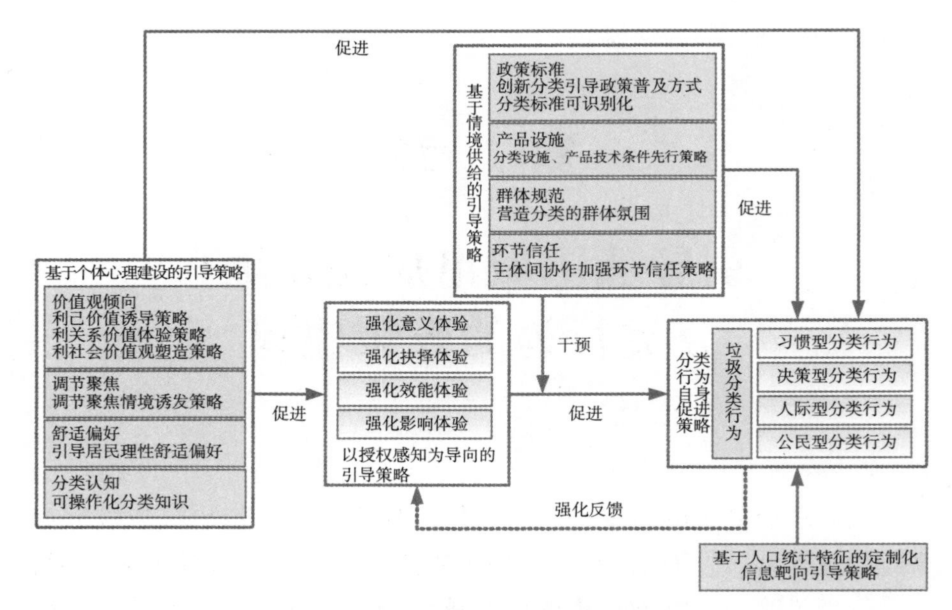

图 8-1　垃圾分类行为驱动建议框架

响作用。然而从“理性人”的观点来看，每个人都是利己的。因此，在对垃圾分类的引导中，干预居民的利己倾向并非优选，而是应该使他们认识到对垃圾进行分类是一种利己的活动。具体可通过网络、电视等方式宣传垃圾分类带来的净化生活环境、保障健康质量甚至是经济收入方面的“利己性”行为结果，诱使居民积极参与垃圾分类。

（二）利关系价值体验策略

从研究结论可以发现，利关系价值观通过分类授权感知进而作用于垃圾分类行为。城市居民的关系群体包括家人、亲戚、朋友等，尤其在当今的中国国情下，家人对每个人来说是至关重要的。所以通过营造亲情、友情氛围、宣传感恩理念、建立紧密的纽带关系，强化居民垃圾分类对家人、亲戚、朋友的意义感知和效能感知，增强垃圾分类对居民关系群体的价值体验具有必要性。

（三）利社会价值观塑造策略

高利社会价值观居民的关键特征在于具有较强的公民意识。唤醒居民的环境公民意识需要从三个方面入手：第一是主体意识，公民应具有自己在社会环境中主人身份的认同和感知，认识到自己是作为社会环境的主体和主权的保护者而存在的；第二是权利意识，即公民本身有保护环境及享受环境的权利；第三是参与意识，这需要个体将认知外化为自觉的参与环保活动，对公共权力运行的方向、过程和结果发生现实的影响，走出一己之狭隘。唤醒公民意识也同样对环境公民行为具有正向的引导作用。换言之，管理者应从主体意识、权利意识和公民意识入手，强化城市居民的公民意识，特别是环境公民意识，塑造其利社会价值观，进而促进城市居民的垃圾分类活动。

（四）可操作化分类知识

相比较来说，个体乱扔垃圾带来的消极影响往往需要花费更多时间采取后期治理行动，“先污染，后治理”的错误观念也印证了这一观点。因此，有效地建设良好的生态环境，更应该从“预防”着手，乱扔垃圾的现象亟须引起大家的关注。此外，不乱扔垃圾不一定就会对垃圾进行分类。也就是说，在垃圾分类方面，“应该做什么”和“不应该做什么”并不是完全对立的关系。而现有的引导方式大多强调“不应该做什么”，缺乏对“应该怎么做”等可操作化理念的直接灌输，这会使得多数个体抱有可以不分类的认知和态度。因此，纠正个体固有的劣性观念固然重要，但为了进一步实现垃圾的资源化和减量化，更需要政府在制定政策时，更多地考虑实施具有正向分类行为干预效果的政策工具。在此基础上，政策制定者应运用各种媒体，采取多种形式（如主题教育、知识竞赛、参观访问、社区咨询等）向公众传播具体化、有针对性的垃圾分类知识（包括分类标准、行为指南和操作技能）。在保证广泛、持续环保宣传的基础上，政府应向公众传播明确、具体、可操作的环保行为指南，避免过多抽象的传播沟通口号而导致“超限效应”的发生。如：“今天你分类了吗？”“垃圾入桶，方便你我”等很难增强个体对分类的认知，而诸如“报纸、广告单等干净的纸都可回收”“纸巾和厕所纸由于水溶性太强不可回收”等更能够传播相关垃圾分类知识，更有可操作性并引起公众对分类的关注。

（五）调节聚焦情境诱发策略

“双低型”调节聚焦的个体，不仅对负面结果不敏感，还缺乏追求正面结果的动机，同时缺少关注垃圾分类的心理倾向。这会导致个体既不想为良好的生态环境、身体健康努力，又不会克制自己不去乱扔垃圾，从而不愿意对垃圾进行分类。由于调节聚焦可以通过短期情境诱发，在政府政策宣传和相关教育中还可以通过宣传背景及内容的特别设计，启动个体调节聚焦的积极动机状态。如：严重的环境污染、危害身体健康等消极结果可激发个体预防聚焦，进而更加关注安全、保护、义务和责任；在促进聚焦的干预上，政策制定者可积极引导个体对愿望或梦想的关注，或引导其对绿色的生活环境、湛蓝的天空等积极结果的渴望和向往。通过各类传播形式，提高其对垃圾分类的敏感度，增强其对垃圾分类的关注，进而改善垃圾分类行为。

（六）引导居民理性舒适偏好

研究结果表明，居民的数量偏好、节奏偏好与品质偏好均会对垃圾分类行为产生影响作用。垃圾分类本来就是需要个体花费时间、精力才能进行的活动。在质性分析的研究中，还有居民反映由于技术、设施水平等方面的原因，对垃圾进行分类会感到很麻烦、不自在等。因此，不仅要通过宣传教育和培训等方式引导居民理性地追求生活舒适度，更应该通过提高消费产品和服务的技术水平，健全分类保障，在满足居民生活时间、面子、品质等方面舒适度要求的同时，尽可能地减少居民的直接和间接的资源浪费。

二　基于情境供给的引导策略

（一）分类设施、产品技术条件先行策略

研究结论揭示出了设施条件的重要性，在现阶段亟须采取“设

施先行”的环保规划，完善基础设施和产品技术条件，从基础条件上保障居民发生垃圾分类行为。在产品设施条件方面概括来说，垃圾分类相关的产品设施条件分为产品技术条件和基础设施条件两大类。在产品技术条件上，一般情况下企业是产品技术开发和产品生产的主要承担者，但由于投入成本高、回收周期长、市场风险高等原因，企业往往不愿意做这种有可能损害利润的事情。因此，政府一方面应采用相关措施激励企业在垃圾分类技术、回收再利用技术与产品上的创新；另一方面还可直接投资并组织科研院所、企业联合攻关。解决基础设施问题就需要政府增加经济投入，完善城市空间布局和规划系统、收运供需系统、废旧产品回收利用系统等。

（二）创新分类引导政策普及方式

在完善分类引导政策的基础上，政府首先应该创新普及方式，可以采取多种形式，通过网络、电视、广播、报纸、杂志、传单等多种渠道向居民解释政策的具体条例和实施细则，从居民切身利益出发普及和推行垃圾分类引导政策。

（三）分类标准可识别化

中国现有分类标准不仅在内容界定上较模糊，存在交叉，还缺乏对垃圾正确投放方式的操作指导，进而导致居民对垃圾的可识别度较低，无法进行有效和正确的垃圾分类。因此，标准制定者可效仿日本垃圾分类标准制定方式，细化操作标准，同时规定关于相应垃圾的投放方式，如可燃垃圾、不可燃垃圾还有塑料制品要装在透明或者是半透明 45 升以下规格的垃圾袋中，瓶罐类垃圾需用网状的袋子回收，大型垃圾则需提前预约后，相关部门再上门收集。

（四）营造分类的群体氛围

除了完善政策法规体系和加快落实相关政策措施，政府还应通过各种形式的传播教育、社会营销、经济激励等，减弱消极社会压力氛围的影响，促进积极社会压力氛围的形成。对消极负面的社会压力氛围（如重复使用会被人耻笑、遭人异样眼光甚至鄙视），政府应该予以约束和限制；对于积极正面的社会压力氛围（如随意扔垃圾会被周围人鄙视、训斥），政府应该积极引导和营造。这是确保认知到行为转化的重要强化条件。同时还需要政策制定者建立消除个体责任分散心理的引导机制，帮助居民明确自己在生态环境建设过程中的角色定位，重塑其对环境的责任观和义务观，避免由于群体属性带来的责任分散效应及“搭便车”现象。

（五）主体间协作加强环节信任策略

在产生环节，政府需要加大对可回收利用、可持续产品的研发投入，刺激可重复使用产品的开发。同时，政府还可以通过教育、经济等手段激励居民减少过度消费，降低资源消耗，减少垃圾源头排出量。企业则需要增加研发和销售可回收产品，保证市场供给。居民应该强化环境认知和环境责任，不仅要塑造不浪费的生活方式，还应在保证生活质量的同时，优先选取可回收产品使用。

在分类环节，政府一方面需要优化基础设施建设，配套便于垃圾分类的基础设施；另一方面，垃圾分类标准需要更加细化、可操作化以及有针对性，分类标准的宣传也需要加强。企业可对实施分类和回收的居民提供经济等方式的奖励，如现有的“押金返还制度”。

在收运环节，政府应鼓励其他主体参与垃圾收集、运输系统，促进收运产业化和资源化。与此同时，政府还要保证整个收运过程规范性。企业一方面需要积极参与垃圾的回收利用，促进市场成熟化和规范化；另一方面还要开发收集、运输垃圾的新模式，保证垃圾的回收利用得以顺利开展。居民在这一环节中不仅要做好分类工作，提升政府或企业等环卫部门收运的便捷性，还应该发挥监督的作用，防止混收、混运现象的出现。

在末端的处理环节，政府需要开发适应城市发展阶段特征的多模式处置系统，适当增加焚烧设施比例并有效实现废弃物到能源的转化，加大研发投入，优化发展生化处理技术，逐步减少原生垃圾填埋量。同时，还应形成市场成熟化的垃圾处理产业链，在竞争中实现资源最大化的回收利用。居民自己也应该合理、适量地处理家庭生活垃圾，如废旧纸箱的重复利用等，促进实现多主体共同参与处理垃圾模式。

监管环节是以上措施得以顺利实施的前提和保证。

为此，在每个环节的过程中都需要建立完善的政策制度。在产生环节，需建立针对源头的垃圾减量化政策体系，降低居民消费端的垃圾产出；在分类环节，需优化管理制度、建立各主体间的信任机制，避免单一主体端缺口的产生；在收运环节，需建立加强垃圾收集、运输产业化、规范化、资源化的政策体系，建构成熟、多元化的垃圾收运模式；在处理环节，需要建立以减量化处理为目标的政策体系，强化资源回收与再利用，达成生态效益和经济效益双收目标。

三　以授权感知为导向的引导策略

（一）强化意义体验

意义是行为发生结果的一种重要感知体验，对于垃圾分类来说，当城市居民进行分类垃圾活动后，其意义主要体现在生活环境、身体健康、经济收益、可持续发展等方面。个体对短期的既视意义体验更为敏感，而生活环境、身体健康、可持续发展等方面的意义并非能够短期内兑现的。因此，管理者一方面需要采用经济利益的手段，对个体的垃圾分类行为进行刺激，如积分、直接金钱奖励等；另一方面还需要灌输分类的意义认知，使人们了解到垃圾污染和资源浪费带来的危害性，增强居民的危险意识和认知，促使居民体验到分类的重要意义。

（二）强化抉择体验

居民对分类的抉择体验（自主性、控制感）同样能够正向促进其对垃圾进行分类。管理者需要从两个方面强化居民的抉择体验。首先是提升居民对垃圾分类的主动性。这主要靠提升其内驱力，增强其分类责任感，进而促进其主动对垃圾进行分类。其次是提升居民对垃圾分类的选择权，主要体现在对分类方式、分类手段等方面的选择上，这就需要管理者健全分类和监管体系，为居民提供完善的抉择服务。

（三）强化效能体验

一方面，分类知识、技能的教育和培训需要通过多种渠道开展，如组织社区学习、举办居民分类知识竞赛等，加强居民自身分类素养；另一方面，政府还需要在设施、产品方面提供充分的分类平台，在分类标准、收运方式方面提供明确的、可操作化的、可识别化的分类指导，让分类简易化、可操作化，协同提升居民对垃圾分类的信心与自身能力感知，促进从分类到感知体验的良性循环。

（四）强化影响体验

一般情况下，个体的影响力主要取决于共同利益、社会认同、喜好和权威四个方面。因此，首先管理者需要向居民灌输“共有家园”的理念，使大家意识到环境、健康和可持续是大家的共同利益，需要大家共同的努力。由于个体进行行为决策的标准之一就是他人的行为或态度，这就需要营造一个良性的分类氛围，增加分类的社会期望和认同感。同时，这也会使发生分类行为的居民个体成为榜样，受到其他个体的喜爱，久而久之，榜样的力量会使得其具有权威性，进而产生较高的影响力。

四　基于人口统计特征的定制化信息靶向引导策略

分析结果发现，垃圾分类行为在年龄为18—25岁、离异、初中及以下学历、月收入在10万元以上、月生活支出在3万元以上、家庭住宅面积高于501平方米、家庭成员数1—2人、家庭排行老大、家庭月收入在10万元以上、不承担家务者等群体中，具有较低的得分表现。因此，政府亟须靶向引导这类群体，具体地，可开辟社会化的信息传播渠道，通过个性化和定制化信息传播和反馈的方法，引发个体对垃圾分类问题的识别与关注。如：收集各类分类信息数据，通过社交网络（微信公众平台等）的方式在目标群体中进行定向反馈。这类数据可以是每月垃圾产生量、每月垃圾产生量社区排行、参与垃圾回收量等方面的定制化信息，通过动态发布引起居民的关注，进而提高其对日常分类行为的敏感度，改善其环境行为。

五　分类行为自身促进策略

（一）习惯型分类行为养成策略

习惯型分类行为的动机源于个体原有的环境认知和价值观，即在观念上对环保行为的认可。改变个体的认知与观念，最根本的方法是教育。家庭教育对个体的成长至关重要，家庭的生活习惯会潜移默化地改变孩子的意识，进而体现在个体行为上。为此，政府应从家庭层面着手，重视个体环保观念的养成，在家庭中融入对孩子的环保认知与环保行为教育，进而实现居民在家庭生活中分类行为的养成。

（二）决策型分类行为诱导策略

城市居民在权衡经济、健康等利益之后会引发其发生垃圾分类行为的动机。作为政府，一方面需要提高垃圾分类的收益，如通过经济奖励等方式；另一方面需要减少分类成本，如提供更加便利的分类基础设施，减少居民因为时间、经济等因素而抵触分类的行为。

（三）人际型分类行为带动策略

根据质性分析可知，人际关系导致的跟随与防御动机是个体发生分类行为的主要原因之一。人际型分类行为是个体权衡人际关系利弊后的选择结果，其主要的收益源于两个方面：一是行为的社会期望；二是避免了与同学、朋友关系隔阂而带来的社交收益。社会期望与社交收益均来源于居民对外界群体规范和氛围的感知，因此，政府应该以增强这两方面收益为出发点，进行有针对性的行为干预，如通过树立社会榜样等形式，建立积极、友好的社会规范和氛围，引导良好环境文化的建立，从而带动居民积极参与垃圾分类活动。

(四) 公民型分类行为激发策略

公民型分类行为指的是居民进行垃圾分类是出于对社会的责任感和公民意识。为此，政府可从三个方面激发居民的社会责任意识。一是从教育入手，以个体社会化成长为目标，发挥各方（学校、社会、家庭）主体协同作用，培育居民的责任意识；二是通过制度法规的作用，健全奖惩机制，正确诱导居民发生公民行为，激发其环境责任与意识；三是开展行为实践活动，从这个意义上讲，公民社会责任意识的培育是其认识过程、行为过程和情感过程的统一，三者统一的基础就是社会实践。公民社会责任意识的培育只有外化为每个人的实际行动，才能体现出它的强大生命力，才能形成全社会居民广泛的价值共识和价值追求，才能发挥推动社会发展、建设美丽中国的作用。

第二节 引导政策践行保障建议

(一) 补齐“倒U形”现象中的短板因素

由分析可知，城市居民对政策的支持意愿和执行意愿，若非建立在对政策充分了解和对其与自身利益关系明确判断的基础上，便不具有可持续性。因此，一方面政府亟须在宣传方面跟上政策制定的步伐，通过创新宣传方式、宣传渠道，补齐城市居民对政策了解度偏低这一短板；另一方面要加强社会环保舆论引导和公民社会氛围建设，为提升公众对政策的带动意愿奠定基础。

(二) 促进执行侧对政策了解与对政策支持的同步

研究结果表明，城市居民对政策了解度与支持意愿的一致性，会使其表现出更高的执行意愿和带动意愿，体现为高政策响应，但现实是了解度低于支持意愿，这对积极结果的出现有阻碍作用。因此，政府应创新工作方法，强化对城市居民政策了解与支持信息的获取，适时采取干预措施，促进二者一致性水平的提升。

（三）促进实现收费类政策制定与实施全过程信息公开，强化可信赖型政府建设

通过前文不一致性分析可知，当政策处于早期实施阶段的“暗区”（城市居民对政策的了解度与支持意愿都较低）时，城市居民会出于对政府权威的认同，而表现出较高的执行意愿和带动意愿，即较高的政策初期响应水平；随着政策的深入实施，城市居民对政策了解度和支持意愿的“逆序”不一致性增加，政策响应水平随之下降；但当出现了解度与支持意愿“顺序”不一致的情况时，执行意愿和带动意愿出现反转上升的现象。这一结果提示，对收费类政策制定与实施来说，存在一个“凹”形响应过程，尽快走出低响应区，全过程公开透明很重要。政策实施初期，政府应通过与城市居民的持续沟通和建立利益互信机制，强化可信赖型政府建设，主动降低由于“逆序”不一致导致的低政策响应风险，促进政策平稳实施，引导城市居民响应状态由“凹”型向上升型转化。

第三节　现实干预机制下垃圾分类行为提升建议

一　信息交互机制下垃圾分类行为提升建议

根据信息交互机制下城市居民垃圾分类行为学习的分析结果发现，在政策情境刺激、偏向心理特征刺激与响应效度控制学习下的交互学习系统中，城市居民垃圾分类行为的学习速率高于其自学习速率。基于此，结合相关分析结论，本书构建信息交互机制下垃圾分类行为的提升策略框架（见图8-2）。

（一）补齐当下关键政策需求，稳步推进其他干预政策

由分析结果可知，无论是基于调节聚焦、舒适偏好还是分类认

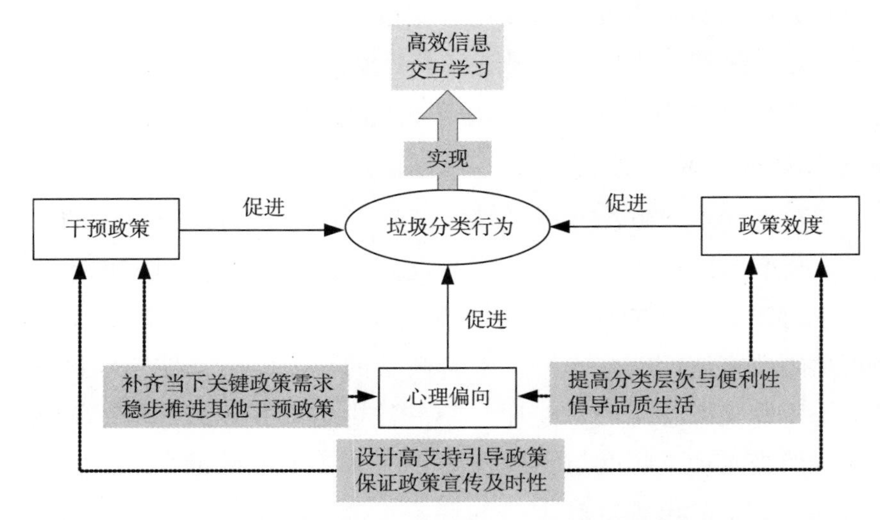

图 8-2　信息交互机制下垃圾分类行为的提升策略框架

知偏向信息的交互干预，最关键的三类政策情境干预因素依次为分类环节信任、生产环节信任和设施条件。在当下阶段，管理者应优先引导分类和生产环节的“完全主体贡献”，避免因少数群体乱投放垃圾、浪费资源而导致多数人跟随的恶性循环，同时，提供完备的设施条件和分类系统，为城市居民养成垃圾分类习惯奠定基础。此外，分类标准、产品技术条件等干预手段也应逐步推进，进一步促进城市居民习惯型分类行为的形成并复现。

（二）提高分类层次与便利性，倡导品质生活

仿真结果发现，在政策效度相同的情景中，个体舒适偏好对分类行为学习的促进效应最低，且源于数量偏好和节奏偏好的负向交互作用。管理者一方面需要提升分类事件的层次感，使其更具有“面子”，满足个体的数量偏好与节奏偏好，另一方面还应通过技术改进、设施改进、标准改进等方法提高垃圾分类的便利性，减少居民由于分类带来的时间和精力消耗。同时，倡导分类后会形成高品质生活环境，满足居民的品质偏好需求，从正向和负向共同促进习惯型分类行为的形成与复现。

（三）设计高支持引导政策，保证政策宣传及时性

无论是源于何种政策干预，高响应效度促使信息交互干预机制下的城市居民习惯型分类行为最快形成与复现，收敛速度最快。政策制定者不仅需要设计高支持引导政策，还应保证政策宣传的及时性。具体地，一方面可在政策实施之前，通过访谈、问卷等调研方式，获取执行侧的心理需求，基于此权衡利弊，优化政策实施后城市居民的利益，确保居民对政策产生积极情感；另一方面，通过政策的试行及大力推广，促进城市居民对政策的了解。在政策实施后，仍需对城市居民进行政策的宣传和教育，提升城市居民的了解度和支持意愿，进而更好地发挥政策的效力。

二　协作分类机制下垃圾分类行为提升建议

（一）强化协作收益，奠定协作基础

在协作分类情境下，虽然无论有无政府管制，个体的稳定策略演进路径都是一样的，但在政府约束下，个体的稳定策略能快速有效地向协作分类的方向演进。因此，为形成个体间的协作关系，需要借助外部力量，即政府对个体的惩罚、奖励、补偿等措施，强化个体的协作收益，使鞍点向协作分类的路径移动。协作收益表现为协作过程中的个人收益、共同收益和公共收益三个方面，政府对这些收益的积极调控，将为个体间协作关系的形成奠定基础。同时，协作带来的规模效应和集群效应也会形成垃圾协作分类的良性循环。

（二）降低协作成本，稳定协作关系

个体在决定是否进行协作以及协作的长久性时，会考虑到以下成本：一是协作之前的社交成本，即在带动、影响及监督其他个体时，是否会恶化自己的人际关系；二是采取协作分类策略的转换成本、时间成本等。为此，引导公众建立垃圾分类和回收的群体规范，营造积极参与垃圾分类的社会氛围，降低个体由人际关系带来的心理防御成本尤为重要。此外，创新绿色技术，生产便于分类的绿色

产品，降低个体由于参与垃圾分类而支付的时间成本、转换成本也是非常必要的。

（三）构建有效的协作效果测量体系

在协作分类过程中，政府的惩罚、奖励和补偿等措施是一种有效约束个体分类行为的力量。但前提是，政府必须要保证利益分配机制和奖惩机制的公平性、公正性，否则协作分类机制将得不到有效的约束，缺乏稳定性。因此，在协作机制实行之前，需要构建完整的、区别于独立分类的垃圾协作分类评价体系，同时，在评价个体协作分类的过程中，确保各环节及相关人员的执行力和公正性也非常重要。这些都是保证个体协作分类得到公平的利益分配和惩罚的基础。

第四节　本书的研究展望

针对本书研究的不足之处，结合研究实施过程中产生的一些思考和想法，本书对未来研究内容提出如下展望：

（1）扩大和均衡调研样本分布范围。完善调查数据，将调研范围从一线城市扩展至大、中、小各类城市，以进一步丰富研究数据，提高研究结论的普适性，为区域性垃圾分类行为提升政策制定提供理论依据。

（2）修正完善调研量表。以文献综述和居民、专家访谈为基础，借助行为经济学、实验经济学等学科的研究方法，科学设计实验场景并进行实验模拟和数据仿真模拟，不断完善调查分析量表，并进行分时间、分地域多次验证和修订。

（3）丰富政策的研究方法。基于研究结论，本书提出了垃圾分类行为引导政策建议，在未来的研究中可以考虑采取实验追踪的方法，通过追踪居民的分类行为变化足迹和政策响应结果，提出不同情境下的垃圾分类行为干预政策。

附录 1

受访者资料及访谈记录

受访者资料一览表

序号	受访者	性别	年龄	地点	职业	学历	访谈时间
R01	邵先生	男	27	江苏	公务员	研究生	2017 年 8 月
R02	周女士	女	58	江苏	后勤服务	初中	2017 年 8 月
R03	郑先生	男	33	江苏	餐厅经理	本科	2017 年 8 月
R04	李女士	女	24	江苏	公司职员	本科	2017 年 8 月
R05	钱女士	女	42	江苏	公司职员	大专	2017 年 8 月
R06	陈先生	男	46	江苏	个体户	高中	2017 年 8 月
R07	王先生	男	61	江苏	保洁员	小学	2017 年 8 月
R08	耿先生	男	31	江苏	大学教师	研究生	2017 年 8 月
R09	赵先生	男	21	江苏	学生	本科	2017 年 8 月
R10	魏女士	女	50	江苏	公务员	本科	2017 年 8 月
R11	张先生	男	37	江苏	公司职员	高中	2017 年 8 月
R12	张女士	女	30	江苏	辅导员	研究生	2017 年 8 月
R13	崔先生	男	56	安徽	公司职员	高中	2017 年 8 月
R14	张女士	女	44	安徽	中学教师	本科	2017 年 8 月
R15	李女士	女	40	安徽	公务员	本科	2017 年 8 月
R16	赵先生	男	37	安徽	公司职员	高中	2017 年 8 月
R17	李女士	女	35	安徽	辅导员	研究生	2017 年 8 月
R18	赵女士	女	48	安徽	公司职员	初中	2017 年 8 月
R19	韩女士	女	32	安徽	公务员	本科	2017 年 8 月

续表

序号	受访者	性别	年龄	地点	职业	学历	访谈时间
R20	朱先生	男	38	安徽	公司经理	本科	2017年8月
R21	张先生	男	36	安徽	公司职员	高中	2017年8月
R22	李先生	男	33	安徽	大学教师	研究生	2017年8月
R23	侯女士	女	21	甘肃	学生	本科	2017年9月
R24	吴先生	男	39	甘肃	公司职员	大专	2017年9月
R25	丁女士	女	24	甘肃	学生	研究生	2017年9月
R26	曹先生	男	55	甘肃	保洁员	小学	2017年9月
R27	徐先生	男	26	甘肃	公务员	本科	2017年9月
R28	张女士	女	44	甘肃	大学教师	研究生	2017年9月
R29	李先生	男	52	甘肃	公司经理	本科	2017年9月
R30	魏女士	女	42	甘肃	后勤服务	初中	2017年9月

访谈初始记录（示例1）

受访者R01：邵先生，27周岁，公务员。访谈日期：2017年8月16日

……

Q：您对现在的资源环境问题有什么看法？

R01：首先说环境问题，目前我国的环境形势依然十分严峻，许多城市的空气污染都特别严重，雾霾天气比较多；工业危险废物、城市垃圾的数量在不断地增加，很多地方都出现了垃圾围城的情况；另外，生态破坏问题也经常被推上风口浪尖，如水土流失问题、土地沙漠化问题、草原退化等。不过现在的好消息是不论是国家层面还是我们普通老百姓都开始重视环境问题了，以我们江苏省为例，在今年3月份，江苏省政府印发了《全省交通干线沿线环境综合整治五项行动方案》的通知，对交通干线环境进行整治；再比如今年年初，南京市栖霞区关于生态环境治理问题也下了大手笔，预计投入24亿元来治理环境，这直接反映了政府的重视程度。其次说资源问题，我们都知道我国人口多，资源少，资源是我们生存和发展的基础，因此合理利用和保护资源就显得尤为重要，在资源回收利用这方面，国家也在慢慢形成系统，比如说，在2016年6月份国家发改委会同住房和城乡建设部组织起草了《垃圾强制分类制度方案（征求意见稿）》，今年的3月份，国务院办公厅就通过了这一方案，并正式发布了《生活垃圾分类制度实施方案》，这就相当于垃圾分类历史上的里程碑。

Q：就您个人而言，您对垃圾分类有什么看法？

R01：垃圾分类肯定是一件利国利民的事情，作为社会人，我觉得我有必要为社会、为绿色生态贡献出自己的一份力量。但是现在有很多人不知道垃圾如何分类，也就是说不知道哪些是可回收垃圾，哪些是不可回收垃圾，就我个人的话，我知道现在我国的生活垃圾一般可以分为四个大类，包括可回收垃圾、厨余垃圾、有害垃圾和其他垃圾，具体的话，貌似是废纸、布、塑料、金属属于可回收垃圾，厨余垃圾有剩饭剩菜、瓜果皮等，废旧电池、水银体温计、过期药品等都属于有害垃圾。可能我知道的分类不怎么全，不过我经常关注这方面的新闻，现在国家越来越重视垃圾分类这一块了，《垃圾强制分类制度方案》也相应出台了，居民的垃圾分类知识也会逐渐完善起来，我对未来垃圾分类还是充满信心的。

Q：您觉得为什么需要进行垃圾分类？或者说为什么不需要？

R01：俗话说得好“绿水青山就是金山银山”，中国未来的发展不能再以破坏环境为代价了，垃圾分类我觉得也是迫在眉睫。现在我们国家的垃圾主要是通过填埋或者焚烧的方式来处理的，这极大地浪费了资源，我们不断地把现存的资源变成垃圾，最后又把它们埋掉或者焚烧掉，这样是不可持续的，长此以往，我们的后代将如何生存？所以说垃圾分类是一件造福子孙后代的事情啊，我愿意行动起来。再有，我们丢弃的很多东西，比如说塑料瓶啊，塑料袋啊，都被称作白色垃圾，埋在地下，听说几百年都烂不掉，想想都觉得很可怕。所以垃圾分类带来的好处是显而易见的，将可回收的垃圾利用起来，不仅节省了填埋占的土地，又可以避免焚烧带来的环境污染，最重要的是还可以将再回收的垃圾变废为宝。在垃圾分类这一块，我们其实应该向日本学习，我曾经去日本，就亲身体会过，去之前其实我知道日本的垃圾分类比较成熟，大街上基本没有垃圾，但是当亲眼看到后还是觉得不可思议，所以就向当地的居民特意了解了一下这个事情，在他们国家，如果不严格执行垃圾分类的话，不仅面临着高额的罚款，还得落下不履行垃圾分类的坏名声，在他们眼中，这是相当严重的事情。

Q：那您觉得您和身边的人为什么愿意或者说不愿意进行垃圾分类？

R01：导致大家都不愿意进行垃圾分类的原因其实还是有很多的，我就简单谈几点比较重要的吧。首先，还是一个习惯的问题，大家平时都没有回收和分类的习惯，往往就把垃圾直接丢进垃圾桶，根本不会在意哪边是可回收的，哪边是不可回收的。我还是想说说日本的例子，这并不是说咱们崇洋媚外，人家有好的东西我们就要学习，日本的垃圾分类是从小家长就言传身教的，从出生就开始学习垃圾分类的种类以及理念等，这是非常理性的做法，所以大家觉得垃圾分类不是负担，是应该这样去做的，是他们从小的习惯养成的，所以在这方面，相比之下我们国内还有待提高。还有一点就是说，我们国家对一些垃圾分类标准不明确，所以我们对垃圾分类的标准不是很了解，例如，什么是可回收垃圾，什么是不可回收垃圾。这就直接导致了大家不去进行垃圾分类这件事，政府还是得加大普及力度，而且必须以一种大家能够接受的方式，我觉得是很重要的。再有就是现阶段我国的垃圾分类回收技术还较为欠缺，例如在小区居民把垃圾都认真分类了，可是当把垃圾装车时却不分而一股脑儿倒入车内运走了，所以白费劲了。每当我看到这种情况发生的时候，真的很打击我垃圾分类的积极性，而且我觉得很多产品都是不可回收的，比如说家人买的化妆品、日常用品，这些不可回收的产品到最后会给环境造成很大的污染，所以我觉得从产品源头上将其设计为可回收的，才能从根本上解决环境污染问题，所以归根结底我觉得还是技术的问题。最后我想说的是社会氛围这个事情，现在我们整个社会都没有形成一个垃圾分类的氛围，很多人可能都会觉得，大家都是在乱扔，所以凭我一个人也改变不了什么啊，如果人人都这么想，垃圾分类这件事情实施起来就相当麻烦了。而且据我观察，社会现在对垃圾不分类貌似持一种默许的态度，大家不分类的时候，没有人觉得有什么不好，更没有人用异样的眼光看你，我觉得还是社会环境的问题。目前想到的就这么多。

Q：通过您的回答，我发现您对垃圾分类还是相当了解的，在生活中您也进行垃圾分类了，那您能跟我具体聊聊在日常生活中您是如何践行垃圾分类的吗？

R01：作为环保主义者，我会以身作则，在扔垃圾的时候，我会按照垃圾桶上可回收垃圾与不可回收垃圾的标识进行分类，虽然我也不确定这样有没有用；有时候会劝说周围亲朋好友不乱扔垃圾，期待更多的人保护环境，为了我的家人、朋友的健康，我愿意把这种思想传递给其他人，所以我经常向父母、老婆灌输这种思想，尤其是父母，他们一开始觉得有点烦，也搞不大清分类的标准，但慢慢下来之后我发现他们能把一些生活垃圾简单分类了，有时候也把分好的塑料瓶、纸张、箱子之类的，送给收废品的阿姨，这点是让我觉得非常骄傲和有成就感的，我觉得我这么大年龄的父母可以做到，很多人应该也可以做到；再有就是对于随意处置垃圾的人或单位，我有权向有关部门进行举报；还有就是我经常参加一些环保活动，有些是单位组织的，有些是自发的，但都是针对垃圾清理，目前还没有针对垃圾分类这一块的，接下来我想组织一下去对居民进行垃圾分类知识的讲解，看看以什么方式合适，并尽快着手去做这件事情。

Q：可以看得出来，您为垃圾分类及环保做了很多，那您是以什么为出发点对垃圾进行分类的呢？

R01：出发点的话，有几个方面吧。最直接的一点就是我不喜欢随便乱丢垃圾，这是我从小就知道的，并且这是应该做的事情，这可能就是前面我们提到的习惯问题。还有就是垃圾分类虽然是件小事，但是人人都分类的话，长此以往就可以改善自身与身边人的健康水平，何乐而不为呢？从小我们就知道保护环境，人人有责这件事情，我觉得这不是一个口号，而是我们每个人的责任。最重要的一点是作为社会人，我觉得我有必要为社会、为绿色生态贡献出自己的一份力量。

Q：好的，谢谢您，我们的访谈到此结束了，非常感谢您为环保事业所做的一切，也非常感谢您能在百忙之中接受我们的访谈，再次谢谢您！

注：Q 表示访谈者的提问，R ** 表示第××位受访者的回答，下同。

访谈初始记录（示例 2）

受访者 R018：赵女士，48 周岁，公司职员。访谈日期：2017 年 8 月 23 日

……

Q：您对现在的资源环境问题有什么看法？

R018：我们现在的生活环境很差啊，现在新闻上经常看到不是这个地方雾霾就是那个地方雾霾，国家现在也很重视环境保护吧，环境问题与我们的生活息息相关，现在有多少人因为环境不好生病住院啊，环境不好我也不想出门，出门还得戴口罩，所以国家还是得加大力度或者资金对环境问题进行投入。资源的话，我个人认为我国的资源还是很丰富的，没有电视上宣传的那么夸张，至少现在看来，我们的生活上吃的、用的都能满足，不存在什么稀缺的问题。

Q：就您个人而言，您对垃圾分类有什么看法？

R018：垃圾分类本身肯定是件好事，你想想谁不想生活在一个干净卫生的环境啊，如果垃圾到处都是，臭烘烘的，对我的健康会造成很大威胁啊，对我们小区，甚至是整个城市的市容都不好啊，所以搞垃圾分类很有必要。但是现在我看到的很多新闻啊，报道啊，

都强调环境保护，但是却没有听说有什么政策来支持垃圾分类，所以我觉得垃圾分类政策宣传力度不够，很多政策都不清楚，所以就目前的情况来看的话，我觉得垃圾分类现在看起来还是不太现实的。

Q：刚刚您提到了垃圾分类现在看起来还是不太现实的，那您觉得您和身边的人为什么不愿意进行垃圾分类呢？有些人愿意分类，又是出于什么原因呢？

R018：我就拿我个人的例子来讲一下大家为什么不愿意进行垃圾分类，我知道垃圾需要分类，可是小区楼下只有一个垃圾桶，并且没有标明可回收不可回收，我有心也无力啊。还有在日常生活中我见到的垃圾桶一般只有两个口，一个写着可回收垃圾，一个写着不可回收垃圾，然而这并不能准确地引导我进行垃圾分类啊，因为我根本不太了解哪些是可回收的，哪些是不可回收的啊。还有就是很多垃圾分类垃圾桶设置不到位，比如有的地方垃圾桶设置得比较密集，有的地方好远都看不到一个垃圾桶，这种现象在我旅游的时候表现得尤为明显，有的时候也很无奈。就算我进行垃圾分类了，到最后垃圾处理末端还会将它们混合处理、垃圾回收利用率不高、没有适合垃圾回收利用的地方，我看到过一次这样的现象，我下次就绝对不会分类了，费力不讨好。像出现这种情况，不能怪居民，我觉得国家政府有很大的责任。

大家不愿意分类的原因，我觉得现在的环保主义者还是比较少，大多数人不会降低个人的生活品质去刻意减少食物、纸等资源的消耗，我也不愿意去降低自己的生活品质，你像现在人们越来越富裕了，大家也越来越注重生活的品质了，你还指望每个人都能把废纸、废瓶子分类好吗？还有就是我身边几乎没有人关注垃圾分类这件事情，更没有人去这么做，如果我整天想着每一个垃圾该怎么分类的话，我觉得可能会显得比较另类。还有一点就是他们可能觉得跟自己没有太大的关系吧，我身边的很多人都处于温饱水平，也有很多人整天为了生计没日没夜地工作，自己的生存都有困难了，还谈什么垃圾分类啊？这个离他们有点遥远了。

人们愿意去做垃圾分类，首先我觉得他的知识水平一定很高，换句话说就是他知道该怎么分类，这是前提条件。还有就是责任心，他对社会负责，对我们的子孙后代负责，其实能做到这些的人我还是很敬佩的。还有就是周围的氛围影响，我儿子工作的单位是世界五百强，人家都是高素质，周围的同事都在进行分类，都爱护环境，如果他不那样做的话，那多丢脸。

Q：那您觉得为什么需要进行垃圾分类？或者说为什么不需要进行垃圾分类呢？

R018：进行垃圾分类，那肯定是对环境的一种保护啊。首先就是把能回收利用的垃圾进行回收了，就不用去焚烧了，就不用污染大气了。还有就是我们经常说节约是中华民族的传统美德，废物再利用就是一种节约，垃圾不分类的话会极大地浪费资源。虽然我国的资源很丰富，地大物博，但是省着点用总是没有错误的。再有就是响应国家的号召，保护环境肯定是国家大力提倡的，其实国家为我们做了很多了，经济也发展起来了，所以国家有什么政策，我们也是要坚决拥护的。还有维护城市形象吧，现在隔三岔五就搞城市形象建设，如果到处是垃圾，肯定是不行的吧；还有就是可以给后辈做榜样，如果连我们都能知道并且做到垃圾分类了，对孩子们也是一种鼓励。

不需要进行垃圾分类，就是我前面提到的那个问题，因为分类了也没有用，还不是一车就装走了？到时候还是把可回收的不可回收的放在一起，所以都是徒劳的；其实现在也有专门的分类的，你像那些收废品的，这些明面上能分类的都已经分类了，当然这个分类太粗糙了。

Q：那您能跟我具体聊聊在日常生活中您是如何践行垃圾分类的吗？

R018：我就是偶尔把可回收的废品像喝剩的饮料瓶啊，收快递的废纸箱子啊统一收起来，等收废品的过来，统一卖掉。其余的还真没有做过什么。

Q：您以什么为出发点对垃圾进行分类或者不进行垃圾分类的呢？

R018：最直接的原因是真的太麻烦了，你说我们每天产生多少垃圾啊，如果每个都分类的话，那得多浪费时间，我每天下班回来就是洗衣服做饭，这些占了我大部分时间，稍微有点时间，我还想看会儿电视、睡觉，根本就不会想起来说哪个垃圾该怎么分类，该放在哪儿。还有就是随大流吧，身边的人都不分，我也就不分了，讲直白一点就是说分了也没有什么好处啊，不分也没有什么坏处，又没有惩罚什么的。

如果想让我或者说让大多数人进行垃圾分类的话，得告诉我们具体的分类标准，而且这个标准不能太复杂，太多、太细、太复杂的话，具体到每个人身上就太浪费时间了，而且也记不住啊；还有就是最好有奖励或者惩罚措施，可以是口头上的也可以是书面的奖励，可以是物质上的奖励也可以是精神上的奖励；再有这是一个责任心的问题，对于这种公共的事情，要是每个人都有责任心的话也是可以将垃圾分类这件事持续下去的。

Q：好的，谢谢您，我们的访谈到此结束了，非常感谢您能在百忙之中接受我们的访谈，再次谢谢您！

附录2

本书调查问卷示例

尊敬的女士/先生：

您好，非常感谢您能在百忙中抽出宝贵时间帮助我们做这次调查。这是一份关于垃圾分类行为的调查问卷，问卷结果仅用于科学研究。您是以匿名的方式回答，选项没有好坏之分，我们也不会透露任何有关您个人身份和意见方面的信息，请您不要有任何顾虑，尽可放心作答。非常感谢您的支持！

第一部分：个人信息，请根据实际情况在相对应的选项上打“√”。

1. 您的性别为（　　）。

A. 男　　B. 女

2. 您的年龄为（　　）。

A. 17岁及以下　　B. 18—25岁　　C. 26—30岁

D. 31—35岁　　E. 36—40岁　　F. 41—45岁

G. 46—50岁　　H. 51—60岁　　I. 61岁及以上

3. 您的婚姻状况为（　　）。

A. 已婚　　B. 未婚　　C. 离异　　D. 其他

4. 您的学历为（　　）。

A. 初中及以下　　B. 高中或中专　　C. 大专　　D. 本科

E. 硕士研究生及以上

14. 您所在单位的组织性质为（　　）。

A. 政府部门　B. 事业单位　C. 国有企业

D. 集体所有制企业　E. 私营企业

F. 中外合资经营企业　G. 中外合作经营企业

H. 外资企业　I. 股份制企业　J. 其他

15. 您的职位层级为（　　）。

A. 基层员工　B. 基层管理人员

C. 中层管理人员　D. 高层管理人员　E. 其他

16. 您的职位等级为（　　）。

A. 无　B. 科级　C. 处级　D. 厅局级

E. 省部级　F. 其他

第二部分，对下面的有关陈述，请根据您的实际情况判断其重要程度，并在相应的数字上打“√”。“非常不重要”打1分；“非常重要”打5分。（单选）

题项		非常不重要 ⟷ 非常重要				
17-1	您觉得自己的健康对您的重要程度	1	2	3	4	5
17-2	您觉得金钱对您重要程度	1	2	3	4	5
17-3	您觉得社会地位对您重要程度	1	2	3	4	5
17-4	您觉得自己的生活环境（如空气质量等）对您重要程度	1	2	3	4	5

第三部分，对下面的有关陈述，请判断与您自己情况或想法相符合的程度，并在相应的数字上打“√”。“完全不符合”打1分；“不太符合”打2分；“不置可否”打3分；“比较符合”打4分；“完全符合”打5分。（单选）

题项		完全不符合 ⟷ 完全符合				
18-1	我知道在我们国家垃圾主要分为可回收垃圾、厨余垃圾、有害垃圾和其他垃圾四类	1	2	3	4	5
18-8	我比较关注垃圾分类政策或标准的出台、修订	1	2	3	4	5

第四部分，对下面的有关陈述，请判断与您自己情况或想法相符合的程度，并在相应的数字上打“√”。“完全不符合”打1分；“不太符合”打2分；“不置可否”打3分；“比较符合”打4分；“完全符合”打5分。(单选)

题项		完全不符合 ⟷ 完全符合				
19-1	规章制度对我是有帮助并且是必须的	1	2	3	4	5
19-11	我喜欢尝试各种不同事物，并且经常获得成功	1	2	3	4	5

第五部分，对下面的有关陈述，请判断与您自己情况或想法相符合的程度，并在相应的数字上打“√”。“完全不符合”打1分；“不太符合”打2分；“不置可否”打3分；“比较符合”打4分；“完全符合”打5分。(单选)

题项		完全不符合 ⟷ 完全符合				
20-1	我信奉一句话叫“多多益善”	1	2	3	4	5
20-9	我非常讲究生活品质，从不在这方面将就	1	2	3	4	5
20-10	只要可以，我都会让自己过得舒服一点	1	2	3	4	5

第六部分，对下面的有关陈述，请判断与您自己情况或想法相符合的程度，并在相应的数字上打“√”。“完全不符合”打1分；“不太符合”打2分；“不置可否”打3分；“比较符合”打4分；“完全符合”打5分。(单选)

题项		完全不符合 ⟷ 完全符合				
21-1	我认为对生活垃圾进行分类很重要	1	2	3	4	5
21-12	我觉得我对垃圾分类的相关建议能够让有关部门出台相应的措施	1	2	3	4	5
21-13	我觉得我能够劝说身边的人积极参与垃圾分类	1	2	3	4	5

第七部分，对下面的有关陈述，请判断与您自己情况或想法相符合的程度，并在相应的数字上打“√”。“完全不符合”打1分；

“不太符合”打2分；“不置可否”打3分；“比较符合”打4分；“完全符合”打5分。(单选)

题项		完全不符合 ⟷ 完全符合				
22-1	我们地区关于垃圾分类的相关政策较完善	1	2	3	4	5
22-2	我们地区关于垃圾分类的相关政策宣传很到位	1	2	3	4	5
22-3	我在政府宣传中了解到了很多关于垃圾分类的政策	1	2	3	4	5

第八部分，对下面的有关陈述，请判断与您自己情况或想法相符合的程度，并在相应的数字上打“√”。“完全不符合”打1分；“不太符合”打2分；“不置可否”打3分；“比较符合”打4分；“完全符合”打5分。(单选)

题项		完全不符合 ⟷ 完全符合				
23-1	我觉得现阶段能够消费使用的日用产品几乎都是不可回收的	1	2	3	4	5
23-6	在日常工作生活中，我见到的垃圾桶能够引导我进行垃圾分类	1	2	3	4	5

第九部分，对下面的有关陈述，请判断与您自己情况或想法相符合的程度，并在相应的数字上打“√”。“完全不符合”打1分；“不太符合”打2分；“不置可否”打3分；“比较符合”打4分；“完全符合”打5分。(单选)

题项		完全不符合 ⟷ 完全符合				
24-1	我的家人认为应该对垃圾进行分类	1	2	3	4	5
24-9	我所在地区的人认为乱扔垃圾是件很丢脸的事情	1	2	3	4	5

第十部分，对下面的有关陈述，请判断与您自己情况或想法相符合的程度，并在相应的数字上打“√”。“完全不符合”打1分；“不太符合”打2分；“不置可否”打3分；“比较符合”打4分；“完全符合”打5分。(单选)

题项		完全不符合 ⟷ 完全符合				
25-1	我觉得其他人不会使用可回收包装产品	1	2	3	4	5
25-7	我觉得即使我把垃圾分类了，最后也会和别人没分类的垃圾混在一个垃圾桶里	1	2	3	4	5
25-15	我觉得监管机构很难按照法律法规对垃圾分类行为进行监管	1	2	3	4	5

第十一部分，对下面的有关陈述，请判断与您自己情况或想法相符合的程度，并在相应的数字上打“√”。“完全不符合”打1分；“不太符合”打2分；“不置可否”打3分；“比较符合”打4分；“完全符合”打5分。(单选)

题项		完全不符合 ⟷ 完全符合				
26-1	对垃圾进行分类是我的习惯	1	2	3	4	5
26-6	我觉得垃圾分类行为有利于自己的身体健康，所以我对它进行分类	1	2	3	4	5
26-7	由于大家都对垃圾进行分类，所以我也对垃圾进行分类	1	2	3	4	5
26-14	我觉得作为一个公民，有必要参与并监督垃圾的分类活动	1	2	3	4	5

再次感谢您在百忙中给予的支持！

附 录 3

实证分析相关代码

TITLE：分类授权感知在心理因素与垃圾分类行为间的中介效应分析

```
DATA: FILE =垃圾分类行为驱动效应分析.dat;
      LISTWISE=ON;
VARIABLE:
      NAMES = y1-y14 x1-x40 m1-m13;
      MISSING= ALL (-9);
      USEVARIABLES = y1-y14 x1-x40 m1-m13;
ANALYSIS: ESTIMATOR = MLR;
MODEL:
      WSB BY y1-y14:! Waste Separation Behavior;
      SEV BY x1 x2 x3 x4;! Self-interest Values;
      REV BY x5 x6 x7;! Relatives-interest Values;
      SOV BY x8 x9 x10 x11;! Social-interest Values;
      PREF BY x20 x21 x22 x23 x24;! Prevention Focus;
      PROF BY x25 x26 x27 x28 x29 x30;! Promotion Focus;
      PQT BY x31 x32 x33;! Preferences for Quantity;
      PR BY x34 x35 x36 x37;! Preferences for Rhythm;
      PQL BY x38 x39 x40;! Preferences for Quality;
```

```
            KS BY x12 x13 x14 x15;! Knowledge of Separation;
            CNS BY x16 x17 x18 x19;! Concerns of Separation;
            PSE BY m1-m13;! Perception of Separation Empowerment

            WSB ON SEV REV SOV PREF PROF PQT PR PQL KS CNS;

    OUTPUT: TECH1 TECH4 STDYX MODINDICES

    MODEL INDIRECT:
          WSB VIA PSE SEV;
          WSB VIA PSE REV;
          WSB VIA PSE SOV;
          WSB VIA PSE PREF;
          WSB VIA PSE PROF;
          WSB VIA PSE PQT;
          WSB VIA PSE PR;
          WSB VIA PSE PQL;
          WSB VIA PSE KS;
          WSB VIA PSE CNS;
```

TITLE：分类授权感知在心理因素与习惯型分类行为间的中介效应分析

```
      DATA: FILE =垃圾分类行为驱动效应分析.dat;
            LISTWISE=ON;
      VARIABLE:
            NAMES = y1-y3 x1-x40 m1-m13;
```

```
MISSING= ALL (-9);
USEVARIABLES = y1-y3 x1-x40 m1-m13;
ANALYSIS: ESTIMATOR = MLR;
MODEL:
HWSB BY y1 y2 y3:! Waste Separation Behavior for Habit
SEV BY x1 x2 x3 x4;! Self-interest Values;
REV BY x5 x6 x7;! Relatives-interest Values;
SOV BY x8 x9 x10 x11;! Social-interest Values;
PREF BY x20 x21 x22 x23 x24;! Prevention Focus;
PROF BY x25 x26 x27 x28 x29 x30;! Promotion Focus;
PQT BY x31 x32 x33;! Preferences for Quantity;
PR BY x34 x35 x36 x37;! Preferences for Rhythm;
PQL BY x38 x39 x40;! Preferences for Quality;
KS BY x12 x13 x14 x15;! Knowledge of Separation;
CNS BY x16 x17 x18 x19;! Concerns of Separation;
PSE BY m1-m13;! Perception of Separation Empowerment

HWSB ON SEV REV SOV PREF PROF PQT PR PQL KS CNS;

OUTPUT: TECH1 TECH4 STDYX MODINDICES

MODEL INDIRECT:
HWSB VIA PSE SEV;
HWSB VIA PSE REV;
HWSB VIA PSE SOV;
HWSB VIA PSE PREF;
```

```
HWSB VIA PSE PROF;
HWSB VIA PSE PQT;
HWSB VIA PSE PR;
HWSB VIA PSE PQL;
HWSB VIA PSE KS;
HWSB VIA PSE CNS;
```

TITLE：分类授权感知在心理因素与决策型分类行为间的中介效应分析

```
DATA: FILE =垃圾分类行为驱动效应分析.dat;
        LISTWISE=ON;
VARIABLE:
        NAMES = y4-y6 x1-x40 m1-m13;
        MISSING= ALL (-9);
        USEVARIABLES = y4-y6 x1-x40 m1-m13;
ANALYSIS: ESTIMATOR = MLR;
MODEL:
        DWSB BY y4 y5 y6:! Waste Separation Behavior for Decision;
        SEV BY x1 x2 x3 x4;! Self-interest Values;
        REV BY x5 x6 x7;! Relatives-interest Values;
        SOV BY x8 x9 x10 x11;! Social-interest Values;
        PREF BY x20 x21 x22 x23 x24;! Prevention Focus;
        PROF BY x25 x26 x27 x28 x29 x30;! Promotion Focus;
        PQT BY x31 x32 x33;! Preferences for Quantity;
        PR BY x34 x35 x36 x37;! Preferences for Rhythm;
        PQL BY x38 x39 x40;! Preferences for Quality;
        KS BY x12 x13 x14 x15;! Knowledge of Separation;
```

```
          CNS BY x16 x17 x18 x19;! Concerns of Separation;
          PSE BY m1-m13;! Perception of Separation Empower-
ment

          DWSB ON SEV REV SOV PREF PROF PQT PR PQL
KS CNS;

  OUTPUT: TECH1 TECH4 STDYX MODINDICES

  MODEL INDIRECT:
        DWSB VIA PSE SEV;
        DWSB VIA PSE REV;
        DWSB VIA PSE SOV;
        DWSB VIA PSE PREF;
        DWSB VIA PSE PROF;
        DWSB VIA PSE PQT;
        DWSB VIA PSE PR;
        DWSB VIA PSE PQL;
        DWSB VIA PSE KS;
        DWSB VIA PSE CNS;


  TITLE: 分类授权感知在心理因素与人际型分类行为间的中介效
应分析
      DATA: FILE =垃圾分类行为驱动效应分析.dat;
          LISTWISE=ON;
      VARIABLE:
          NAMES = y7-y10 x1-x40 m1-m13;
          MISSING= ALL (-9);
```

```
        USEVARIABLES = y7-y10 x1-x40 m1-m13;
    ANALYSIS: ESTIMATOR = MLR;
    MODEL:
        RWSB BY y7 y8 y9y10:! Waste Separation Behavior for
Relationship;
        SEV BY x1 x2 x3 x4;! Self-interest Values;
        REV BY x5 x6 x7;! Relatives-interest Values;
        SOV BY x8 x9 x10 x11;! Social-interest Values;
        PREF BY x20 x21 x22 x23 x24;! Prevention Focus;
        PROF BY x25 x26 x27 x28 x29 x30;! Promotion Focus;
        PQT BY x31 x32 x33;! Preferences for Quantity;
        PR BY x34 x35 x36 x37;! Preferences for Rhythm;
        PQL BY x38 x39 x40;! Preferences for Quality;
        KS BY x12 x13 x14 x15;! Knowledge of Separation;
        CNS BY x16 x17 x18 x19;! Concerns of Separation;
        PSE BY m1-m13;! Perception of Separation Empower-
ment

        RWSB ON SEV REV SOV PREF PROF PQT PR PQL
KS CNS;

  OUTPUT: TECH1 TECH4 STDYX MODINDICES

  MODEL INDIRECT:
      RWSB VIA PSE SEV;
      RWSB VIA PSE REV;
      RWSB VIA PSE SOV;
      RWSB VIA PSE PREF;
      RWSB VIA PSE PROF;
```

```
RWSB VIA PSE PQT;
RWSB VIA PSE PR;
RWSB VIA PSE PQL;
RWSB VIA PSE KS;
RWSB VIA PSE CNS;
```

TITLE：分类授权感知在心理因素与公民型分类行为间的中介效应分析

```
DATA: FILE =垃圾分类行为驱动效应分析.dat;
      LISTWISE=ON;
VARIABLE:
      NAMES = y11-y14 x1-x40 m1-m13;
      MISSING= ALL (-9);
      USEVARIABLES = y11-y14 x1-x40 m1-m13;
ANALYSIS: ESTIMATOR = MLR;
MODEL:
      CWSB BY y11 y12 y13y14;! Waste Separation Behavior
for Citizen;
      SEV BY x1 x2 x3 x4;! Self-interest Values;
      REV BY x5 x6 x7;! Relatives-interest Values;
      SOV BY x8 x9 x10 x11;! Social-interest Values;
      PREF BY x20 x21 x22 x23 x24;! Prevention Focus;
      PROF BY x25 x26 x27 x28 x29 x30;! Promotion Focus;
      PQT BY x31 x32 x33;! Preferences for Quantity;
      PR BY x34 x35 x36 x37;! Preferences for Rhythm;
      PQL BY x38 x39 x40;! Preferences for Quality;
      KS BY x12 x13 x14 x15;! Knowledge of Separation;
      CNS BY x16 x17 x18 x19;! Concerns of Separation;
```

```
            PSE BY m1-m13;! Perception of Separation Empower-
ment

            CWSB ON SEV REV SOV PREF PROF PQT PR PQL
KS CNS;

  OUTPUT: TECH1 TECH4 STDYX MODINDICES

  MODEL INDIRECT:
        CWSB VIA PSE SEV;
        CWSB VIA PSE REV;
        CWSB VIA PSE SOV;
        CWSB VIA PSE PREF;
        CWSB VIA PSE PROF;
        CWSB VIA PSE PQT;
        CWSB VIA PSE PR;
        CWSB VIA PSE PQL;
        CWSB VIA PSE KS;
        CWSB VIA PSE CNS;
```

附录4

城市居民垃圾分类行为仿真代码（示例）

Mytools：

```
classdef mytools
    methods（Static = true）
        % SIGMOID 函数
        function［y］ = sigmoid（ x，speed ）
            if（nargin<2）
                speed = 1；
            end
            y = 1./（1+exp（（-speed * x）））；
        end


        %有上界的作用
         function［y］ = influenceWithTop（ t，top，delay，
strength，effect_ speed）
            y = mytools. sigmoid（t-delay，effect_ speed）. *
mytools. sigmoid（t-delay，1）...
            . *（top - 1./（ strength. * t + 1/top ））；
```

```
            end

            %无上界的作用
             function [y] = influenceNoTop ( t, delay, strength,
effect_ speed )
                  y = mytools. sigmoid (t-delay, effect_ speed) .*
mytools. sigmoid (t-delay, 1) ...
                  .*log (t + 1) /log (1+1/strength)
            end

        end
    end


    Main:
    clc; clear;
    t = 1: 0.1: 50;

    %原始的 do 价值
    gama = 0.02
    V_ ori = 0.36
    for i=t
        c = V_ ori (end) +gama/i
        V_ ori = [V_ ori, c]
    end
    V_ ori (end) = []

    %抑制作用
    obstruction = 0;
```

```
obstruction1 = mytools.influenceWithTop（t, 1, 5, 0.072, 0.1）;
obstruction2 = mytools.influenceWithTop（t, 1, 5, 0.072, 0.5）;
obstruction3 = mytools.influenceWithTop（t, 1, 1, 0.072, 0.1）;
obstruction4 = mytools.influenceWithTop（t, 1, 1, 0.072, 0.5）;

%促进作用
benefit = 0;
benefit1 = mytools.influenceNoTop（t, 5, 0.148, 0.1）;
benefit2 = mytools.influenceNoTop（t, 5, 0.148, 0.5）;
benefit3 = mytools.influenceNoTop（t, 1, 0.148, 0.1）;
benefit4 = mytools.influenceNoTop（t, 1, 0.148, 0.5）;

% do 的价值
V_do = V_ori + benefit - obstruction;%有抑制有促进
V_do_noBe = V_ori - obstruction;%有抑制无促进
V_do1 = V_ori + benefit1 - obstruction1;%有抑制有促进
V_do1_noBe = V_ori - obstruction1;%有抑制无促进
V_do2 = V_ori + benefit2 - obstruction2;%有抑制有促进
V_do2_noBe = V_ori - obstruction2;%有抑制无促进
V_do3 = V_ori + benefit3 - obstruction3;%有抑制有促进
V_do3_noBe = V_ori - obstruction3;%有抑制无促进
V_do4 = V_ori + benefit4 - obstruction4;%有抑制有促进
V_do4_noBe = V_ori - obstruction4;%有抑制无促进

% notDo1 的价值
```

```
V_ notDo = 0;
% do1 的发生概率
miu = exp (V_ do) ./ (exp (V_ do) +exp (V_ notDo) );
miu1 = exp (V_ do1) ./ (exp (V_ do1) +exp (V_ notDo) );
miu2 = exp (V_ do2) ./ (exp (V_ do2) +exp (V_ notDo) );
miu3 = exp (V_ do3) ./ (exp (V_ do3) +exp (V_ notDo) );
miu4 = exp (V_ do4) ./ (exp (V_ do4) +exp (V_ notDo) );

%画图
figure (1);
plot (t, V_ do,'DisplayName','自学习','Color', [0 0 1] );
hold on;
plot (t, V_ do1,'DisplayName','低响应效度','LineStyle','--','Color', [1 0 0] );
hold on;
plot (t, V_ do2,'DisplayName','低了解度高支持度','LineStyle',':','Color', [1 0 0] );
hold on;
plot (t, V_ do3,'DisplayName','高了解度低支持度','LineStyle', '-. ','Color', [1 0 0] );
hold on;
plot (t, V_ do4,'DisplayName','高响应效度','Color', [1 0 0] );
%创建 xlabel
xlabel ( {'时间'},'FontSize', 11);
```

```
%创建 ylabel
ylabel（ {'感知收益'},'FontSize', 11);

figure（2);
plot（t, miu,'DisplayName','自学习','Color', [0 0 1] );
hold on;
plot（t, miu1,'DisplayName','低响应效度','LineStyle','--',
'Color', [1 0 0] );
hold on;
plot（t, miu2,'DisplayName','低了解度高支持度',
'LineStyle',':','Color', [1 0 0] );
hold on;
plot（t, miu3,'DisplayName','高了解度低支持度','LineStyle',
'-.','Color', [1 0 0] );
hold on;
plot（t, miu4,'DisplayName','高响应效度','Color', [1 0 0] );
%创建 xlabel
xlabel（ {'时间'},'FontSize', 11);
%创建 ylabel
ylabel（ {'行为发生概率'},'FontSize', 11);


Main_ key factor_ high resp:
clc; clear;
t = 1: 0.1: 50;

%原始的 do 价值
gama = 0.02
V_ ori = 0.36
```

```
for i=t
    c = V_ ori (end) +gama/i
    V_ ori = [V_ ori, c]
end
V_ ori (end) = []

%抑制作用
obstruction = 0;
obstruction1 = mytools.influenceWithTop (t, 1, 5, 0.072, 0.1);
obstruction2 = mytools.influenceWithTop (t, 1, 5, 0.072, 0.5);
obstruction3 = mytools.influenceWithTop (t, 1, 1, 0.072, 0.1);
obstruction4 = mytools.influenceWithTop (t, 1, 1, 0.072, 0.5);

%促进作用
benefit = 0;
benefit1 = mytools.influenceNoTop (t, 5, 0.148, 0.1);
benefit2 = mytools.influenceNoTop (t, 5, 0.148, 0.5);
benefit3 = mytools.influenceNoTop (t, 1, 0.148, 0.1);
benefit4 = mytools.influenceNoTop (t, 1, 0.148, 0.5);

% do 的价值
V_ do = V_ ori + benefit - obstruction;%有抑制有促进
V_ do_ noBe = V_ ori - obstruction;%有抑制无促进
V_ do1 = V_ ori + benefit1 - obstruction1;%有抑制有促进
V_ do1_ noBe = V_ ori - obstruction1;%有抑制无促进
```

```
V_ do2 = V_ ori + benefit2 - obstruction2;%有抑制有促进
V_ do2_ noBe = V_ ori - obstruction2;%有抑制无促进
V_ do3 = V_ ori + benefit3 - obstruction3;%有抑制有促进
V_ do3_ noBe = V_ ori - obstruction3;%有抑制无促进
V_ do4 = V_ ori + benefit4 - obstruction4;%有抑制有促进
V_ do4_ noBe = V_ ori - obstruction4;%有抑制无促进

% notDo1 的价值
V_ notDo = 0;
% do1 的发生概率
miu = exp (V_ do) ./ (exp (V_ do) +exp (V_ notDo) );
miu1 = exp ( V_ do1 ) ./ ( exp ( V_ do1 ) + exp ( V_ not-
Do) );
miu2 = exp ( V_ do2 ) ./ ( exp ( V_ do2 ) + exp ( V_ not-
Do) );
miu3 = exp ( V_ do3 ) ./ ( exp ( V_ do3 ) + exp ( V_ not-
Do) );
miu4 = exp ( V_ do4 ) ./ ( exp ( V_ do4 ) + exp ( V_ not-
Do) );

%画图
figure (1);
plot (t, V_ do,'DisplayName','自学习','Color', [0 0 1] );
hold on;
plot (t, V_ do1,'DisplayName','低响应效度','LineStyle','--',
'Color', [1 0 0] );
hold on;
plot (t, V_ do2,'DisplayName','低了解度高支持度','LineSty-
le',':','Color', [1 0 0] );
```

```
hold on;
plot (t, V_ do3,' DisplayName',' 高了解度低支持度', 'LineStyle', '-. ','Color', [1 0 0] );
hold on;
plot (t, V_ do4,'DisplayName','高响应效度','Color', [1 0 0] );
%创建 xlabel
xlabel ( {'时间'},'FontSize', 11);
%创建 ylabel
ylabel ( {'感知收益'},'FontSize', 11);

figure (2);
plot (t, miu,'DisplayName','自学习','Color', [0 0 1] );
hold on;
plot (t, miu1,' DisplayName',' 低响应效度',' LineStyle',' --', 'Color', [1 0 0] );
hold on;
plot (t, miu2,' DisplayName',' 低了解度高支持度', 'LineStyle',':','Color', [1 0 0] );
hold on;
plot (t, miu3,'DisplayName','高了解度低支持度','LineStyle', '-. ','Color', [1 0 0] );
hold on;
plot (t, miu4,'DisplayName','高响应效度','Color', [1 0 0] );
%创建 xlabel
xlabel ( {'时间'},'FontSize', 11);
%创建 ylabel
ylabel ( {'行为发生概率'},'FontSize', 11);
```

参考文献

宝贡敏、徐碧祥：《组织内部信任理论研究述评》，《外国经济与管理》2006年第12期。

常跟应、王鹭、张文侠：《民勤县农民对石羊河流域节水政策及节水效果认知》，《干旱区资源与环境》2016年第2期。

陈红、祁慧：《积极安全管理视域下的煤矿安全管理制度有效性研究》，科学出版社2013年版。

陈红、杨飞、尚杰：《基于偏好理论的绿色生态住宅需求模型分析》，《哈尔滨工业大学学报》2006年第8期。

陈志松、王慧敏、仇蕾、陈军飞：《流域水资源配置中的演化博弈分析》，《中国管理科学》2008年第6期。

丁纯：《生活垃圾收费制度的国际经验与借鉴》，《财经论丛》2007年第4期。

杜军：《日本大都市废弃物处理的经验借鉴》，《学习与探索》2010年第6期。

杜强、贾丽艳：《SPSS统计分析入门到精通》，人民邮电出版社2009年版。

杜吴鹏、高庆先、张恩琛、缪启龙、吴建国：《中国城市生活垃圾排放现状及成分分析》，《环境科学研究》2006年第5期。

范琐哲：《用桑代克“试误—联结”学习理论透视假冒伪劣商品问

题》，《成都电子机械高等专科学校学报》2008 年第 4 期。
[日] 服部雄一郎：《日本垃圾焚烧全报告》，2013 年，http：//doc.mbalib.com/view/04703357000a8fc408003355e42a0559.html。
高明、郭施宏、夏玲玲：《大气污染府际间合作治理联盟的达成与稳定——基于演化博弈分析》，《中国管理科学》2016 年第 8 期。
高阳、陈世福、陆鑫：《强化学习研究综述》，《自动化学报》2004 年第 1 期。
国家发展改革委、住房和城乡建设部：《生活垃圾分类制度实施方案（征求意见稿）》，2016 年 6 月 24 日，http：//www.chinaclean.org/html/258/4485.html，2020 年 1 月 18 日。
国家发展改革委、住房和城乡建设部：《生活垃圾分类制度实施方案》，2017 年 3 月 30 日，http：//news.xinhuanet.com/politics/2017-03/30/c_ 1120726926.htm，2020 年 1 月 18 日。
国家环保局：《环境信访办法》，2006 年 6 月 24 日，http：//www.jincao.com/fa/05/law05.91.htm。
国家统计局：《年度数据（2004—2016）》，2018 年 3 月 6 日，http://data.stats.gov.cn/search.htm? s =% E5% 9E% 83% E5% 9C% BE%E5%A4%84%E7%90%86，2020 年 1 月 18 日。
国务院：《关于进一步加强城市生活垃圾处理工作的意见》，2011 年 4 月 19 日，http：//www.gov.cn/gongbao/content/2011/content_ 1858086.htm，2020 年 1 月 18 日。
何蕊：《跟日本人学学“处女座”垃圾分类法》，2016 年 5 月 9 日，http：//www.cn-hw.net/html/guoji/201605/53207.html。
胡秀仁：《城市生活垃圾的源头分类收集》，《环境保护》2000 年第 8 期。
黄粹、鹿群：《环境态度对城市女性环境行为意向的影响研究》，《辽宁教育行政学院学报》2014 年第 6 期。
江源：《中国城市环境管理的可持续发展对策——生活垃圾管理中新政策的可导入性分析》，《管理世界》2002 年第 2 期。

焦开山:《社会经济地位、环境意识与环境保护行为——一项基于结构方程模型的分析》,《内蒙古社会科学》2014 年第 6 期。
金刚、柳清瑞:《新农保补贴激励、政策认知与个人账户缴费档次选择——基于东北三省数据的有序 Probit 模型估计》,《人口与发展》2012 年第 4 期。
李学勇、欧阳柳波、李国徽:《基于隐偏向信息学习的强化学习算法》,《南华大学学报》(自然科学版) 2004 第 2 期。
李艳霞:《社会转型期中国公民意识的良性构建——以社会生活各领域关系为视角的分析》,《社会主义研究》2010 年第 1 卷。
梁艳萍:《环境政策的失效与回弹效应》,《科学技术与工程》2007 年第 6 期。
廖银章:《国外城市生活垃圾管制政策及启示》,《软科学》2000 年第 1 期。
林芬、石川、罗杰文、史忠植:《基于偏向信息学习的双层强化学习算法》,《计算机研究与发展》2008 年第 9 期。
刘春济:《消费者行为意向的前因与作用机理研究述评》,《软科学》2014 年第 11 期。
刘义圣:《我国宏观经济调控体系中利率微调政策的时效性研究》,《东南学术》2007 年第 6 期。
娄成武:《我国城市生活垃圾回收网络的重构——基于中国、德国、巴西模式的比较研究》,《社会科学家》2016 年第 7 期。
卢方元:《环境污染问题的演化博弈分析》,《系统工程理论与实践》2007 年第 9 期。
鲁先锋:《垃圾分类管理中的外压机制与诱导机制》,《城市问题》2013 年第 1 期。
吕维霞、杜娟:《日本垃圾分类管理经验及其对中国的启示》,《华中师范大学学报》(人文社会科学版) 2016 年第 1 期。
芈凌云:《城市居民低碳化能源消费行为及政策引导研究》,博士学位论文,中国矿业大学,2011 年。

潘峰、西宝、王琳：《地方政府间环境规制策略的演化博弈分析》，《中国人口·资源与环境》2014 年第 6 期。
彭远春：《城市居民环境行为的结构制约》，《社会学评论》，2013 年第 4 期。
秦世环：《基于前景理论的出行方式与路径联合选择行为研究》，博士学位论文，哈尔滨工业大学，2013 年。
邱燕、宋艳：《基于建构主义的电子商务实验教学改革》，《实验室研究与探索》2010 年第 11 期。
曲英、朱庆华：《居民生活垃圾循环利用影响因素及关系模型》，《管理学报》2008 年第 4 期。
全国人民代表大会常务委员会：《中华人民共和国固体废物污染环境防治法》，法律出版社 2016 年版。
全国人民代表大会常务委员会：《中华人民共和国循环经济促进法》，2008 年 8 月 29 日，http：//www.gov.cn/flfg/2008-08/29/content_1084355.htm，2020 年 1 月 18 日。
上海市环境工程设计科学研究院：《城市生活垃圾分类及其评价标准 CJJ/T102-2004 J373-2004/中华人民共和国行业标准》，中国建筑工业出版社 2004 年版。
上海市环境工程设计科学研究院：《城镇环境卫生设施设置标准（CJJ27-2005J406-2005）/中华人民共和国行业标准》，中国建筑工业出版社 2005 年版。
孙国强：《管理研究方法》，格致出版社、上海人民出版 2010 年版。
孙岩：《居民环境行为及其影响因素研究》，博士学位论文，大连理工大学，2006 年。
孙岩、宋金波、宋丹荣：《城市居民环境行为影响因素的实证研究》，《管理学报》2012 年第 1 期。
万明钢、刘显翠：《现代社会心理学》，对外经济贸易大学出版社 2013 年版。
王建明、彭星闾：《城市固体废弃物规制政策研究综述——推进循环经济的前沿领域》,《外国经济与管理》2006 年第 9 期。
王建明:《城市固体废弃物管制政策的理论与实证研究》,经济管理出版社 2007 年版。
王建明、王俊豪:《公众低碳消费模式的影响因素模型与政府管制政策——基于扎根理论的一个探索性研究》,《管理世界》2011 年第 4 期。
王丽萍:《环境友好型产品的消费态度及影响因素分析——基于焦作市社区居民的调查研究》,《旱区资源与环境》2016 年第 2 期。
王松涛:《探索性因子分析与验证性因子分析比较研究》,《兰州学刊》2006 年第 5 期。
王婷婷:《公众生活垃圾源头分类行为影响因素研究》,博士学位论文,浙江理工大学,2015 年。
魏佳、陈红、龙如银:《生态人格及其对城市居民低碳消费行为的影响》,《北京理工大学学报》(社会科学版) 2017 年第 2 期。
[美] 文森特·R. 约翰逊、王永霞:《经济损失规则的边界功能》,《政法论丛》2014 年第 2 期。
文一波:《中国生活垃圾收运处置新模式》,化学工业出版社 2016 年版。
吴明隆:《SPSS 统计应用实务》,中国铁道出版社 2000 年版。
西安财政局:《西安市生活垃圾分类管理办法》,2019 年 6 月 14 日,http://xaczj.xa.gov.cn/info/1537/30768.htm,2020 年 1 月 18 日。
肖翔:《江苏城市 15 年来碳排放时空变化研究》,博士学位论文,南京大学,2011 年。
徐林、凌卯亮、卢昱杰:《城市居民垃圾分类的影响因素研究》,《公共管理学报》2017 年第 1 期。
杨海:《拾荒者江湖》,《中国青年报》2016 年第 2 期。
姚琦、乐国安:《动机理论的新发展:调节定向理论》,《心理科学进展》2009 年第 6 期。
于伟:《基于计划行为理论的居民环境行为形成机理研究——基于山

东省内大中城市的调查》,《生态经济》2010 年第 6 期。
余洁:《关于中国城市生活垃圾分类的法律研究》,《环境科学与管理》2009 年第 4 期。
袁丽静:《城市固体废弃物规制模型和政策评价研究》,《宏观经济研究》2016 年第 2 期。
岳婷:《城市居民节能行为影响因素及引导政策研究》,博士学位论文,中国矿业大学,2014 年。
曾凯:《联结主义理论对学习英语词汇搭配的启示》,《东北大学学报》(社会科学版)2009 年第 3 期。
张珊珊、张建新、周明洁:《二次响应面回归方法及其在个体-环境匹配研究中的使用》,《心理科学进展》2012 年第 6 期。
郑君君、闫龙、张好雨等:《基于演化博弈和优化理论的环境污染群体性事件处置机制》,《中国管理科学》2015 年第 8 期。
中国环联:《瑞典:用一代人的时间普及垃圾分类》,2019 年 4 月 18 日,https://www.huanbao-world.com/foreign/97251.html。
中华人民共和国环境保护部:《2016 年全国大、中城市固体废物污染环境防治年报》,2016 年 11 月 12 日,http://www.cnki.com.cn/Article/CJFDTotal-ZWZS201611009.htm,2019 年 1 月 18 日。
中华人民共和国生态环境部:《生态环境部历史记》,2018 年 3 月 16 日,http://www.mee.gov.cn/zjhb/lsj/,2020 年 1 月 18 日。
中华人民共和国住房和城乡建设部编:《中国城市建设统计年鉴 2016》,中国统计出版社 2017 年版。
周象贤:《联想学习理论对名人广告策略的启示》,《现代广告》2010 年。
朱启臻:《一个尚未引起足够重视的问题——关于农民环境意识的调查与思考》,《调研世界》2001 年第 1 期。
朱燕:《配对词组的难度对策略使用效果的影响》,《心理科学》1996 年第 1 期。
Ágnes Z., Szerényi Z.M., Széchy A., et al., "Greening Due to Environ-

mental Education? Environmental Knowledge, Attitudes, Consumer Behavior and Everyday Pro-environmental Activities of Hungarian High School and University Students", *Journal of Cleaner Production*, Vol. 48, No.48, 2013.

Abbey B.S., Doukas J.A., "Is Technical Analysis Profitable for Individual Currency Traders?", *Journal of Portfolio Management*, Vol.39, No. 1, 2012.

Abrahamse W., Steg L., "Social Influence Approaches to Encourage Resource Conservation: A Meta - analysis", *Global Environmental Change*, Vol.23, No.6, 2013.

Ahmed Q.I., Lu H., Ye S., "Urban Transportation and Equity: A Case Study of Beijing and Karachi", *Transportation Research Part A Policy & Practice*, Vol.42, No.1, 2008.

Ajzen I., *From Intentions to Actions: A Theory of Planned Behavior*, Springer Berlin Heidelberg, 1985.

Ajzen I., Madden T. J., "Prediction of Goal - directed Behavior: Attitudes, Intentions, and Perceived Behavioral Control", *Journal of Experimental Social Psychology*, Vol.22, No.5, 1986.

Ajzen I., "The Theory of Planned Behavior, Organizational Behavior and Human Decision Processes", *Journal of Leisure Research*, Vol. 50, No.2, 1991.

Aleluia J., Ferrão P., "Characterization of Urban Waste Management Practices in Developing Asian Countries: A New Analytical Framework Based on Waste Characteristics and Urban Dimension", *Waste Management*, Vol.58, 2016.

Ames C., "Classrooms: Goals, Structures, and Student Motivation", *Journal of Educational Psychology*, Vol.84, No.3, 1992.

An Y., Li G.M., Wu W.Q., et al., "Information Technology Based Municipal Solid Waste Management in Shanghai, China", *Advanced Ma-*

terials Research, Vol.1073-1076, 2014.

Anantanatorn A., Yossomsakdi S., Wijaya A.F., et al., "Public Service Management in Local Government, Thailand (Case study of solid waste management in Pattaya City)", *International Journal of Applied Sociology*, Vol.5, No.1, 2015.

Andrews A., Gregoire M., Rasmussen H., et al., "Comparison of Recycling Outcomes in Three Types of Recycling Collection Units", *Waste Management*, Vol.33, No.1, 2013.

Ania A.B., "Evolutionary Stability and Nash Equilibrium in Finite Populations, with an Application to Price Competition", *Journal of Economic Behavior and Organization*, Vol.65, No.3-4, 2008.

Anker-Nilssen P., "Household Energy Use and the Environment—A Conflicting Issue", *Applied Energy*, Vol.76, No.1-3, 2003.

Arcury T., "Environmental Attitude and Environmental Knowledge", *Human Organization*, Vol.49, No.4, 1990.

Areeprasert C., Kaharn J., Inseemeesak B., et al., "A Comparative Study on Characteristic of Locally Source-separated and Mixed MSW in Bangkok with Possibility of Material Recycling", *Journal of Material Cycles & Waste Management*, 2017.

Ari V., Nuria T., Mika K.et al., "The Role of Work Group in Individual Sickness Absence Behavior", *Journal of Health & Social Behavior*, Vol.49, No.4, 2008.

Arnold B., "Reinforcement Learning: An Introduction (Adaptive Computation and Machine Learning)", *IEEE Transactions on Neural Networks*, Vol.9, No.5, 1998.

Asensio O.I., Delmas M.A., "Nonprice Incentives and Energy Conservation", *Proceedings of the National Academy of Sciences of the United States of America*, Vol.112, No.6, 2015.

Atkinson E., "The Philosophy of Money", *Monist*, Vol.6, No.3, 2011.

Avnet T., Higgins E.T.,"How Regulatory Fit Affects Value in Consumer Choices and Opinions", *Journal of Marketing Research*, Vol.43, No. 1, 2006.

Babiak K., Trendafilova S.,"CSR and Environmental Responsibility: Motives and Pressures to Adopt Green Management Practices", *Eco-Management and Auditing*, Vol.18, No.1, 2011.

Bandura A., Cervone D.,"Self-evaluative and Self-efficacy Mechanisms Governing the Motivational Effects of Goal Systems", *Journal of Personality and Social Psychology*, Vol.45, 1983.

Bandura A., *Social Foundations of Thought and Action: A Social Cognitive Theory*, Englewood Cliffs: Prentice-Hall, 1986.

Bandura A.,"Social Cognitive Theory: An Agentic Perspective", *Asian Journal of Social Psychology*, Vol.2, No.1, 1999.

Barr S.,"Household Waste Management: Social Psychological Paradigm in Social Psychological Context", *Environment & Behavior*, Vol.27, No.6, 1995.

Barr S.,"Strategies for sustainability: Citizens and Responsible Environmental Behaviour", *Area*, Vol.35, No.3, 2003.

Bentler P.M., Chou C.,"Practical Issues in Structural Modeling", *Sociological Methods Research*, Vol.16, No.1, 1987.

Berdie D.R.,"Reassessing the Value of High Response Rates to Mail Surveys", *Marketing Research*, Vol.1, No.9, 1989.

Berger I.E.,"The Demographics of Recycling and the Structure of Environmental Behavior", *Environmental and Behavior*, Vol. 29, No. 4, 1997.

Bernstad A.,"Household Food Waste Separation Behavior and the Importance of Convenience", *Waste Management*, Vol.34, No.7, 2014.

Best H., Kneip T.,"The Impact of Attitudes and Behavioral Costs on Environmental Behavior: A Natural Experiment on Household Waste Recycling", *Social Science Research*, Vol.40, No.3, 2011.

Boland R.J., Singh J., Salipante P., Kanawattanachai P., "Knowledge Representations and Knowledge Transfer", *Academy of Management Journal*, Vol.44, No.2, 2001.

Boonrod K., Towprayoon S., Bonnet S., et al., "Enhancing Organic Waste Separation at the Source Behavior: A Case Study of the Application of Motivation Mechanisms in Communities in Thailand", *Resources Conservation & Recycling*, Vol.95, 2015.

Bowman J.L., Ben-Akiva M., "Activity-based Disaggregates Travel Demand Model System with Activity Schedules", *Transportation Research Part A*, Vol.35, No.1, 2000.

Breckler S.J., "Empirical Validation of Affect, Behavior, and Cognition as Distinct Components of Attitude", *Journal of Personality & Social Psychology*, Vol.47, No.6, 1984.

Budisantoso T., Bhati A., Bradshaw A., Tang C.M., *Hedonic Shopping Motivation: Does It Really Matter*, Springer Singapore, 2016.

Burguillo J.C., "Using Game Theory and Competition-based Learning to Stimulate Student Motivation and Performance", *Computers & Education*, Vol.55, No.2, 2010.

Carr D.M., Alexander J., Folds-Bennett T., "Metacognition and Mathematics Strategy Use", *Applied Cognitive Psychology*, Vol. 8, No. 6, 2010.

Carrus G., Passafaro P., Bonnes M., "Emotions, Habits and Rational Choices in Ecological Behaviours: The Case of Recycling and Use of Public Transportation", *Journal of Environmental Psychology*, Vol.28, No.1, 2008.

Chan L.K.S., "Motivational Orientations and Metacognitive Abilities of Intellectually Gifted Students", *Gifted Child Quarterly*, Vol. 40, No. 4, 1996.

Chan R.Y.K., "Determinants of Chinese Consumers' Green Purchase Behavior", *Psychology & Marketing*, Vol.18, No.4, 2001.

Chaofeng F.U., Bloemendal J., Qiang X., et al., "Environmental Communication and the Cultural Politics of Environmental Citizenship", *Monthly Notices of the Royal Astronomical Society*, Vol. 30, No. 8, 1998.

Charmaz K., "Constructing Grounded Theory: A Practical Guide through Qualitative Analysis", *International Journal of Qualitative Studies on Health and Well-Being*, Vol.1, No.3, 2006.

Cheak M., Wessel J., "Research in Reading Notes from the Center for Literacy Control", *Illinois Reading Council Journal*, Vol.33, 2005.

Chen F., Chen H., Guo D., et al., "Analysis of Undesired Environmental Behavior among Chinese Undergraduates", *Journal of Cleaner Production*, Vol.162, 2017b.

Chen F., Chen H., Guo D., et al., "How to Achieve a Cooperative Mechanism of MSW Source Separation among Individuals—An Analysis Based on Evolutionary Game Theory", *Journal of Cleaner Production*, Vol.195, 2018.

Chen F., Chen H., Huang X., et al., "Public Response to the Regulation Policy of Urban Household Waste: Evidence from a Survey of Jiangsu Province in China", *Sustainability*, Vol.9, No.6, 2017.

Chen F., Chen H., Long R., et al., "Prediction of Environmental Cognition to Undesired Environmental Behavior—The Interaction Effect of Environmental Context", *Environmental Progress & Sustainable Energy*, 2017.

Chen F., Chen H., Wu M., et al., "Research on the Driving Mechanism of Waste Separation Behavior: Based on Qualitative Analysis of Chinese Urban Residents", *International Journal of Environmental Research and Public Health*, Vol.16, No.10, 2019.

Chen F., Chen H., Yang J., et al., "Impact of Information Intervention on the Recycling Behavior of Individuals with Different Value Orientations—An Experimental Study on Express Delivery Packaging Waste", *Sustainability*, Vol.10, No.10, 2018.

Chen F., Chen H., Yang J., et al., "Impact of Regulatory Focus on Express Packaging Waste Recycling Behavior: Moderating Role of Psychological Empowerment Perception", *Environmental Science and Pollution Research*, Vol.26, No.9, 2019.

Chen H., Chen F., Huang X., et al., "Are Individuals' Environmental Behavior always Consistent? —An Analysis Based on Spatial Difference", *Resources Conservation & Recycling*, Vol.125, 2017a.

Chen H., Long R., Niu W., et al., "How Does Individual Low-carbon Consumption Behavior Occur? —An Analysis Based on Attitude Process", *Applied Energy*, Vol.116, No.5, 2014.

Chen H., Wei J., Zhu D., et al., "How to Achieve a Low-carbon Economy in China: From Individual Attitudes to Actual Consumption Behaviors", *Environmental Engineering & Management Journal*, Vol. 13, No.5, 2014.

Chen M.F., Tung P.J., "The Moderating Effect of Perceived Lack of Facilities on Consumers' Recycling Intentions", *Environment & Behavior*, Vol.42, No.6, 2010.

Christian Z., Marco C., Mentore V., "How Assessment Methods can Support Solid Waste Management in Developing Countries—A Critical Review", *Sustainability*, Vol.6, No.2, 2014.

Chung S., Poon C., "The Attitudes of Guangzhou Citizens on Waste Reduction and Environmental Issues", *Resources Conservation & Recycling*, Vol.25, No.1, 1999.

Coase R.H., "The Coase Theorem and the Empty Core: A Comment", *The Journal of Law and Economics*, Vol.24, No.1, 1981.

Conger J. A., Kanungo R. N., "The Empowerment Process: Integrating

Theory and Practice", *Academy of Management Review*, Vol.13, No. 3, 1988.

Cooke S.J., Vermaire J.C., "Environmental Studies and Environmental Science Today: Inevitable Mission Creep and Integration in Action-oriented Transdisciplinary Areas of Inquiry, Training and Practice", *Journal of Environmental Studies & Sciences*, Vol.5, 2015.

Costa-Gomes M.A., Crawford V.P., "Cognition and Behavior in Two-Person Guessing Games: An Experimental Study", *American Economic Review*, Vol.96, No.5, 2006.

Courbalay A., Deroche T., Prigent E., et al., "Big Five Personality Traits Contribute to Prosocial Responses to Others' Pain", *Personality & Individual Differences*, Vol.78, No.78, 2015.

Crowe E., Higgins E.T., "Regulatory Focus and Strategic Inclinations: Promotion and Prevention in Decision-making", *Organizational Behavior & Human Decision Processes*, Vol.69, No.2, 1997.

Côté S., House J., Willer R., "High Economic Inequality Leads Higher-income Individuals to Be Less Generous", *Proceedings of the National Academy of Sciences of the United States of America*, Vol.112, No. 52, 2015.

Dayan P., Abbott L.F., *Theoretical Neuroscience*, Mit Press, 2001.

Deci E.L., Ryan R.M., *Handbook of Self-determination Research*, Rochester, NY: University of Rochester Press, 2003.

Deniz N., Noyan A., Ertosun Ö. G., "The Relationship between Employee Silence and Organizational Commitment in a Private Healthcare Company", *Procedia-Social and Behavioral Sciences*, Vol. 99, 2013.

Dickey M.D., "Murder on Grimm Isle: The Impact of Game Narrative Design in an Educational Game-based Learning Environment", *British Journal of Educational Technology*, Vol.42, No.3, 2011.

Dilley M.G., Paivio A.,"Pictures and Words as Stimulus and Response Items in Paired-associate Learning of Young Children", *Journal of Experimental Child Psychology*, Vol.6, No.2, 1968.

Dutt S. N., Mcdermott A. L., Irving R. M., et al., "Prescription of Binaural Hearing Aids in the United Kingdom: A Knowledge, Attitude and Practice (KAP) Study", *Journal of Laryngology & Otology Supplement*, Vol.116, No.28, 2002.

Dyne L.V., Ang S., Botero I.C.,"Conceptualizing Employee Silence and Employee Voice as Multidimensional Constructs", *Journal of Management Studies*, Vol.40, No.6, 2003.

Echegaray F., Hansstein F.V.,"Assessing the Intention-Behavior Gap in Electronic Waste Recycling: The Case of Brazil", *Journal of Cleaner Production*, Vol.142, 2016.

Edwards J.R.,"An Examination of Competing Versions of the Person-Environment Fit Approach to Stress", *Academy of Management Journal*, Vol.39, No.2, 1996.

Edwards J.R.,"Person-environment Fit in Organizations: An Assessment of Theoretical Progress", *Academy of Management Annals*, Vol.2, No. 1, 2008.

Eisenberg N., Fabes R.A., Shepard S.A., et al.,"Contemporaneous and Longitudinal Prediction of Children's Sympathy from Dispositional Regulation and Emotionality", *Dev Psychol*, Vol.34, No.5, 1998.

Ellen P.S.,"Do We Know What We Need to Know? Objective and Subjective Knowledge Effects on Pro-ecological Behaviors", *Journal of Business Research*, Vol.30, No.1, 1994.

Endre T., Elisabeth I.,"Fossil Fuels, Employment, and Support for Climate Policies", *Energy Policy*, Vol.96, 2016.

Engin A.O.,"Second Language Learning Success and Motivation", *Social Behavior & Personality An International Journal*, Vol. 37, No.

37, 2009.

European Commission (EC), "Directive 2008/98/EC on Waste (Waste Framework Directive)", http://ec.europa.eu/environment/waste/framework/.

Evans J., "International Handbook on the Economics of Energy", *Jill Johnes*, Vol.44, No.2, 2009.

Farrell J., "Information and the Coase Theorem", *Journal of Economic Perspectives*, Vol.1, No.2, 1987.

Fehr E., Fischbacher U., "Social Norms and Human Cooperation", *Trends in Cognitive Sciences*, Vol.8, No.4, 2004.

Fehr E., Fischbacher U., "The Nature of Human Altruism", *Nature*, Vol.425, No.6960, 2003.

Fehr M., Santos F.C., "Source Separation-driven Reverse Logistics in MSW Management", *Environment Systems & Decisions*, Vol.33, No.2, 2013.

Fernando F., Veloso M., "Probabilistic Policy Reuse in a Reinforcement Learning Agent", *International Joint Conference on Autonomous Agents and Multiagent Systems*, *DBLP*, 2006.

Flick U., *An Introduction to Qualitative Research*, London: SAGE, 2009.

Flynn A., Yu L., Feindt P., et al., "Eco-cities, Governance and Sustainable Lifestyles: The Case of the Sino-Singapore Tianjin Eco-City", *Habitat International*, Vol.53, 2016.

Freud E., Kidron D., Gornish M., et al., "The Value of Precise Preoperative Localization of Colonic Arteriovenous Malformation in Childhood", *American Journal of Gastroenterology*, Vol. 88, No. 3, 1993.

Friedman D., "On Economic Applications of Evolutionary Game Theory", *Journal of Evolutionary Economics*, Vol.8, No.1, 1998.

Garcia S. M., Tor A., Bazerman M. H., et al., "Profit Maximization Versus Disadvantageous Inequality: The Impact of Self - categorization", *Journal of Behavioral Decision Making*, Vol.18, No. 3, 2005.

Gaski J. F., "Interrelations among a Channel Entity's Power Sources: Impact of the Exercise of Reward and Coercion on Expert, Referent, and Legitimate Power Sources", *Journal of Marketing Research*, Vol. 23, No.1, 1986.

Gatersleben B., Steg L., Vlek C., "Measurement and Determinants of Environmentally Significant Consumer Behavior", *Environment & Behavior*, Vol.34, No.3, 2002.

Gellers E. S., *Preserving the Environment: New Strategies for Behavior Change*, New York: Pergamon Press, 1982.

Geng J., Long R., Chen H., et al., "Exploring Multiple Motivations on Urban Residents' Travel Mode Choices: An Empirical Study from Jiangsu Province in China", *Sustainability*, Vol.9, No.1, 2017.

George J. M., "Do People Play Nash Equilibrium? Lessons from Evolutionary Game Theory", *Journal of Economic Literature*, Vol.36, No.4, 1998.

Ghani W., Iffah F.R., Biak D.R.A., , "An Application of the Theory of Planned Behaviour to Study the Influencing Factors of Participation in Source Separation of Food Waste", Waste Management, Vol.33, No. 5, 2013.

Ginsburg L., Berta W., Baumbusch J., et al., "Measuring Work Engagement, Psychological Empowerment, and Organizational Citizenship Behavior among Health Care Aides", *The Gerontologist*, Vol. 56, No. 2, 2016.

Glaser B.G., Holton J., *The Discovery of Grounded Theory*, Strategies for Qualitiative Research, 1967.

Glomb T.M., Liao H.,"Interpersonal Aggression in Work Groups: Social Influence, Reciprocal, and Individual Effects", *Academy of Management Journal*, Vol.46, No.4, 2003.

Grob A.,"A Structural Model of Environmental Attitudes and Behaviour", *Journal of Environmental Psychology*, Vol.15, No.3, 1995.

Groo J.D., Steg L.,"Values, Beliefs and Environmental Behavior: Validation of an Instrument to Measure Egoistic, Altruistic and Biospheric Value Orientations in Five Countries", *Journal of Cross-Cultural Psychology*, Vol.38, 2007.

Gsottbauer E.,"Environmental Policy Theory Given Bounded Rationality and Other-regarding Preferences", *Environmental & Resource Economics*, Vol.49, No.2, 2011.

Guagnano G.A., Stern P.C., Dietz T.,"Influences on Attitude-behavior Relationshipsa Natural Experiment with Curbside Recycling", *Environment & Behavior*, Vol.27, No.5, 1995.

Hamjah S.H., Ismail Z., Rasit R.M., et al.,"Methods of Increasing Learning Motivation among Students", *Procedia - Social and Behavioral Sciences*, Vol.18, 2011.

Han H.S.,"Travelers' Pro-environmental Behavior in a Green Lodging Context: Converging Value-Belief-Norm Theory and the Theory of Planned Behavior", *Tourism Management*, Vol.47, 2015.

Hardin G.,"The Tragedy of the Commons", *Science*, Vol.162, No.3, 1968.

He X., Zhan W.,"How to Activate Moral Norm to Adopt Electric Vehicles in China? An Empirical Study Based on Extended Norm Activation Theory", *Journal of Cleaner Production*, Vol.172, 2018.

Henrich J., Boyd R., Bowles S., et al.,"In Search of Homo Economicus: Behavioral Experiments in 15 Small-scale Societies", *American Economic Review*, Vol.91, No.2, 2001.

Higgins E.T., Friedman R.S., Harlow R.E., et al.,"Achievement Orientations from Subjective Histories of Success: Promotion Pride versus Prevention Pride", *European Journal of Social Psychology*, Vol.31, No.1, 2001.

Higgins E.T.,"How Self-regulation Creates Distinct Values: The Case of Promotion and Prevention Decision Making", *Journal of Consumer Psychology*, Vol.12, No.3, 2002.

Higgins E.T.,"Making a Good Decision: Value from Fit", *American Psychologist*, Vol.55, No.11, 2000.

Higgins E.T.,"Promotion and Prevention: Regulatory Focus as a Motivational Principle", *Advances in Experimental Social Psychology*, Vol.30, No.2, 1998.

Hines J.M., Hungerford H.R., Tomera A.N.,"Analysis and Synthesis of Research on Responsible Environmental Behavior: A Meta-analysis", *Journal of Environmental Education*, Vol.18, No.2, 1987.

Hoffman E., Spitzer M. L., "The Coase Theorem: Some Experimental Tests", *The Journal of Law and Economics*, Vol.25, No.1, 1982.

Hollis,"Rational Economic Man", *Telos*, Vol.17, No.26, 1975.

Howell R.A.,"It's Not (Just) 'the Environment, Stupid!' Values, Motivations, and Routes to Engagement of People Adopting Lower-carbon Lifestyles", *Global Environmental Change*, Vol.23, No.4, 2013.

Hung A.A., Plott C.R.,"Information Cascades: Replication and an Extension to Majority Rule and Conformity-Rewarding Institutions", *American Economic Review*, Vol.91, No.5, 2001.

Jank A., Müller W., Schneider I., et al., "Waste Separation Press (WSP): A Mechanical Pretreatment Option for Organic Waste from Source Separation", *Waste Management*, Vol.39, No.18, 2015.

Janssen O.,"The Joint Impact of Perceived Influence and Supervisor Supportiveness on Employee Innovative Behaviour", *Journal of Occupational and Organizational Psychology*, Vol.78, No.4, 2005.

Jarkko P., Emilia V.,"Investor Attention to the Eurozone Crisis and Herding Effects in National Bank Stock Indexes", *Finance Research Letters*, Vol.14, 2015.

Jennifer C.B., Waliczek T.M., Zajicek J.M.,"Relationship Between Environmental Knowledge and Environmental Attitude of High School Students", *Journal of Environmental Education*, Vol.30, No.3, 1999.

Jevons W.S., *The Coal Question: An Inquiry Concerning the Progress of the Nation, and the Probable Exhaustion of Our Coal - mines*, Hardpress Publishing, 2010.

Jiang P., Chen Y., Xu B., et al.,"Building Low Carbon Communities in China: The Role of Individual's Behaviour Change and Engagement", *Energy Policy*, Vol.60, 2013.

Johnson D.W., Johnson F., *Joining Together: Group Theory and Group Skills*, Englewood Cliffs, NJ: Prentice Hall, 1991.

Jones E. E., Davis K. E., "From Acts to Dispositions the Attribution Process in Person Perception", *Advances in Experimental Social Psychology*, Vol.2, No.4, 1966.

Kahneman D., Knetsch J.L., Thaler R.H., "Experimental Tests of the Endowment Effect and the Coase Theorem", *Journal of Political Economy*, Vol.98, No.6, 1990.

Kahneman D., Tversky A., "Prospect Theory: An Analysis of Decision under Risk", *Econometrica*, Vol.47, No.2, 1979.

Kaiser F.G., Doka G., Hofstetter P., et al., "Ecological Behavior and Its Environmental Consequences: A Life Cycle Assessment of a Self-report Measure", *Journal of Environmental Psychology*, Vol. 23, No. 1, 2003.

Kaiser F.G., Ranney M., Hartig T., et al.,"Ecological Behavior, Environmental Attitude, and Feelings of Responsibility for the Environment",

European Psychologist, Vol.424, No.1-2, 1999.

Kandori M., "Social Norms and Community Enforcement", *Review of Economic Studies*, Vol.59, No.1, 1992.

Kaufman S.B., Deyoung C.G., Gray J.R., et al., "Associative Learning Predicts Intelligence above and Beyond Working Memory and Processing Speed", *Intelligence*, Vol.37, No.4, 2009.

Kee D. W., Bell T. S., Davis B. R., "Developmental Changes in the Effects of Presentation Mode on the Storage and Retrieval of Noun Pairs in Children's Recognition Memory", *Child Development*, Vol.52, No. 1, 1979.

Keller J., "First Principles of Motivation to Learn and (e3) Learning", *Distance Education*, Vol.29, 2008.

Kelly T.C., Mason I.G., Leiss M.W., et al., "University Community Responses to On-campus Resource Recycling", *Resources Conservation & Recycling*, Vol.47, No.1, 2006.

Khazzoom J.D., "Economic Implications of Mandated Efficiency in Standards for Household Appliances", *Energy Journal*, Vol. 1, No. 4, 1980.

Kida Y., Muraoka S., "Force Sensor Using Quartz Resonators Built into an Active Antenna for Use in Environmental Recognition", *Proceedings of the* 41*st SICE Annual Conference.IEEE*, pp.125-130, Vol.1, 2002.

Kline R.B., *Principles and Practice of Structural Equation Modeling*, New York: Guilford Press, 1998.

Kochenderferladd B., Skinner K., "Children's Coping Strategies: Moderators of the Effects of Peer Victimization?", *Developmental Psychology*, Vol.38, No.2, 2002.

Koob G.F., "Hedonic Valence, Dopamine and Motivation", *Molecular Psychiatry*, Vol.1, No.3, 1996.

Kotarba J. A., "Interpretive Ethnography: Ethnographic Practices for the

21st Century", *Contemporary Sociology*, Vol.27, No.4, 1997.

Kotchen M.J., "Impure Public Goods and the Comparative Statics of Environmentally Friendly Consumption", *Journal of Environmental Economics & Management*, Vol.49, No.2, 2005.

Kristiansen C.M., Zanna M.P., "The Rhetorical Use of Values to Justify Social and Intergroup Attitudes", *Journal of Social Issues*, Vol.50, No.4, 1994.

Kroll S., Kallbekken S., Cherry T.L., "Pigouvian Tax Aversion and Inequity Aversion in the Lab", *Journal of Public Economics*, Vol.123, No.3, 2010.

Kuharakojima K., Hatano G., "Contribution of Content Knowledge and Learning Ability to the Learning of Facts", *Journal of Educational Psychology*, Vol.83, No.2, 1991.

Lange F., Brückner C., Kröger B., et al., "Wasting Ways: Perceived Distance to the Recycling Facilities Predicts Pro-environmental Behavior", *Resources Conservation & Recycling*, Vol.92, 2014.

Laschinger H.K.S., Finegan J.E., Shamian J., et al., "A Longitudinal Analysis of the Impact of Workplace Empowerment on Work Satisfaction", *Journal of Organizational Behavior*, Vol.25, No.4, 2004.

Lee K., "The Role of Media Exposure, Social Exposure and Biospheric Value Orientation in the Environmental Attitude-Intention-Behavior Model in Adolescents", *Journal of Environmental Psychology*, Vol.31, No.4, 2011.

Lee T.H., Jan F.H., Yang C.C., "Conceptualizing and Measuring Environmentally Responsible Behaviors from the Perspective of Community-based Tourists", *Tourism Management*, Vol.36, 2013.

Lee Y., Kim S., Kim M., et al., "Antecedents and Interrelationships of Three Types of Pro-environmental Behavior", *Journal of Business Research*, Vol.67, No.19, 2014.

Levinea D.K., Pesendorferb W., "The Evolution of Cooperation through Imitation", *Games & Economic Behavior*, Vol.58, No.2, 2007.

Li W., Long R., Chen H., "Consumers' Evaluation of National New Energy Vehicle Policy in China: An Analysis Based on a Four Paradigm Model", *Energy Policy*, Vol.99, 2016.

Liere K.D.V., Dunlap R.E., "Moral Norms and Environmental Behavior: An Application of Schwartz's Norm-activation Model to Yard Burning", *Journal of Applied Social Psychology*, Vol.8, No.2, 1978.

Lin Y. P., Li X. Y., "Reinforcement Learning Based on Local State Feature Learning and Policy Adjustment", *Information Sciences*, Vol. 154, No.1-2, 2003.

Locke E., "Motivation, Cognition, and Action: An Analysis of Studies of Task Goals and Knowledge", *Applied Psychology*, Vol. 49, No. 3, 2000.

Lunde T., " 'The Impact of Source Separation, Recycling and Mechanical Processing on MSW Conversion to Energy' Activity", *Biomass & Bioenergy*, Vol.9, No.1-5, 1995.

Maccoby N., "Social Judgment: Assimilation and Contrast Effects in Communication and Attitude Change. By Muzafer Sherif; Carl I. hovland", *American Journal of Sociology*, Vol.68, No.1, 1961.

Maloney M.P., Ward M.P., Braucht G.N., "Psychology in Action: A Revised Scale for the Measurement of Ecological Attitudes and Knowledge", *American Psychologist*, Vol.30, No.7, 1975.

Mancini S.D., Nogueira A.R., Kagohara D.A., et al., "Recycling Potential of Urban Solid Waste Destined for Sanitary Landfills: The Case of Indaiatuba, SP, Brazil", *Waste Management & Research*, Vol.25, No.6, 2007.

Mardia K.V., Foster K., "Omnibus Tests of Multinormality Based on Skewness and Kurtosis", *Communications in Statistics-Theory & Meth-*

ods, Vol.12, 1983.

Mardia K.V., "Measures of Multivariate Skewness and Kurtosis with Applications", *Biometrika*, Vol.57, 1970.

Mcallister D.J., "Affect-cognition Based Trust as Foundations for Interpersonal Cooperation in Organisations", *Academy of Management Journal*, Vol.38, No.1, 1995.

McCarty J. A., Shrum L. J., "The Recycling of Solid Wastes: Personal Values, Value Orientations, and Attitudes about Recycling as Antecedents of Recycling Behavior", *Journal of Business Research*, Vol.30, No.1, 1994.

Mckinley E., Fletcher S., "Improving Marine Environmental Health through Marine Citizenship: A Call for Debate", *Marine Policy*, Vol. 36, No.3, 2012.

Mee N., Clewes D., "The Influence of Corporate Communications on Recycling Behavior", *Corporate Communications*, Vol.9, No.4, 2004.

Milem J.F., Berger J.B., "A Modified Model of College Student Persistence: Exploring the Relationship between Astin's Theory of Involvement and Tinto's Theory of Student Departure", *Journal of College Student Development*, Vol.38, No.4, 1997.

Miller Associates, Project INTEGRA Research, Attitudes and Behavior, Report 1: Mainfindings, 1999.

Mitchell R.C., Carson R.T., *Using Surveys to Value Public Goods: The Contingent Valuation Method*, Resources for the Future, 1989.

Moh Y.C., Manaf L.A., "Overview of Household Solid Waste Recycling Policy Status and Challenges in Malaysia", *Resources Conservation & Recycling*, Vol.82, No.1, 2014.

Molfese D.L., Molfese V.J., Key S., et al., "Reading and cognitive abilities: Longitudinal Studies of Brain and Behavior Changes in Young Children", *Annals of Dyslexia*, Vol.52, No.1, 2002.

Moore S., Murphy M., Watson R., "A Longitudinal Study of Domestic Water Conservation Behavior", *Population & Environment*, Vol. 16, No.2, 1994.

Mousavi S. A., Khashij M., Salmani M., "Knowledge, Attitude and Practices Concerning Municipal Solid Waste Recycling among the People in Gilangharb, Iran", *International Research Journal of Applied and Basic Sciences*, Vol.10, No.2, 2016.

Munro A., *Bounded Rationality and Public Policy*, Springer Netherlands, 2009.

Mühle S., Balsam I., Cheeseman C. R., "Comparison of Carbon Emissions Associated with Municipal Solid Waste Management in Germany and the UK", *Resources Conservation & Recycling*, Vol.54, No. 11, 2010.

Negash Y., Gebre B., Benti D., et al., "A Community Based Study on Knowledge Attitude and Practice (KAP) on HIV / AIDS in Gambella Town Western Ethiopia", *Ethiopian Journal of Health Development*, Vol.50, No.3, 2015.

None I., Datta S.K., "Pro-environmental Concern Influencing Green Buying: A Study Onindian Consumers", *International Journal of Business & Management*, Vol.6, No.6, 2011.

Nowak M., Sigmund K., "A Strategy of Win-stay, Lose-shift That Outperforms Tit-for-tat in the Prisoner's Dilemma Game", *Nature*, Vol. 364, No.6432, 1993.

Nzeadibe T. C., Anyadike R. N. C., "Social Participation in City Governance and Urban Livelihoods: Constraints to the Informal Recycling Economy in Aba, Nigeria", *City Culture & Society*, Vol.3, No.4, 2012.

Olli E., Grendstad G., Wollebaek D., "Correlates of Environmental Behaviors Bringing Back Social Context", *Environment & Behavior*, Vol.33,

No.2, 2001.

Oskamp S., Harrington M.J., Edwards T.C., et al.,"Factors Influencing Household Recycling Behavior", *Environment & Behavior*, Vol. 23, No.4, 1991.

Ostrom E.,"Collective Action and Evolution of Social Norms", *Journal of Economic Perspectives*, Vol.14, No.3, 2000.

Ott B.L., Aoki E.,"The Politics of Negotiating Public Tragedy: Media Framing of the Matthew Shepard Murder", *Rhetoric & Public Affairs*, Vol.5, No.3, 2002.

Palmer J. A., Suggate J., Robottom I., et al., " Significant Life Influences and Formative Influences on the Development of Adults' Environmental Awareness in the UK, Australia and Canada", *Environmental Education Research*, Vol.5, No.2, 1999.

Perrin D., Barton J.,"Issues Associated with Transforming Household Attitudes and Opinions into Materials Recovery: A Review of Two Kerbside Recycling Schemes", *Resources Conservation & Recycling*, Vol.33, No.1, 2001.

Peter A.L.J., Viraraghavan T.,"Thallium: A Review of Public Health and Environmental Concerns", *Environment International*, Vol. 31, No.4, 2005.

Pigou A.C., *Economics of welfare*, Macmillan, 1999.

Poortinga W., Steg L., Vlek C.,"Values, Environmental Concern, and Environmental Behavior a Study into Household Energy Use", *Environment & Behavior*, Vol.36, No.1, 2004.

Rachlin H., Logue A.W., Gibbon J., et al.,"Cognition and Behavior in Studies of Choice", *Psychological Review*, Vol.93, No.1, 1985.

Reiss P. C., White M. W., *Evaluating Welfare with Nonlinear Prices*, NBER Working Paper Series, 2006.

Robinson G.M., Read A.D.,"Recycling Behaviour in a London Borough:

Results from Large-scale Household Surveys", *Resources Conservation & Recycling*, *Vol.*45, No.1, 2005.

Rotter J.B., "Generalized Expectancies for Internal versus External Control of Reinforcement", *Psychological Monographs*, Vol.80, No.1, 1966.

Rousseau D.M., Sitkin S.B., Burt R.S., et al., "Not so Different After All: A Cross-Discipline View of Trust", *Academy of Management Review*, Vol.23, No.3, 1998.

Ryan T.A., *Intentional Behavior*, New York: Ronald Press, 1970.

Santos J., Herranz M., Fernández M., et al., "Global Activism and Nationally Driven Recycling: The Influence of World Society and National Contexts on Public and Private Environmental Behavior", *International Sociology*, Vol.26, No.3, 2011.

Schahn J., Holzer E., "Studies of Individual Environmental Concern: The Role of Knowledge, Gender and Background Variables", *Environment & Behavior*, Vol.22, No.6, 1990.

Scheaffer R.L., Iii W.M., Ott R.L., "Elementary Survey Sampling (5th ed.)", *Journal of the American Statistical Association*, Vol.91, No.436, 1996.

Schwab D.P., "Construct Validity in Organizational Behavior", *Research in Organizational Behavior*, Vol.2, 1980.

Schwartz S.H., "Universals in the Content and Structure of Values: Theoretical Advances and Empirical Tests in 20 Countries", *Advances in Experimental Social Psychology*, Vol.25, No.1, 1992.

Segall L., "Trends in European MSW Composting", *Biocycle*, Vol.31, No.1, 1992.

Seidenberg M.S., Mcclelland J.L., "A Distributed, Developmental Model of Word Recognition and Naming", *Psychological Review*, Vol.96, No.4, 1989.

Shaw P.J., "Nearest Neighbour Effects in Kerbside Household Waste Recycling", *Resources Conservation & Recycling*, Vol.52, No.5, 2008.

Sia A.P., Hungerford H.R., Tomera A.N., "Selected Predictors of Responsible Environmental Behavior: An Analysis", *Journal of Environmental Education*, Vol.17, No.2, 1986.

Simon H., *Models of Bounded Rationality: Economic Analysis and Public Policy*, Cambridge: Mit Press, 1982.

Sinclair R. G., Ontario R. C. O., *Solid Waste Reduction Through Recycling: An Examination of Program Design in Canada*, Ph.D.dissertation, University of Ottawa, 1987.

Singh M., Sarkar A., "The Relationship between Psychological Empowerment and Innovative Behavior: A Dimensional Analysis with Job Involvement as Mediator", *Journal of Personnel Psychology*, Vol. 11, No.3, 2015.

Smith - Sebasto N. J., D'Costa A., "Designing a Likert - type Scale to Predict Environmentally Responsible Behavior in Undergraduate Students: A Multistep Process", *Journal of Environmental Education*, Vol.27, No.1, 1995.

Spreitzer G.M., Janasz S.C.D., Quinn R.E., "Empowered to Lead: The Role of Psychological Empowerment in Leadership", *Journal of Organizational Behavio*r, Vol.20, No.4, 1999.

Spreitzer G.M., Kizilos M.A., Nason S.W., "A Dimensional Analysis of the Relationship between Psychological Empowerment and Effectiveness, Satisfaction, and Strain", *Journal of Management*, Vol.23, No.5, 1997.

Spreizer C., "The Problematic Bourgeois: Twentieth Century Criticism on Thomas Mann's 'Buddenbrooks' and 'The Magic Mountain', by Hugh Ridley", *German Studies Review*, Vol.18, No.2, 1995.

Stebbins R. A., "Book Review: Constructing Grounded Theory: A Practical Guide through Qualitative Analysis", *Health*, Vol.10, No.

3, 2006.

Stern P.C., Dietz T., Guagnano G.A., "A Brief Inventory of Values", *Educational and Psychological Measurement*, Vol.58, No.6, 1998.

Stern P.C., Kalof L., Dietz T., et al., "Values, Beliefs, and Proenvironmental action: Attitude Formation toward Emergent Attitude Objects", *Journal of Applied Social Psychology*, Vol. 25, No. 18, 1995.

Stern P.C., "New Environmental Theories: Toward a Coherent Theory of Environmentally Significant Behavior", *Journal of Social Issues*, Vol. 56, No.3, 2000.

Strauss A.L., *Corbin J.M.*, *Basics of Qualitative Research: Grounded Theory Procedures and Techniques*, Newbury Park: Sage Publications, 1990.

Sullivan T.J., Weiner B., "Achievement Motivation and Attribution Theory", *Contemporary Sociology*, Vol.4, No.4, 1975.

Sun L., Li Z., Fujii M., et al., "Carbon Footprint Assessment for the Waste Management Sector: A Comparative Analysis of China and Japan", *Frontiers in Energy*, Vol.12, No.3, 2018.

Swami V., Chamorro－Premuzic T., Snelgar R., et al., "Personality, Individual Differences, and Demographic Antecedents of Self-reported Household Waste Management Behaviours", *Journal of Environmental Psychology*, Vol.31, No.1, 2011.

Synodinos N.E., "Environmental Attitudes and Knowledge: A Comparison of Marketing and Business Students with Other Groups", *Journal of Business Research*, Vol.20, No.2, 1990.

Tabata T., Tsai P., "Heat Supply From Municipal Solid Waste Incineration Plants in Japan: Current Situation and Future Challenges", *Waste Management & Research*, Vol.34, No.2, 2016.

Tadesse T., "Environmental Concern and Its Implication to Household Waste Separation and Disposal: Evidence from Mekelle, Ethiopia",

Resources Conservation & Recycling, Vol.53, No.4, 2009.

Taylor S., Todd P., "An Integrated Model of Waste Management Behavior: A Test of Household Recycling and Composting Intentions", *Environment & Behavior*, Vol.27, No.5, 1995.

Thaler R. H., "Anomalies: The Winner's Curse", *Journal of Economic Perspectives*, Vol.2, No.1, 1988.

Thapa B., "The Mediation Effect of Outdoor Recreation Participation on Environmental Attitude-behavior Correspondence", *Journal of Environmental Education*, Vol.41, No.3, 2010.

Thogersen J., "Recycling and Morality a Critical Review of the Literature", *Environment & Behavior*, Vol.28, No.4, 1996.

Thomas K. W., Velthouse B. A., "Cognitive Elements of Empowerment: An 'Interpretive' Model of Intrinsic Task Motivation", *Academy of Management Review*, Vol.15, No.4, 1990.

Thompson S. C. G., Barton M. A., "Ecocentric and Anthropocentric Attitudes toward the Environment", *Journal of Environmental Psychology*, Vol.14, No.5, 1994.

Tversky A., Kahneman D., "Rational Choice and the Framing of Decisions", *Journal of Business*, Vol.59, No.4, 1986.

Tversky A., Kahneman D., "The Framing of Decisions and the Psychology of Choice", *Science*, Vol.211, No.4481, 1981.

UnHabitat., *Solid Waste Management in the World's Cities*, UN-HABITAT/Earthscan, 2010.

Usui T., Takeuchi K., "Evaluating Unit-based Pricing of Residential Solid Waste: A Panel Data Analysis", *Graduate School of Economics*, Kobe University, 2014.

Valkila N., Saari A., "Attitude-behaviour Gap in Energy Issues: Case Study of Three Different Finnish Residential Areas", *Energy for Sustainable Development*, Vol.17, No.17, 2013.

Valle P.O.D., Reis E., Menezes J., et al., "Behavioral Determinants of Household Recycling Participation the Portuguese Case", *Environment & Behavior*, Vol.36, No.4, 2004.

Wakeford J., "The Discovery of Grounded Theory: Strategies for Qualitative Research, by Barney Glaser; Anselm L. Strauss", *American Journal of Sociology*, Vol.3, No.4, 2012.

Wan A.W.A.K.G., Rusli I.F., Biak D.R.A., et al., "An Application of the Theory of Planned Behaviour to Study the Influencing Factors of Participation in Source Separation of Food Waste", *Waste Management*, Vol.33, No.5, 2013.

Wei J., Hansen A., Zhang Y., et al., "Perception, Attitude and Behavior in Relation to Climate Change: A Survey among CDC Health Professionals in Shanxi Province, China", *Environmental Research*, Vol. 134, 2014.

Weiner B., "History of Motivational Research in Education", *Journal of Educational Psychology*, Vol.82, No.4, 1990.

Wen X., Luo Q., Hu H., et al., "Comparison Research on Waste Classification Between China and the EU, Japan, and the USA", *Journal of Material Cycles & Waste Management*, Vol.16, No.2, 2014.

Westaby J. D., Woods N., Pfaff D. L., "Extending Dynamic Network Theory to Group and Social Interaction Analysis: Uncovering Key Behavioral Elements, Cycles, and Emergent States", *Organizational Psychology Review*, Vol.6, No.1, 2016.

Williams M., "In Whom We Trust: Group Membership as an Affective Context for Trust Development", *Academy of Management Review*, Vol.26, No.3, 2001.

Wilson C., Dowlatabadi H., "Models of Decision Making and Residential Energy Use", *Annual Review of Environment & Resources*, Vol. 32, No.1, 2007.

Wittenberg I., Blöbaum A., Matthies E., "Environmental Motivations for Energy Use in PV Households: Proposal of a Modified Norm Activation Model for the Specific Context of PV Households", *Journal of Environmental Psychology*, Vol.55, 2018.

Wittmann T., Morrison R. I., Bruckner T., "A Bounded Rationality Model of Private Energy Investment Decisions", *SSRN Electronic Journal*, 2006.

Wossink G.A.A., Wenum J.H.V., "Biodiversity Conservation by Farmers: Analysis of Actual and Contingent Participation", *European Review of Agricultural Economics*, Vol.30, No.4, 2003.

Xu L., Ling M., Wu Y., "Economic Incentive and Social Influence to Overcome Household Waste Separation Dilemma: A Field Intervention Study", Waste Manasement, Vol.77, No.4, 2018.

Yanase A., "Global Environment and Dynamic Games of Environmental Policy in an International Duopoly", *Journal of Economics*, Vol.97, No. 2, 2009.

Yim Y.C., Yoo S.C., Sauer P.L., Seo J.H., "Hedonic Shopping Motivation and Co-shopper Influence on Utilitarian Grocery Shopping in Superstores", *Journal of the Academy of Marketing Science*, Vol.42, No. 5, 2014.

Yu J., Williams E., Ju M., et al., "Managing E-waste in China: Policies, Pilot Projects and Alternative Approaches", *Resources Conservation & Recycling*, Vol.54, No.11, 2010.

Yuan Y., Nomura H., Takahashi Y., et al., "Model of Chinese Household Kitchen Waste Separation Behavior: A Case Study in Beijing City", *Sustainability*, Vol.8, No.10, 2016.

Zhang D., Huang G., Yin X., et al., "Residents' Waste Separation Behaviors at the Source: Using SEM with the Theory of Planned Behavior in Guangzhou, China", *International Journal of Environmental*

Research & Public Health, Vol.12, No.8, 2015.

Zhang D., Keat T.S., Gersberg R.M., "A Comparison of Municipal Solid Waste Management in Berlin and Singapore", *Waste Management*, Vol.30, No.5, 2010.

Zhang D.Q., Tan S.K., Gersberg R.M., "Municipal Solid Waste Management in China: Status, Problems and Challenges", *Journal of Environmental Management*, Vol.91, No.8, 2010.

Zhang H., Liu J., Wen Z.G., et al., "College Students' Municipal Solid Waste Source Separation Behavior and Its Influential Factors: A Case Study in Beijing, China", *Journal of Cleaner Production*, Vol. 164, 2017.

Zhang J., "Study on the Relationship Between Resources Recycling and Reduction as Well as Being Harmless: A Case of Forest Industrial Enterprises", *Management Science and Industrial Engineering (MSIE)*, 2011 International Conference on IEEE, 2011.

索　　引